LES

CHEMINS DE FER

FRANÇAIS

———

TOME DEUXIÈME

PÉRIODE DU 2 DÉCEMBRE 1851 AU 4 SEPTEMBRE 1870

ALFRED PICARD

CONSEILLER D'ÉTAT, INGÉNIEUR EN CHEF DES PONTS ET CHAUSSÉES
ANCIEN DIRECTEUR DES CHEMINS DE FER AU MINISTÈRE DES TRAVAUX PUBLICS

LES

CHEMINS DE FER

FRANÇAIS

ÉTUDE HISTORIQUE

SUR

LA CONSTITUTION ET LE RÉGIME DU RÉSEAU

DÉBATS PARLEMENTAIRES

ACTES LÉGISLATIFS — RÉGLEMENTAIRES — ADMINISTRATIFS — ETC.

PUBLIÉ SOUS LES AUSPICES DU MINISTÈRE DES TRAVAUX PUBLICS

TOME DEUXIÈME

PÉRIODE DU 2 DÉCEMBRE 1851 AU 4 SEPTEMBRE 1870

PARIS

J. ROTHSCHILD, ÉDITEUR

13, RUE DES SAINTS-PÈRES, 13

1884

ABRÉVIATIONS

Km. — *Kilomètre.*
B. L. — *Bulletin des Lois.*
M. U. — *Moniteur universel.*
J. O. — *Journal officiel.*

PREMIÈRE PARTIE

PÉRIODE
DU 2 DÉCEMBRE 1851 AU 31 DÉCEMBRE 1858

CONSTITUTION DES GRANDS RÉSEAUX

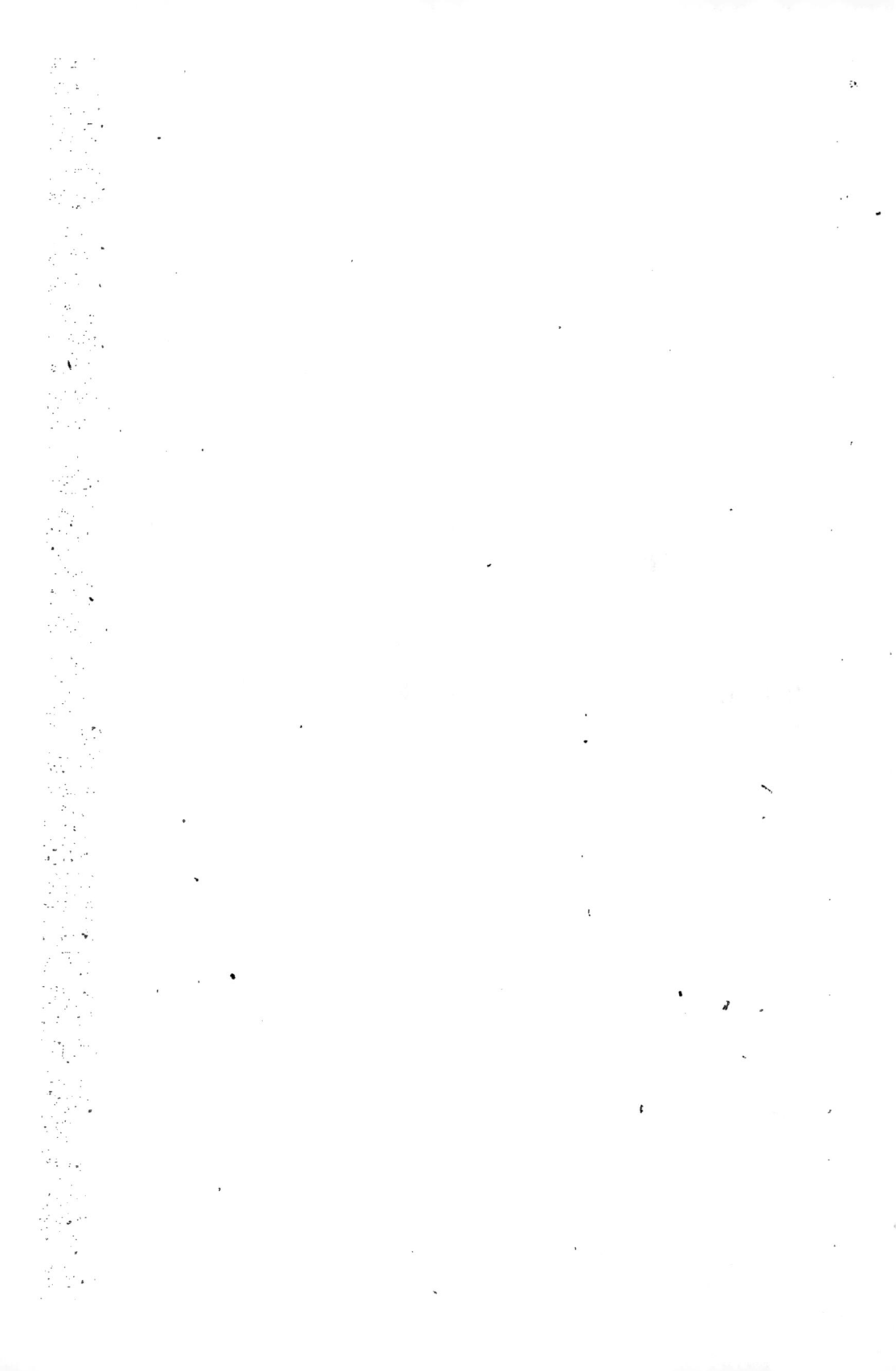

LES

CHEMINS DE FER

FRANÇAIS

PREMIÈRE PARTIE

PÉRIODE du 2 DÉCEMBRE 1851 au 31 DÉCEMBRE 1858

CONSTITUTION DES GRANDS RÉSEAUX

CHAPITRE Ier

DU 2 DÉCEMBRE 1851 AU 1er JANVIER 1853

131. — Observations préliminaires. — Le coup d'État
du 2 décembre 1851 nous fait entrer dans une nouvelle
période, pendant laquelle nous allons voir le réseau se développer et prendre sa constitution définitive : au régime des
lois va se substituer, sinon exclusivement, du moins pour
une large part, le régime des décrets ; les concessions vont
s'élaborer surtout au Conseil d'État ; les discussions devant
les Chambres n'auront plus l'ampleur qu'elles avaient sous
la monarchie de Juillet ou sous la seconde République. Les
archives du Conseil d'État ayant été malheureusement dé-
truites, pendant l'insurrection communaliste de 1871, nous

serons réduits, le plus souvent, à enregistrer les actes, sans pouvoir reproduire les débats auxquels ils ont donné lieu devant cette Assemblée.

132. — Décrets divers intervenus du 2 décembre au 31 décembre 1851. — Parmi les décrets les plus importants intervenus à la fin de 1851, nous citerons les suivants :

1° Décret du 10 décembre 1851 [B. L., 2° sem. 1851, n° 469, p. 1075], autorisant les Compagnies du Nord et de Strasbourg à établir, à leurs frais, un chemin de fer de raccordement entre les gares de la Chapelle et de la Villette : ce raccordement était soumis aux dispositions générales du cahier des charges de la concession du Nord ; les trains du chemin de Ceinture, dont nous allons parler dans un instant, devaient y circuler, comme sur le chemin principal, sans péage particulier ; à l'expiration de la concession de chacun de ces chemins ou en cas de rachat, l'État devait entrer en possession de l'embranchement.

2° Décret du 10 décembre 1851 [B. L., 2° sem. 1851, n° 470, p. 1105], prescrivant l'établissement d'un chemin de Ceinture, à l'intérieur du mur d'enceinte des fortifications de Paris, pour relier les gares de l'Ouest et de Rouen, du Nord, de Strasbourg, de Lyon et d'Orléans, et autorisant la concession de cette ligne aux Compagnies réunies des chemins de fer de Paris à Rouen, de Paris à Orléans, de Paris à Strasbourg et du Nord. Ainsi devait se trouver réalisée une œuvre si longtemps réclamée et si nécessaire pour les échanges de matériel et de marchandises entre les divers réseaux.

3° Décret du 11 décembre 1851 [B. L., 2° sem. 1851, n° 470, p. 1112] approuvant la convention passée avec les quatre Compagnies ci-dessus dénommées.

Aux termes de ce traité, le Ministre devait livrer le che-

min complètement terminé entre les gares des Batignolles et
d'Orléans dans un délai de deux années. Les Compagnies
se constituaient en société anonyme, représentée par un
syndicat, pour l'exploitation de la ligne. Chacune d'elles
contribuait aux travaux de premier établissement pour un
million, ce qui réduisait à 4 millions environ la dépense à
la charge de l'État. Jusqu'à la concession du chemin de fer
de Paris à Lyon, ce chemin devait participer à tous les
avantages et à toutes les charges de l'exploitation, et être
représenté, au sein du syndicat, par un délégué du ministère des travaux publics. Après sa concession, la Compagnie
se substituait à l'État, moyennant paiement d'une subvention d'un million. La durée de la concession du chemin de
fer de Ceinture était de quatre-vingt-dix-neuf ans ; le tarif
était, pour les voyageurs, de 0 fr. 05 dont 0 fr. 03 de péage
et, pour les marchandises, de 0 fr. 18 dont 0 fr. 10 de péage.
La participation à l'exploitation du chemin de Ceinture suivait le sort des lignes principales en cas de rachat. Les
autres clauses étaient celles des cahiers des charges les
plus récents ; il était toutefois stipulé que les troupes voyageant en corps et le matériel militaire ou naval seraient
transportés gratuitement.

Le syndicat prévu par ce décret fut constitué par un
décret ultérieur du 22 janvier 1853 [B. L., 1er sem. 1853,
n° 27, p. 385] ; il comprenait dix personnes, à raison de
deux administrateurs par Compagnie.

Le chemin fut ouvert, par sections, de 1852 à 1854.

4° Décret du 16 décembre 1851 [B. L., 2e sem. 1851,
n° 469, p. 1093] relatif aux attributions de la commission
consultative des chemins de fer.

133. — **Concession du chemin de Paris à Lyon.** —
L'année 1852 s'ouvrit par un décret du 5 janvier [B. L.,

1ᵉʳ sem. 1852, nº 482, p. 118], autorisant le Ministre des travaux publics à concéder le chemin de fer de Paris à Lyon, à des conditions analogues à celles qui avaient servi de bases au précédent projet de loi, mais un peu plus avantageuses.

Aux termes du cahier des charges, la Compagnie devait terminer en deux ans la section de Chalon à Mâcon ; en trois ans, celle de Mâcon à Vaise ; et en quatre ans, la traversée de Lyon ; c'était une abréviation d'une année sur le délai primitif ; le terme de quatre années était précisément celui qui avait été fixé pour l'achèvement de la ligne de Lyon à Avignon ; la grande voie de communication de Calais à Marseille devait être ainsi livrée à la circulation, sur toute sa longueur, à la fin de 1855.

La Compagnie remboursait au Trésor, sur la valeur des travaux exécutés par l'État, une somme de 114 millions, payable en quatre années, et productive d'intérêts à 4 % ; c'était une augmentation effective de 10 millions sur le chiffre antérieurement stipulé pour le remboursement, et une réduction de huit années sur le délai durant lequel il devait s'effectuer.

Le concessionnaire entrait dans le syndicat du chemin de fer de Ceinture et versait, à cet effet, un million au Trésor, en conformité du décret du 11 décembre 1851.

L'État garantissait, pendant cinquante ans, un intérêt de 4 % sur le capital employé par la Compagnie à l'exécution des travaux et aux remboursements ci-dessus indiqués, sans toutefois que la somme bénéficiant de cette disposition pût excéder 200 millions. Pour le fonctionnement de la garantie, le cahier des charges excluait naturellement des frais annuels d'entretien et d'exploitation, l'intérêt et l'amortissement des emprunts que la Compagnie pouvait être conduite à contracter en cas d'insuffisance de la somme de 200 millions.

Si l'État payait, à titre de garantie, tout ou partie d'une annuité d'intérêts, il en était remboursé sur les bénéfices nets de l'entreprise excédant les 4 °/₀ garantis, dans quelque année que ces excédents se produisissent, et avant tout prélèvement de dividende au profit de la Compagnie.

A l'expiration de la concession, si l'État était créancier de la Compagnie, le montant de sa créance était compensé, jusqu'à due concurrence, avec la somme due à la Compagnie pour la reprise du matériel.

Après le délai de quinze années, à dater de l'époque fixée pour l'achèvement des travaux, si le produit net de l'exploitation dépassait 8 °/₀ du capital dépensé par la Compagnie, la moitié de l'excédent serait attribué à l'État.

La durée de la concession était de quatre-vingt-dix-neuf ans.

Comme dans le projet de loi de 1851, il était stipulé que, si l'État concédait le prolongement du chemin de fer du Centre jusqu'à Roanne, la communication, par cette voie, entre Paris et Givors ne pourrait pas être terminée avant l'achèvement du chemin de fer de Paris à Lyon et son raccordement avec celui de Lyon à Avignon ; cette clause avait pour objet, nous le rappelons, de ne pas compromettre, par l'ouverture anticipée de la seconde ligne de Paris à Lyon, dite du Bourbonnais, le trafic de la ligne principale.

Pour faciliter la concession du chemin de fer de Dijon à Besançon très instamment réclamé par le commerce, le Gouvernement avait inséré, dans le contrat relatif à la ligne de Lyon, un article qui obligeait la Compagnie concessionnaire de cette dernière ligne à fournir le matériel nécessaire à l'exploitation de l'embranchement et à faire la traction ; l'indemnité à lui servir de ce chef devait être réglée de gré à gré entre les deux Compagnies ou, à défaut d'accord, par le Gouvernement, les Compagnies entendues.

Dans le but d'assurer l'indépendance et la neutralité du chemin de Paris à Lyon, à l'égard des autres lignes dont il pourrait être, soit le concurrent naturel, soit la tête ou le prolongement, et pour préserver, par suite, le public contre les dangers du monopole, il était stipulé que « l'adminis- « tration du chemin resterait indépendante de celle de « tout autre chemin antérieurement concédé et que le « conseil d'administration ne pourrait comprendre, ni les « présidents, ni plus de deux membres de chacun des con- « seils d'administration des autres lignes concédées ».

Pour le surplus, le cahier des charges était semblable au type précédemment adopté, sauf addition de la gratuité pour un train spécialement affecté au service de la poste.

En exécution de ce décret, une convention fut conclue, le 5 janvier, avec un certain nombre de financiers et de constructeurs, et, notamment, avec MM. André, Bartholony, de Rothschild, Seillière, de Waru, banquiers à Paris ; duc de Galliera, propriétaire à Paris ; Baring et Rothschild, banquiers à Londres ; Locke, ingénieur à Londres ; Betts, Brassey et Peto, constructeurs en ladite ville. Cette convention fut approuvée par décret du même jour [B. L., 1er sem. 1852, n° 482, p. 138].

Un décret du 20 mars 1852 [B. L., 1er sem. 1852, supp., n° 236, p. 321] approuva les statuts de la Société, qui furent modifiés par un décret ultérieur du 18 novembre [B. L., 2e sem. 1852, supp., n° 283, p. 741] ; un autre décret du 9 mai 1853 [B. L., 1er sem. 1853, n° 47, p. 769] ratifia la convention intervenue pour la réalisation de la garantie d'intérêt ; enfin un décret du 18 août 1853 [B. L., 1er sem. 1853, n° 84, p. 345] régla les formes à observer pour les justifications financières de la Compagnie.

L'ouverture à l'exploitation eut lieu, en 1854, de Chalo-
à Lyon (Vaise) et, en 1856, de Lyon (Vaise) à Lyon (Guillo-
tière), y compris 1 kilomètre, de Perrache à la Guillo-
tière, appartenant à la concession de Lyon-Méditerranée.

**134. — Concession du chemin de Dijon à Besançon
avec embranchement sur Gray.** — Le chemin de fer de
Dijon à Mulhouse avait été classé par la loi du 11 juin 1842
et, quelques années plus tard, une loi du 21 juin 1846 en
avait autorisé la concession par voie d'adjudication ; d'après
cette loi le concessionnaire devait exécuter à ses frais tous
les travaux du chemin, dont le tracé était dirigé sur Mulhouse par Auxonne, Dôle et Besançon, ainsi qu'un embranchement d'Auxonne sur Gray. Le maximum de la durée de
jouissance était fixé à quatre-vingt-dix-neuf ans ; mais
aucune Compagnie ne s'était présentée.

Un décret du 12 février [B. L., 1er sem. 1852, n° 494,
p. 393] autorisa le Ministre à concéder directement la section
de Dijon à Besançon, d'une longueur de 90 kilomètres environ, et l'embranchement de Gray, d'une longueur de 35 à
39 kilomètres, pour une durée de quatre-vingt-dix-neuf
ans.

La ligne principale devait être achevée en même temps
que celle de Paris à Lyon, c'est-à-dire dans un délai de
trois années ; la Compagnie n'était tenue d'exécuter l'embranchement de Gray que si le chemin de Saint-Dizier à
Gray était concédé, et si les travaux en étaient commencés
avant l'expiration du délai imparti pour la construction du
chemin de Dijon à Besançon ; dans ce cas, la mise en exploitation de l'embranchement devait être consommée trois ans
après la concession de la ligne de Saint-Dizier à Gray.

L'État garantissait à la Compagnie, pendant cinquante
ans, l'intérêt à 5°/₀ et l'amortissement, calculé au même

taux et pour la même durée, d'une somme de 4 millions, qu'elle était autorisée à emprunter ; cet emprunt pouvait être porté à 5 500 000 fr., si la Compagnie exécutait l'embranchement de Gray. Les émissions ne pouvaient avoir lieu qu'au fur et à mesure de l'avancement des travaux et à la charge, par la Compagnie, de justifier de l'emploi, en achat de terrains ou en travaux, d'une somme quadruple du montant de ces émissions.

En outre, l'État garantissait, pendant cinquante ans, l'intérêt à 4 % du capital employé par la Compagnie à l'exécution des travaux, en sus du montant de l'emprunt ci-dessus indiqué, sans que cette garantie pût s'appliquer à plus de 12 millions, pour la ligne principale, et de 4 600 000 fr., pour l'embranchement (chiffre correspondant à 175 000 fr. par kilomètre environ).

Les clauses relatives, d'une part, au remboursement des avances faites par l'État au titre de la garantie d'intérêt, et, d'autre part, au partage des bénéfices, étaient calquées sur celles de la concession du Lyon. L'administration espérait, d'ailleurs, que la garantie n'aurait, pour ainsi dire, pas à fonctionner.

Le cahier des charges ne mentionnait pas l'obligation étroite de faire passer le chemin de Dijon à Besançon par Auxonne ; le Gouvernement se réservait le droit de décider s'il était nécessaire que cette ville fût desservie par la ligne principale, ou si on pouvait se contenter de la desservir par la branche de Gray.

Comme nous l'avons dit plus haut, la Compagnie avait la faculté de se servir, pour l'exploitation du chemin de Dijon à Besançon, du matériel de la Compagnie de Paris à Lyon ; en ce qui concernait l'embranchement de Gray, il devait être pourvu, s'il y avait lieu, à l'établissement du matériel et aux conditions d'usage et de traction du matériel, par le décret qui statuerait sur la concession du chemin de Saint-Dizier à Gray.

Un autre décret du même jour [B. L., 1er sem. 1852, n° 494, p. 412] approuva une convention conclue avec une Compagnie composée des principaux capitalistes et industriels de la ville de Besançon et du département du Doubs.

Les formes à suivre pour les justifications financières exigées de la Compagnie furent déterminées par décret du 31 août [B. L., 2e sem. 1852, n° 573, p. 480].

Les statuts de la Société furent approuvés par décret du 11 septembre [B. L., 2e sem., supp., n° 271, p. 399].

Un décret ultérieur, du 8 décembre [B. L., 1er sem. 1853, n° 5. p. 617], ratifia la convention intervenue pour régler le fonctionnement de la garantie d'intérêt.

La ligne de Dijon à Besançon fut ouverte jusqu'à Dôle, en 1855, et, jusqu'à Besançon, en 1856 ; l'embranchement de Gray le fut vers la fin de 1856.

135. — **Concession du chemin de Dôle à Salins.** — Le Gouvernement avait été autorisé, en 1846, à concéder la ligne de Dôle à Salins, d'une longueur de 32 kilomètres environ, destinée à desservir des intérêts importants et, entre autres, celui des salins d'Arc et des forêts nationales situées sur son parcours. Mais la concession n'avait pu se réaliser.

Le Ministre des travaux publics fut autorisé, par décret du 12 février [B. L., 1er sem. 1852, n° 494, p. 415], à concéder directement cette ligne aux conditions d'un cahier des charges analogue à ceux dont nous venons de parler, et pour une durée de quatre-vingt-dix-neuf ans.

Le délai d'exécution était de trois ans ; la garantie d'intérêt, de 4 %, portant sur un capital maximum de 7 millions, chiffre correspondant à 189 000 fr. environ par kilomètre. Une réduction exceptionnelle de tarif était accordée aux pierres à plâtre et au plâtre qui étaient taxés à 0 fr. 10 au lieu de 0 fr. 14, ainsi qu'à la houille, au bois à brûler, aux perches, chevrons, planches, madriers, bois de charpente et sels, qui étaient taxés à 0 fr. 06 au lieu de 0 fr. 16 et 0 fr. 10. Cette réduction était motivée par la nature spéciale de l'industrie en vue de laquelle était exécuté l'embranchement.

Un second décret du même jour (B. L., 1er sem. 1852, n°494, p. 433) approuva la convention conclue avec M. de Grimaldi, gérant de la Compagnie des anciennes salines de l'Est, dont la ligne de Dôle à Salins devait desservir les vastes établissements.

Un troisième décret, du 18 octobre [B. L., 2e sem. 1852, n° 591, p. 769], ratifia la convention spéciale par laquelle était réglé le fonctionnement de la garantie d'intérêt.

Le délai d'exécution fut porté à quatre ans par décret du 28 février 1855.

La mise en exploitation eut lieu en 1857.

136. — Attribution d'une garantie au Sous-Comptoir des chemins de fer. — Nous croyons intéressant de mentionner un décret du 18 février [B. L., 1er sem. 1852, n° 498, p. 567] autorisant le Ministre des finances à garantir les opérations du Sous-Comptoir des chemins de fer (dépendant du Comptoir d'escompte), jusqu'à concurrence de la moitié du capital versé par les actionnaires ; cette garantie, qui ne pouvait excéder un million, était représentée par un bon non négociable du Trésor.

137. — Fusion des concessions de Paris à Lille, de Creil à Saint-Quentin et d'Amiens à Boulogne, et concession de diverses lignes au profit de la nouvelle Compa-

gnie. — La ligne de Paris à la frontière de Belgique, par Lille et Valenciennes, avec embranchement de Lille sur Calais et sur Dunkerque, avait été concédée pour trente-huit ans, à partir du 10 septembre 1848.

Celle de Creil à Saint-Quentin l'avait été pour vingt-cinq ans, à partir du 29 décembre 1848.

Enfin, celle d'Amiens à Boulogne l'avait été pour quatre-vingt-dix-neuf ans environ, à partir du 24 octobre 1844.

Quoique exploitées par la même Compagnie, ces trois lignes n'en formaient pas moins trois concessions distinctes.

D'autre part, le réseau du Nord n'avait pas un développement proportionné aux intérêts qu'il était appelé à desservir. Il paraissait, notamment, nécessaire d'exécuter les chemins suivants :

1° Chemin de Saint-Quentin à Erquelines, de 85 kilomètres de longueur, en prolongement de celui de Creil à Saint-Quentin. Ce chemin estimé à 34 millions devait, avec la ligne belge de Namur à Erquelines, former la communication la plus directe entre Paris et l'Allemagne septentrionale, donner un raccourci de plus de 100 kilomètres sur la voie de Paris à Cologne par Bruxelles, et desservir de puissants intérêts dans la vallée de l'Oise et la région d'entre Sambre et Meuse.

2° Chemin du Cateau à Somain, de 38 kilomètres de longueur, destiné à mettre les ports de la Manche et le bassin houiller de Valenciennes en communication avec le nord-est de la France. La dépense était évaluée à 11 400 000 fr.

3° Chemin de la Fère à Reims, de 80 kilomètres de longueur, destiné à réunir le réseau du Nord à l'embranchement de Reims à Épernay et, par conséquent, à tout le réseau des lignes de l'Est. La dépense était évaluée à 23 millions.

4° Chemin de Noyelles à Saint-Valery, de 5 kilomètres environ, destiné à desservir le port de cette dernière localité, le plus voisin de Paris. La dépense était évaluée à 800 000 fr.

La Compagnie du Nord offrit d'établir ces diverses lignes à ses frais, risques et périls, si le Gouvernement ratifiait la fusion des concessions de Paris à Lille et embranchements, de Creil à Saint-Quentin et d'Amiens à Boulogne, et s'il portait la durée de la concession unique ainsi placée entre ses mains à quatre-vingt-dix-neuf ans, à compter du 10 septembre 1848, de manière à créer, par une réduction de l'amortissement, les ressources nécessaires à la construction des lignes nouvelles.

Une convention fut conclue dans ce sens et ratifiée par décret du 19 février 1852 [B. L., 1er sem. 1852, n° 496, p. 527]. La concession du chemin de Noyelles à Saint-Valéry ne devait lier définitivement l'État qu'après l'accomplissement d'enquêtes auxquelles il avait à procéder ; il devait être fait abandon à la Compagnie des terrains de l'ancien lit de la Somme, appartenant à l'État, qui seraient soustraits par les travaux du chemin de fer à l'invasion des eaux ; la Compagnie devait, en outre, être substituée à l'État dans ses droits sur partie de la plus-value des terrains appartenant à des tiers qui, pourrait résulter de ces travaux.

Le Gouvernement conservait, pendant un an, le droit d'exiger de la Compagnie la construction d'un chemin se dirigeant de la ligne de Saint-Quentin à Maubeuge sur la ligne principale et passant près de Cambrai, en remplacement de l'embranchement du Cateau à Somain, mais à la condition que la dépense de construction fût ramenée, par des contributions locales ou autrement, à celle qu'exigeait ce dernier embranchement.

Le cahier des charges du chemin de Creil à Saint-Quentin était appliqué aux quatre nouveaux chemins. La faculté de rachat ne pouvait s'exercer que sur l'ensemble du réseau concédé à la Compagnie du Nord, et seulement après l'expiration des quinze premières années, à dater du délai fixé pour l'achèvement des lignes nouvelles.

La mise en exploitation eut lieu en 1858. pour la ligne de Noyelles à Saint-Valery.

138. — **Concession du chemin de Strasbourg à la frontière bavaroise, vers Wissembourg.**—Dès 1848, le Gouvernement français et le Gouvernement bavarois s'étaient entendus pour l'établissement d'une ligne de Strasbourg vers Spire et Neustadt. Cette ligne devait :

1° Ouvrir, pour nos communications avec l'Allemagne méridionale, une seconde voie presque aussi directe que celle de Saarbrück ;

2° Relier les chemins de fer français avec le réseau des chemins de Stuttgard, Munich et Vienne, réseau qui, lui-même, allait se rattacher à la rive droite du Rhin, près de Bruchsall, par un embranchement alors en cours d'exécution ;

3° Jouer, le cas échéant, un rôle important au point de vue stratégique ;

4° Conserver à la rive gauche du Rhin le transit des marchandises et des voyageurs, qui tendait à se porter sur le chemin badois et attirer à lui la plus forte partie du mouvement commercial entre la mer du Nord et la Manche, d'une part, la France et la Suisse, d'autre part ;

5° Donner aux usines d'Alsace la facilité de s'approvisionner, à de bonnes conditions, de houilles de Saarbrück et de Bexbach.

Les circonstances n'avaient pas permis de donner immédiatement suite à la convention intervenue entre les deux pays. Mais l'affaire put être reprise en 1852.

Deux décrets du 25 février [B. L., 1ᵉʳ sem. 1852, n° 499, p. 581 et 600] concédèrent le chemin jusqu'à la frontière bavaroise à la Compagnie de Strasbourg à Bâle ; la dépense était évaluée à 15 millions et le revenu net, à 600 000 fr. ; l'administration espérait que ce prolongement de la ligne de Strasbourg à Bâle en augmenterait notablement le produit et mettrait, par suite, la Compagnie à même de servir au Trésor tout ou partie de l'intérêt du prêt de 12 500 000 fr. consenti par la loi du 15 juillet 1840.

La durée de la concession était de quatre-vingt-dix-neuf ans à dater du 6 mars 1838, origine du contrat relatif à la ligne de Strasbourg à Bâle ; le délai d'exécution était de trois ans ; une subvention de 3 millions, payable en quatre annuités, était accordée à la Compagnie ; l'État lui garantissait en outre l'intérêt à 4 % de ses dépenses de premier établissement, jusqu'à concurrence de 10 millions, tant que la ligne serait exploitée à une voie, et de 12 millions, quand elle le serait à deux voies.

Les clauses du cahier des charges de la ligne de Strasbourg à Bâle étaient modifiées de manière à être rendues conformes aux actes analogues les plus récents, pour les tarifs de marchandises et pour les immunités accordées aux services publics. En retour de ces avantages, l'amortissement du prêt de l'État, qui devait s'effectuer en quarante-six ans, était réparti sur toute la durée de la concession. Il était en outre stipulé que le produit de la ligne de Strasbourg à Bâle serait réuni à celui de la ligne de Strasbourg à la Bavière et que, après les prélèvements déterminés par le contrat du 29 octobre 1840, il serait attribué : 1° aux actionnaires, par privilège, 4 % ; 2° à l'État et aux actionnaires en concurrence, respectivement deux tiers et un tiers jusqu'à ce que le Trésor fût complètement couvert de l'intérêt de son prêt; 3° enfin à l'État et aux actionnaires, par parts égales, tout l'excédent.

La ligne fut ouverte à la circulation en 1855.

139. — Ouverture de crédit pour l'achèvement du chemin de Paris à Strasbourg. — Un autre décret du 25 février 1852 [B. L., 1er sem. 1852, n° 499, p. 602] affecta une somme de 1 600 000 fr. à l'achèvement de la section d'Hommarting à Strasbourg, et fixa en même temps à 500 000 fr. le solde de la part contributive de la Compagnie de Strasbourg à Bâle, dans les frais d'établissement de la gare de Strasbourg.

140. — Concession du chemin de Metz à Thionville et à la frontière à la Compagnie de Paris à Strasbourg et approbation d'arrangements relatifs à la ligne de Blesme à Gray. — La Compagnie de Paris à Strasbourg avait à peu près terminé ses travaux : le chemin devait être ouvert entre Paris et Nancy, et exécuté entre Frouard et la frontière prussienne pour le 15 juin 1852; le surplus devait être complètement achevé pour le 15 août suivant.

M. Lefèvre-Durufflé, poursuivant l'application de la pensée qui avait dicté le décret du 19 février concernant le réseau du Nord, et qui consistait à obtenir des Compagnies la construction de nouvelles lignes par la prolongation de leur concession, conclut avec la Compagnie de Paris à Strasbourg une convention dont les traits essentiels étaient les suivants.

La Compagnie de Paris à Strasbourg s'engageait : 1° à payer à la Compagnie, qui serait déclarée concessionnaire de la ligne de Blesme à Gray, une subvention de 10 millions, payable en dix termes égaux, à charge par cette dernière société, de justifier, avant le versement de chaque terme,

2

d'une dépense, en achat de terrains, travaux ou approvisionnements sur place, d'une somme de 4 millions ;

2° A se charger de l'exploitation de la ligne de Blesme à Gray, par un traité analogue à celui qui s'exécutait sur les lignes de Rouen et du Havre, sous réserve de l'approbation du Ministre. Ces dispositions devaient avoir pour effet de hâter l'établissement d'une ligne déjà déclarée d'utilité publique par une loi du 21 juin 1846, mais ajournée par suite de la crise industrielle et politique ; de contribuer au développement de l'industrie minière et métallurgique de la Haute-Marne ; d'ouvrir des débouchés aux belles forêts de la région ; et de compléter la grande ligne stratégique, parallèle à la Meuse et au Rhin, qui reliait les places fortes du Nord avec celles des frontières du Nord-Est.

La Compagnie consentait, en outre, à établir un chemin de Metz à Thionville et à la frontière, comportant une longueur de 54 kilomètres et une dépense de 113 000 000 fr. ; toutefois, il était stipulé que, si le Gouvernement prussien n'entreprenait pas dans un délai de huit ans la jonction de Luxembourg à la frontière française, l'engagement relatif à la section de Thionville à la frontière deviendrait caduc et serait remplacé par une contribution de 5 millions à un autre embranchement, dont la concession serait attribuée à la Compagnie.

Enfin, la Compagnie acceptait les clauses inscrites dans les cahiers des charges les plus récents, pour les transports postaux et la fermeture des voitures de 3e classe.

En échange de ces engagements, la durée de la concession, qui était de quarante-quatre ans environ, à partir du 27 novembre 1855, était portée à quatre-vingt-dix-neuf ans ; la pose de la seconde voie entre Metz et Forbach était ajournée jusqu'à ce que le produit brut kilométrique de cette section atteignît 18 000 fr. Les diverses lignes du réseau de la Compagnie étaient solidarisées au point de vue de l'exercice de la faculté de rachat.

Un décret du 25 mars 1852 approuva cette convention [B. L., 1er sem. 1852, n° 521, p. 1097].

Les deux Gouvernements de France et des Pays-Bas réglèrent d'un commun accord, en 1857, les conditions d'exécution et d'exploitation de la section internationale de Thionville à Luxembourg. Sauf arrangements spéciaux entre les deux Compagnies, les trains devaient changer de machines dans une station spéciale établie à cet effet à la sortie du souterrain, côté de Luxembourg ; la station d'échange devait être établie aux frais de la Compagnie luxembourgeoise qui recevait de la Compagnie de l'Est un loyer de 5 %, pour les installations spéciales à cette dernière Compagnie et pour la moitié des installations communes ; la Compagnie française versait à la Compagnie luxembourgeoise, à titre de péage pour le tronçon de la frontière à la station d'échange, les deux tiers de ses perceptions. Le tarif devait être concerté entre les deux sociétés, sous réserve de l'approbation des Gouvernements ; les nationaux et les marchandises des deux pays devaient être traités sur un pied de parfaite égalité.

La ligne de Metz à la frontière fut ouverte en 1854, jusqu'à Thionville et, en 1859, jusqu'à la frontière.

141. — **Concession de la ligne de Blesme à Gray.** — Deux décrets du 26 mars [B. L., 1er sem. 1852, n° 528, p. 1222 et 1240] approuvèrent une convention conclue avec MM. Wilkinson et consorts pour la concession du chemin de Blesme à Gray.

L'État garantissait à la Compagnie pendant cinquante ans :

1° L'intérêt à 4 1/2 et l'amortissement au même taux

d'une somme de 22 millions, qu'elle était autorisée à emprunter, la libre disposition des sommes provenant de cet
emprunt étant subordonnée à la justification d'une dépense
égale à deux fois et demi le montant desdites sommes ;

2° L'intérêt à 4 °/₀ du capital employé par elle en sus
de la subvention et du produit de l'emprunt, jusqu'à concurrence de 16 millions.

Les autres clauses étaient conformes au type, sauf addition d'une disposition ,empruntée à la législation prussienne et portant que, à toute époque après l'expiration des
deux premières années à dater du délai fixé pour l'achèvement des travaux, si, pendant cinq années consécutives.
l'État était forcé de faire des avances au titre de la garantie
d'intérêt, le Ministre aurait le droit de prendre en mains
l'administration et la direction du chemin, pour le compte
de la Compagnie, jusqu'au jour où le produit net serait de
4 °/₀ durant trois années consécutives.

Les statuts de la Société furent approuvés par décret du
4 juin [B. L., 1ᵉʳ sem. 1852, supp., n° 252, p. 712] ; les
formes à suivre pour les justifications financières exigées de
la Compagnie furent réglées par décret du 28 juillet [B. L.,
2ᵉ sem. 1852, n° 573, p. 428], et un décret ultérieur, du
27 juillet 1853 [B. L., 2ᵉ sem. 1853, n° 82, p. 307], détermina les conditions de réalisation de la garantie d'intérêt.

La ligne fut ouverte, par sections, de 1854 à 1858.

142. — Modification des conditions d'amortissement
pour la ligne de Paris à Orléans. — Une loi du 15 juillet
1840 avait accordé à la Compagnie de Paris à Orléans une
garantie d'intérêt de 4 °/₀, pendant quarante-sept ans, sur
son capital de 40 millions, mais en obligeant cette Compagnie à prélever sur le montant de la garantie 1 °/₀ destiné à l'amortissement. Un décret du 26 mars [B. L.,

1er sem. 1852, n° 520, p. 1070] abrogea cette dernière \
disposition et autorisa la Compagnie, conformément à l'avis
du Conseil d'État, à répartir l'amortissement sur toute la
durée de la concession, qui était de quatre-vingt-dix-neuf
années; les charges annuelles et, par suite, les avances de
l'État, au titre de la garantie d'intérêt, devaient se trouver
soulagées d'autant.

Les statuts de la Société, modifiés en exécution de ces
décrets, furent homologués le 27 septembre [B. L., 2e sem.
1852, supp., n° 276, p. 541].

143. — **Fusion des Compagnies de Paris à Orléans,
du Centre, d'Orléans à Bordeaux et de Tours à Nantes.
Concessions diverses à la Compagnie d'Orléans.** — L'État
exécutait, au moyen de dotations fixées par la loi du
24 juin 1844, les lignes de Châteauroux à Limoges (135 km.)
et du Bec-d'Allier à Clermont (155 km.). Il restait à
pourvoir à l'exécution d'une branche du réseau du Centre,
dirigée de Saint-Germain-des-Fossés vers Roanne et destinée à relier les contrées du Midi de la France à celle
de l'Ouest (66 km.). Les études faites sur le trafic de
ces trois chemins ne permettaient pas d'espérer qu'on pût
les concéder à des conditions plus avantageuses que celles
de la loi du 11 juin 1842 ; mais un projet de fusion entre les
quatre Compagnies de Paris à Orléans, du Centre, d'Orléans à Bordeaux et de Tours à Nantes vint fournir au
Gouvernement le moyen de mettre à la charge de ces quatre
Compagnies une partie importante de la dépense qui devait
incomber au Trésor public.

La ligne de Paris à Orléans avait été concédée, pour
quatre-vingt-dix-neuf ans, à partir du 7 juillet 1838 ; celle
du Centre, pour quarante ans, à partir du 24 septembre
1862 ; celles d'Orléans à Bordeaux et de Tours à Nantes,

pour cinquante ans. La durée de la concession fut portée à quatre-vingt dix-neuf ans, à compter du 1ᵉʳ janvier 1852 et la fusion fut autorisée. Ces mesures devaient avoir pour effet : 1° en prolongeant la durée de l'amortissement, de rendre disponibles des ressources annuelles applicables à la réalisation d'un emprunt ; 2° en réunissant les administrations, de réduire les frais généraux, de simplifier l'exploitation, de la rendre plus économique, de favoriser l'uniformité, la régularité et la vitesse des communications.

La nouvelle Compagnie ainsi constituée se rendait, en conséquence, concessionnaire des lignes de Châteauroux à Limoges, du Bec-d'Allier à Clermont, de Saint-Germain-des-Fossés à Roanne et, en outre, d'un embranchement de Poitiers sur la Rochelle et Rochefort ; elle versait au Trésor une subvention de 16 millions, moyennant laquelle l'État devait exécuter et livrer l'infrastructure des lignes du Centre ; l'engagement de la Compagnie, pour la branche de la Rochelle et de Rochefort, dont le coût était évalué à 20 millions pour l'infrastructure seule, était subordonné à la réalisation d'un concours des localités, montant à 4 millions (1). Le cahier des charges était amélioré par l'introduction des réductions de prix, formulées dans les derniers actes analogues, pour le transport des troupes, des bagages. L'État garantissait à la Compagnie un minimum d'intérêt de 4 %, pendant cinquante ans, à dater du 1ᵉʳ janvier 1852. Le Gouvernement conservait la faculté de rachat, à toute époque après l'expiration des quinze premières années, à compter du terme fixé pour la mise en exploitation des sections nouvellement concédées ; mais le rachat ne pouvait s'appliquer qu'à l'ensemble du réseau ; la Compagnie

(1) Cette subvention fut répartie entre les départements et les villes intéressées, et les voies et moyens nécessaires à sa réalisation furent assurés par des lois des 4, 7 et 10 juin 1853.

renonçait, d'ailleurs, à se prévaloir de la disposition de son cahier des charges qui lui assurait, en sus du dividende moyen des sept dernières années, une majoration variable avec l'époque à laquelle l'État rentrait en possession de la concession ; de son côté le Gouvernement renonçait à toute participation aux bénéfices. L'administration du réseau devait rester indépendante de celle de tout autre chemin de fer antérieurement concédé ; son conseil ne pouvait comprendre, ni les présidents, ni plus de deux membres de chacun des conseils des autres lignes concédées. Un décret du 27 mars 1852 [B. L., 1er sem. 1852, n° 520, p. 1074] approuva la convention passée sur ces bases et stipula en outre :

1° Que la Compagnie d'Orléans ne pourrait contracter aucun traité de fusion ou d'alliance avec les Compagnies de Lyon à Avignon et d'Avignon à Marseille ;

2° Que les Compagnies de Paris à Lyon et de Lyon à Avignon pourraient se fusionner et même s'adjoindre le chemin d'Avignon à Marseille et toutes autres lignes affluentes ;

3° Que les dispositions du cahier des charges relatif au chemin de Lyon à Avignon, prescrivant la plus complète égalité pour les correspondances avec les lignes de Bourgogne et du Centre, étaient maintenues et, au besoin, étendues à toute la ligne de Marseille à Lyon ;

4° Que les travaux de l'embranchement de Roanne seraient ajournés jusqu'à la présentation au Gouvernement du projet de fusion des Compagnies échelonnées entre Paris et Marseille ou, à défaut, jusqu'à l'expiration d'un délai de deux ans ;

5° Que les taxes totales, à percevoir entre Paris, Givors et Lyon, et réciproquement, seraient égales sur les deux lignes du Centre et de Paris à Lyon par Chalon et Dijon ;

6° Que ces taxes seraient soumises à l'homologation du Ministre des travaux publics, par la Compagnie de Lyon, et que la Compagnie du Centre serait entendue avant toute décision ;

7° Que, en cas de difficulté, il serait statué, sous réserve du droit d'homologation du Ministre par une Commission composée de membres de chacune des deux Compagnies et d'un commissaire nommé par le Gouvernement.

Les modifications à apporter aux statuts de la Compagnie d'Orléans, à la suite du décret du 27 mars 1852 furent approuvées par décret du 27 septembre [B. L., 2ᵉ sem. 1852, supp., n° 276, p. 541].

La mise en exploitation eut lieu :

Pour la ligne de Châteauroux à Limoges, de 1854 à 1856 ;

Pour la ligne de Guétin à Clermont, avec embranchement de Saint-Germain-des-Fossés sur Roanne, de 1853 à 1858 ;

Pour l'embranchement de Poitiers sur la Rochelle et Rochefort, en 1856 et 1857.

144. — Prolongation de la concession du chemin de Montereau à Troyes. — La Compagnie concessionnaire du chemin de Montereau à Troyes se trouvait dans l'obligation de contracter un nouvel emprunt de 1 300 000 fr.; elle avait, en outre, à renouveler un emprunt de 2 millions, qui venait à échéance le 15 mai 1852.

Le Ministre des travaux publics, considérant que ce chemin était un embranchement de Paris à Lyon et que, dès lors, il paraissait naturel de lier le sort des deux lignes au point de vue de la durée et du terme des concessions, proposa de porter à quatre-vingt-dix-neuf ans, à compter du 7 janvier 1856, date fixée pour l'ouverture du chemin de

Lyon sur toute sa longueur, la durée du bail relatif au chemin de Montereau à Troyes, durée qui avait été fixée, par l'adjudication et l'ordonnance du 25 janvier 1845, à soixante-quinze années commençant à courir de la date de cette ordonnance.

Un décret du 27 mars 1852 [B. L., 1ᵉʳ sem. 1852, n° 520, p. 1087] homologua cette proposition et autorisa, en outre, la Compagnie :

1° A transporter sur un nouvel emprunt de 2 millions le privilège de premier ordre affecté à celui qui venait à échéance le 15 mai ;

2° A consentir, pour gage d'un emprunt supplémentaire de 1 300 000 fr. toute antériorité sur la créance qui résultait pour l'État du prêt de 3 millions, réalisé en exécution de la loi du 9 août 1847.

145. — **Concession du chemin de Graissessac à Béziers.** — Deux décrets du même jour [B. L., 1ᵉʳ sem. 1852, n° 591, p. 749 et 765] autorisèrent le Ministre à concéder un chemin de fer destiné à relier les mines de Graissessac à Béziers, et approuvèrent une convention conclue, pour cette concession, avec MM. Delfosse, Granier, Coutlet et Orsi.

La durée du bail était de quatre-vingt-dix-neuf ans.

Le tarif était le même que celui du chemin d'Avignon, sauf pour la houille qui était taxée à 0 fr. 15 ; toutefois, il était stipulé que, deux ans après la mise en exploitation du chemin de fer, cette taxe exceptionnelle serait révisée et pourrait être réduite, après enquête.

Les statuts de la Société furent approuvés par décret du 26 février 1853 [B. L., 1ᵉʳ sem. 1853, supp., n° 11, p. 289], et la ligne fut ouverte en 1858.

146.— Convention entre la France et la Bavière pour l'établissement et l'exploitation du chemin de Strasbourg à Spire. — Un décret du 25 février 1852 avait, nous l'avons vu, concédé à la Compagnie de Strasbourg à Bâle un chemin de Strasbourg à la frontière bavaroise.

Une convention intervenue le 4 février 1848 entre les deux Gouvernements, pour l'établissement et l'exploitation de ce chemin et de son prolongement jusqu'à Spire, fut ratifiée par eux, le 8 mai 1852, et rendue exécutoire en France par décret du 25 mai [B. L., 1er sem. 1852, n° 537, p. 1419]. Aux termes de cette convention, chacun des États s'engageait à faire construire la partie de la ligne de Strasbourg à Spire située sur son territoire ; les nationaux français ou bavarois devaient être traités sur le pied de la plus complète égalité ; le point de jonction des deux services était fixé à Wissembourg ; les tarifs devaient être concertés entre les deux administrations exploitantes.

147. — Fusion des Compagnies de Lyon à Avignon, d'Avignon à Marseille, du Gard, de Montpellier à Cette et de Montpellier à Nîmes. — Concession à la nouvelle Compagnie.

I.—Projet de loi.—Le 22 juin 1852 [M. U., 23 juin 1852], le Ministre des travaux publics présenta au Corps législatif un projet de loi ayant pour objet de comprendre dans une seule entreprise :

1° Le chemin de fer de Lyon à Marseille et Toulon, avec embranchement de Rognac à Aix ;

2° Le réseau des chemins de fer alors en exploitation sur la rive droite du Rhône, depuis Beaucaire, d'un côté, jusqu'à Alais et aux mines de la Grand'Combe et, d'un autre côté, jusqu'au port de Cette.

L'entreprise ainsi constituée devait se composer des lignes suivantes :

Lyon à Avignon.	230 kilom.
Avignon à Marseille.	125
Alais à Beaucaire	74
Alais à la Grand'Combe.	19
Montpellier à Cette	28
Montpellier à Nîmes.	52
Rognac à Aix.	24
Marseille à Toulon.	65
TOTAL.	617 kilom.

La situation de ces chemins était la suivante :

1° *Chemin de Lyon à Avignon.* — Il avait été concédé par adjudication, en vertu d'une loi du 1er décembre 1851, moyennant une subvention de 49 millions et une garantie de 5 °/₀ sur un emprunt de 30 millions ; la dépense était évaluée à 120 millions.

2° *Chemin de Marseille à Avignon.* — Il avait été concédé directement, en vertu de la loi du 24 juillet 1843, pour trente-trois années qui avaient commencé à courir le 1er janvier 1850. L'État avait alloué à forfait à la Compagnie 32 millions, pour l'exécution des terrassements et des ouvrages d'art, et s'était en outre chargé des acquisitions de terrains, estimées à 9 millions. La Société s'était constituée au capital social de 20 millions ; mais, en cours d'exécution, ce capital avait été reconnu insuffisant, et une loi du 29 novembre 1849 avait autorisé la Compagnie à emprunter 30 millions, dont l'intérêt à 5 °/₀ et l'amortissement en trente-trois ans étaient garantis par l'État. La ligne principale était terminée et livrée à la circulation depuis plusieurs années ; le raccordement avec le chemin du Gard était sur le point d'être achevé, et les travaux de l'embranchement de la Joliette allaient être entrepris. Le produit net n'avait pas suffi, même pour le service de l'emprunt de 30 millions, et, bien qu'il dût s'accroître, les actionnaires ne pouvaient compter que sur une rémunération très modique. Le Gouvernement pensa que le seul remède à cette situation consistait dans la prolongation de la concession et sa fusion avec celle de Lyon à Avignon, sauf à imposer, en compensation, à la Compagnie nouvelle la construction des embranchements de Rognac à Aix et de Marseille à Toulon.

  3° *Chemin d'Alais à Beaucaire et d'Alais à la Grand'Combe.* — Ils avaient été concédés, l'un à perpétuité par une loi du 19 juin 1833, l'autre pour une durée de quatre-vingt-dix-neuf ans par une ordonnance du 12 mai 1836. En exécution d'une loi du 17 juillet 1837, l'État avait prêté, pour la construction de ces deux chemins, une somme de 6 millions, portant intérêt à 4 % et remboursable en douze annuités, à partir du 17 juillet 1843. Trois millions seulement avaient été remboursés, et les intérêts avaient cessé d'être servis depuis les événements de février 1848. La dépense de premier établissement s'était élevée à 26 millions et nécessitait encore un appoint de 2 millions ; le produit net avait oscillé. d'autre part, entre 1 200 000 fr. et 1 334 000 fr. L'ouverture de ces deux lignes avait décuplé l'extraction de la houille dans le bassin d'Alais ; mais leur réunion aux houillères de la Grand'Combe, légitime et justifiée dans l'origine, avait eu pour effet le maintien de la taxe maximum de 0 fr. 10, prohibitive pour les houilles des mines concurrentes et défavorable à la lutte contre les charbons anglais sur le marché de Marseille et de Toulon.

  4° *Chemin de Montpellier à Cette.* — Il avait été concédé pour quatre-vingt-dix-neuf ans, par une loi du 9 juillet 1836. La dépense de premier établissement s'élevait à 4 700 000 fr., et devait atteindre 6 200 000 fr. ; le produit brut et le produit net avaient été respectivement de 800 000 fr.

et de 200 000 fr. en moyenne. Les actionnaires n'avaient, pour ainsi dire, reçu aucune rémunération.

5° *Chemin de Montpellier à Nîmes.* — Il avait été construit par l'État, en vertu d'une loi du 15 juillet 1840. L'exploitation en avait été adjugée, pour douze années, du 1er novembre 1844 au 1er novembre 1856, à une Compagnie fermière, moyennant un canon de 408 000 fr., y compris les intérêts du prix du matériel. La Compagnie s'était constituée au capital de 2 millions sur lesquels elle n'avait appelé que 1 200 000 fr.; elle n'avait pu payer le prix du bail et s'était mise, dès 1848, en instance pour obtenir, soit une résiliation, soit une réduction de fermage. La Commission centrale des chemins de fer, saisie de cette réclamation, avait conseillé de profiter de l'occasion pour réunir en une seule exploitation les lignes du Gard et de l'Hérault, régies par trois Compagnies et soumises à quatre cahiers des charges différents; pour faire disparaître ainsi les retards et les embarras, imposés aux voyageurs et aux marchandises par le défaut d'harmonie entre les dispositions matérielles des chemins et le défaut d'entente des Compagnies; et pour abaisser le tarif des houilles, en retirant la ligne du Gard des mains de la Compagnie des mines de la Grand'Combe.

6° *Embranchement de Rognac à Aix.* — Une loi du 19 juillet 1845, restée sans effet, avait autorisé l'exécution de cet embranchement, évalué à 7 millions, sur lesquels la ville d'Aix avait offert 1 million. Cette ville, qui venait de perdre, par le fait de l'ouverture de la ligne d'Avignon à Marseille, le rôle séculaire qu'elle avait joué comme étape d'un mouvement considérable, ne cessait de réclamer avec instance la réalisation de l'engagement moral pris à son égard en 1845.

7° *Chemin de Marseille à Toulon.* — Ce chemin évalué à 36 millions, dont 10 millions pour la voie de fer, devait

relier au réseau général de la France notre grand port militaire de la Méditerranée, mettre ses ressources et sa puissance sous la main du Gouvernement, et former la première
section de la ligne appelée à réunir Marseille et Gênes,
c'est-à-dire à réunir la France et l'Italie méridionale.

Le projet de loi était accompagné d'une convention avec
la Compagnie de Lyon à Avignon. Les dispositions principales de cette convention étaient les suivantes :

Étaient approuvées les cessions faites à cette Compagnie
par les Compagnies concessionnaires ou fermières :

1° Du chemin de Marseille à Avignon, moyennant une
rente annuelle estimée à 600 000 fr., soit 3 %, du capital,
pour les cinq premières années ; à 800 000 fr., soit 4 %, pour
les sept années suivantes ; et à 1 million, soit 5 %, à partir
de la douzième année ;

2° Des chemins d'Alais à Beaucaire et d'Alais à la Grand'-
Combe, moyennant une rente annuelle fixée à 1 200 000 fr.,
et croissant de 50 000 fr. par an, pour s'élever à 1 450 000 fr.,
à la condition que le produit net se fût accru, dans l'année,
d'une somme double ;

3° Du chemin de Montpellier à Cette, moyennant une
rente de 260 000 fr. ;

4° Du chemin de Montpellier à Nîmes, moyennant une
rente de 25 000 fr.

Toutes ces rentes étaient représentées par des obligations, dont l'intérêt était garanti par l'État, pendant cinquante ans, et dont la forme et les conditions devaient être
soumises à l'approbation du Ministre des finances ; elles représentaient le revenu dont les Compagnies jouissaient ou
étaient assurées de jouir à une époque prochaine.

Le cahier des charges du chemin de fer de Lyon à
Avignon était rendu applicable à toutes les lignes de la con-

cession, ce qui assurait au public les avantages stipulés dans les actes les plus récents pour le service des postes, le service militaire, le transport des condamnés, les conditions d'application des taxes, etc.

Les charges imposées à la Compagnie comprenaient :

1º L'exécution de l'embranchement de Rognac à Aix, à ses risques et périls, ce qui représentait pour elle une dépense de. . 6 000 000 fr.

2º L'exécution, sur l'embranchement de Toulon, des travaux mis à la charge des Compagnies par la loi de 1842, travaux évalués à. 10 000 000

3º L'obligation de verser au Trésor public, en six paiements égaux, par semestre, une somme de. . . . . 9 700 000 applicable aux travaux à exécuter par l'État sur le même embranchement;

4º L'exécution des travaux nécessaires pour compléter les lignes de la rive droite du Rhône, ainsi que leur matériel, travaux estimés à. 5 000 000

5º Le paiement à la Compagnie fermière du chemin de Montpellier à Nîmes de la somme nécessaire pour la désintéresser. 500 000

Total. 31 200 000

Les tarifs des houilles, sels, fontes brutes et minerais de fer, qui variaient sur les lignes du réseau entre 0 fr. 10 et 0 fr. 14 par tonne et par kilomètre, étaient abaissés, suivant les distances, à 0 fr. 08 et 0 fr. 05. Ces réductions avaient un grand intérêt pour le transport des houilles destinées aux fabriques du Midi et aux besoins de la navigation de la Méditerranée, pour celui des fontes brutes et des minerais de fer d'Algérie et de Corse envoyés dans les usines du Gard et de l'Ardèche, ainsi que pour la remonte des sels dans les Cévennes. Le prix stipulé par la loi du 19 juillet 1837, pour la vente par la Compagnie de la Grand'Combe des houilles nécessaires à la consommation de la marine de l'État dans la Méditerranée, était diminué de 5 fr., et le délai de livraison à prix réduit, prorogé de dix ans. Le prix du blé sur le marché régulateur de Gray, au-dessus duquel le Gouvernement pouvait prescrire une réduction de moitié des tarifs de transport, était abaissé de 30 à 25 fr. Enfin la concession perpétuelle du chemin d'Alais à Beaucaire était ramenée à quatre-vingt-dix-neuf ans.

En revanche, la durée de la concession de la Compagnie était portée à quatre-vingt-dix-neuf ans, de manière à prendre fin en même temps que celle de Lyon à Avignon : c'était, pour la ligne de Marseille à Avignon, notamment, une prolongation de soixante-six ans.

L'État garantissait à la Compagnie, pendant cinquante ans, en outre des sommes annuelles représentant le prix des lignes rachetées, l'intérêt à 4 % des dépenses à faire par elle pour l'exécution des engagements mis à sa charge par la convention ; la garantie accordée pour trente-trois ans, par la loi du 10 novembre 1830, à la Compagnie de Marseille à Avignon, sur un emprunt de 30 millions, était prorogée à quatre-vingt-dix-neuf ans. L'ensemble des garanties ainsi imposées à l'État s'élevait à 7 131 000 fr., mais le produit net probable ne paraissait pas devoir descendre au-dessous de 9 075 000 fr.

Le projet de loi était également accompagné d'un cahier des charges, d'une convention entre le Ministre et la Société de la Grand'Combe, et de traités entre la Compagnie de Lyon à Avignon et les Compagnies de Marseille à Avignon, du Gard, de Montpellier à Nîmes et de Montpellier à Cette.

II. — RAPPORT ET VOTE AU CORPS LÉGISLATIF. — M. de Morny, chargé de la rédaction du rapport au Corps législatif, conclut, au nom de la Commission, à l'adoption du projet de loi [M. U., 27 juin 1852]. Nous n'avons à retenir de son travail que la partie où il s'attacha à démontrer l'inanité des craintes inspirées par l'importance du réseau placé entre les mains d'une même Compagnie. Suivant lui, le monopole n'était dangereux que de la part des petites Compagnies, qui étaient écrasées par les frais généraux et qui, aux prises avec les embarras financiers, cherchaient inévitablement des bénéfices dans l'exagération des taxes et la parcimonie dans les dépenses de construction et d'entretien ; au contraire les sociétés puissantes, pourvues d'un large crédit, pouvaient faire librement des améliorations, établir des embranchements, consentir des sacrifices, pour aller chercher au loin les voyageurs et les marchandises, tenter des réductions de tarif dont elles ne recueilleraient que plus tard le bénéfice. L'expérience de l'Angleterre était là pour le prouver.

La loi fut votée sans discussion [M. U., 29 juin 1852], et sanctionnée le 8 juillet [B. L., 2ᵉ sem. 1852, n° 558, p. 105] (1).

Deux décrets des 28 juillet [B. L., 2ᵉ sem. 1852, n° 573, p. 423], et 18 novembre [B. L., 2ᵉ sem. 1852, supp., n° 283, p. 741], réglèrent les justifications financières à fournir par la Compagnie et approuvèrent ses statuts.

Un décret du 3 février 1855 [B. L., 1ᵉʳ sem. 1855, n° 271, p. 330], homologua une convention, aux termes de laquelle : 1° l'État, usant de la faculté que lui conférait le cahier des charges annexé à la loi du 8 juillet 1852, s'engageait à payer à forfait à la Compagnie une subvention de 30 millions, représentant la valeur de l'infrastructure de la

(1) Pour cette loi, comme pour les suivantes, nous n'avons pas cru devoir mentionner les travaux du Sénat dont le rôle se bornait à constater que les votes du Corps législatif ne comportaient aucune disposition contraire à la Constitution.

ligne de Marseille à Toulon ; 2° la Compagnie était autorisée à réaliser en obligations la somme de 31 millions, l'intérêt à 4 °/₀ lui était garanti par l'État.

Les conditions de réalisation de la garantie d'intérêt firent l'objet d'un autre traité, approuvé par décret du 24 février 1855 [B. L., 1ᵉʳ sem. 1855, n° 275, p. 373].

Un décret du 10 mars 1855 [B. L., 1ᵉʳ sem. 1855, n° 280, p. 475] régla les formes à suivre pour les justifications financières de la Compagnie.

La mise en exploitation des lignes qui n'étaient pas achevées à cette date eut lieu :

En 1854, pour la section de Valence à Avignon ;

En 1855, pour la section de Lyon à Valence ;

En 1856, pour la section de Rognac à Aix ;

En 1858-1859, pour la section de Marseille à Toulon.

148. — Loi autorisant la concession du chemin de fer de Bordeaux à Cette et du canal latéral à la Garonne.

I. — PROJET DE LOI. — Le chemin de fer de Bordeaux à Cette, concédé par la loi du 17 juin 1846, avait été abandonné par la Compagnie concessionnaire, dont la déchéance avait été prononcée par arrêté ministériel du 21 décembre 1847.

Depuis, plusieurs propositions avaient été faites au Gouvernement pour l'exécution totale ou partielle de cette ligne. Toutes ces propositions avaient un point commun : les précautions à prendre contre la concurrence du canal latéral à la Garonne. Parmi les Compagnies qui sollicitaient la concession, la plupart demandaient, à cet effet, la remise simultanée, entre leurs mains, du canal et du chemin de fer ; quelques-unes allaient même jusqu'à solliciter la destruction de la voie navigable et son utilisation pour l'assiette de la voie ferrée.

Le Gouvernement refusa de souscrire à la suppression du canal; mais il crut pouvoir consentir à la réunion des deux voies pour en faire l'objet d'une concession unique, mettant ainsi obstacle à une lutte dont l'État aurait fait les frais par l'augmentation de sa subvention à la voie ferrée ou le jeu de la garantie d'intérêt; il jugea qu'il était possible d'éviter l'exagération des tarifs du chemin de fer, en stipulant des taxes réduites pour le péage sur le canal.

L'économie générale de la concession unique, préparée d'après ce principe, était la suivante :

Le chemin de fer de Bordeaux à Cette suivait la rive gauche de la Garonne jusqu'à Langon, puis la rive droite jusqu'à Toulouse; de là il se dirigeait sur Castelnaudary, Carcassonne et Narbonne, passait par ou près Béziers et se portait à Cette par Mèze ; sa longueur totale était de 481 kilomètres; il devait être terminé dans un délai de six ans. La dépense était évaluée à 140 millions, en ajournant provisoirement la deuxième voie ; le produit net était estimé à 3 1/2 %.

Quant au canal, entrepris en vertu de la loi du 2 juillet 1838, il avait son point de départ à Toulouse, passait par Agen et aboutissait à Castets ; un embranchement de 11 kilomètres le mettait en communication avec la ville de Montauban ; il était en outre relié avec le Tarn, à Moissac, et avec la Garonne, à Agen. Sa longueur, y compris les embranchements, était de 209 kilomètres. Les travaux étaient terminés sur une grande partie de cette longueur. Le revenu net probable était très faible ; ajouté à celui du chemin de fer, il ne le portait qu'à 4 %.

Dans ces conditions, le Gouvernement considérait comme nécessaire : 1° de livrer gratuitement le canal à la Compagnie ; 2° de lui accorder une subvention de 40 millions pour le chemin de fer, de manière à ne laisser à sa charge qu'une dépense de 100 millions, dont les deux cinquièmes à réaliser. par voie d'emprunt ; 3° de garantir pendant cinquante ans l'intérêt à 4 °/₀ des actions et des obligations, plus l'amortissement de ces dernières, pendant le même délai et au même taux.

La durée du bail était de quatre-vingt-dix-neuf ans.

Les dispositions du cahier des charges relatives au chemin de fer étaient conformes au type. En ce qui touchait le canal, les tarifs étaient respectivement fixés, à la remonte et à la descente, à 0 fr. 03 et 0 fr. 02 pour les marchandises de 1ʳᵉ classe ; 0 fr. 02 et 0 fr. 01 pour les marchandises de 2ᵉ classe et, notamment, les bois de charpente ; 0 fr. 01 et 0 fr. 005 pour les bois de chauffage. La Compagnie était autorisée à livrer l'excédent de ses eaux d'alimentation à l'agriculture ou à l'industrie, sous réserve de la sanction du Gouvernement. Le rachat ne pouvait s'exercer que simultanément sur le chemin de fer et le canal.

La concession devait d'ailleurs être faite directement, afin d'assurer des garanties plus complètes d'une prompte et bonne exécution.

Un projet de loi, rédigé sur ces bases, fut déposé le 18 juin 1852 [M. U., 27 juin 1852].

II. — RAPPORT AU CORPS LÉGISLATIF. — M. Curnier, chargé du rapport au Corps législatif, émit un avis favorable au projet de loi [M. U., 27 juin 1852]. Les seules parties intéressantes de ce rapport sont celles qui ont trait à la question de concession simultanée des deux voies de communication et du choix à faire entre le système de la concession directe et celui de l'adjudication.

En voici des extraits : « Deux membres ont vivement « combattu la concession de la jouissance du canal latéral « à la Garonne ; ils ont demandé que cette clause du cahier

« des charges fût annulée ou que, du moins, l'État se réser-
« vât la faculté de racheter cette jouissance, après les
« quinze premières années, sans être obligé pour cela de ra-
« cheter en même temps le chemin ; ils ont prétendu que le
« monopole qu'exercerait la Compagnie en administrant
« tout à la fois et le canal et le chemin se traduirait pour le
« commerce et l'agriculture en tarifs plus élevés que ceux
« que la concurrence établirait naturellement ; que la
« Compagnie serait amenée à abandonner les travaux d'en-
« tretien, pour rendre le canal innavigable et faire ainsi
« les affaires du chemin de fer, au détriment de la voie
« moins lucrative du canal. L'un d'eux a déclaré qu'il pré-
« férait que l'État augmentât la subvention qu'il devait
« accorder à la Compagnie et que le canal continuât à être
« exploité séparément, tant il tenait à ce que ces deux
« modes de transport ne fussent pas concentrés dans les
« mêmes mains.

« La Commission a été d'avis que cette concentration du
« canal et du chemin de fer dans les mains d'une même
« Compagnie, qui formait la base du projet de loi, rendait
« seule possible l'exécution du chemin ; qu'il n'existait pas
« d'autre moyen d'engager une société sérieuse à se charger
« d'établir une voie ferrée de Bordeaux à Cette ; qu'il
« fallait, à tout prix, éviter qu'il y eût, entre les deux
« Compagnies rivales, une lutte ruineuse, dont les consé-
« quences retomberaient en définitive sur l'État, forcé de
« donner son concours dans cette circonstance, sous la
« double forme d'une subvention et d'une garantie d'inté-
« rêt ; que cette combinaison, empruntée à l'Angleterre où
« pourtant les concessions des canaux, comme celles des
« chemins de fer, sont perpétuelles, ne pouvait donner lieu
« à aucun abus, grâce aux précautions prises par l'État,
« dans la rédaction du cahier des charges, pour prévenir

« l'élévation des tarifs de chemins de fer par une réduction
« convenable du chiffre des péages sur le canal, et pour
« garantir au commerce et à la batellerie le parfait entre-
« tien de cette voie de transport qui, placée sous la surveil-
« lance constante des ingénieurs des ponts et chaussées, ne
« pourrait jamais être fermée au transit, soit directement,
« soit indirectement..... La Commission était profondément
« convaincue que la double concession à une seule Compa-
« gnie des deux voies de communication était une condition
« essentielle, nécessaire, de l'exécution du chemin de fer ,
« que l'exploitation du canal par l'État, ou par une autre
« Compagnie en concurrence avec celle du chemin de fer,
« offrirait, en tout temps, de tels inconvénients qu'aucune
« Compagnie ne voudrait s'exposer à une éventualité qui
« entraînerait sa ruine. En se plaçant au point de vue du
« rachat, elle n'a pas jugé convenable d'aller au delà des
« dispositions de l'article du cahier des charges qui confère
« à l'État le pouvoir de racheter, en même temps, les deux
« concessions, après un délai de quinze ans, au moyen
« d'une simple annuité payée à la Compagnie. Elle a pensé
« que si, contrairement à ses prévisions, malgré les droits
« que l'État s'était réservés, malgré la surveillance qui
« serait exercée par ses agents, des abus venaient à se pro-
« duire, cette clause était bien suffisante pour le mettre à
« même de couper le mal dans sa racine, puisque, n'étant
« obligé, en cas de rachat, de rembourser à la Compagnie
« son capital, n'ayant à lui compter qu'une annuité qui
« serait évidemment couverte par les revenus, soit du
« chemin, soit du canal, il pourrait toujours user, quand il
« le voudrait, de la faculté que lui donnait l'article 70 du
« cahier des charges.....
    « Le système de l'adjudication, avec publicité et concur-
« rence, appliqué aux grandes concessions de chemins de

« fer, nous a donné de trop déplorables résultats pour que
« nous puissions le regretter ; c'est à lui surtout que nous
« devons le retard qu'a éprouvé la construction de nos che-
« mins de fer. Il n'a été fécond qu'en désastres que l'État a
« été ensuite obligé de réparer. Il y a bien peu de Compa-
« gnies adjudicataires à qui l'État n'ait été forcé d'accorder
« des conditions nouvelles, qui ont entièrement fait dispa-
« raître les économies qu'il avait d'abord obtenues, au
« moyen d'enchères, et qui lui ont imposé un surcroît de
« charges.

« Que de fois nous avons eu le triste spectacle de Com-
« pagnies qui, bien plus préoccupées des primes de l'agio-
« tage que des chances de l'entreprise elle-même, se jetaient
« étourdiment dans la lutte, évinçaient par les propositions
« les plus téméraires les Compagnies sérieuses, sauf à man-
« quer ensuite aux engagements qu'elles avaient contractés,
« ou à implorer le secours de l'État ! Ou bien, au jour de
« l'adjudication, les Compagnies se groupaient, se concer-
« taient, déguisaient, sous une concurrence fictive, de frau-
« duleuses collusions et faisaient ainsi la loi au Gouvernement.

« Au moins pour les grandes lignes auxquelles les Com-
« pagnies puissantes peuvent seules prétendre, le système de
« la concession directe nous paraît infiniment préférable. »

III. — DISCUSSION. — Lors de la discussion devant le
Corps législatif [M. U., 29 juin 1852], M. Darblay jeune
demanda que le Gouvernement fît tous ses efforts pour trouver une Compagnie qui acceptât la concession du chemin
de fer, sans exiger qu'on lui abandonnât la jouissance du
canal pendant quatre-vingt-dix-neuf ans.

M. Frémy, commissaire du Gouvernement, lui répondit
dans les termes suivants :

« Il ne s'agit pas de concéder des droits de transport à

« titre de privilège ; il s'agit, simplement, d'accorder à la
« Compagnie la perception d'un péage que le Gouverne-
« ment perçoit sur le canal (latéral à la Garonne) comme
« sur les autres. Toute personne qui voudra effectuer des
« transports sur le canal continuera de le pouvoir au moyen
« du péage qu'elle payera à la Compagnie au lieu de le payer
« à l'État. Ainsi donc pas de monopole, pas de privilège.

« Maintenant pourquoi l'État a-t-il fait cette concession
« de la perception du péage du canal ? C'est par une sorte
« de précaution contre un système qui a été souvent pré-
« conisé, celui de la suppression totale du droit de péage
« sur les canaux. Si tous les péages étaient supprimés, il y
« aurait, pour les Compagnies de chemins de fer ayant des
« lignes parallèles aux canaux, une situation très difficile ;
« elle serait tout à fait mauvaise dans les localités où il n'y
« aurait pas assez de mouvement pour alimenter les deux
« voies de transport. Tous les chemins de fer placés dans
« cette position ont demandé, comme première condition,
« la concession du canal, de manière à n'avoir pas à craindre
« la suppression du péage sur ce canal.

« En ce qui concerne spécialement le projet de loi en
« délibération, le Gouvernement, n'ayant pas trouvé de
« Compagnie qui se présentât sans cette condition, a mieux
« aimé accéder à la demande que de ne pas trouver de
« Compagnie. Si le canal lui était refusé, la Compagnie de-
« manderait, sans aucun doute, d'autres avantages ; elle
« ferait peser sur le Trésor un sacrifice plus grand.

« Les conseils établis près du Gouvernement et la
« chambre de commerce de Bordeaux ont reconnu la né-
« cessité de joindre le chemin de fer au canal. »

La loi fut votée à la presque unanimité, et sanctionnée
le 8 juillet par le chef de l'État [B. L., 2ᵉ sem. 1852, n° 558,
p. 126].

149. — **Concession du chemin de Paris à Cherbourg et de l'embranchement de Mézidon au Mans.**

I. — PROJET DE LOI. — Aux termes des lois de 1842, 1844 et 1846, le réseau des chemins de fer destinés à desservir l'ouest de la France se composait de trois lignes principales : celles de Paris à Nantes, de Paris à Rennes, de Paris à Caen et à Cherbourg. La première avait été complétement exécutée. La seconde, après une première concession sans résultat, avait été concédée de nouveau par la loi du 13 mai 1851 ; elle était en cours de construction. Enfin, la troisième avait été, en 1846, comme la seconde, l'objet d'une première concession ; mais la disette et la crise financière de 1847 avaient arrêté, dès le principe, les effets de cette concession qui était également restée sans résultat.

Le 16 juin [M. U., 17 juin 1852], le Ministre des travaux publics vint proposer : 1° de reprendre cette grande entreprise et de concéder l'exécution du chemin de Paris à Caen et à Cherbourg à MM. de l'Espée, Benoist d'Azy, vicomte Duchatel, Blount, Locke, etc. ; 2° de concéder à la Compagnie de l'Ouest l'embranchement de Mézidon à Caen, classé en 1846 et destiné à relier les deux chemins de Rennes et de Cherbourg ; 3° de décider l'exécution prochaine d'un autre embranchement, celui de Serquigny à Tourville, également classé en 1846 et destiné à relier directement Rouen, Caen et Cherbourg.

La ligne de Paris à Cherbourg empruntait celle de Paris à Rouen jusqu'à Rolleboise, et se dirigeait sur Caen, par Évreux, Bernay et Lisieux, conformément à la loi du 21 juin 1846, puis sur Cherbourg, soit par Bayeux et Isigny, soit par Saint-Lô, soit par un point intermédiaire. L'attention du Gouvernement avait dû se porter tout spécialement sur le choix du tracé entre Paris et Caen : cette question avait, en effet, donné lieu aux controverses les plus ardentes depuis le jour où elle s'était posée. Une commission spéciale, prise dans le sein du Conseil d'État, fut appelée à donner son avis : elle conclut au maintien du tracé adopté en 1845, 1846 et 1851, qui avait pour lui l'autorité des lois, l'assentiment des pouvoirs publics sous des Assemblées et des Gouvernements différents; qui respectait les intérêts établis et les droits acquis; qui était le plus direct et le plus court; qui pourvoyait plus complètement à la défense des côtes. La dépense était évaluée à 84 500 000 fr., en supposant la pose de la deuxième voie ajournée jusqu'au moment où la nécessité en serait reconnue. Le produit net était évalué à 3 425 000 fr. La Compagnie avec laquelle le Gouvernement avait traité était composée de la plus grande partie des administrateurs du chemin de Paris à Rouen, qui devait servir de tête de ligne à celui de Paris à Cherbourg; elle offrait, par suite, des facilités et des garanties spéciales. Les conditions financières étaient les suivantes. Pour la section de Paris à Caen, évaluée à 52 millions, l'État donnait une subvention de 16 millions, garantissait l'intérêt à 4 % et l'amortissement en cinquante ans d'une somme de 14 400 000 fr. à emprunter par la Compagnie, et gageait, en outre, l'intérêt à 4 %, pendant cinquante années, du surplus de la dépense, soit 21 600 000 fr. La section de Caen à Cherbourg était exécutée dans les conditions de la loi de 1842. L'État garantissait, pendant cinquante ans, l'intérêt à 4 % de la dépense à la charge de la Compagnie et l'amortissement, dans le même délai; des deux tiers de cette somme. La concession était faite pour quatre-vingt-dix-neuf ans. L'État se réservait la faculté usuelle de rachat et le partage des bénéfices au delà de 8 % après la quinzième année.

Le tracé du chemin de Mézidon au Mans était conforme

à celui qui avait été arrêté par la loi de 1846 ; il passait par Séez, Argentan et Alençon ; les frais de construction, à une seule voie, étaient estimés à 34 millions; la ligne était annexée à la concession de l'Ouest; l'État accordait une subvention de 14 millions et garantissait, pendant cinquante ans, l'intérêt à 4 % du surplus, ainsi que l'amortissement, au même taux et dans le même délai, de la somme de 10 millions à réaliser par voie d'emprunt.

Les localités intéressées avaient offert un concours de 3 500 000 fr. pour le chemin de Paris à Cherbourg et de 3 millions pour le chemin de Serquigny à Tourville. Le projet de loi portait acceptation de ce concours par l'État.

II. — RAPPORT AU CORPS LÉGISLATIF. — La commission de la Chambre conclut par l'organe de M. de Richemont à l'adoption du projet de loi [M. U., 27 juin 1852], en demandant, toutefois, que, au cas où les administrateurs de la Compagnie de l'Ouest ne seraient pas autorisés par leurs actionnaires à accepter la convention conclue en leur nom avec le Ministre des travaux publics, pour la ligne de Mézidon au Mans, les concessionnaires du chemin de Cherbourg à Paris fussent tenus de se substituer à eux pour l'exécution de cette convention.

III. — DISCUSSION. — Lors de la discussion devant le Corps législatif [M. U., 29 juin 1852], MM. Calvet-Rogniat, le colonel Normant et Bonhier de l'Écluse combattirent le tracé proposé pour la ligne de Paris à Cherbourg entre Rolleboise et Caen ; mais M. Magne, président de section au Conseil d'État, défendit ce tracé, en invoquant notamment l'intérêt qu'il y avait, au point de vue stratégique, à relier Paris à notre principal port militaire par la voie la plus courte, la plus directe.

La loi fut votée et sanctionnée le 8 juillet [B. L., 2ᵉ sem. 1852, nᵒ 558, p. 149].

Les statuts de la Société du chemin de Paris à Cherbourg furent approuvés par décret du 11 septembre [B. L., 2ᵉ sem. 1852, supp., nᵒ 269, p. 335]; deux décrets du 25 septembre 1853 [B. L., 2ᵉ sem. 1853, nᵒ 102, p. 844 et 850] déterminèrent la forme des justifications financières; la ligne de Cherbourg fut ouverte en 1855 jusqu'à Caen et en 1858 jusqu'à Cherbourg ; celle de Mézidon au Mans le fut, par sections, de 1856 à 1859.

150. — **Concession du chemin de Provins aux Ormes.** — Le 28 juillet 1852 [B. L., 1852, nᵒ 565, p. 312], intervint un décret autorisant le sieur Lauzin de Rouville à établir, à ses risques et périls, un chemin de fer de Provins aux Ormes, s'embranchant, à Provins, sur la ligne de Montereau à Troyes. Mais cette concession fut abandonnée.

151. — **Concession du chemin d'Auteuil.** — Un autre décret du 18 août [B. L., 2ᵉ sem. 1852, nᵒ 573, p. 447] ratifia une convention conclue avec la Compagnie de Saint-Germain, pour la construction, aux frais, risques et périls de cette Compagnie, d'un chemin formant prolongement du chemin de fer de Ceinture et allant des Batignolles à Neuilly, Passy et Auteuil. La ligne fut ouverte en 1854.

152. — **Concession définitive du chemin de Bordeaux à Cette et du canal latéral à la Garonne, et concession éventuelle du chemin de Bordeaux à Bayonne et de l'embranchement de Narbonne à Perpignan.** — La loi du 8 juillet 1852 avait autorisé le Gouvernement à concéder directement le chemin de fer de Bordeaux à Cette

et le canal latéral à la Garonne. Le 24 août suivant, grâce à l'affermissement de la confiance publique et au développement du crédit, cette concession put être faite, à des conditions plus avantageuses pour le Trésor que celles qui avaient été fixées par le cahier des charges annexé à cette loi ; la convention qui intervint entre le Ministre des travaux publics et MM. André, Bischoffsheim, d'Eichtal, duc de Galliera, Péreire, de Rothschild, Séguin, etc., réduisit en effet à 35 millions la subvention de 40 millions qui avait été fixée par le législateur ; elle imposa en outre à la Société, sous réserve de la ratification par le Corps législatif, la concession de deux lignes allant de Bordeaux à Bayonne et de Narbonne à Perpignan.

La ligne de Bordeaux à Bayonne, classée en 1842 comme complément indispensable de celle de Paris à Bordeaux, était d'une importance politique incontestée ; cependant il avait toujours été reconnu que ses produits ne seraient pas en rapport avec les dépenses qu'elle occasionnerait ; dès lors on n'avait pas hésité à la ranger dans la catégorie de celles qui ne pouvaient être exécutées sans le concours du Trésor. Dès 1846, le Gouvernement avait réclamé les crédits nécessaires pour commencer les travaux ; la commission de la Chambre des députés s'était même montrée favorable à cette demande ; mais la crise de 1847 avait obligé d'ajourner l'entreprise et, depuis cette époque, les événements politiques n'avaient pas permis de mettre la main à l'œuvre. Deux tracés étaient en concurrence, l'un par vallée et l'autre par les grandes landes, avec embranchement sur Mont-de-Marsan et sur Dax, s'il y avait lieu : la convention du 24 août 1852 adoptait le second de ces tracés et stipulait d'ailleurs qu'il emprunterait le chemin de Bordeaux à la Teste jusqu'à Lamothe, cette section devant être mise en bon état et une jonction devant, en outre, être établie entre les deux gares de Bordeaux ; la longueur du chemin était de 241 kilomètres dont 201 à construire, tandis que par la vallée elle eût été de 282 kilomètres.

La ligne de Narbonne à Perpignan était destinée, comme celle de Bordeaux à Bayonne, à constituer une voie de communication rapide entre la France et l'Espagne ; tandis que la seconde conduisait vers Madrid et Cadix, la première conduisait vers la Catalogne, c'est-à-dire vers la province la plus riche et la plus industrieuse de la péninsule Ibérique ; la contrée à laquelle elle aboutissait était, d'ailleurs, déjà dotée de relations faciles avec les provinces de Valence, de Murcie et d'Aragon ; des chemins de fer étaient déjà construits ou concédés de Tarragone à Barcelone, de Barcelone à Martarell, de Barcelone à Mataro et de Mataro à Anegut, et l'Espagne se préoccupait de la jonction de Barcelone avec la frontière française. Le chemin de Narbonne à Perpignan devait en outre relier au réseau de nos voies ferrées la place de Perpignan et les forteresses du Roussillon ; il mettait à la portée des malades les précieuses ressources médicales des établissements thermaux des Pyrénées-Orientales ; il donnait une importance nouvelle à Port-Vendres, pour nos relations avec l'Algérie. Sa longueur était de 64 kilomètres.

Les dépenses de construction des deux embranchements étaient évaluées à 34 500 000 francs et les recettes nettes, à 808 500 francs, soit 2 1/3 %, des frais de premier établissement. Cette rémunération étant absolument insuffisante, la convention stipulait, au profit de la Compagnie : 1° une subvention de 16 500 000 fr. ; 2° pendant cinquante ans, une garantie d'intérêt de 4 %, et d'amortissement au même taux sur un emprunt de 11 millions ; pendant le même délai, une garantie d'intérêt de 4 % sur un capital-actions de 7 millions. La part de dépense à la charge de la Compa-

gnie, qui bénéficiait de cette garantie, était de 18 millions ;
le produit net des deux chemins représentait 4 1/2 °/₀ de
cette somme.

La convention établissait une solidarité complète entre
toutes les lignes concédées à la Compagnie ; il ne devait être
fait appel au concours du Trésor que dans le cas où les produits nets de tout le réseau ne s'élèveraient pas à une
somme suffisante pour faire face à l'intérêt et à l'amortissement garantis.

La concession du chemin de fer de Bordeaux à la Teste
était prolongée jusqu'à l'expiration de la concession du chemin de Bordeaux à Bayonne, en compensation des dépenses
à faire pour l'amélioration de la section de Bordeaux à La
Mothe.

Le cahier des charges autorisait le concessionnaire à
réduire le poids des rails à 27 kilogrammes sur traverses et
à 20 kilogrammes sur longrines.

Un décret du 24 août 1852 [B. L., 2ᵉ sem. 1852, n° 573,
p. 475] ratifia cette convention ; les clauses relatives aux
chemins de Bayonne et de Perpignan furent rendues définitives par un décret du 24 mars et une loi du 28 mai
1853 que nous analyserons ultérieurement.

Les conditions de paiement de la subvention de 30 millions afférente au chemin de Bordeaux à Cette et de celle de
16 500 000 francs, afférente aux chemins de Bordeaux à
Bayonne et de Narbonne à Perpignan, furent réglées par un
décret du 13 février 1855 [B. L., 1ᵉʳ sem. 1855, n° 272, p. 333].

Le chemin de Bordeaux à Cette fut livré à l'exploitation
de 1855 à 1857.

153. — Autres actes intervenus en 1852. — Il nous
reste à signaler :

Un décret du 27 mars 1852, soumettant le personnel actif des Compagnies à la surveillance de l'administration et conférant à cette dernière le droit de requérir la révocation des agents, les Compagnies entendues [B. L., 1er sem. 1852, n° 520, p. 1086];

Un décret du 5 août [B. L., 2e sem. 1852, n° 573, p. 434], relevant la Compagnie d'Avignon à Marseille du séquestre ordonné en 1848 ;

Un arrêté ministériel du 30 novembre, instituant un comité consultatif des chemins de fer ;

Le sénatus-consulte du 25 décembre [B. L., 1er sem. 1853, n° 5, p. 57], stipulant que tous les travaux d'utilité publique, toutes les entreprises générales seraient ordonnées ou autorisées par décrets de l'Empereur rendus dans la forme des règlements d'administration publique ; mais que, néanmoins, si ces travaux et entreprises avaient pour condition des engagements ou des subsides du Trésor, le crédit devrait être accordé ou l'engagement ratifié par une loi, avant la mise à exécution.

154. — **Observations sur l'année 1852.**—L'année 1852, que nous venons de parcourir rapidement, est marquée par l'essor donné à l'industrie des chemins de fer et surtout par la résolution avec laquelle le Gouvernement entrait dans la voie de la fusion des concessions locales en concessions régionales. Cette réunion devait avoir pour effet de consolider la situation des Compagnies, de les asseoir sur des bases plus larges, de faciliter les transports à grande distance, d'éviter aux voyageurs et aux marchandises les embarras inhérents aux changements de réseau, de permettre des réductions de taxes ; il importait toutefois de ne pas pousser trop loin ce système sous peine d'exagérer l'importance du monopole de fait constitué entre les mains des concessionnaires.

CHAPITRE II. — ANNÉE 1853

155. — **Ratification de la convention du 24 août 1852 concernant la concession des chemins de Bordeaux à Bayonne et de Narbonne à Perpignan.** — Le sénatus-consulte du 25 décembre 1852 ayant réglé le partage des attributions, en matière de travaux d'utilité publique, entre le pouvoir législatif et le pouvoir exécutif, un décret du 24 mars 1853 [B. L., 1ᵉʳ sem. 1853, nº 51, p. 947], rendu en conformité de ce sénatus-consulte, approuva la convention du 24 août 1852 (voir ci-dessus, p. 44), pour la concession du chemin de Bordeaux à Bayonne et de l'embranchement de Narbonne à Perpignan, en ne réservant pour la sanction du législateur que les articles du cahier des charges relatifs à la subvention et à la garantie d'intérêt, stipulés en faveur de la Compagnie.

Le 30 mars, le projet de loi tendant à la ratification de ces articles fut soumis au Corps législatif [M. U., 31 mars 1853].

La Commission, dont M. Granier de Cassagnac fut le rapporteur [M. U., 24 avril 1853], proclama l'utilité des deux chemins, dont l'un devait donner toute son efficacité à l'action militaire et politique de la France sur l'importante frontière du Roussillon, centupler nos relations commerciales avec la Catalogne, mettre à la portée des malades les établissements thermaux des Pyrénées-Orientales, et dont l'autre devait unir Paris à Madrid et à Lisbonne, développer les transactions déjà considérables du sud-ouest de la France avec la Biscaye, la Navarre et l'Aragon, fertiliser les Landes,

2   4

ouvrir à l'industrie les immenses richesses minérales des Pyrénées, jeter plus de cent mille voyageurs par an sur les établissements thermaux des Hautes et des Basses-Pyrénées.

L'estimation des dépenses de construction et les stipulations financières des contrats reçurent également l'adhésion de la Commission, dont les conclusions furent adoptées par la Chambre dans sa séance du 25 avril [M. U., 26 avril 1853].

La promulgation de la loi eut lieu le 28 mai [B. L., 1ᵉʳ sem. 1853, n° 48, p. 793].

L'exploitation fut ouverte en 1854-55 sur le chemin de Bordeaux à Bayonne, et en 1858 sur l'embranchement de Narbonne à Perpignan.

156. — Concession du Grand-Central. — Le 21 avril 1853, M. Magne, Ministre des travaux publics, proposa de concéder trois grandes lignes traversant le centre de la France et ayant ensemble une longueur de 915 kilomètres, savoir : celles de Clermont à Montauban, de Limoges à Agen et de Lyon à Bordeaux.

La première était indiquée comme le prolongement naturel de la ligne de Paris à Clermont vers Aurillac, Montauban, Toulouse et Foix ; au moyen d'un embranchement sur Marcillac, elle devait porter l'activité dans les bassins houillers, pour ainsi dire inépuisables, de Brassac et de l'Aveyron, et les relier à de nombreux centres de consommation alors tributaires de l'étranger. Elle comportait une section commune de 120 kilomètres avec le chemin de Lyon à Bordeaux.

La seconde était le prolongement le plus direct de celle de Paris à Limoges sur Périgueux, Agen, et, plus tard, les Pyrénées ; elle traversait, dans le Limousin et la Dordogne, l'une des principales agglomérations de forges et de hauts-fourneaux et leur procurait, à bon marché, le combustible qui leur faisait défaut ; elle devait mettre, un jour, les chefs-lieux de cinq grands départements, Périgueux, Agen, Auch, Tarbes, Pau, en rapport avec Paris, par la voie la plus courte.

Quant à la troisième, indépendamment de son utilité stratégique, elle devait relier un de nos principaux ports de l'Océan avec les centres manufacturiers les plus considérables de la France, et, plus tard, avec la Suisse, l'Allemagne centrale et l'Italie supérieure. Elle devait emprunter les sections de Bordeaux à Coutras et de Saint-Étienne à Lyon déjà exploitées et présentant un développement de 110 kilomètres ; elle devait en outre, comme nous l'avons dit, avoir un tronçon de 120 kilomètres commun avec la ligne de Clermont à Montauban.

La concession était définitive pour les sections de Clermont à Lempdes (59 km.), de Montauban à la rivière du Lot, avec embranchement sur Marcillac (155 km.), et de Coutras à Périgueux (74 km.) ; la Compagnie prenait l'engagement d'exécuter en quatre ans ces 228 kilomètres sans subvention et sans garantie d'intérêt ; le capital devait être divisé en actions et en obligations ; les actions n'étaient négociables qu'après le versement des deux premiers cinquièmes de la somme correspondante ; les émissions d'obligations étaient subordonnées à l'autorisation de l'administration supérieure ; d'après les relevés statistiques, le produit net devait être de 5 1/4 environ.

Au contraire, la concession n'avait qu'un caractère provisoire pour la section de Lempdes à la rivière du Lot, destinée à compléter la ligne de Clermont à Montauban (156 km.) ; pour le chemin de Limoges à Agen (223 km.) ; pour les deux lacunes formant le complément de la ligne de

Lyon à Bordeaux (248 km.). Ces 627 kilomètres devaient être faits dans le système de la loi de 1842 ; la dépense à la charge de l'État était évaluée à 60 ou 70 millions et la dépense à la charge de la Compagnie, à 50 millions ; dans ces conditions, le revenu net devait être de 5 1/2 %. L'État avait un délai de cinq ans pour donner à la concession un caractère définitif, par un décret consacrant cette concession et le classement, et par une loi ratifiant les clauses financières. Passé ce délai, les deux parties reprenaient leur liberté.

Un décret du 21 avril 1853 [B. L., 1ᵉʳ sem. 1853, n° 45, p. 690) approuva les propositions du Ministre et la convention intervenue, le 30 mars, avec MM. le comte de Morny, Pourtalès, Calvet-Rogniat, etc.

Les statuts de la Société furent homologués par décret du 30 juillet [B. L., 2ᵉ sem. 1853, supp., n° 33, p. 11]. La section de Clermont à Lempdes fut ouverte en 1855-1856 ; celle de Montauban au Lot, en 1858 ; l'embranchement de Decazeville, en 1858 ; et la section de Coutras à Périgueux, en 1857.

157. — Loi portant concession du chemin de Lyon à la frontière vers Genève, avec embranchement sur Bourg et Mâcon.

ɪ. — CONVENTION. — Le réseau français touchait déjà à la Prusse, au duché de Bade, à la Bavière et à la Belgique par plusieurs points ; les chemins de Bayonne et de Perpignan allaient aboutir à la frontière d'Espagne. Seules, les frontières du Sud-Est n'étaient pas encore desservies.

Le 30 avril, le Ministre proposa de concéder, pour combler cette lacune, un chemin qui partait de Lyon, suivait la rive droite du Rhône, passait par Ambérieu, Saint-Rambert, Culoz, Bellegarde, et atteignait le territoire suisse près du fort de l'Écluse. Un embranchement se détachant d'Ambérieu se portait sur le chef-lieu du département de l'Ain, et allait rejoindre à Mâcon le chemin de fer de Lyon à Paris. La Suisse devait ainsi être mise en communication, d'un côté, avec Lyon et Marseille, et de l'autre, avec Paris et le nord de la France. La longueur de la ligne de Lyon à Genève et de l'embranchement était de 215 kilomètres ; la dépense de construction, de 56 millions ; et le revenu probable, de 3 % de cette somme.

L'État donnait à la Compagnie une subvention de 15 millions, payable en six termes semestriels, à charge par la Compagnie de justifier de l'emploi, en achats de terrains ou en travaux et approvisionnements sur place, d'une somme triple. La Compagnie était autorisée à réunir, en actions et en obligations, le surplus du capital nécessaire ; le montant des obligations ne pouvait excéder la moitié des actions et, en aucun cas, 25 millions, et leur émission était subordonnée à une autorisation du Ministre des travaux publics qui en déterminait la forme, le mode et le taux de négociation, et qui fixait les époques et la quotité des versements successifs jusqu'à complète réalisation. Les actions ne pouvaient être négociées en France qu'après le versement des deux premiers cinquièmes du montant de chaque action : cette clause, que nous avons déjà signalée à propos du chemin du Centre, allait devenir de droit commun. L'État garantissait, en outre, à la Compagnie, pendant cinquante ans, un intérêt de 3 % sur le capital employé par elle en sus de la subvention, jusqu'à concurrence d'un maximum de 50 millions ; le compte de premier établissement devait être clos dix ans après le décret de concession ; le Trésor se remboursait, le cas échéant, de ses avances, dans la forme ordinaire. A toute époque après l'expiration des deux premières années, à dater du délai fixé pour l'achèvement des travaux, si, pendant cinq années consécutives, la garantie était effective, le Ministre avait le droit de prendre en mains l'administration et la direction du chemin de fer pour le compte de la Compagnie, jusqu'à ce que le revenu net s'élevât à 3 °/₀ pendant trois années consécutives.

II. — LOI ET DÉCRET APPROBATIFS.—Un décret du 30 avril [B. L., 1ᵉʳ sem. 1853, n° 65, p. 1305] ratifia, sous réserve de la sanction du législateur, pour les engagements financiers, une convention passée sur ces bases avec MM. Bartholony, Benoît d'Azy, Blount, Hély d'Oïssel, Gladstone, duc, de Galliera, etc.

Dans le courant du mois de mai, le Gouvernement présenta au Corps législatif [M. U., 6, 7, 21 et 27 mai 1853] un projet de loi qui tendait à l'approbation des clauses financières de la convention, et qui contenait, en outre, un titre de dispositions générales applicables à tous les chemins de fer. Ces dispositions étaient les suivantes :

« Tout agent de change qui se prête à une négociation
« d'actions interdite par le décret de concession d'un chemin
« de fer est passible des peines prononcées par l'article 13
« de la loi du 15 juillet 1845.

« Toute publication quelconque de la valeur d'actions,
« dont la négociation est interdite par le décret de conces-
« sion d'un chemin de fer, rend le contrevenant passible des
« mêmes peines. »

Nous avons déjà vu le législateur inscrire, en 1845, dans la loi relative au chemin du Nord, des clauses d'ordre général dont l'objet était notamment : 1° de déclarer les premiers souscripteurs d'actions responsables, jusqu'à concurrence du versement des cinq premiers dixièmes du montant de ces actions; 2° d'interdire aux Compagnies l'émission d'actions ou de promesses d'actions négociables, avant leur constitution en société anonyme ; 3° de prohiber toute publication quelconque de la valeur des actions dont la négociation était interdite et de stipuler une pénalité contre les agents de change, qui, avant la formation de la Société anonyme, se seraient prêtés à la négociation des récépissés ou promesses d'actions.

Nous avons vu, en outre, le Gouvernement considérer ces mesures comme insuffisantes et y ajouter dans les décrets de concession du Grand-Central et du chemin de Lyon à Genève l'interdiction aux Compagnies concessionnaires de négocier leurs actions avant le versement des deux premiers cinquièmes. Mais les interdictions de cette nature, édictées par simple décret, manquaient de sanction ; le but du titre II du projet de loi était de pourvoir à cette lacune.

La Commission, dont M. de Voize fut l'organe, proclama l'utilité de la ligne et même sa nécessité, pour maintenir au port de Marseille le commerce de la Suisse, qui lui était vivement disputé par les ports de Gênes et de Trieste ; elle donna son adhésion au tracé et aux conditions financières de la concession ; les dispositions inscrites au projet de loi, relativement à la négociation des actions, lui parurent dictées par des sentiments d'opportunité et de moralité auxquels elle ne pouvait que se rallier ; elle émit donc un avis favorable aux propositions du Gouvernement.

Devant le Corps législatif, M. Lanquetin combattit le projet de loi au point de vue de l'embranchement de Mâcon à Ambérieu. La véritable voie de circulation entre Dunkerque, le Havre, Nantes, Paris et la Suisse passait par Dijon et la Franche-Comté ; il était donc bien plus rationnel de prolonger le chemin de Dôle à Salins et d'aborder ainsi le territoire suisse, vers le milieu de sa frontière, par un tracé comportant une abréviation de parcours de 80 kilomètres pour Genève et un raccourci bien plus considérable

encore pour Lausanne, Neuchâtel, Fribourg, Berne. La traversée de la chaîne du Jura ne lui semblait pas un obstacle
sérieux à la jonction entre Salins et Neuchâtel. Au point de
vue stratégique, le tracé que proposait M. Lanquetin lui
paraissait offrir de sérieux avantages, attendu que, au lieu
d'être parallèle à la frontière, il lui était perpendiculaire.

Quant au chemin de Lyon à Genève, il ne présentait
aucun caractère d'urgence et pouvait même détourner, au
profit de la Suisse, une partie du transit de la Méditerranée
sur l'Allemagne, qui se faisait alors par Lyon, Besançon et
Mulhouse.

Le rapporteur, M. de Voïze, répondit en invoquant les
difficultés du tracé de la ligne indiquée par M. Lanquetin
et en s'appuyant sur les avis des ingénieurs, du conseil
général des ponts et chaussées et du comité des fortifications.

La loi fut votée et sanctionnée le 10 juin [B. L., 1er sem.
1853, n° 59, p. 1129].

Les statuts de la Société furent approuvés par un décret
du 6 août 1853 [B. L., 2e sem. 1853, supp., n° 37, p. 398].

Les conditions de paiement de la subvention furent
réglées par une convention qu'homologua un décret du
27 février 1855 [B. L., 1er sem. 1855, n° 278, p. 416].

La ligne de Lyon à Genève fut ouverte par tronçons, de
1856 à 1858, et l'embranchement de Mâcon à Ambérieu, en
1856 et 1857.

158. — **Concession du chemin de Bourg-la-Reine à
Orsay et modification de la concession du chemin de
Paris à Sceaux.**

I. — Convention. — Le chemin de fer de Sceaux, sur

lequel était expérimenté le système de matériel articulé imaginé par M. Arnoux, avait été, nous l'avons vu, concédé en vertu d'une loi du 5 août 1844. La Compagnie concessionnaire avait construit cette ligne à ses frais, risques et périls, sans subvention de l'État; non seulement elle avait absorbé l'intégralité de son capital social, fixé à 3 millions, c'est-à-dire à un chiffre égal à l'estimation primitive de la dépense, mais elle avait dû emprunter, en outre, 3 millions dont elle était débitrice. L'ouverture à l'exploitation avait eu lieu dans le cours de l'été de 1846; les déceptions, qui s'étaient rencontrées dans la construction, s'étaient reproduites dans l'exploitation; à la suite des événements de 1848, la Compagnie, pressée par les poursuites de ses créanciers, en fut réduite à solliciter la mise sous séquestre du chemin de fer; après un commencement de liquidation judiciaire, elle obtint un concordat et reprit la direction du service le 1er novembre 1850, mais sans pouvoir relever sensiblement sa situation financière.

Le Gouvernement pensa qu'il y avait lieu de faire quelques sacrifices, pour assurer la conservation d'un champ d'expérience intéressant au double point de vue de la science et de la pratique, et la continuation des essais qui n'avaient encore porté que sur des trains relativement légers et qu'il importait d'étendre à des convois lourdement chargés.

Il conclut, à cet effet, avec la Compagnie, une convention dont les stipulations étaient les suivantes.

La concession du chemin de Paris à Sceaux était étendue à la section de Bourg-la-Reine à Orsay. On se rappelle que cette section avait été déclarée d'utilité publique le 27 février 1848 par le Gouvernement provisoire, comme atelier national pour les ouvriers inoccupés de Paris; les terrassements et les ouvrages d'art étaient terminés entre Bourg-la-Reine et Palaiseau sur 10 kilomètres; il restait à poser la voie entre ces deux limites et à exécuter les travaux de Palaiseau à Orsay, sur 4,200 mètres. Cette adjonction à la concession primitive paraissait de nature à accroître sensiblement le trafic de la ligne, en même temps qu'elle devait fournir le moyen d'appliquer le système articulé à des trains lourds ou de grande vitesse et assurer l'achèvement de la section de Bourg-la-Reine à Orsay, à laquelle l'État avait consacré 2 100 000 fr. en frais de premier établissement, et qui coûtait près de 20 000 fr. d'entretien annuel.

La Compagnie prenait à sa charge, moyennant allocation d'une subvention de 800 000 fr., l'achèvement du tronçon de Bourg-la-Reine à Orsay; la réduction à 1 m. 45 de la largeur de la voie, qui avait été primitivement fixée à 1 m. 80; l'augmentation du matériel roulant. C'était, déduction faite de la subvention, une dépense de 1 200 000 fr.

Elle s'engageait à pourvoir, conformément à des programmes à déterminer par le Ministre des travaux publics, aux expériences complémentaires dont la nécessité serait reconnue.

De son côté, l'État portait à quatre-vingt-dix-neuf ans, à partir de l'époque assignée pour l'achèvement des travaux, la durée de la concession, que la loi du 5 août 1844 avait fixée à cinquante années seulement; il garantissait, en outre, pendant cinquante ans, l'intérêt à 3 % de la somme de 4 200 000 fr., formée par les 3 millions que la Compagnie avait déjà empruntés pour la ligne de Paris à Sceaux et les 1 200 000 fr. qu'elle avait encore à emprunter pour la section de Bourg-la-Reine à Orsay.

Le cahier des charges était rendu conforme au type le plus récent.

Un décret du 30 avril 1853 [B. L., 2ᵉ sem. 1853, n° 74, p. 141] approuva cette convention, sous réserve de la ratification des clauses financières par le législateur.

II. — Loi et décret approbatifs. — Le même jour, un projet de loi fut déposé sur le bureau du Corps législatif [M. U., 30 avril 1853].

Dans le sein de la Commission, un membre critiqua l'exagération que comportaient, suivant lui, les sacrifices consentis par le Ministre, et proposa de se borner à allouer à la Compagnie une subvention de 800 000 fr. et à lui faire un prêt de 1 200 000 fr. portant intérêt à 3 %, avec amortissement de 1 % par an ; cet amortissement n'eût été payé à l'État que lorsque les bénéfices de la Compagnie se fussent élevés au-delà de la somme nécessaire pour assurer un intérêt de 3 % aux créanciers de la Compagnie. Mais la Commission repoussa l'amendement, dont l'effet eût été de porter à 2 millions les débours du Trésor, et de modifier sans utilité le mode de concours adopté vis-à-vis de beaucoup d'autres Compagnies concessionnaires. Tout en considérant comme extrêmement favorable à la Compagnie le concours qui lui était accordé, elle estima que l'étendue de ce concours était justifiée par l'intérêt des expériences à poursuivre sur la ligne, et par le courage dont avait fait preuve la société constituée par M. Arnoux, en exécutant le chemin à ses frais exclusifs, à une époque où tant d'autres Compagnies obtenaient de larges subsides du Trésor. Elle conclut donc à l'adoption du projet de loi qui fut voté sans débat.

La promulgation eut lieu le 10 juin [B. L., 1er sem. 1853, n° 63, p. 1273] ; la section de Bourg-la-Reine à Orsay fut livrée à la circulation en 1854.

159. — **Concession du chemin de Saint-Rambert à Grenoble.**

I. — Convention. — Dès 1838, la jonction de Lyon et de Grenoble avait été portée dans le plan de chemins de fer dressé par le Gouvernement; la loi du 16 juillet 1845 en avait ordonné l'exécution et une ordonnance du 10 juin 1846, rendue en exécution de cette loi, l'avait concédée en même temps que la ligne de Lyon à Avignon, à une Compagnie qui, malheureusement, avait été incapable de tenir ses engagements et était tombée en déchéance. Depuis, les circonstances n'avaient pas permis de reprendre la question. Le Gouvernement impérial pensa qu'il était impossible d'ajourner davantage la construction d'une ligne si nécessaire pour l'approvisionnement et la desserte des usines de l'Isère; pour l'expédition des produits agricoles, séricicoles et minéralogiques de ce département ; pour la défense du massif de la Grande-Chartreuse; pour les relations militaires entre les places de Lyon et de Grenoble.

Quatre tracés pouvaient être adoptés, à savoir: le premier, de Grenoble à Lyon ; le second, de Grenoble à Valence ou à Tain par la vallée de l'Isère ; le troisième de Grenoble à Vienne ; et le quatrième, de Grenoble à Saint-Rambert. Ce fut ce dernier tracé qui prévalut, parce qu'il était à peu près perpendiculaire à celui de la ligne de Lyon à la Méditerranée, et qu'il satisfaisait ainsi au double intérêt des communications de l'Isère vers le Nord et vers le Midi; il avait, d'ailleurs, réuni la majorité des suffrages des intéressés et reçu l'adhésion de la commission supérieure des chemins de fer, du comité des fortifications et de la commission mixte des travaux publics; seul, le conseil général des ponts et chaussées s'était prononcé en 1845 en faveur du tracé de Valence, mais pour des raisons techniques qui avaient perdu de leur valeur, par suite des améliorations apportées au projet entre Moirans et Grenoble.

Le 6 mai, le Ministre des travaux publics conclut avec MM. le duc de Valmy et consorts une convention portant concession du chemin à leur profit. Les travaux devaient être

terminés dans un délai de quatre ans; la durée du bail était
de quatre-vingt-dix-neuf ans ; l'État accordait une subvention
de 7 millions, ce qui laissait à la charge de la Compagnie une
dépense de 25 millions ; le produit net était évalué à un million, soit à 4 % ; toutefois l'État garantissait, pendant cinquante ans, l'intérêt à 3 % du capital de 25 millions à réaliser par le concessionnaire: le cahier des charges ne contenait que les clauses usuelles.

II. — Loi et décret approbatifs. — Un décret du 7 mai
[B. L., 1er sem. 1853, n° 66, p. 1313] approuva cette convention, sous réserve des stipulations financières qui firent
l'objet d'un projet de loi déposé à la même date [M. U.,
7 mai 1853].

La Commission à laquelle ce projet de loi fut renvoyé
reconnut tout d'abord l'intérêt de premier ordre que présentait la jonction de Grenoble à la grande artère de Paris
à la Méditerranée. Les produits agricoles de l'Isère, les fers
et les aciers d'Allevard, les papiers de Rives, les toiles de
Voiron avaient besoin d'arriver, par une voie rapide et facile,
à cette artère, qui devait leur ouvrir un débouché vers Lyon
et Paris, d'une part, vers Valence et Marseille, de l'autre.
Grenoble était en outre appelé, par sa position topogra-
phique, à devenir la tête de ligne de deux chemins de fer
qui, se dirigeant l'un vers la frontière d'Italie par Briançon
et le mont Genèvre, l'autre, vers la frontière de Savoie par
Montmeillant, mettraient un jour Chambéry, le Piémont
et la Lombardie en communication avec toute la portion
sud-ouest de la France; le premier de ces chemins devait,
d'ailleurs, après avoir franchi les Alpes, se réunir à la grande
ligne de l'Italie centrale et offrir à la malle des Indes, par
Ancône, Turin, Grenoble et Lyon, la voie la plus courte pour
arriver à Londres.

Le tracé proposé par le Gouvernement reçut également l'adhésion de la Commission, qui admit, en outre, la combinaison financière telle qu'elle avait été élaborée, et conclut à l'adoption du projet de loi [M. U., 24 mai 1853].

Le Corps législatif émit le 28 mai [M. U., 29 mai 1853] un avis conforme à celui de sa Commission et la loi fut sanctionnée le 10 juin [B. L., 1er sem. 1853, n° 59, p. 1173].

Un décret du 13 janvier 1855 [B. L., 1er sem. 1855, n° 261, p. 185] approuva la convention intervenue pour régler le fonctionnement de la garantie d'intérêt; un autre décret du 8 mars 1855 [B. L., 1er sem. 1855, n° 279, p. 449] régla les formes à suivre pour les justifications financières de la Compagnie; le chemin fut ouvert par sections, de 1856 à 1858.

160. — Remaniement de la concession des chemins de jonction de Rhône et Loire.

I.—CONVENTION.—Les chemins de Lyon à Saint-Étienne, de Saint-Étienne à Andrézieux, et d'Andrézieux à Roanne, qui reliaient le Rhône à la Loire, avaient été construits dans des conditions très imparfaites, et étaient absolument impropres à recevoir le matériel des grandes lignes et à faire un service satisfaisant; le profil en long présentait des pentes considérables; la traction s'opérait, sur certains points, par chevaux et même par machines fixes; ils étaient entre les mains de Compagnies différentes; chacune d'elles avait son régime, ses tarifs; leurs cahiers des charges ne prévoyaient de taxes légales que pour les transports de marchandises à petite vitesse; ces taxes variaient suivant le sens du parcours, suivant le lieu de destination; les concessions étaient perpétuelles; aucune stipulation n'obligeait les Compagnies à recevoir les embranchements que l'intérêt du public ou des exploitations industrielles pouvait réclamer.

Cette situation n'était plus compatible avec le rôle nouveau auquel le réseau d'entre Rhône et Loire allait être appelé comme tête de la ligne d'Orléans à Lyon, par Moulins et Roanne, concédée par décret du 27 mars 1852, et de la ligne de Bordeaux à Lyon, concédée par décret du 21 avril 1853.

Une société nouvelle, composée d'administrateurs des grandes lignes aboutissant à Lyon, des mines de la Loire et des chemins d'entre Rhône et Loire, se constitua et traita avec les Compagnies concessionnaires pour la reprise des chemins aux conditions suivantes :

1° Les concessions passaient, avec leur actif et leur passif, aux mains de cette Société, à charge par elle de servir pendant quatre-vingt-dix-neuf ans aux Compagnies cédantes une annuité de 3 600 000 fr. environ, représentant le produit net de 1852, avec une légère majoration destinée à tenir compte, d'une part, des plus-values de l'avenir et, d'autre part, de l'amortissement nécessaire pour la substitution d'un contrat à terme à un contrat perpétuel ;

2° L'État devait garantir le paiement de cette redevance annuelle ;

3° Mais, en revanche, la Compagnie nouvelle devait rembourser au Trésor le prêt de 4 millions, qui avait été consenti en 1840 au profit de la ligne d'Andrézieux à Roanne et dont l'intérêt n'avait même pu être servi à l'État.

Munie de ces conventions, la nouvelle Société se présenta devant l'administration et lui proposa de réduire à quatre-vingt-dix-neuf ans la durée des trois concessions perpétuelles ; d'employer 35 millions à rectifier, à élargir et à améliorer les trois chemins ; et de rembourser à l'État la dette de la Compagnie d'Andrézieux à Roanne, en trente annuités comprenant l'intérêt à 3 % et l'amortissement au

même taux du montant de ce prêt. En retour, elle demandait une subvention de 10 millions, la garantie à 3 % des
sommes à dépenser pour l'exécution de ses travaux jusqu'à
concurrence de 3 millions, et la garantie de l'annuité due
aux Compagnies rachetées.

Le Gouvernement ne voulut souscrire qu'à cette dernière garantie, qui devait être purement nominale ; encore
en réduisit-il la durée à cinquante années. Il conclut, sur
cette base, une convention avec la Société nouvelle ; à cette
convention était annexé un cahier des charges reproduisant
les clauses générales des documents analogues les plus récents ; la direction générale du chemin était conservée ;
toutefois l'administration se réservait de prescrire la dévia-
tion de la section d'Andrézieux à Roanne, de manière à la
faire passer par Montbrison, si les études et les enquêtes à
engager sur ce point conduisaient à cette détermination.

II. — Loi et décret approbatifs. — Cette convention fut
ratifiée par décret du 17 mai [B. L., 2ᵉ sem. 1853, nᵒ 74,
p. 142], sauf les clauses financières, qui firent l'objet d'un
projet de loi déposé à la même date sur le bureau du Corps
législatif [M. U., 17, 24 et 28 mai 1853].

La Commission, par l'organe de M. le vicomte de Ker-
véguen, formula un avis absolument favorable aux propositions du Gouvernement, qui furent adoptées le 27 mai.

La loi fut sanctionnée le 10 juin [B. L., 1ᵉʳ sem. 1853,
nᵒ 59, p. 1149], et les statuts de la Compagnie furent approuvés par décret du 30 septembre [B. L., 2ᵉ sem. 1853,
supp., nᵒ 49, p. 813].

**161. — Concession du chemin de Reims à Mézières et
Charleville, avec embranchement sur Sedan, et du chemin
de Creil à Beauvais.** — Le 20 juillet [B. L., 2ᵉ sem. 1853,

n° 85. p. 355|. un décret rendu sur la proposition du Ministre des travaux publics approuva une convention conclue avec MM. le duc de Mouchy, le baron Ladoucette, Riché, le baron Seillère, etc., pour la construction, sans sacrifice de l'État : 1° d'un chemin, de 84 kilomètres de longueur, de Reims à Mézières et Charleville, avec embranchement sur Sedan, que les populations laborieuses de la Marne et des Ardennes appelaient depuis longtemps de tous leurs vœux, et qui devait former la première section d'une nouvelle voie de communication entre la France et la Belgique ; 2° d'un chemin de 35 kilomètres de longueur, de Creil à Beauvais, rattachant le chef-lieu du département de l'Oise à la grande ligne du Nord.

La dépense d'établissement du premier de ces deux chemins était évaluée à 21 200 000 fr. et celle du second, à 5 900 000 fr.

La Société s'engageait en outre à payer à la Compagnie du Nord une somme de 2 500 000 fr. qui, réunie à 2 millions de subventions locales, devait couvrir l'excédent des dépenses résultant de la substitution d'un tracé passant par Cambrai au tracé primitif du chemin du Cateau à Somain, suivant les prévisions de la convention jointe au décret du 19 févri.r 1852 ; elle se réservait, en échange, la préférence, à conditions égales, pour la concession ultérieure d'une ligne de Compiègne à Reims par Soissons.

La convention portait, d'ailleurs, concession éventuelle, dans les conditions de la loi du 11 juin 1842, du prolongement du chemin de fer de Reims à Charleville jusqu'à la frontière belge ; les engagements de l'État, à cet égard, étaient subordonnés à un décret ultérieur, rendu dans la forme des règlements d'administration publique, et à une loi ratifiant les charges imposées au Trésor. Si ce décret et cette loi n'intervenaient pas dans un délai de trois ans, cette par-

2   5

tie du contrat devait être considérée comme nulle et non
avenue.

Les revenus nets de l'entreprise étaient estimés à
1 300 000 fr., mais ils paraissaient devoir s'accroître assez
notablement dans l'avenir.

Les statuts de la Compagnie furent approuvés par décret
du 11 juillet 1855 [B. L., 2° sem. 1855, supp., n° 212, p. 305].

La ligne de Reims à Charleville fut ouverte en 1858;
l'embranchement de Sedan, en 1858-1859, et le chemin de
Creil à Beauvais, en 1857.

162. — **Concession du chemin des houillères de Sorbier à la ligne de Lyon à Saint-Étienne.** — Un décret
du 27 juillet 1853 [B. L., 2° sem. 1853 n° 85, p. 378]
concéda, à une société formée entre la Compagnie du
chemin de Lyon à Saint-Étienne et le concessionnaire des
mines de la Chazotte, du Monteil et de Sorbier, un embranchement industriel, de 5 kilomètres de longueur, destiné à relier le groupe des houillères de Sorbier aux lignes
de Lyon à Saint-Étienne et de Saint-Étienne à la Loire.

D'après le cahier des charges, la Compagnie ne pouvait
transporter de voyageurs sans en avoir demandé et obtenu
l'autorisation du Gouvernement ; cette autorisation devait,
le cas échéant, lui être accordée par un décret en Conseil
d'État, déterminant les tarifs à percevoir et les conditions
auxquelles il devait être satisfait dans l'intérêt de la sécurité.
La durée de la concession était de quatre-vingt-dix-neuf ans;
les taxes étaient, pour la houille et le coke, de 0 fr. 16 et, pour
les marchandises de toute autre nature, de 0 fr. 18. La clause
de rachat prévoyait une majoration d'un tiers sur le montant
de l'annuité calculée d'après les règles ordinaires, si le
chemin était racheté pendant la première période de quinze
ans, à dater de l'époque d'ouverture du droit attribué au

Gouvernement ; du quart, s'il n'était racheté que pendant la période suivante de quinze années, et enfin d'un cinquième pour les autres périodes.

La ligne fut livrée à la circulation en 1856.

163. — **Concession de la ligne de Paris à Creil.** — Le 13 août, intervint, sur le rapport du Ministre des travaux publics, un décret [B. L., 2ᵉ sem. 1853, n° 86, p. 395] approuvant une convention qui portait concession, au profit de la Compagnie du Nord, d'un chemin de Paris à Creil, par Chantilly, destiné à abréger de près de 20 kilomètres le parcours par Pontoise, et à procurer ainsi une grande économie de temps et d'argent pour les relations de Paris avec le nord de la France, la Belgique et l'Allemagne.

La Compagnie s'engageait à exécuter ce chemin à ses frais, risques et périls, dans un délai de cinq années, et à y poser immédiatement les deux voies ; la dépense de premier établissement était estimée à 16 millions ; le produit net de la ligne, considérée isolément, ne paraissait pas devoir dépasser 500 000 fr.; mais le but que la Compagnie se proposait, en la construisant, était beaucoup moins d'y trouver des revenus que de rendre plus facile et plus sûre l'exploitation de la ligne de Pontoise, entre Creil et Saint-Denis, en réduisant le nombre des trains qui parcouraient cette section.

La convention stipulait, indépendamment de la concession du chemin de Creil à Saint-Denis : 1° la réduction à quatre années du délai de neuf ans, antérieurement fixé pour l'achèvement du chemin de La Fère à Reims ; 2° la substitution, à la ligne du Cateau à Somain, d'un chemin destiné à relier Cambrai au réseau du chemin de fer du Nord, conformément aux prévisions de la convention annexée au décret du 19 février 1852, et moyennant le paiement d'une subvention de 4 500 000 fr. fournie par les localités intéressées et par la Compagnie du chemin de fer des Ardennes et de Beauvais à Creil ; 3° l'addition au cahier des charges de la Compagnie, d'une clause prévoyant la réduction à moitié de la taxe de transport du blé, dans le cas où le prix de l'hectolitre de blé s'élèverait à 24 fr. sur des marchés régulateurs déterminés.

L'ouverture à la circulation eut lieu en 1859.

164. — Concession du chemin de La Roche à Auxerre. — Peu de jours après, le 17 août, la Compagnie de Paris-Lyon recevait la concession d'un embranchement reliant la ville d'Auxerre à La Roche, sur la ligne principale, et comportant un développement de 20 kilomètres [B. L., 2ᵉ sem. 1853, n° 87, p. 406]. La dépense de construction était évaluée à 3 millions et le produit net, à 140 ou 150 000 fr. La Compagnie s'engageait à exécuter le chemin à ses frais, risques et périls, sans subvention ni garantie d'intérêt, et à le terminer en deux ans ; elle acceptait, d'ailleurs, l'addition à son cahier des charges, d'une clause analogue à celle que nous avons indiquée, à propos de la ligne de Paris à Creil, pour le transport des blés. L'embranchement d'Auxerre était, sauf les dispositions relatives à la garantie d'intérêt, régi par le cahier des charges annexé au décret du 5 janvier 1852 ; la convention le rendait solidaire de la ligne de Paris à Lyon, tant au point de vue du partage des bénéfices qu'au point de vue de la faculté de rachat.

La ligne fut mise en exploitation en 1855.

165. — Concession du chemin de Besançon à Belfort. — Un décret du 12 février 1852 avait, nous l'avons vu, concédé à une Compagnie spéciale le chemin de fer de Dijon à Besançon ; le 17 août [B. L., 2ᵉ sem. 1853, n° 87, p. 406], cette

Compagnie obtint l'adjonction à sa concession d'une ligne de Besançon à Belfort, destinée à compléter la grande artère de la Méditerranée au Rhin, classée par les deux lois du 14 juin 1842 et du 21 juin 1846.

La détermination du tracé de cette ligne avait provoqué des polémiques ardentes et donné lieu à une longue et minutieuse enquête, dont les résultats avaient été soumis successivement à l'examen du conseil général des ponts et chaussées, du comité consultatif des chemins de fer, du comité des fortifications et de la commission mixte des travaux publics.

Les deux directions en présence étaient celle de la vallée du Doubs et celle de la vallée de l'Oignon. En 1846, le Gouvernement avait donné la préférence à la direction du Doubs; mais la Chambre des députés avait refusé de ratifier ses propositions et avait inscrit la direction de l'Oignon dans la loi du 21 juin 1846, relative au chemin de fer de Dijon à Mulhouse. Le conseil général des ponts et chaussées, appelé à délibérer de nouveau sur la question, avait donné la préférence au tracé du Doubs; le comité consultatif, le comité des fortifications et la commission mixte avaient, au contraire, réclamé le maintien du tracé préféré en 1846 par la Chambre des députés. Mais la construction d'une ligne directe de Paris à Mulhouse ayant modifié la situation, en donnant satisfaction à une notable partie de la région que desservait le tracé de l'Oignon, le Gouvernement impérial crut devoir adopter définitivement la direction du Doubs, qui desservait directement Montbéliard et la Suisse et conservait au département du Doubs l'important mouvement de voyageurs et de marchandises entre le Rhin et la Méditerranée.

La concession était faite aux conditions du cahier des charges annexé au décret du 12 février 1852, mais sans

garantie d'intérêt, ni subvention de l'État ; conformément
aux stipulations de l'acte de concession du chemin de Paris
à Mulhouse, la Compagnie jouissait, pour la circulation de
ses voitures, voyageurs et marchandises, sur la section de
Belfort à Mulhouse, d'une réduction de péage de 25 % ;
elle pouvait obtenir, si l'administration jugeait cette mesure
opportune, l'usage commun des gares de Belfort et de
Mulhouse, moyennant une redevance et à des conditions
à régler par le Ministre. La convention contenait une clause
modificative du tarif inséré au cahier des charges, pour le
transport des blés en cas de disette.

La longueur du chemin était d'environ 90 kilomètres; la
dépense de construction était évaluée à 25 millions et le
revenu net, à 1 300 000 fr., soit 5 à 5 1/2 %.

L'ouverture à l'exploitation eut lieu en 1858.

**166. — Concession des chemins de Tours au Mans et
de Nantes à Saint-Nazaire.** — A la même date [B. L.,
2° sem. 1853, n° 87, p. 412], le Gouvernement concédait à
la Compagnie du chemin de fer d'Orléans les deux lignes
de Tours au Mans et de Nantes à Saint-Nazaire.

La ligne de Tours au Mans constituait un tronçon de la
grande voie destinée à relier Bordeaux et le bassin de la
Loire à toute la Normandie, au bassin de la Seine et aux
ports de la Manche. Son tracé avait été étudié dès 1846, en
même temps que celui du chemin de l'Ouest et soumis,
à la même époque, à l'enquête d'utilité publique ; son importance avait été reconnue et proclamée dans les discussions
qui avaient précédé le vote de la loi du 8 juillet 1852, relative aux chemins de Paris à Caen et à Cherbourg et de Mézidon au Mans. Trois directions avaient été étudiées pour
relier le Mans à la ligne d'Orléans à Bordeaux : l'une, passant
par Château-du-Loir et aboutissant au viaduc du Mont-

Louis, à 10 kilomètres en amont de Tours ; la seconde, passant par Château-La Vallière et arrivant à la Loire, pour la franchir sur le viaduc de Cinq-Mars, à 25 kilomètres en aval de Tours ; la troisième enfin, passant par Château-du-Loir et la vallée de la Choizille. Ce dernier tracé, dont le développement était de 93 kilom. 500. était le plus direct ; il traversait une contrée dont le mouvement commercial était assez important ; aussi parut-il devoir être adopté. La dépense, pour une seule voie, était évaluée à 21 500 000 fr. et le revenu net, à 600 000 fr., soit 3 °/₀ environ.

Quant à la ligne de Nantes à Saint-Nazaire, elle formait le complément de celle de Paris à Nantes, qu'elle conduisait jusqu'au bassin à flot de Saint-Nazaire ; c'était le dernier anneau du chemin de Paris à l'Océan, classé par la loi du 11 juin 1842. Sa longueur était de 60 kilomètres environ ; la dépense à laquelle devait donner lieu sa construction était évaluée à 12 millions ; son revenu ne paraissait pas devoir s'élever à plus de 3 °/₀.

Aux termes de la convention, la Compagnie se chargeait d'exécuter les travaux à ses frais, risques et périls, à la condition qu'aucune voie ferrée, réunissant la ligne de Paris à Rennes à celle de Paris à Nantes et à Saint-Nazaire, ne serait ouverte à l'exploitation avant l'expiration de la onzième année, à dater du décret du 17 août 1853 : cette réserve visait principalement l'éventualité de la construction d'un chemin du Mans à Angers, qui eût constitué une seconde ligne de Paris à Nantes, en concurrence avec celle de la vallée de la Loire ; elle était, d'ailleurs, conforme aux intentions qu'avait manifestées le législateur, lors de la concession du chemin de Tours à Nantes, et, plus tard, lors de la concession du chemin de fer de l'Ouest, ainsi qu'en faisait foi un rapport présenté à l'Assemblée législative, le 31 mars 1851. Mais il restait bien entendu que le Gouvernement conservait son entière liberté pour l'établissement d'une ligne de Nantes à Lorient, Redon et Brest.

Les deux chemins réunis à la concession du chemin de fer d'Orléans étaient régis par le cahier des charges du 26 juillet 1844, sauf les modifications résultant du décret du 27 mars 1852, et l'addition d'une clause concernant la réduction du prix de transport des blés, en cas de disette.

La ligne de Nantes à Saint-Nazaire, déclarée d'utilité publique et concédée définitivement par décret du 8 mars 1855, fut ouverte en 1857 ; celle de Tours au Mans le fut en 1858.

167. — **Concession des chemins de Paris à Mulhouse, de Nancy à Gray, de Paris à Vincennes et Saint-Maur. Fusion des chemins de Montereau à Troyes et de Saint-Dizier à Gray avec le réseau de l'Est.** — Le 17 août 1853 [B. L., 2e sem. 1853, n° 94, p. 531], un décret approuvait également une convention conclue avec la Compagnie du chemin de fer de Paris à Strasbourg, et aux termes de laquelle cette Compagnie : 1° recevait la concession de trois chemins reliant, le premier, Paris à Mulhouse, par Troyes, Chaumont, Langres, Vesoul et Belfort, avec embranchement sur Coulommiers ; le second, Nancy à Gray, par Épinal et Vesoul ; le troisième, Paris à Vincennes et Saint-Maur ;

2° Était autorisée à joindre à son réseau : (a) la ligne de Montereau à Troyes, à charge par elle de rembourser, en trois annuités avec les intérêts à 4 %, le prêt de 3 millions fait à l'ancienne Compagnie en vertu de la loi du 9 août 1847 ; (b) la ligne de Blesme à Gray, à charge de renoncer à la garantie d'intérêt stipulée par le cahier des charges annexé au décret du 26 mars 1852 ;

3° S'engageait à rembourser à l'État, en quarante et une annuités avec les intérêts à 4 %, la somme de 12 600 000 fr.;

montant du prêt fait à la Compagnie de Strasbourg à Bâle,
en exécution de la loi du 15 juillet 1840, et ce, moyennant
subrogation dans les droits, actions, privilèges de l'État
vis-à-vis de cette Compagnie ;

4° Se chargeait, en outre, de couvrir l'État des engagements qu'il avait contractés vis-à-vis de la Compagnie du
chemin de fer de Strasbourg à Bâle, pour la garantie de
4 °/₀ d'intérêt sur le capital employé par elle à la construction de Strasbourg à Wissembourg.

Les trois lignes de Paris à Mulhouse, de Nancy à Gray
et de Paris à Vincennes devaient être exécutées par la
Compagnie, à ses frais, risques et périls ; ces lignes, ainsi que
celles de Montereau à Troyes et de Blesme à Gray, étaient
solidarisées avec les chemins antérieurement concédés à la
Compagnie, au triple point de vue du délai de concession
(qui expirait le 27 novembre 1854), du partage des bénéfices
au-dessus d'un produit net de 8 °/₀, et de l'exercice de la
faculté de rachat.

Dans le cahier des charges annexé à la convention, nous
nous bornons à signaler une clause stipulant qu'il y aurait
chaque jour, à l'aller et au retour, entre Paris et les deux
points extrêmes de la ligne de Vincennes, un train à petite
vitesse et à prix réduit desservant toutes les stations de la
ligne ; le tarif du prix des places de 3ᵉ classe était fixé, pour
ces trains, à 0 fr. 02.

Aux termes de ses traités avec les Compagnies de Montereau à Troyes et de Saint-Dizier à Gray, la Compagnie de
Paris à Strasbourg leur était purement et simplement substituée, mais à la condition : 1° de rembourser à la première
40 000 actions à raison de 500 fr. chacune ; 2° de délivrer
aux actionnaires de la seconde une obligation de 500 fr.
produisant 25 fr. d'intérêts et remboursable à 650 fr., en
échange de deux actions libérées de 250 fr. chacune.

La ligne de Paris à Mulhouse fut ouverte, par sections, de 1856 à 1858 ; celle de Nancy à Gray, de 1857 à 1863 ; celle de Paris à Vincennes et Saint-Maur, en 1859.

168.—**Fusion des chemins du Rhône à la Loire avec le Grand-Central.** — Peu de temps après, le 26 décembre 1853 [B. L., 1ᵉʳ sem. 1854, nº 131, p. 147], le Gouvernement sanctionnait l'adjonction de la concession des chemins de fer de jonction du Rhône à la Loire à celle du chemin de fer Grand-Central de France. Les stipulations relatives à la garantie d'intérêt accordée par l'État au petit réseau de Rhône et Loire étaient maintenues ; le tarif du cahier des charges afférent à ce réseau était rendu applicable à celui du Grand-Central, qui était en outre soumis à toutes les clauses nouvelles concernant les embranchements industriels.

169. — **Décrets divers intervenus à la fin de 1853.** — Pour clore l'année 1853, nous mentionnerons :

1° Un décret du 1ᵉʳ septembre [B. L., 2ᵉ sem. 1853, nº 89, p. 427], levant le séquestre sous lequel la ligne de Bordeaux à la Teste avait été placée par arrêté du chef du pouvoir exécutif, en date du 30 octobre 1848, ledit décret rendu sur la demande de la Compagnie du Midi et après remboursement par cette Compagnie des avances du Trésor, conformément à un arrangement intervenu entre elle et les concessionnaires du chemin de la Teste ;

2° Un décret du 2 septembre [B. L., 2ᵉ sem. 1853, nº 88, p. 425], autorisant les Compagnies concessionnaires de chemins de fer, qui abaisseraient leurs tarifs pour le transport des grains et farines et des pommes de terre, avant le 31 décembre 1853, à les relever ensuite dans les limites du maximum prévu par les cahiers des charges, sans attendre

l'expiration des délais prescrits dans ces actes (cette mesure était motivée par l'insuffisance de la récolte en céréales sur divers points du territoire).

3° Un décret du 3 décembre [B. L., 2ᵉ sem. 1853, n° 114,
p. 1082], prorogeant celui du 2 septembre sur le transport
des denrées alimentaires (1).

(1) Diverses autres prorogations furent édictées ultérieurement.

CHAPITRE III. — ANNÉE 1854

170. — Concession du chemin de Carmaux à Albi. — La difficulté et le prix élevé des transports ne permettant pas à la Compagnie des mines de houille de Carmaux de livrer à la consommation plus de 60 000 tonnes de charbon, malgré la qualité de ce combustible, un décret du 4 mars [B. L., 1ᵉʳ sem. 1854, n° 162, p. 1023] concéda à ladite Compagnie un chemin de fer de 18 kilomètres de longueur reliant Carmaux à la ville d'Albi et à la rivière du Tarn ; cette nouvelle voie de communication devait permettre aux houilles d'arriver [jusque dans la vallée de la Garonne, et, par suite, développer l'exploitation des mines dans des proportions considérables ; la dépense de sa construction était évaluée à 1 770 000 fr.

La concession était faite pour quatre-vingt-dix-neuf ans, sans subvention ni garantie d'intérêt. Aux termes de l'article 2 du décret, l'État se réservait de racheter le chemin avant l'expiration des quinze premières années, à dater du délai fixé pour l'achèvement des travaux, s'il faisait exécuter ou s'il concédait une ligne destinée à rattacher Albi au réseau des chemins de fer et passant par Carmaux ; il devait alors rembourser à la Compagnie les dépenses utiles de construction, majorées de leur intérêt à 4 °/₀ pendant un an.

Après l'expiration des quinze premières années, le prix du rachat était arrêté suivant les règles ordinaires.

Le cahier des charges différait peu du type ; nous nous bornons à faire connaître qu'un assez grand nombre de marchandises étaient assimilées à la houille, dans la classe spéciale taxée à 0 fr. 10 par tonne kilométrique.

La ligne fut ouverte en 1858.

171. — Fusion de la Compagnie de Strasbourg-Bâle avec celle de l'Est et de la Compagnie de Dijon-Besançon-Belfort avec celle de Paris-Lyon. — Le 20 avril le Gouvernement, poursuivant la réalisation de ses vues sur la réunion des chemins de fer entre les mains d'un nombre restreint de Compagnies, autorisa :

1° La fusion du chemin de fer de Strasbourg à Bâle et de Strasbourg à Wissembourg avec le chemin de fer de B. L., 1er sem. 1854, n° 177, p. 1393];

2° La fusion du chemin de fer de Dijon à Besançon et à Belfort avec le chemin de fer de Paris à Lyon [B. L., 1er sem. l'Est 1854, n° 177, p. 1398].

D'après le rapport présenté à l'Empereur par le Ministre des travaux publics, « cette concentration, dans les mains « de deux Compagnies puissantes, des chemins de fer qui « mettaient Paris en communication avec l'Est de la France « et les pays limitrophes, présentait plusieurs avantages » dont les principaux consistaient :

« A donner à l'État une nouvelle et plus grande garantie « pour le complet achèvement des lignes en cours d'exécu-« tion ou récemment concédées de Strasbourg à Wis-« sembourg, de Dijon à Besançon et de Besançon à Bel-« fort :

« A fortifier, par le partage équitable de la matière des « transports, résultant de cette combinaison, les deux

« Compagnies qui devaient supporter les dépenses des tra-
« vaux mis à leur charge ;

« A procurer au public la faveur d'une concurrence mo-
« dérée et par cela même efficace et durable. »

A cette occasion, les deux Compagnies contractaient des engagements nouveaux pour l'exécution de travaux qui, au point de vue de l'intérêt général, avaient une très grande importance. Ainsi, la Compagnie de l'Est devait, dès que les Gouvernements français et badois se seraient mis d'accord, prolonger la ligne de Strasbourg jusqu'à la rencontre du chemin de fer Grand-Ducal, auquel elle se relierait par un pont fixe sur le Rhin ; ce prolongement, dit embranchement de Kehl, devait avoir 6 kilomètres de développement et coûter environ 3 300 000 fr. ; il était destiné à procurer au commerce international des avantages précieux, en affranchissant les marchandises importées ou exportées d'un transbordement toujours préjudiciable. De son côté, la Compagnie de Lyon devait exécuter à ses frais, sans subvention et sans garantie d'intérêt, deux lignes d'une utilité incontestable, à savoir : l'une de Chalon à Dôle ayant pour objet d'abréger de plus de 50 kilomètres le trajet de la Méditerranée au Rhin et de préparer l'ouverture d'une grande voie de Nantes sur la Suisse ; et l'autre, se dirigeant de Bourg vers Dôle ou Besançon, par Lons-le-Saulnier, et rattachant au réseau des chemins de fer le département du Jura et son chef-lieu. Ces deux lignes avaient un développement de 170 kilomètres.

Les décrets étaient accompagnés de conventions et de cahier des charges supplémentaires dans lesquels nous relevons les dispositions suivantes :

1° COMPAGNIE DE L'EST. — La Compagnie était autorisée à percevoir, pour le passage sur la partie française du pont du Grand-Rhin, et en sus du parcours réel, la taxe d'un kilo-

mètre pour chaque somme de 300 000 fr. employée à la
construction de cette partie du pont, sans que, dans aucun
cas, le nombre de kilomètres auquel s'appliquerait cette taxe
supplémentaire pût être supérieur à 5. Elle était également
autorisée à percevoir pour le passage, sur la même section
du pont, des voitures. piétons, chevaux, bestiaux, etc., le
tarif qui aurait été fixé d'accord entre les deux Gouvernements; un tarif provisoire devait être établi pour un délai
de cinq ans, à l'expiration duquel ce tarif serait remplacé
par un tarif définitif, établi de manière à assurer à la Compagnie l'amortissement en quatre-vingt-quatorze ans du
capital employé par elle à la construction de la partie dudit
pont affectée à la circulation ordinaire et l'intérêt à 6 % de
ce capital.

Les lignes incorporées au réseau de l'Est étaient soumises
au cahier des charges annexé au décret du 17 août 1853 ; elles
étaient rendues absolument solidaires du surplus de la concession, pour le rachat comme pour le partage des bénéfices.

Le cahier des charges recevait d'ailleurs, pour l'ensemble
du réseau, quelques améliorations qui intéressaient notamment le service postal.

2° COMPAGNIE DE LYON. — De même que pour la Compagnie de l'Est. une solidarité complète était établie entre
toutes les lignes appartenant à la concession ; les garanties
d'intérêt accordées par l'État aux deux Compagnies de Paris
à Lyon et de Dijon à Besançon ne devaient produire d'effet
que lorsque les revenus réunis de ces lignes n'égaleraient pas
la somme annuelle garantie à ces Compagnies. aux termes
de leurs cahiers des charges.

La Compagnie avait la faculté, si elle le demandait, de
faire un embranchement sur la Suisse, sous réserve de l'accomplissement préalable des formalités légales et de la décision à prendre par l'administration. concernant le tracé et

les conditions d'exécution et d'exploitation. Elle s'engageait à contribuer à la construction du quai de Vaise, à Lyon, et à livrer les terrains nécessaires pour l'ouverture d'une voie de 20 mètres de largeur, mettant en communication la gare de Vaise avec ce quai.

Le cahier des charges, joint au décret du 12 février 1852, recevait des améliorations semblables à celles que nous avons indiquées pour la Compagnie de l'Est.

La convention internationale réglant les conditions d'établissement du chemin de Strasbourg à Kehl, et particulièrement du pont sur le Rhin, n'intervint que le 19 juin 1858 [B. L., 1er sem. 1858, n° 613, p. 1407]. Aux termes de cette convention le pont devait comprendre, en son milieu, une partie fixe et, à chacune de ses extrémités, une travée mobile; son tablier devait être en métal; la dépense en incombait, pour moitié, à la Compagnie française, pour moitié au Gouvernement Grand-Ducal, et la propriété en était attribuée, dans la même proportion, à chacun des deux pays; les travaux devaient être exécutés par un seul et même entrepreneur général.

L'embranchement de Kehl fut ouvert en 1861; la ligne de Chalon à Dôle le fut en 1871; enfin celle de Bourg à Besançon le fut, par sections, de 1862 à 1864.

172. — **Concession du chemin de Bessèges à Alais.** — Un décret du 7 juin 1854 [B. L., 2e sem. 1854, n° 198, p. 30] déclara d'utilité publique et concéda à MM. de Veau de Robiac, Varin d'Ainvelle et Émile Silhol, un chemin de 30 kilomètres de longueur, de Bessèges à Alais, par Saint-Ambroise. Ce chemin, dont la dépense était évaluée à 5 400 000 fr., était destiné à desservir le bassin houiller de la Cèze, dont les produits, malgré leur qualité supérieure, ne pouvaient soutenir, dans la vallée du Rhône, la concur-

rence avec les charbons du bassin du Gardon, à raison de l'imperfection des moyens de communication et du prix élevé des transports. Ce prix qui, de Bessèges à Alais, était alors de 9 fr. devait être réduit de près des deux tiers, lorsqu'une voie de fer aurait remplacé la route de terre, et on espérait que l'importation des charbons de la Cèze, qui ne s'élevait pas, par année, à plus de 70 000 tonnes, prendrait alors un notable développement.

La concession était faite sans subvention, ni garantie d'intérêt.

Les seuls points intéressants à noter dans le cahier des charges sont les suivants. La houille et le coke, au lieu d'être taxés à 0 fr. 10, comme dans la plupart des autres actes de concession, l'étaient à 0 fr. 12 ; mais il était stipulé que, dix ans après la mise en exploitation du chemin de fer, le tarif applicable au transport de ces marchandises serait révisé et pourrait être réduit de 0 fr. 02, après enquête. Un tarif spécial réduit était fixé pour la traction des wagons appartenant aux propriétaires des embranchements particuliers, entre le point de soudure de ces embranchements et les diverses gares ou stations de la ligne.

173. — **Décrets relatifs aux voies ferrées sur route de Vincennes à Boulogne et de Rueil à Marly.** — Nous croyons utile de mentionner deux décrets du 18 février ,B. L., 1ᵉʳ sem. 1854, nº 159, p. 931] et du 15 juillet [B. L., 2ᵉ sem. 1854, nº 208. p. 181], autorisant l'établissement de voies ferrées à traction de chevaux, l'une entre Vincennes et Boulogne et l'autre entre Rueil et Marly. Ces voies ferrées devaient être posées sur les voies publiques, au niveau du sol, sans saillie ni dépression, suivant le profil normal de la route et sans aucune altération de ce profil. Les concessions étaient faites pour trente années.

2   6

Les tarifs étaient les suivants :

1° *Tramway de Vincennes à Boulogne :*

A l'intérieur de Paris

1ʳᵉ classe	0 fr.	25
2ᵉ classe : voyageur ordinaire . . .	0	15
(avec réduction à 0 fr. 10 pendant deux heures de la journée, au choix de l'administration, l'une le matin, l'autre le soir).		
2ᵉ classe : soldats ou sous-officiers en uniforme.	0	05

A l'extérieur de Paris, par sections . . . .

1ʳᵉ classe		0	15
2ᵉ classe	voyageur ordinaire . .	0	10
	militaire	0	05

2° *Tramway de Rueil à Marly :*

De la station de Rueil à Rueil. . .	1ʳᵉ classe.	0 fr.	10
	2ᵉ classe	0	05
De la station de Rueil à Bougival	1ʳᵉ classe.	0	40
	2ᵉ classe	0	25
De la station de Rueil à Port-Marly.	1ʳᵉ classe.	0	55
	2ᵉ classe	0	35

Ces tarifs étaient révisables tous les cinq ans par l'administration, sans pouvoir être abaissés au-dessous des trois cinquièmes des prix fixés ci-dessus.

A l'expiration des concessions, le Gouvernement était subrogé à tous les droits des concessionnaires dans la propriété des voies ferrées; quant aux objets mobiliers, à l'exception des chevaux, ils devaient être repris à dire d'experts; toutefois, ces dispositions ne devaient recevoir leur application que si le Gouvernement décidait le maintien des voies ferrées. Dans le cas contraire, les concessionnaires gardaient tout leur matériel, mais étaient tenus de remettre les lieux en l'état.

Les autorisations étaient révocables, en tout ou en partie, sans indemnité, avant le terme fixé pour leur durée : la révocation ne pouvait être prononcée que dans les formes adoptées pour la concession. En cas de retrait des autorisations ou de suppression des chemins à la suite de déchéance, les lieux devaient être remis en état.

Le Gouvernement se réservait le droit d'autoriser de nouvelles entreprises de transport, utilisant les mêmes lignes, à charge par ces dernières de payer un droit de circulation, qui serait fixé par le Gouvernement, sur la proposition des concessionnaires, sans pouvoir être inférieur au tiers, ni supérieur à la moitié des tarifs ; cette proportion était révisable tous les cinq ans.

174. — **Concession du chemin d'Hautmont à la frontière.** — Vers le commencement de 1854, une Compagnie franco-belge, représentée par MM. de Rothschild frères et par la Société formée à Bruxelles pour favoriser l'industrie nationale, sollicita et obtint la concession d'un chemin de fer de Mons à Hautmont, village situé sur la Sambre, en amont de Maubeuge, et point choisi pour le raccordement de la nouvelle voie ferrée avec la ligne de Paris à la Belgique par Saint-Quentin. Ce chemin avait un développement de 25 kilomètres ; mais la section française, de la frontière à Hautmont, n'avait qu'une longueur de 7 800 mètres ; la dépense de cette section était évaluée à 2 550 000 fr. ; la Compagnie se chargeait de l'exécution de la totalité des travaux à ses frais, risques et périls.

La ligne de Hautmont à Mons était principalement destinée au transport des charbons et, comme elle présentait, sur celle de Paris à Mons par Valenciennes, une notable réduction de parcours, elle était appelée à rendre de grands services à l'industrie ; aussi son utilité avait-elle été reconnue à l'unanimité dans tout le cours de l'instruction à laquelle avait été soumis le projet de la Compagnie ; toutefois, la ville de Maubeuge avait demandé que le tracé, au lieu de se relier à Hautmont avec la ligne de Saint-Quentin, vînt aboutir à Maubeuge. Cette réclamation, vivement combattue par la Compagnie, fut écartée par le conseil général des ponts et chaussées, par le comité consultatif des chemins de fer et par le Conseil d'État : on considéra que la ville de Maubeuge, recevant les charbons de Charleroi par le chemin d'Erquelines, ne paraissait pas avoir un grand avantage à se rapprocher du bassin de Mons, tandis qu'il y avait un intérêt sérieux à ne pas augmenter la longueur des transports sur le centre de la France. Il fut néanmoins donné satisfaction, dans une certaine mesure, aux prétentions de la ville, au moyen d'une clause d'après laquelle la Compagnie s'obligeait à construire et à exploiter, en outre du raccordement sur Hautmont, une branche dirigée sur Maubeuge, dans le cas où cette ville consentirait à prendre à sa charge la dépense d'exécution.

Quant aux conditions principales de la concession (c'est-à-dire sa durée et le tarif des droits à percevoir), elles devaient nécessairement être les mêmes, pour la section comprise en Belgique et pour celle qui était située sur le territoire français ; elles furent, en conséquence, concertées entre les deux Gouvernements ; il fut admis, d'un commun accord, que le bail aurait une durée de quatre-vingt douze ans et qu'il serait établi, pour le transport de la houille et du coke, un tarif uniforme de 0 fr. 06 par tonne et par kilomètre.

Sauf les dispositions que nous venons de rappeler, le cahier des charges était conforme au type.

La ligne fut ouverte à la circulation en 1855.

175. — **Concession du chemin d'Agde à Lodève.** — Aux termes du cahier des charges, le chemin de Bordeaux à Cette devait passer à ou près Béziers, puis par Mèze.

La Compagnie concessionnaire présenta trois tracés pour la section de Béziers à Cette : le premier, par Pézenas et Mèze ; le second, par Agde et Mèze ; et le troisième, par Agde et le littoral de la mer, au sud de l'étang de Thau. Elle avait, d'ailleurs, insisté pour l'adoption de ce dernier tracé.

A la suite d'une instruction minutieuse, le Gouvernement adhéra, conformément à l'avis du conseil général des ponts et chaussées, à la proposition de la Compagnie, sous la réserve que, en compensation de l'économie de 1 450 000 fr. réalisée par elle, cette dernière serait tenue d'établir, à ses frais, risques et périls, un embranchement d'Agde sur Clermont et Lodève par Pézenas, sauf à n'exécuter immédiatement au delà de Pézenas qu'une longueur de chemin correspondant à l'économie précitée.

La combinaison à laquelle se ralliait l'administration offrait de sérieux avantages. En effet, le premier tracé eût laissé le port d'Agde en dehors du chemin de fer. Le deuxième n'eût pas desservi Pézenas. Le troisième, au contraire, avec embranchement sur Pézenas prolongé dans la direction de Lodève, réduisait le développement de la ligne principale et reliait au réseau le port d'Agde, ainsi que les villes de Pézenas, de Clermont et de Lodève ; son seul défaut était de laisser à l'écart la ville de Mèze, qui, suivant le tracé primitif, devait être traversée ; mais cette ville, située sur la rive nord de l'étang de Thau, trouvait dans ce voisinage un moyen de communication suffisant pour ses besoins et un moyen d'existence pour ses habitants, adonnés pour la plupart à l'industrie du cabotage.

Une convention fut donc conclue avec la Compagnie, sur les bases que nous venons d'indiquer, pour la concession du chemin d'Agde à Lodève et ratifiée par décret du 19 août [B. L., 2ᵉ sem. 1854, n° 213, p. 257].

La mise en exploitation eut lieu d'Agde à Lodève en 1863.

176. — Concession du chemin de Montluçon à Moulins. Le 17 octobre 1854, une Compagnie, représentée par MM. Donon et consorts, obtint la concession d'une ligne de Montluçon à Moulins, avec embranchement du hameau des Barres sur Bézenet [B. L., 2ᵉ sem. 1854, n° 230, p. 705].

Cette ligne, dont la longueur était, y compris l'embranchement, de 82 kilomètres environ; passait à proximité des exploitations houillères de Commentry, Bézenet, Doyet, Fins, Noyant, Montet-aux-Moines, et desservait les nombreux établissements qui s'étaient formés près de ces exploitations; elle était appelée à seconder le mouvement industriel qui, depuis quelques années, avait pris, dans cette contrée, un développement considérable; la dépense était évaluée à 22 millions.

Aux termes de la convention, la Compagnie se chargeait de l'exécution de la ligne à ses frais, risques et périls.

Il était stipulé que, si, à une époque quelconque avant l'expiration des quinze premières années à dater du délai fixé pour l'achèvement des travaux, le Gouvernement faisait exécuter ou concédait une ligne formant le prolongement de celle de Montluçon à Moulins, soit à l'Ouest, soit à l'Est, il aurait la faculté de mettre la Compagnie en demeure d'exécuter ce prolongement, aux clauses et conditions de la concession du 17 octobre 1854, ou de racheter le chemin de Montluçon à Moulins, en remboursant à la Compagnie les sommes qu'elle aurait dépensées utilement pour la construction de cette ligne, plus l'intérêt de ces sommes à 4 % pendant un an. Après l'expiration des quinze premières années, la liquidation de l'indemnité de rachat se faisait dans les conditions ordinaires.

Les statuts de la Compagnie furent approuvés par décret du 23 juin 1855 [B. L., 2ᵉ sem. 1855, supp., nᵒ 201, p. 81].

La ligne fut livrée en 1859.

177. — Concession définitive du chemin de Noyelles à Saint-Valery. — Nous avons vu antérieurement que, le 10 février 1852, l'État avait conclu, avec la Compagnie du Nord, pour l'exécution de divers embranchements, une convention qui stipulait, notamment, l'engagement de la part de cette Compagnie d'établir, si le Gouvernement l'exigeait, un chemin de Noyelles à Saint-Valery, sous la condition : 1ᵒ qu'il lui serait fait abandon des terrains de l'ancien lit de la Somme, appartenant à l'État et soustraits, par les travaux de cette ligne, à l'invasion des eaux ; 2ᵒ qu'elle serait substituée aux droits de l'État sur le paiement de la plus-value des terrains appartenant à des tiers, qui pourrait résulter de ces travaux.

La Compagnie, ayant renoncé au bénéfice de la disposition relative à la plus-value des terrains appartenant à des tiers, et l'instruction ouverte sur le projet présenté par elle ayant donné des résultats favorables, un décret du 17 octobre 1854 [B. L., 2ᵉ sem. 1854, nᵒ 228, p. 624] lui concéda définitivement l'embranchement ; le décret contenait un certain nombre de clauses qui intéressaient spécialement le domaine et la navigation maritime et qu'il serait sans utilité de reproduire.

Le chemin fut mis en exploitation dans le cours de l'année 1858.

178. — Concession du chemin de l'usine de Bourdon au Grand-Central. — Un décret du 28 octobre [B. L., 2ᵉ sem. 1854, nᵒ 237, p. 809] concéda à la Société Herbet et Cⁱᵉ, qui exploitait près de Clermont-Ferrand une sucrerie importante, un chemin de 4 kilomètres de longueur, destiné à relier cette usine à la ligne du Grand-Central, de Clermont à Lempdes. La dépense de construction était évaluée à 240 000 fr.

La sucrerie de Bourdon, consommant par année près de 40 000 tonnes de houille, recevant en outre de grandes quantités de betteraves et expédiant par masses considérables des sucres, des alcools et des tourteaux, provenant de sa fabrication, tout faisait prévoir que l'opération serait fructueuse.

Le chemin était d'ailleurs affecté au service public des voyageurs et des marchandises, et concédé pour quatre-vingt-dix-neuf ans, aux conditions d'un cahier des charges conforme au modèle usuel. Il fut livré à la circulation en 1855.

178. — **Concession du chemin de la houillère de Montieux au Grand-Central.** — Le 24 novembre [B. L., 2ᵉ sem. 1854, nᵒ 242, p. 932], les propriétaires de la mine de Montieux (Loire) obtinrent la concession d'un embranchement destiné à relier cette mine au chemin de fer Grand-Central (section du Rhône à la Loire); le développement de cet embranchement ne dépassait pas 500 mètres ; la dépense de construction était entièrement à la charge des concessionnaires.

La concession était accordée pour le délai restant à courir jusqu'à l'expiration du bail du Grand-Central. Le cahier des charges réservait au Gouvernement le droit d'exiger ultérieurement un service public, moyennant un tarif à fixer par un règlement d'administration publique.

La mise en exploitation eut lieu en 1855.

CHAPITRE IV. — ANNÉE 1855

180. — **Concession d'embranchements sur le chemin des mines de Commentry au canal du Berry, près Montluçon.** — MM. Rambourg et C⁰, propriétaires des mines de Commentry, avaient été autorisés, par une ordonnance du 16 février 1844, à établir un chemin de fer entre ces mines et le canal du Berry, près Montluçon. Ce chemin était terminé et depuis longtemps livré à la circulation.

Le 14 mars 1855 [B. L., 1er sem. 1855, n° 280, p. 488], les concessionnaires obtinrent l'autorisation de construire deux branches nouvelles pénétrant dans le centre de leur exploitation et aboutissant à divers puits ; le développement de ces deux branches était d'un peu moins de 2 kilomètres. La concession était faite pour le délai restant à courir jusqu'à l'expiration de la concession principale, et aux conditions du cahier des charges annexé à l'ordonnance du 16 février 1844.

La mise en exploitation eut lieu en 1857.

181. — **Concession d'un chemin reliant la gare d'eau de Saint-Ouen au chemin de Ceinture.** — Les services que le chemin de fer de Ceinture rendait au commerce et à l'industrie, en mettant en communication les différentes gares de Paris, firent concevoir la pensée qu'il serait utile d'y rattacher par un embranchement la gare d'eau de Saint-Ouen et la navigation de la basse Seine et des canaux du Nord.

Le prince Poniatowski, devenu acquéreur de la gare de
Saint-Ouen, présenta une soumission pour l'exécution de
cet embranchement, dont la longueur était de 2 500 mètres
·et dont l'évaluation était de 250 000 fr.

Après l'accomplissement des formalités réglementaires,
un décret du 24 mars 1855 [B. L., 1er. sem. 1855, n° 289,
p. 717] approuva une convention conclue pour l'acceptation
·de cette offre. Le concessionnaire se chargeait de l'opération à ses frais, risques et périls. Le tarif kilométrique était,.
pour les voyageurs, de 0 fr. 05 dont 0 fr. 02 de prix de
transport et 0 fr. 03 de péage et, pour les marchandises, de
·0 fr. 18 dont 0 fr. 08 de prix de transport et 0 fr. 10 de
péage ; la durée de la concession était de cent ans.

Les statuts de la Compagnie furent approuvés par dé-
·cret du 11 juillet 1856 [B. L., 2e sem. 1856, n° 302,
p. 209].

L'ouverture à l'exploitation n'eut lieu qu'en 1873.

**182. — Concession du chemin de Paris à Lyon par le
Bourbonnais.** — Le 31 janvier 1855, intervint entre les
. trois Compagnies de Paris à Lyon, de Paris à Orléans et du
Grand-Central, un traité aux termes duquel ces Compagnies
se réunissaient pour la construction et l'exploitation, à frais
communs, d'un chemin de fer de Paris à Lyon, par Nevers,
Moulins, Roanne, Saint-Étienne et Givors, s'embranchant
sur les lignes d'Orléans et de Lyon, à Juvisy et à Moret, et
empruntant, entre Nevers et Roanne, le chemin concédé à
la Compagnie d'Orléans et, entre Roanne et Lyon, le chemin de Rhône-et-Loire, concédé à la Compagnie du Grand-
Central. Elles s'engageaient également à construire un che-,.
min de Roanne à Lyon, par Tarare, et un embranchement
sur Vichy. La Compagnie d'Orléans apportait la section de
Juvisy à Corbeil et celle de Nevers à Roanne, moyennant

remise du nombre d'obligations nécessaire pour représenter un revenu net de 12 000 fr. par kilomètre, sur la première section, et de 15 000 fr., sur la seconde, à charge par elle d'achever les travaux. La Compagnie du Grand-Central apportait le chemin de fer de Rhône-et-Loire, moyennant remise d'un nombre d'obligations de la nouvelle société égal à celui des obligations émises par le Grand-Central, en exécution du décret du 26 décembre 1853. Le trafic, entre les gares de Paris et celles de Lyon et de Givors, se répartissait d'après les règles suivantes entre la ligne de Bourgogne et celle du Bourbonnais. On faisait un compte général de toutes les taxes perçues dans les gares de Paris, Lyon et Givors ; puis il en était attribué à la Compagnie de Lyon :

Du 1er janvier 1856 à l'ouverture de la section de Saint-Germain-des-Fossés à Roanne, les trois quarts ;

De cette ouverture à celle de la section de Roanne à Lyon par Tarare, les deux tiers ;

Après l'ouverture de la section de Roanne à Lyon par Tarare, la moitié.

La Compagnie, qui avait perçu au delà de la proportion à laquelle elle avait droit, était tenue de faire retour de l'excédent, sous déduction des frais de transport équitablement appréciés.

Pour les voyageurs et les marchandises empruntant les rails de la Compagnie d'Orléans, entre Nevers et Paris, cette Compagnie n'avait droit qu'au remboursement des frais de transport.

Le trafic des voyageurs et des marchandises, parcourant la distance entière entre les gares de Paris et le point de bifurcation des deux branches de Moret et de Corbeil, devait être partagé comme si le même parcours kilométrique avait lieu sur les deux sections.

La Compagnie d'Orléans cédait à la Compagnie du

Grand-Central la concession de la ligne de Saint-Germain-des-Fossés à Clermont, moyennant la remise du nombre d'obligations nécessaire pour représenter un revenu net kilométrique de 10 800 fr., à charge par elle d'achever cette ligne, mais sans fournir le matériel roulant.

Cette cession était, d'ailleurs, réglée par un traité spécial portant également la date du 31 janvier 1855, entre la Compagnie d'Orléans et celle du Grand-Central.

Les 2 février et 6 avril 1855, le Ministre des travaux publics conclut avec les trois Compagnies syndiquées une convention, qui portait approbation de leur traité et leur concédait, pour être exécutées à leurs frais, sans garantie d'intérêt et sans subvention, les trois lignes ci-dessus indiquées, de Nevers à Corbeil et à Moret, de Roanne à Lyon par Tarare, et de Saint-Germain-des-Fossés à Vichy.

Les points à signaler dans le cahier des charges sont les suivants.

La Société était autorisée à se procurer, par des émissions d'obligations, le capital nécessaire à l'exécution des chemins de fer qui lui étaient concédés. Les tarifs stipulés pour les nouvelles lignes étaient rendus applicables aux sections de Juvisy à Corbeil et de Nevers à Roanne, cédées par la Compagnie d'Orléans. La durée de quatre-vingt-dix-neuf ans, à compter de l'achèvement de la section de Roanne à Lyon par Tarare, assignée à la concession qui faisait l'objet du contrat, était étendue aux sections de Juvisy à Corbeil, de Nevers à Roanne et de Roanne à Lyon par Saint-Étienne. Enfin les dispositions en vigueur, pour le partage des bénéfices avec la Compagnie de Paris à Lyon et avec la Compagnie du Grand-Central, étaient également étendues à la participation de ces Compagnies dans la Société nouvelle.

Un décret du 7 avril 1855 ratifia cette convention [B. L.,

1er sem. 1856, n° 354, p. 49; errata, n° 368, p. 292]. L'article 4 dudit décret portait que, jusqu'à la mise en exploitation de la ligne de Roanne à Lyon par Tarare, les taxes totales à percevoir entre Paris et Givors, ainsi qu'entre Paris et Lyon et réciproquement, seraient égales sur la ligne de Paris à Lyon par Orléans ou Nevers, Roanne et Saint-Étienne, et de Paris à Lyon par Dijon et Chalon, et que ces taxes seraient soumises par la Compagnie de Paris à Lyon par Dijon à l'homologation du Gouvernement, qui statuerait après avoir entendu les Compagnies du Grand-Central et d'Orléans.

183. — Concessions définitives et éventnelles à la Compagnie du Grand-Central.

i. — CONVENTION. — Un décret du 21 avril 1853, confirmatif d'une convention passée le 30 mars précédent, avait concédé à la Compagnie du Grand-Central le réseau de chemins de fer désigné sous ce nom. Ce réseau, qui s'étendait sur douze départements et présentait un développement de 1 054 kilomètres, formait, par la combinaison de ses tronçons. trois grandes lignes : la première, de Lyon à Bordeaux ou plutôt de Saint-Étienne à Coutras, qui coupait le centre de la France du nord-est au sud-ouest ; la deuxième. de Clermont à Montauban et la troisième, de Limoges à Agen, qui le traversaient du nord au sud. De la ligne de Clermont à Montauban se détachait un embranchement sur Marcillac qui, après avoir desservi les établissements industriels de l'Aveyron, se terminait à 24 kilomètres de Rodez. Les sections de Clermont à Lempdes, de Montauban au Lot et à Marcillac et de Périgueux à Coutras, formant ensemble une longueur de 314 kilomètres, étaient concédées définitivement ; quant aux sections de Saint-Étienne à Lempdes, de Lempdes au Lot, du Cantal à Périgueux et à la ligne de Limoges à Agen. leur concession n'était que provisoire ; l'État se réservait un délai de cinq ans pour rendre cette concession définitive ; le mode suivant lequel le Trésor aurait à concourir aux dépenses d'exécution était également réservé : le Gouvernement conservait le droit d'appliquer, le cas échéant, le système créé par la loi du 11 juin 1842, c'est-à-dire de livrer à la Compagnie l'infrastructure, ou de substituer à l'exécution directe des travaux le paiement d'une subvention à forfait.

Depuis lors deux ans s'étaient écoulés ; la construction des sections concédées à titre définitif avait été poussée avec rapidité ; plus de 80 millions s'y trouvaient engagés. La Compagnie demanda au Gouvernement de rendre définitive la concession conditionnelle et provisoire. D'après les études approfondies auxquelles s'était livrée l'administration, les sections ou lignes à concéder ainsi définitivement devaient coûter 210 millions, dont 130 pour l'infrastructure, et rapporter environ 6 700 000 fr. nets par an. Le Ministre des travaux publics pensa qu'il était possible de traiter avec la Compagnie : 1° en laissant à sa charge la part des frais de premier établissement représentant la capitalisation à 5 % du produit net, soit 134 millions ;

2° En lui allouant une subvention de 76 millions ;

3° En garantissant, pendant cinquante ans, l'intérêt à 4 % du capital de tout le réseau, diminué de la subvention, soit 214 millions.

D'autre part, les tracés devant laisser de côté trois chefs-lieux de département, Rodez, Cahors et Tulle, et deux villes importantes, Bergerac et Villeneuve-d'Agen, le Gouvernement considéra comme nécessaire de rattacher ces points au réseau par cinq embranchements, dont l'un, celui de Rodez, constituait le prolongement de la petite ligne du Lot à Marcillac. et dont les autres étaient dirigés de Cahors

vers le chemin de Périgueux à Agen par Belvès, de Villeneuve-d'Agen vers le même chemin, de Brives vers Tulle et
de Mussidan vers Bergerac. La Compagnie consentit à exécuter immédiatement, moyennant une subvention de 2 millions et une garantie d'intérêt de 4 %, pendant cinquante
ans, sur le surplus de la dépense, l'embranchement de Rodez, qui était évalué à 7 millions ; elle accepta la concession
éventuelle des quatre autres, l'État se réservant un délai de
deux ans pour rendre cette concession définitive et devant
concourir, le cas échéant, à leur construction, soit par
l'exécution de l'infrastructure, soit par le paiement d'une
subvention.

Enfin il y avait lieu de régulariser la cession, faite par la
Compagnie d'Orléans à la Compagnie du Grand Central, de
la ligne de Saint-Germain-des-Fossés à Clermont.

Une convention fut conclue, le 2 février 1855, sur les
bases que nous venons d'indiquer. Les délais d'exécution
variaient de trois à onze années ; la subvention de 78 millions
devait être versée en neuf annuités, au moyen de dix-huit
paiements semestriels, à charge par la Compagnie de justifier
d'une dépense double. La Compagnie avait la faculté de
déposer au Trésor, en comptes courants, au taux de 4 %
l'an, le produit du versement des deux premiers cinquièmes
des actions. Pour l'exécution de la clause de garantie, le
compte de premier établissement devait être clos quinze ans
après le décret de concession ; l'État devait d'ailleurs, le
cas échéant, se rembourser de ses avances de garantie,
avec intérêts à 3 %, sur la part des produits nets excédant
4 % ; si, à l'expiration de la concession, il était créancier de
la Compagnie, le montant de sa créance se compensait,
jusqu'à due concurrence, avec la somme due à la Compagnie, pour reprise du matériel ; à toute époque après l'expiration des deux premières années à dater du délai fixé

pour l'achèvement des travaux, si la garantie fonctionnait pendant cinq années consécutives, le Ministre pouvait prendre en mains l'administration du chemin, jusqu'à
ce qu'il eût produit 4 %, pendant trois années consécutives. Le contrat stipulait le partage des bénéfices au delà
de 8 %.

A la convention était joint un cahier des charges supplémentaire, ayant notamment pour objet de faire bénéficier
le service postal des immunités introduites dans les actes de
concession les plus récents.

En rapprochant les conditions souscrites par la Compa-
gnie du Grand-Central de celles des traités passés avec les
Compagnies d'Orléans, de Lyon à la Méditerranée et du
Midi, on trouvait les résultats suivants :

	DÉVELOPPEMENT	SUBVENTION	GARANTIE D'INTÉRÊT
Orléans....................	1 720 k.	230 000 000 f.	4 %
Lyon à la Méditerranée........	624	125 000 000	4 %
Midi....................	747	51 000 000 Plus un canal ayant coûté 71 000 000 f.	4 %
Grand-Central.	1 100	78 000 000	4 %

Le pays traversé par le Grand-Central étant, de beaucoup, le plus difficile et le moins riche, le concours de
l'État n'avait rien d'exagéré.

II. — LOI ET DÉCRET APPROBATIFS. — Un décret du
7 avril [B. L., 2ᵉ sem. 1855, nº 313, p. 58], ratifia la convention, sous réserve des stipulations financières, qui furent
soumises au Corps législatif, le 19 mars 1855 [M. U.,
21 mars 1855.]

Le rapporteur au Corps législatif, M. le baron de Jouvenel [M. U., 21 juin 1855], se prononça, au nom de la

Commission, en faveur de la combinaison proposée par le Gouvernement ; il fit ressortir que cette combinaison n'élevait pas la subvention kilométrique à plus de 72 000 fr., alors que le concours de l'État avait atteint 140 000 fr. pour la Compagnie d'Orléans, 164 000 fr. pour la Compagnie du Midi, et 200 000 fr. pour la Compagnie de Lyon à la Méditerranée. Le sacrifice demandé au Trésor, pour la construction des lignes nouvelles dont la concession définitive faisait l'objet du projet de loi, était, aux yeux de la Commission, un véritable acte de justice et de réparation vis-à-vis des départements du Centre qui, tout en supportant un dixième des charges publiques, avaient été complètement abandonnés au profit de contrées déjà beaucoup plus prospères. Il devait alléger les souffrances des habitants de ces départements, en cas de crise des subsistances ; permettre l'exploitation de leurs richesses houillères et métallurgiques : exercer, par contre-coup, la plus salutaire influence sur l'industrie de toute la région du Centre et du Midi ; et contribuer, au plus haut degré, au développement de la richesse nationale.

La Commission loua aussi la solidarité établie entre les lignes concédées en 1853 et les lignes nouvelles, au point de vue du jeu de la garantie d'intérêt qui devait se trouver soulagée par les excédents de produits des lignes anciennes.

Tout en regrettant que le Gouvernement n'eût pu traiter définitivement pour les quatre embranchements concédés à titre éventuel et tout en formulant le désir de voir réduire autant que possible, en cours d'exécution, le délai de onze ans imparti pour l'achèvement d'une partie du réseau, la Commission conclut à l'adoption du projet de loi.

Lors de la discussion devant le Corps législatif [M. U.. 12 avril 1855]. M. le comte Joachim Murat exprima le re-

2   7

gret que, avant de concéder définitivement le chemin de
Limoges à Agen par Périgueux, le Gouvernement n'eût pas
fait étudier, conformément au vœu exprimé par plusieurs
conseils généraux, la ligne de Paris à Toulouse, par Tulle,
Cahors et Montauban ; cette étude eût certainement mis en
relief la supériorité de la direction qui avait été considérée
en 1842 comme la meilleure, sur celle de Limoges à Agen,
beaucoup trop rapprochée de la ligne de Paris à Bordeaux ;
l'adoption de cette direction eût permis d'éviter les deux
embranchements de Tulle et de Cahors. Subsidiairement,
il émit le vœu que le délai d'exécution des embranchements de Cahors, Tulle, Bergerac et Villeneuve fût
abrégé.

M. Granier de Cassagnac appela l'attention des pouvoirs
publics sur la nécessité de doter le plus tôt possible les départements des Landes, des Basses-Pyrénées, des Hautes-
Pyrénées, de la Haute-Garonne, de l'Ariège, de Tarn-et-
Garonne et du Gers. M. le comte Eugène Dubois lui répondit
que le Gouvernement s'occupait activement de la question.
Répliquant ensuite à M. le comte Murat, il fit remarquer
que le tracé préconisé par lui avait paru présenter des difficultés extrêmes, déjà pressenties d'ailleurs par M. Dufaure,
dans son rapport sur la loi de 1842 ; mais que les efforts de
l'administration ne tendraient pas moins à faire profiter des
voies ferrées les départements qui en avaient été jusqu'alors
déshérités.

Après un plaidoyer de M. Jubinal en faveur des chemins pyrénéens, l'Assemblée vota le projet de loi à l'unanimité. Cette loi fut sanctionnée le 2 mai [B. L., 1er sem.
1855, n° 292, p. 828].

La mise en exploitation eut lieu :

Pour la ligne de Nevers à Corbeil et Moret, de 1860 à
1861 ;

Pour la branche de Montargis à Corbeil, en 1865 et 1867 ;

Pour celle de Roanne à Lyon, par Tarare, de 1866 à 1868 ;

Pour celle de Saint-Germain-des-Fossés à Vichy, en 1862.

184. — Fusion des diverses Compagnies de la région de l'Ouest. Concessions à la Compagnie nouvelle.

1. — CONVENTION. — Les lignes concédées dans l'Ouest et le Nord-Ouest étaient celles de :

Paris à Saint-Germain, Argenteuil et Auteuil.........	30 km.
Paris à Rouen..................................	137
Rouen au Havre................................	92
Dieppe et Fécamp au chemin du Havre.............	65
Paris à Rennes et le Mans à Mézidon..............	512
Paris à Caen et à Cherbourg.....................	317
TOTAL.........	1 153 km.

(longueur sur laquelle il restait à terminer 600 kilomètres).

L'État avait fourni les subventions suivantes pour l'exécution des différentes lignes :

Compagnie de Saint-Germain (pour le chemin de fer atmosphérique)............................	1 800 000 fr.
Compagnie du Havre (pour la traversée de Rouen).	8 000 000
Compagnie de l'Ouest......................	45 000 000
Compagnie de Caen à Cherbourg (pour la section de Paris à Caen)...............................	16 000 000
Même Compagnie (pour la section de Caen à Cherbourg)...................................	18 000 000
TOTAL.......	88 800 000 fr.

(chiffre auquel il y avait lieu d'ajouter 4 800 000 fr. de subventions locales).

En outre, l'État avait prêté :

A la Compagnie de Rouen, moyennant un remboursement en trente
ans, avec intérêts à 3 % .... 18 000 000 fr.

A la Compagnie du Havre, à rembourser en qua-
rante ans, avec intérêts à 4 % 10 000 000

A la Compagnie de l'Ouest (pour le chemin de
Versailles, rive gauche), à rembourser en soixante
ans, avec intérêts à 3 % 7 000 000

Total.... 35 000 000 fr.

Enfin, il avait garanti :

A la Compagnie de l'Ouest une annuité de.... 2 810 000 fr.

Et à la Compagnie de Cherbourg.............. 1 930 000

Ensemble....... 4 740 000

En compensation, il s'était réservé, dans l'exploitation
des chemins de fer de l'Ouest et de Cherbourg, la moitié des
bénéfices excédant 8 % du capital représenté par les actions.

Malgré l'importance des sacrifices que nous venons de
relater, il restait encore, en dehors du réseau, des localités
nombreuses et considérables, des courants de circulation
non desservis. Les arsenaux et les chantiers maritimes de
Brest et de Lorient, les ports de commerce de Granville,
de Saint-Malo et de Saint-Brieuc n'étaient, ni reliés les uns
aux autres, ni rattachés au système général des voies de
fer, ni raccordés avec la capitale. Les relations de commerce de la Basse-Seine avec la Loire, établies directement
entre Rouen et Tours, étaient menacées de subir un long
détournement par Paris. Saisi de nombreuses réclamations
à ce sujet, le Gouvernement ne pouvait y satisfaire par lui-
même ; il s'agissait en effet de 1 100 à 1 200 kilomètres. Le
Ministre des travaux publics pensa que la réunion des Compagnies existantes et la fusion de leurs intérêts pouvaient
seules fournir le moyen de réaliser l'extension, si impa-

tiemment attendue, du réseau de Normandie-Bretagne. Il
accueillit donc les ouvertures qui lui avaient été faites, à cet
égard, par les diverses Compagnies de la région, mais en
leur imposant certaines conditions, dont la principale était
la construction des lignes ci-dessous énoncées :

1° Embranchement de Fécamp sur le chemin du Havre, que la
Compagnie concessionnaire était hors d'état d'exécuter..... **14 km.**

2° Chemin de Rennes à Brest, par le littoral nord de la
Bretagne, en passant au sud des ports de Saint-Brieuc et de
Morlaix.. 249

3° Embranchement de Rennes à Saint-Malo 73

4° Embranchement de Rennes sur Redon, point de
passage du chemin de Savenay à Lorient, ledit embranchement destiné à réunir Nantes à Brest, par le littoral sud de
la Bretagne .... 7.

5° Embranchement d'Argentan (ligne de Mézidon au
Mans) sur le port de Granville........................ 128

6° Embranchement de Lisieux (ligne de Caen) sur
Honfleur... 36

7° Embranchement de Serquigny (ligne de Caen) sur
Rouen.. 56

8° Embranchement de la ligne de Mézidon au Mans à la
ligne de l'Ouest ou à la ligne de Cherbourg, par ou près
Laigle........................... 139 ou   72

9° Embranchement du Mans sur Angers............ 105

10° Raccourcissement, ou réduction de tarifs correspondant au raccourcissement, entre Sillé-le-Guillaume et
Fresnay.. 16
                                    _____
                              887 ou   820 km.

Aux termes de la convention conclue avec les Compagnies
réunies, ces sociétés devaient établir, à leurs risques et
périls et sans subvention, l'embranchement de Fécamp au
chemin du Havre, celui de Lisieux sur Honfleur et celui du
Mans sur Angers : elles devaient également construire, dans
les mêmes conditions, l'embranchement de Sillé-le-Guil-

laume sur Fresnay, à moins qu'elles ne préférassent ne compter, dans l'application de leurs tarifs, la distance entre ces deux points, par le Mans, que pour la moitié de la distance réelle. La subvention de 3 millions offerte à l'État en 1852, par les localités intéressées, pour l'exécution de l'embranchement de Serquigny sur Rouen, et acceptée par la loi du 8 juillet 1852, était abandonnée aux Compagnies. L'exécution de l'embranchement partant de la ligne de Mézidon au Mans et aboutissant, soit à la ligne de Cherbourg, soit à celle de l'Ouest, n'était obligatoire pour les Compagnies fusionnées que si les localités votaient régulièrement des subventions montant à 2 millions, pour la première direction, et à quatre, pour la seconde ; de son côté, l'État accordait un supplément de subvention de 2 millions pour les trois embranchements de Serquigny, de Granville et d'un point de la ligne de Mézidon au Mans à un point de la ligne de l'Ouest ou de Cherbourg, Ainsi, les 492 ou 427 kilomètres d'embranchements complétant le réseau normand, desservant deux ports, et reliant la Basse-Seine à la Loire, ne devaient imposer au Trésor qu'une charge de 2 millions, soit 4 000 à 4 600 fr. par kilomètre, et aux localités qu'un concours de 9 millions, soit 18 à 21 000 fr. par kilomètre ; dans les conditions de la loi du 11 juin 1842, la subvention se serait élevée à 100 000 fr. au minimum par kilomètre ; l'économie résultant de la fusion était ainsi de 30 à 40 millions.

La recette brute était évaluée à 20 000 fr. par kilomètre, soit à 9 840 000 fr., et la recette nette, à 10 000 fr. par kilomètre, soit à 4 920 000 fr., pour l'ensemble des chemins complémentaires du réseau normand ; la dépense étant estimée à 104 millions, déduction faite des subventions, le revenu devait être d'un peu moins de 5 % ; les Compagnies réunies s'en contentaient néanmoins, en raison du surcroît de trafic que les embranchements devaient jeter sur la ligne principale.

Quant aux trois chemins de Bretagne, à savoir : le prolongement du chemin de Rennes jusqu'à Brest, par le littoral nord de la Bretagne ; l'embranchement de Rennes sur Redon ; et l'embranchement de Rennes sur Saint-Malo, ils devaient coûter ensemble près de 85 millions. Leur produit brut était évalué à 15 400 fr. [par kilomètre, ou un peu plus de 7 millions au total ; leur produit net devait donc s'élever à 3 millions ; [l'insuffisance de ce chiffre rendait nécessaire une assez large intervention de l'État, dont le concours fut fixé à 28 millions.

En résumé, les nouvelles concessions imposaient aux Compagnies une dépense de 161 millions ; leur capital-actions s'élevait à 150 millions : le montant de leurs emprunts était de 203 millions environ.

Le Gouvernement crut devoir garantir à ces sociétés, pendant cinquante ans à partir de l'époque fixée pour l'achèvement des travaux :

1° L'intérêt à 4 % de leurs emprunts antérieurs et du capital à réunir pour la construction des nouvelles lignes, soit de 359 millions environ ;

2° L'intérêt à 3 1/2 % du capital-actions.

Les résultats de l'exploitation des lignes de Rouen, du Havre, de l'Ouest et de Saint-Germain, déjà livrées à la circulation, et les évaluations du revenu probable des lignes ajoutées au réseau permettaient de croire que cette garantie serait purement nominale.

La Compagnie du Havre devait à l'État des sommes remboursables en quarante ans ; la Compagnie de l'Ouest lui devait également, pour l'ancienne Compagnie de Versailles (rive gauche), des sommes remboursables en soixante ans. Il fut convenu que ces créances seraient ramenées à leur valeur en 1856, soit à 12 millions et viendraient en déduction du chiffre de la subvention de 30 millions; il fut en outre stipulé que le solde, soit 18 millions environ, serait payable en douze annuités, à partir de 1857.

Un mode de libération analogue fut admis pour la somme de 18 millions, à laquelle fut fixée à forfait la dépense des travaux à la charge de l'État sur la section de Caen à Cherbourg; les Compagnies fusionnées s'engageaient néanmoins à construire cette section et à la mettre en exploitation avant juillet 1858.

Le droit pour l'État de partager les bénéfices excédant 8 % n'était inscrit que dans les cahiers des charges de Cherbourg et de l'Ouest; le Gouvernement, considérant l'exercice de ce droit comme tout à fait aléatoire, crut devoir y renoncer.

Les cahiers des charges furent révisés sur les points suivants.

(a). Le prix des places, fixé par les actes de concession des chemins de Rouen et du Havre à 0 fr. 125, 0 fr. 10 et 0 fr. 075, fut abaissé à 0 fr. 10, 0 fr. 075, 0 fr. 05, conformément aux tarifs des concessions plus récentes. La franchise pour les bagages fut élevée de 15 à 30 kilogrammes. Il fut stipulé que les voitures de 3° classe seraient couvertes et fermées à vitres.

(b). Les immunités usuelles pour le service postal furent imposées à la Compagnie.

(c). Les cahiers des charges des chemins de Rouen et du Havre prévoyaient, en cas de rachat, la majoration de l'indemnité à servir aux Compagnies, par l'addition d'un appoint du tiers, du quart ou du cinquième, suivant l'époque à laquelle l'État rentrerait en possession de ces lignes. Cette majoration fut supprimée.

(d). Une disposition nouvelle fut inscrite relativement aux frais de surveillance et de contrôle.

La Compagnie était autorisée à se procurer par l'émission, soit d'actions, soit d'obligations, le capital nécessaire à l'exécution des lignes nouvelles; elle avait la faculté de verser en compte courant au Trésor les fonds provenant de cette émission.

Tout le réseau était solidarisé pour le rachat, qui ne pouvait s'opérer avant le 1ᵉʳ janvier 1874.

II. — LOI ET DÉCRET APPROBATIFS. — Un décret du 7 avril [B. L., 2ᵉ sem. 1855. nᵒ 313, p. 57] ratifia ce traité, sauf les clauses financières, qui firent l'objet d'un projet de loi soumis au Corps législatif le 19 mars 1855 [M. U., 21 mars et 11 septembre 1855].

Le rapport fut présenté par M. le vicomte de La Tour [M. U., 31 décembre 1855].

Ainsi que le fit connaître ce rapport, la Commission avait donné son adhésion complète au principe du projet de loi, qui offrait, à ses yeux, le double avantage : 1° de faciliter, le cas échéant, le mouvement des troupes vers les frontières de l'Est ou de l'Ouest et, par suite, de présenter un puissant intérêt au point de vue de la défense nationale ; 2° de constituer pour la région du Nord-Ouest, jusque-là si mal desservie, un véritable acte de réparation.

Les lignes nouvelles qu'il s'agissait de concéder aux Compagnies fusionnées lui paraissaient toutes d'une utilité incontestable. Celle de Rennes à Brest devait, en effet, mettre le port de Brest en communication avec les autres ports militaires de l'Océan et avec le reste de la France, et augmenter puissamment l'activité commerciale des nombreux ports bretons de la Manche et, en particulier, de ceux de Morlaix et Saint-Brieuc. L'embranchement de Rennes sur Saint-Malo reliait Nantes et la Loire avec Lorient, la Manche avec l'Océan : il faisait de Saint-Malo une tête de pont plus forte en face de Jersey. Le chemin d'Argentan sur Granville, avec son prolongement par Laigle, sur la ligne de l'Ouest, était d'une importance capitale pour les départements de la Manche, de l'Orne et de l'Eure, qu'il mettait en communication directe avec Paris et avec tous les réseaux du Nord, de l'Est et du Midi. Les embranchements de Lisieux sur Honfleur, de Serquigny sur Rouen et de Conches sur Laigle achevaient une artère de Bayonne à Rouen et à Honfleur, par Bordeaux, Angoulême, Poitiers, Tours et le Mans. Enfin l'embranchement du Mans sur Angers unissait Rouen, Angers et Nantes, la Seine-Inférieure et la Loire-Inférieure.

La Commission adhérait également aux stipulations financières et aux autres dispositions du cahier des charges.

Toutefois, elle formulait les amendements et les vœux suivants :

1° *Ligne de Granville à Argentan et embranchements.* — Pour entrer dans les vues de divers députés, notamment de MM. de Saint-Germain, Brohier, le général Meslin et Roulleaux-Dugage, et conformément à deux amendements présentés par MM. de Kergorlay et le marquis de Talhouët, la Commission élevait de 2 millions à 3 700 000 fr. la subvention de l'État, de manière à réduire de 4 millions à 2 300 000 fr. le concours des localités (le chiffre de 2 300 000 fr. représentant le total des sommes déjà votées par les départements de l'Orne, de la Manche et du Calvados); elle considérait en effet comme dangereux de subordonner la construction du chemin de fer à un concours, dont la quotité n'aurait pas été acceptée par les intéressés et dont la réalisation présenterait, sans doute, les plus graves difficultés. Elle imposait, d'ailleurs, l'exécution des deux embranchements, au lieu de se contenter d'un seul. En vain les commissaires du Gouvernement avaient-ils fait valoir devant elle le danger de voir rompre l'accord avec les Compagnies, si on touchait à un point de la convention, l'impossibilité d'imposer à l'État de nouveaux sacrifices, le développement considérable du réseau dont allait être dotée la Normandie.

2° *Embranchement de Sillé-le-Guillaume à Fresnay*. — La Commission exprimait le regret que, au lieu de laisser à la Compagnie la faculté de s'exonérer de l'établissement de cet embranchement par une réduction de la longueur d'application des taxes, le Gouvernement n'en eût pas exigé, d'une manière ferme, la construction, afin de faire bénéficier les relations considérables entre la Bretagne et la Normandie de la grande diminution de parcours qui devait en résulter.

3° *Chemin du Mans à Angers*. — La Commission protestait, à cette occasion, contre l'interdiction qui avait été stipulée au profit de la Compagnie d'Orléans, dans la convention du 17 août 1853, de mettre en exploitation avant neuf ans le chemin du Mans à Angers; elle demandait instamment la révision du contrat de 1853 sur ce point.

4° *Lignes complémentaires du réseau normand-breton*. — Elle recommandait à la sollicitude du Ministre les lignes suivantes, qui lui semblaient devoir être faites dans un avenir prochain :

Embranchement de Châteaulin sur Brest, reliant ce dernier port à Lorient et à Nantes;

Embranchement de Napoléonville sur Quintin et Saint-Brieuc :

Chemin de ceinture de Dinan à Dol, Coutances et Saint-Lô, prolongeant jusqu'à Cherbourg la ligne du littoral de la Bretagne et achevant la jonction directe des trois ports militaires de l'Océan ;

Ligne de Saint-Lô à Angers, par Laval, reliant Cherbourg et Rochefort, en traversant la Vendée ;

Embranchement de Rouen à Amiens, mettant en communication les établissements industriels de la Seine-Inférieure et les mines de houille du Nord.

5° *Embranchement de Serquigny à Rouen.* — La Commission exprimait le regret que le délai accordé pour l'établissement de ce chemin fût un peu long, et qu'Elbeuf, point de passage obligé, ne fût pas indiqué au cahier des charges.

6° *Tarifs de la ligne de Paris au Havre.* — Elle demandait que l'abaissement de ces tarifs eût lieu dès le 1er janvier 1856.

Finalement, elle concluait à l'adoption du projet de loi, avec l'espoir que le Gouvernement pourrait faire droit aux amendements et aux vœux ci-dessus énumérés.

La loi fut votée sans discussion par le Corps législatif [M. U., 12 avril 1855] et sanctionnée le 2 mai [B. L., 1er sem. 1855, n° 297, p. 817, et errata : 2e sem. 1855, n° 311, p. 48].

Les statuts de la nouvelle Compagnie de l'Ouest furent approuvés par décret du 16 juin 1855 [B. L., 1er sem. 1855, supp., n° 191, p. 1221].

La mise en exploitation eut lieu :

Pour l'embranchement de Serquigny à Rouen en 1865 ;

Pour l'embranchement de Lisieux à Honfleur, de 1858 à 1862 ;

Pour l'embranchement, sur la ligne de Mézidon au Mans à partir de Conches (ligne de Caen), en 1866 et 1867 ;

Pour le chemin d'Argentan à Granville, de 1866 à 1870 ;

Pour le prolongement de Rennes à Brest, de 1863 à 1865 ;

Pour le prolongement de Rennes à Redon, en 1862 ;

Pour l'embranchement de Rennes à Saint-Malo, en 1864 ;

Pour l'embranchement du Mans à Angers, en 1863.

185. — Concession du chemin de Nantes à Châteaulin, avec embranchement sur Napoléonville.

I. — CONVENTION. — En même temps qu'il traitait avec les Compagnies fusionnées de la Normandie et de la Bretagne, le Gouvernement signait avec la Compagnie d'Orléans une convention relative à la construction du chemin de Nantes à Châteaulin, avec embranchement sur Pontivy ; cette ligne nouvelle avait pour objet de desservir le mouvement agricole et commercial, qui s'était développé dans la région, et de relier l'arsenal de Brest au port de Lorient et à Saint-Nazaire, par l'intermédiaire du canal qui rattachait Brest à Châteaulin.

Le massif granitique qui séparait ces deux villes avait paru présenter des difficultés, de nature à faire au moins ajourner le prolongement de la voie ferrée.

La longueur du chemin de fer à Châteaulin et de son embranchement était de 285 kilomètres : la dépense de construction était évaluée à 62 millions ; le produit brut, à 4 millions ; et le produit net, à 2 millions. L'État accordait une subvention de 25 millions, soit 87 000 fr. seulement par kilomètre, alors que les autres chemins, beaucoup plus productifs, de la même Compagnie lui avaient coûté 143 000 fr. par kilomètre et que l'application du système de la loi de 1842 eût entraîné pour le Trésor un sacrifice de 36 millions. Cette subvention était payable en douze années, au moyen de vingt-quatre versements semestriels égaux, sans intérêts ; la ligne devait être livrée progressivement, par sections, dans un délai total de neuf ans.

D'après la convention du 27 mars 1852, le Gouvernement devait construire, dans le système de la loi de 1842, la section de Saint-Germain-des-Fossés à Roanne ; le nouveau traité laissait à la charge de la Compagnie, moyennant une subvention à forfait de 19 millions payables en douze termes, au fur et à mesure de l'avancement des travaux.

II. — APPROBATION DE LA CONVENTION. — Les clauses financières de cette convention furent soumises au Corps législatif le 19 mars [M. U., 21 mars et 12 avril 1855].

Dans son rapport, M. Le Mélorel de la Haichois [M. U., 23 août 1855] commença par rappeler les diverses études faites pour desservir la Bretagne et tendant, les unes, à établir une ligne centrale de Rennes à Brest avec embranchements latéraux ; les autres, à construire un chemin de ceinture. Malgré l'intérêt que pouvait présenter la première combinaison, au point de vue de la mise en valeur de la région du centre de la Bretagne, il approuva la détermination du Gouvernement de préférer la seconde combinaison, qui offrait des avantages sérieux pour la défense des côtes et qui faisait bénéficier des bienfaits de la voie ferrée la partie la plus productive du pays.

Le rapporteur conclut ensuite à l'adoption du projet de loi, mais en formulant le regret que le Gouvernement eût laissé une lacune entre Châteaulin et Brest, et qu'il n'eût pas profité de la concession consentie par lui, au profit de la Compagnie d'Orléans, pour lui imposer une ligne de Tours à Vierzon.

Lors de la discussion devant le Corps législatif [M. U., 13 avril 1855], M. le comte de Sainte-Hermine appela l'attention du Gouvernement sur le défaut de chemins de fer dans la région comprise entre l'embouchure de la Loire, le port de la Rochelle et la ville de Tours.

Après avoir entendu ses observations, l'Assemblée vota à l'unanimité la loi, qui fut sanctionnée le 2 mai [B. L., 1ᵉʳ sem. 1855, n° 290, p. 737].

La ligne de Nantes à Châteaulin fut livrée à l'exploilation de 1862 à 1864, et l'embranchement sur Pontivy en 1864.

186. — **Décret relatif à l'importation de rails pour le réseau du Nord.** — Nous mentionnerons, en passant, un décret du 5 mai 1855 [B. L., 1ᵉʳ sem. 1855, n° 296, p. 993], ayant pour but de faciliter l'importation de rails étrangers, pour le renouvellement de la voie principale du chemin de fer du Nord.

Cette voie était en mauvais état ; la sécurité publique était intéressée à ce qu'elle fût renouvelée le plus promptement possible, et la Compagnie éprouvait des difficultés presque insurmontables pour se procurer, en temps utile, les rails nécessaires. Le décret du 5 mai portait autorisation d'importer 12 000 tonnes de rails étrangers (environ le cinquième de la quantité nécessaire), moyennant paiement d'un droit réduit égal à la différence constatée entre le prix courant de ces rails et le prix correspondant des rails français ; cette réduction était subordonnée à l'achèvement des travaux, avant le 31 décembre 1855, sur 275 kilomètres et, avant le 1ᵉʳ octobre 1856, sur le surplus de la ligne.

187. — **Loi sur l'impôt des transports en grande vitesse.** — Le 14 juillet 1855 [B. L., 2ᵉ sem. 1855, n° 310, p. 25], le législateur, modifiant les dispositions de la loi de 1838, décida que, à dater du 1ᵉʳ août 1855, le dixième dû au Trésor sur le prix des places de voyageurs serait calculé sur le prix total des places, et qu'il serait en outre perçu un dixième du prix payé pour le transport à grande vitesse des marchandises et objets de toute nature.

188. — **Concession du chemin des mines d'Ougney au canal du Rhône au Rhin et au chemin de fer de Dijon à**

Besançon. — Un décret du 14 juillet 1855 [B. L., 2ᵉ sem. 1855, n° 348, p. 783] ratifia une convention du 13 du même mois, portant concession, au profit de la Société des hauts-fourneaux, forges et fonderies de la Franche-Comté, d'une voie ferrée reliant Ougney au chemin de fer de Dijon à Besançon et au canal du Rhône au Rhin.

La durée de la concession était de quatre-vingt-dix-neuf ans ; le tarif inséré au cahier des charges ne fixait de prix que pour le transport des marchandises ; les taxes étaient de 0 fr. 18 pour la 1ʳᵉ classe, où étaient rangés les fers ouvrés et les fontes moulées; de 0 fr. 16 pour la 2ᵉ classe, où étaient rangés la houille, le coke, les minerais, les bois ; de 0 fr. 14 pour la 3ᵉ classe et enfin de 0 fr. 10 pour la classe spéciale des marnes, cendres, fumiers et engrais. Vingt ans après la mise en exploitation du chemin de fer, le tarif devait être réduit à dix centimes.

L'administration se réservait le droit d'exiger ultérieurement, si l'utilité en était reconnue après enquête, l'établissement d'un service de voyageurs ; les conditions de ce service, ainsi que les taxes à percevoir, devaient être réglées par décret en Conseil d'État, les concessionnaires entendus.

189. — **Concession du chemin d'embranchement des mines de Roche-la-Molière et de Firminy au chemin de fer Grand-Central.** — Un décret analogue fut rendu, le 15 décembre 1855 [B. L., 1ᵉʳ sem. 1856, n° 354, p. 82], pour la concession, à la Compagnie des mines de Roche-la-Molière et de Firminy, d'une ligne reliant ces mines au chemin de fer Grand-Central.

Toutefois la houille, le coke, les minerais de fer et la fonte brute étaient rangés dans la classe spéciale à 0 fr. 10.

La ligne fut ouverte en 1857.

190. — Cession du chemin de Montluçon à Moulins à la Compagnie du chemin de fer Grand-Central de France. — Le chemin de Montluçon à Moulins se reliait, à l'une de ses extrémités, à la ligne de Paris à Lyon par le Bourbonnais, qui appartenait pour un tiers à la Compagnie du Grand-Central; il était destiné, d'autre part à être prolongé jusqu'à Limoges, c'est-à-dire jusqu'à une autre ligne concédée également à la même société.

Cette situation détermina les deux Compagnies à conclure un traité de fusion. D'après ce traité, la Compagnie de Montluçon à Moulins recevait une action de la Compagnie du Grand-Central, libérée de 250 fr., contre une de ses actions libérées de pareille somme.

Un décret du 19 décembre [B. L., 1re sem. 1856, n° 354, p. 99] ratifia le contrat dont nous venons de faire connaître l'objet et la base. Chacune des deux entreprises continuait à être régie par ses actes de concession et cahiers des charges respectifs; toutefois, quelques améliorations étaient apportées à ces cahiers des charges.

191. — Rectification du chemin d'Andrézieux à Roanne et concession du chemin de Montbrison à Montrond. — Le 26 décembre 1855, le chef de l'État approuva une convention, que le Ministre des travaux publics avait conclue avec la Société de Paris à Lyon, par le Bourbonnais, et aux termes de laquelle cette société s'engageait :

1° A exécuter, par la rive droite de la Loire, la rectification du chemin d'Andrézieux à Roanne, prescrite par le cahier des charges annexé au décret du 17 mai 1853, concernant les chemins de jonction du Rhône à la Loire ;

2° A construire, à ses frais, risques et périls, une ligne de Montbrison à Montrond.

2

CHAPITRE V. — ANNÉE 1856

192. — Décret relatif à l'importation des rails étrangers. — Au début de l'année 1856, nous avons à signaler un décret du 27 février 1856 [B. L., 1ᵉʳ sem. 1856, n° 367, p. 287], disposant que, provisoirement et jusqu'à nouvel ordre, l'importation des rails étrangers et de leurs accessoires pourrait être autorisée, moyennant le paiement d'un droit d'entrée de 6 fr. par 100 kil., non compris le double décime :

1° Si, dans un intérêt de sécurité publique, il était reconnu nécessaire de pourvoir au prompt renouvellement de tout ou partie des voies d'un chemin de fer, ou si des Compagnies s'engageaient à poser une seconde voie dont l'établissement ne serait pas prescrit par le cahier des charges ;

2° Si, dans l'intérêt du commerce, la Compagnie s'engageait à devancer l'époque fixée pour l'ouverture d'une ligne ou section de ligne, ou si l'ouverture, dans le délai prescrit, d'une ligne ou section de ligne se trouvait compromise par le retard apporté dans l'exécution des marchés concernant la fourniture des rails.

193. — Transfert de la concession du chemin de fer de Dôle à Salins à la Compagnie de Paris à Lyon. — Suivant un traité intervenu entre la Société des anciennes salines nationales de l'Est et la Compagnie de Paris à Lyon, cette dernière reprit la concession du chemin de Dôle à Salins, moyennant payement d'une somme de 7 millions environ, partie en obligations et partie en espèces.

Ce contrat fut ratifié par un décret du 5 avril 1856 [B. L., 1er sem. 1856, n° 383, p. 504] dont les principales clauses étaient les suivantes :

La concession du chemin de Dôle à Salins ne devait former qu'une seule et même entreprise avec les autres concessions de la Compagnie de Paris à Lyon et expirer, comme elles, le 5 janvier 1955 ; les revenus nets de toutes les lignes devaient être cumulés au point de vue du jeu de la garantie d'intérêt et du partage des bénéfices ; elles étaient solidarisées pour l'exercice éventuel de la faculté de rachat ; le cahier des charges du chemin de Dijon à Besançon remplaçait celui du chemin de Dôle à Salins, dont on ne conservait que les dispositions relatives à la garantie d'intérêt.

194. — Concession du chemin de Saint-Gobain à Chauny. — Le 23 avril 1856 [B. L., 2e sem. 1857, n° 523, p. 345], la Compagnie de la manufacture de glaces de Saint-Gobain se rendit concessionnaire d'un chemin de fer de Chauny à Saint-Gobain. La concession devait expirer en même temps que celle du réseau du Nord ; le cahier des charges était conforme au type ; le chemin devait, d'ailleurs, être affecté à un service public de voyageurs et de marchandises.

La ligne fut ouverte en 1861.

195. — Loi relative aux chemins de fer pyrénéens.

I. — Projet de loi. — En 1856, le réseau des chemins de fer français s'étendait sur soixante-seize départements, dont chacun était doté, en moyenne, de 150 kilomètres ; seule, la région située au sud de la ligne de Bordeaux à Cette n'avait pas encore reçu sa part dans la distribution de ces voies perfectionnées et, tandis que, sur le territoire pris dans son en-

semble, on comptait en moyenne 320 kilomètres de chemins
de fer par million d'habitants, quatre départements entiers, le
Gers, l'Ariège, les Basses et les Hautes-Pyrénées et plusieurs
des arrondissements voisins étaient restés absolument déshérités. La situation de ces départements, au point de vue
des voies navigables, n'était guère plus favorable et pourtant,
par la fécondité de leur sol, par l'importance et la variété
de leurs produits, par leurs nombreux et magnifiques établissements thermaux, ils appelaient inévitablement la construction de voies de communication rapide.

Désireux de pourvoir à cette nécessité, le Gouvernement
résolut :

1° D'établir une ligne reliant Toulouse au port de
Bayonne, en longeant la chaîne des montagnes et en passant à Tarbes et à Pau ;

2° De prolonger les lignes déjà concédées et venant de
Paris vers la frontière d'Espagne ;

3° Enfin, de faire communiquer entre eux les chefs-lieux
des départements qu'il se proposait de desservir.

Le réseau étudié à cet effet comprenait :

Un chemin de Toulouse à Bayonne, par Saint-Simon,
Saint-Gaudens, le plateau de Lannemezan, Bagnères-de-
Bigorre, Tarbes, Pau et Orthez ;

Deux embranchements, dont l'un allait de Saint-Simon
à Foix, en empruntant la vallée de l'Ariège, et l'autre, de
Ramous (point situé entre Pau et Bayonne) à Dax, de manière à faire communiquer directement Bordeaux avec Pau,
les Eaux-Bonnes et les Eaux-Chaudes ;

Une ligne d'Agen à Tarbes, par Auch et Rabastens, continuant, sur le centre des Pyrénées, la ligne directe de
Paris à Agen, par Limoges et Périgueux ;

Un chemin de Mont-de-Marsan à ou près Rabastens,
mettant la grande ligne de Tours à Bordeaux et tout l'Ouest

de la France en communication directe avec Tarbes et les établissements thermaux de Luz, Cauterets, Saint-Sauveur et Barèges.

Le développement de l'ensemble de ces lignes était de 652 kilomètres.

A part les 45 kilomètres de la traversée du plateau de Lannemezan et les sections de Tarbes à Pau et de Rabastens à Auch, elles ne présentaient pas de sérieuses difficultés d'exécution. La dépense de premier établissement était évaluée à 138 millions; le produit brut, à 12 350 000 fr.; et le produit net, à 6 175 000 fr. Ce revenu, capitalisé à 5 1/2 %, correspondait à un capital de 112 millions.

Le Gouvernement déposa le 23 juin 1856 [M.U., 30 juin 1856], au Corps législatif, un projet de loi, aux termes duquel il était autorisé à accorder, pour la construction du réseau ci-dessus défini, une subvention de 26 millions, payable en douze années, et à garantir pendant cinquante ans, à compter de la date assignée à l'achèvement des travaux, un intérêt de 4 % sur les dépenses de premier établissement, déduction faite de la subvention, sans que cette garantie pût porter sur plus de 112 millions. En compensation de ces sacrifices, l'État devait être admis au partage des bénéfices, quand le produit net serait de plus de 8 %.

II. — RAPPORT AU CORPS LÉGISLATIF. — M. Granier de Cassagnac, rapporteur [M. U., 30 juin 1856], mit en relief toutes les richesses du massif sous-pyrénéen, les vignobles du Gers, les vastes exploitations de marbre de la région de Pau, les ardoisières de Bigorre, les forges des bassins de l'Ariège et de l'Arget, les immenses forêts domaniales ou privées du pays, ses gisements de minerais de tous genres, ses stations balnéaires. L'établissement des chemins de fer des

Pyrénées constituait, à ses yeux, un acte de justice et de réparation. Il donna son adhésion aux tracés adoptés par l'administration, notamment pour la ligne de Toulouse à Bayonne ; il enregistra, néanmoins, différents vœux ou réclamations concernant ces tracés, à savoir :

Un vœu de M. Billiard, député du Gers, tendant à l'établissement d'une communication directe entre Auch et Montauban, pour ouvrir le Gers, les Hautes et les Basses-Pyrénées à l'importation des houilles d'Aubin et de Carmaux ;

Des observations sur la convenance qu'il y aurait eu à suivre le gave d'Oloron, de préférence au gave de Pau, entre Bayonne et Pau, de manière à desservir les arrondissements de Mauléon et d'Oloron, et sur l'opportunité de créer au moins un embranchement de Peyrehorade à Oloron ;

Une délibération du conseil municipal de Saint-Sever, tendant à rapprocher, autant que possible, de cette localité le chemin de Mont-de-Marsan à Tarbes.

M. Granier de Cassagnac exprima d'ailleurs, au nom de la Commission, l'avis que la combinaison financière proposée par le Gouvernement était susceptible d'être approuvée. Il conclut donc à l'adoption du projet de loi, en signalant, cependant, à l'attention du Ministre l'utilité : 1° d'étudier pour l'avenir s'il ne serait pas possible de renoncer aux subventions, sauf à augmenter le capital garanti ; 2° d'examiner s'il ne conviendrait pas de stipuler des tarifs plus modérés pour les graines, les vins, les bestiaux et les engrais et de hâter la mise en œuvre des travaux ; 3° de mettre le plus tôt possible les diverses sections du réseau pyrénéen en communication directe avec les diverses voies dont elles formeraient le complément ou le prolongement.

III. — Discussion et vote. — Quand le débat s'ouvrit

devant le Corps législatif [M. U., 3 juillet 1856], M. Kœnigs-
warter, se fondant sur la concurrence fâcheuse faite à la
rente par les émissions d'obligations de chemins de fer,
exprima le désir que , à l'avenir, les Compagnies concessionnaires fussent tenues de constituer en actions leur capital primitif, les obligations étant exclusivement réservées
pour l'exécution ultérieure des embranchements. Il se
plaignit de ce que la clause de partage des bénéfices eût été
jusqu'alors tout à fait illusoire, et demanda que les précautions nécessaires fussent prises pour en assurer l'application
au profit du Trésor.

M. Vuillefroy, président de section au Conseil d'État et
commissaire du Gouvernement, lui répondit, d'une part, que
les statuts de la Compagnie seraient soumis au Conseil, qui
aurait soin de prendre, relativement à la formation du capital, les garanties voulues et, d'autre part, que le Ministre
des finances saurait faire exécuter les dispositions concernant le partage des bénéfices.

Après une discussion assez vive sur une question que
posait un député, au sujet des pourparlers engagés avec la
Compagnie du Midi, et à laquelle les commissaires du Gouvernement s'étaient refusés à répondre, la loi fut votée
et sanctionnée le 21 juillet [B. L., 2ᵉ sem. 1856, nᵒ 415,
p. 316].

Un décret du 23 octobre 1856 [B. L., 2ᵉ sem. 1856,
nᵒ 438, p. 839] déclara d'utilité publique les travaux des
trois lignes de Toulouse à Bayonne, d'Agen à Tarbes et de
Mont-de-Marsan à ou près Rabastens.

Ces lignes furent concédées, ultérieurement, à la Compagnie du Midi, par un décret dont nous aurons à parler
quand nous serons arrivés à l'année 1857.

196. — **Concession des chemins de Grenoble à Lyon et à Valence.**

I. — PROJET DE LOI. — Toutes les fois qu'il avait été question de relier, par un embranchement, la ville de Grenoble à la grande voie ferrée de Paris à Marseille, deux directions s'étaient tout d'abord présentées à l'esprit, comme les plus désirables et les plus productives : l'une, au Nord allant de Grenoble à Lyon, par la Tour-du-Pin et Bourgoin ; l'autre au Midi, conduisant de Grenoble à Valence, par Saint-Marcellin et Romans. La première répondait aux besoins des communications avec Lyon, c'est-à-dire avec le grand marché où l'Isère versait ses produits en céréales et en soies; la seconde répondait aux besoins des communications avec Marseille et le Midi, d'où le même département tirait les denrées coloniales, les vins, les huiles et le sel. Comme on ne croyait pas que deux lignes, suivant ces deux directions, pussent exister simultanément, on avait admis, comme solution transactionnelle, un tracé intermédiaire, allant de Grenoble à Saint-Rambert, et le Gouvernement en avait fait la base d'une concession, à la date du 7 mai 1853 ; la loi du 10 juin suivant avait autorisé l'allocation d'une subvention de 7 millions et d'une garantie d'intérêt de 3 %, sur un capital de 25 millions au plus.

Mais le développement des relations commerciales avait bientôt réveillé le désir de deux communications directes entre Grenoble et Lyon d'une part, Valence d'autre part. La Compagnie concessionnaire du chemin de Saint-Rambert à Grenoble, redoutant de voir s'établir près d'elle des Compagnies rivales, sollicita la concession des deux lignes nouvelles, qui devaient s'embrancher toutes deux sur celle de Grenoble à Saint-Rambert, l'une à Beaucroissant, l'autre, à Moirans. Elle devait ainsi avoir entre les mains 252 kilo-

mètres de voies ferrées, coûtant environ 75 millions. Le
Gouvernement, considérant que l'utilité des deux chemins
directs n'était pas contestable, et, d'un autre côté, qu'il
était moralement impossible de les concéder à une autre
Compagnie, crut devoir accueillir les ouvertures qui lui
étaient faites; mais pour ne pas aggraver la situation résultant de l'État pour la convention de 1853, au point de vue du
jeu de la garantie d'intérêt, il stipula que le revenu des lignes
de Lyon et de Valence concourrait, avec celui de la ligne
de Saint-Rambert, à former le revenu qui devait servir de
base à l'application de cette garantie.

Un projet de loi fut présenté, dans ce sens, au Corps
législatif, le 16 juin 1856 [M. U., 30 juin 1856].

II. — RAPPORT ET VOTE AU CORPS LÉGISLATIF. — Le
rapporteur, M. de Voize [M. U., 3 juin 1856], constata
l'utilité des deux chemins nouveaux : celui de Valence était
appelé à desservir la vallée inférieure de l'Isère, cette
partie si riche, si belle et si peuplée de l'ancien Dauphiné ;
celui de Lyon devait satisfaire aux relations entre cette
ville et Bourgoin, relations qui tendaient à se développer
chaque jour, par le fait de l'expansion de l'industrie lyon-
naise vers la Tour-du-Pin. La ligne de Valence à Moirans
constituerait la première section d'un chemin de la vallée
du Rhône à la Savoie, permettant au port de Marseille de
disputer plus efficacement aux ports de Gênes et de Trieste
le commerce de l'Allemagne méridionale, de la Suisse et
de la Savoie ; on prévoyait, d'ailleurs, à cette époque, la
mise en communication de Grenoble avec l'Italie, par la
vallée du Drac, les Hautes-Alpes et le mont Genèvre.

La Commission donna, également, son adhésion complète au choix du concessionnaire et à la combinaison financière.

La loi fut votée, sans discussion [M. U., 3 juillet 1856], et sanctionnée le 21 juillet [B. L., 2ᵉ sem. 1856, n° 415, p. 314].

Un décret du 18 mars 1857 [B. L., 1ᵉʳ sem. 1857, n° 479, p. 420] approuva définitivement la concession. Le contrat contenait, indépendamment des dispositions ci-dessus indiquées, une clause aux termes de laquelle, si, pendant cinq années consécutives, l'État était forcé d'appliquer la garantie, le Ministre aurait le droit de prendre en mains l'administration et la direction du chemin de fer, pour le compte de la Compagnie, et de les conserver jusqu'à ce que le produit fût, pendant trois années consécutives, de plus de 3 % du capital garanti. Le partage des bénéfices, au-dessus de 8 %, était également stipulé.

La ligne de Lyon à Grenoble fut ouverte, par sections, de 1858 à 1862, et celle de Valence à Moirans, en 1864.

CHAPITRE VI. — ANNÉE 1857

197. — Concession de l'embranchement de Bar-sur-Seine et du raccordement de la ligne de Paris à Mulhouse avec celle de Paris à Vincennes et à Saint-Maur. — Lors de la discussion à laquelle avait donné lieu le tracé de la ligne de Paris à Mulhouse, Bar-sur-Seine et Bar-sur-Aube s'étaient longtemps disputé le passage de cette ligne., Finalement Bar-sur-Aube avait été préféré; mais le Gouvernement avait pris l'engagement moral de préparer l'établissement d'un embranchement, destiné à desservir Bar-sur-Seine.

Un décret du 21 janvier 1857 [B. L., 1er sem. 1857, n° 466, p. 137], concéda cet embranchement à la Compagnie de l'Est. La dépense en était évaluée à 6 millions, pour une longueur de 30 kilomètres, et le produit brut, à 920 000 fr.

La Compagnie obtenait, en même temps, la concession d'un raccordement reliant la ligne de Mulhouse à celle de Vincennes et donnant à chacune d'elles une double entrée à Paris ; la dépense en était estimée à 2 millions.

Cette double concession était faite sans subvention, ni garantie d'intérêt, aux clauses et conditions du cahier des charges des 17 août 1853 et 20 avril 1854 : elle ne formait qu'une seule et même entreprise avec le surplus du réseau, au point de vue du terme du contrat, du partage des bénéfices et de la faculté de rachat.

L'embranchement de Bar-sur-Seine fut ouvert en 1862.

198.— Concession du chemin de la Teste à Arcachon.—
La station balnéaire d'Arcachon avait pris un développement suffisant pour justifier sa jonction avec le réseau.

La Compagnie du Midi sollicita et obtint un décret du
14 avril 1857 [B. L., 1ᵉʳ sem. 1857, n° 490, p. 683], qui lui
attribuait la concession d'un chemin de 3 kilomètres, devant
rattacher Arcachon à la Teste, et dont les dépenses étaient
évaluées à 850 000 fr. ; elle se chargeait de l'établissement
de ce chemin à ses frais, risques et périls, et se soumettait,
tant pour la section de la Teste à Arcachon, que pour celle
de Bordeaux à la Teste, aux principales clauses du cahier
des charges de la ligne de Bordeaux à Cette.

L'ouverture eut lieu en 1857.

199. — Concession de divers chemins à la Compagnie
des Ardennes. — Le 10 juin 1857 [B. L., 2ᵉ sem. 1857,
n° 523, p. 364, et errata : n° 544, p. 828]; intervenait un décret concédant à la Compagnie des chemins de fer des Ardennes et de l'Oise, les lignes :

1° De Charleville à la frontière belge, par Givet ;

2° De Sedan à un point à déterminer de la ligne de Metz
à Thionville, avec embranchement sur la frontière belge,
dans la direction d'Arlon, par ou près Longwy ;

3° De Reims à un point de la ligne projetée de Paris à
Soissons, à déterminer de Soissons à Villers-Cotterets.

La Compagnie s'engageait à faire à la Compagnie du Nord,
sur la demande de l'administration, la rétrocession de l'embranchement de Creil à Beauvais, en échange de la section du
chemin de fer de Tergnier à Reims comprise entre Laon et
Reims ; en cas de réalisation de cette rétrocession, elle renonçait, pour la section de Soissons à Compiègne, au droit
de préférence que l'article 6 de la convention du 19 juillet
1853 lui avait conféré pour la concession d'un chemin de

Compiègne à Reims par Soissons ; mais, en revanche, elle était déchargée de son concours de 2 500 000 fr. à l'exécution du chemin de Cambrai, en remplacement de l'embranchement du Cateau à Somain.

Elle prenait, à ses frais, risques et périls, la charge des nouvelles lignes qui lui étaient concédées, et se soumettait, pour tout son réseau, à un cahier des charges nouveau, qui fixait le terme de la concession au 31 décembre 1960 ; le tarif présentait cette particularité qu'il ne comportait plus que trois classes de marchandises à petite vitesse taxées, respectivement, à 0 fr. 16 c., 0 fr. 14 c. et 0 fr. 10 c., et dont la dernière comprenait la houille, les minerais, la fonte, les engrais, etc.

Les conditions du raccordement de la ligne de Charleville à la frontière par Givet et de celle de Longuyon vers Arlon avec le réseau belge furent réglées par une convention internationale du 20 septembre 1860 et par une autre convention du 4 mars 1862.

Indépendamment des clauses d'usage, ces conventions stipulaient :

Que, sur le chemin de Charleville vers Namur, le service serait fait, à partir de Givet, par la Compagnie belge, qui aurait à payer à la Compagnie des Ardennes les six dixièmes des taxes perçues entre Givet et la frontière, plus l'intérêt à 5,75 % des installations de traction, affectées au matériel belge dans les gares communes ;

Que, sur le chemin de Longuyon vers Arlon, le changement de service se ferait à Longwy, au moins jusqu'à nouvel ordre, la Compagnie belge ayant à payer des redevances analogues, respectivement fixées aux deux tiers et à 5 %.

L'ouverture à l'exploitation eut lieu pour la ligne de Charleville à la frontière belge par Givet, de 1859 à 1863 ;

pour celle de Sedan au chemin de fer de Metz à Thionville
et pour son embranchement, de 1861 à 1863 ; enfin, pour
celle de Reims au chemin de fer de Paris à Soissons, en
1862.

**200. — Cession du Grand-Central aux Compagnies de
Lyon et d'Orléans. Fusion des Compagnies de Paris à
Lyon et de Lyon à la Méditerranée.**

I. — CONVENTION. — Considéré au point de vue du réseau
des voies ferrées qui le couvraient, le territoire de la France
pouvait être divisé en onze parties principales, savoir :
1° lignes du Nord ; 2° lignes des Ardennes ; 3° lignes de
l'Est ; 4° lignes de l'Ouest ; 5° ligne d'Orléans ; 6° ligne de
Paris à Lyon ; 7° ligne de Lyon à la Méditerrannée ;
8° ligne de Lyon à Genève ; 9° ligne de Saint-Rambert ;
10° lignes du Midi ; 11° lignes du Grand-Central. Nous négli-
geons, dans cette énumération, les petites lignes qui ne
répondaient pas à des besoins aussi généraux que celles
dont il vient d'être question.

Parmi les Compagnies qui se partageaient ainsi les chemins de fer français, il en était une qui se trouvait dans
une situation particulièrement difficile, c'était celle du
Grand-Central.

L'origine de cette Compagnie remontait, nous l'avons
vu, au 21 avril 1853, date à laquelle un décret, confirmatif
d'une convention intervenue le 30 mars précédent, lui avait
concédé diverses lignes embrassant un parcours de 1 054
kilomètres et destinées :

1° A mettre en communication Bordeaux et Lyon par
une grande transversale de l'Ouest à l'Est ;

2° A ouvrir aux départements riverains du canal du Midi
un débouché sur Paris et sur l'Est ;

3° A desservir les établissements industriels les plus importants de l'Aveyron.

Ces lignes avaient été divisées en deux groupes, dont l'un, de 314 kilomètres de longueur, concédé définitivement et sans subvention, et l'autre, de 740 kilomètres, concédé à titre éventuel.

En 1855, la concession éventuelle de ce second groupe avait été transformée en concession définitive, moyennant : 1° une subvention de 76 millions sur 210 millions de dépenses prévues ; 2° une garantie d'intérêt de 4 % sur une somme totale de 290 millions, sous la stipulation, à titre de réciprocité, du partage de la partie des produits qui excéderait 8 % du capital dépensé par la Compagnie. On avait d'ailleurs ajouté, en même temps, au réseau : 1° un embranchement de 24 kilomètres sur Rodez, en accordant à la Compagnie une subvention de 2 millions et une garantie de 4 % sur 5 millions restant à la charge de la Société ; 2° la section de Saint-Germain-des-Fossés à Clermont, cédée par la Compagnie d'Orléans.

Ainsi constitué, le Grand-Central était tributaire de la Compagnie d'Orléans, à laquelle il se soudait à Coutras et à Limoges ; de celle de Paris à Lyon, avec laquelle il était en contact à Saint-Germain-des-Fossés ; de celle du Midi, qu'il touchait à Agen et à Montauban. Sa participation à la ligne du Bourbonnais ne lui assurait, de ce côté, qu'une influence qui s'effaçait nécessairement devant celle des deux autres Compagnies intéressées dans l'exploitation de ce chemin. Par une exception inhérente à sa configuration, il n'avait pour tête de ligne, ni Paris, ni même une ville de premier ordre ; il n'aboutissait, ni à la mer, ni aux frontières ; il n'était point né dans des conditions de nature à lui assurer une vitalité suffisante. Sa création n'était résultée que du désir de doter de voies ferrées des départements jusqu'alors à peu près déshérités, et cela au moment où les autres Compagnies étaient absolument surchargées de travaux.

Au 31 décembre 1856, les dépenses réalisées et soldées par la Compagnie, sur les diverses parties de son réseau, comportant, par suite de l'addition de la ligne de Moulins à Montluçon, un développement de 1 229 kilomètres, s'élevaient à 100 millions environ, et l'on évaluait à plus de 300 millions les dépenses restant à faire ; les sections de Saint-Germain-des-Fossés à Arvant et d'Arvant à Brioude étaient d'ailleurs seules en exploitation ; la Compagnie avait presque épuisé son fonds social et se trouvait aux prises avec les difficultés les plus sérieuses, pour réaliser les emprunts qui lui étaient indispensables. Elle se vit, dès lors, dans la nécessité de rétrocéder son entreprise.

Le 11 avril 1857, elle conclut, avec les Compagnies d'Orléans, de Lyon et de la Méditerranée, un traité portant cession :

1.° A la première, des lignes de Limoges à Agen ; de Coutras à Périgueux ; de Périgueux au Lot ; du Lot à Montauban, avec embranchement sur Rodez ; d'Arvant, par Aurillac, au chemin de Périgueux au Lot ; de Montluçon à Moulins ; ainsi que des forges, mines et ateliers composant la régie d'Aubin, et des droits éventuels, concernant les concessions des embranchements de Cahors, Villeneuve-d'Agen, Bergerac et Tulle ;

2° A la seconde et à la troisième, des lignes de Saint-Germain-des-Fossés à Clermont, de Clermont à Arvant, d'Arvant à Saint-Étienne, par le Puy, et du tiers de la ligne de Paris à Lyon par le Bourbonnais.

La Compagnie d'Orléans prenait à sa charge les 44 200 obligations formant le prix des établissements d'Aubin ; le surplus des obligations était réparti entre les Compagnies, dans la proportion de 66 °/₀ pour la Compagnie d'Orléans et de 34 °/₀ pour les deux autres.

La subvention de 78 millions de l'État était attribuée, jusqu'à concurrence de 72 millions, à la première de ces Compagnies, et pour les 6 millions restants, aux deux autres.

Le prix de la cession était représenté par 522 666 obligations de 500 fr., portant un intérêt annuel de 15 fr., amortissables pendant la durée de la concession des Compagnies cessionnaires : cette quotité correspondait à 2 obligations un tiers par action du Grand-Central.

La conclusion de ce traité en avait déterminé trois autres, portant la même date. Aux termes de ces contrats, la Compagnie d'Orléans cédait aux Compagnies de Lyon et de la Méditerranée sa part dans la concession du chemin de Paris à Lyon par le Bourbonnais et sa participation d'intérêt dans la construction et l'exploitation de ce chemin, à charge par ces dernières Compagnies de pourvoir au service des emprunts contractés par le syndicat et de payer à la Compagnie cédante une indemnité annuelle, qui était fixée à 1 100 000 fr., du 1ᵉʳ janvier 1857 à l'époque de l'ouverture entière de la ligne, et à 2 millions, pendant les trois années suivantes, et qui devait ensuite être définitivement arrêtée par des arbitres.

D'autre part, les Compagnies de Paris à Lyon et de Lyon à la Méditerranée se réunissaient en une seule société. Il était créé 577 500 actions libérées, de la nouvelle Compagnie, dont 397 500 pour les porteurs des anciennes actions de la Compagnie 3 actions nouvelles pour 2 anciennes et 180 000 pour les porteurs des anciennes actions de la Méditerranée (2 actions nouvelles pour 1 ancienne).

Enfin la Compagnie de Paris à Lyon et à la Méditerranée était substituée à celle de la Méditerranée dans le traité de réunion que celle-ci avait conclu avec la Compagnie de

2   9

Lyon à Genève ; le nombre des actions de la nouvelle Société à attribuer à la Compagnie de Lyon à Genève devait être déterminé par la proportion du produit du réseau exploité par cette dernière au produit net de l'exploitation du réseau de Paris-Lyon-Méditerranée.

Ajoutons que la Compagnie d'Orléans avait acquis le 18 juin 1855 tous les droits découlant de la concession faite en 1844 à la Compagnie anonyme du chemin de fer de Paris à Orsay, moyennant 5 000 obligations de 500 fr., portant intérêt de 15 fr. par an.

Ces divers traités devaient être soumis à l'approbation du Gouvernement. Le Ministre des travaux publics crut devoir accueillir favorablement les ouvertures qui lui étaient faites, mais en profitant de l'occasion pour donner satisfaction à des intérêts, jusqu'alors délaissés, et pour stipuler, tant au profit de l'État qu'au profit du public, tous les avantages que la situation nouvelle lui permettait d'obtenir des Compagnies d'Orléans et de Paris-Lyon-Méditerranée. Il conclut donc, avec ces deux Compagnies, deux conventions datées du 11 avril 1857 et portant homologation des traités, aux conditions suivantes.

La Compagnie d'Orléans devenait concessionnaire, à titre définitif, des lignes :

1° De Paris à Tours, par ou près Châteaudun et Vendôme ;

2° De Nantes à Napoléon-Vendée ;

3° De Bourges à Montluçon ;

4° De Toulouse à un point à déterminer du chemin de Montauban au Lot, en desservant, soit directement, soit par un embranchement, la ville d'Albi.

Elle recevait la concession éventuelle, sous réserve de la déclaration d'utilité publique à intervenir, des lignes :

1° De Tours à Vierzon ;

2° D'Orléans vers un point du chemin du Bourbonnais, entre Montargis et Briare ;

3° De Montluçon à Limoges, par ou près Guéret ;

4° De Poitiers à Limoges ;

5° D'Angers à Niort :

6° De Limoges à Brives.

La longueur du réseau d'Orléans devait ainsi être portée à 3 760 kilomètres, savoir :

Réseau ancien...............................	1 745 km.
Sections retranchées du Grand-Central..............	933
Lignes nouvelles définitivement concédées..........	502
Lignes nouvelles concédées éventuellement..........	580
TOTAL......	3 760 km.

dont 1 233 kilomètres en exploitation.

Quant à la Compagnie de Paris-Lyon-Méditerranée, elle devenait concessionnaire, à titre définitif, des lignes :

1° De Nevers et de Moulins au chemin de Lyon à Chalon, en un point à déterminer de Chalon à Chagny ;

2° De Châtillon au chemin de Paris à Lyon, en un point à déterminer d'Ancy-le-Franc à Montbard ;

3° D'un point à déterminer du chemin de Dôle à Salins, par ou près Pontarlier, sur les Verrières, avec embranche-chement sur Jougne ;

4° De Montbéliard à Delle et à Audincourt.

Elle recevait la concession éventuelle des lignes :

1° De Brioude vers Alais ;

2° De Montbrison à Andrézieux ;

3° De Privas vers un point à déterminer de la ligne de Lyon à Avignon, avec prolongement jusqu'à Crest ;

4° De Carpentras vers un point à déterminer du même chemin ;

5° De Toulon à Nice ;

6° D'Avignon à Gap, avec embranchements sur Aix et sur Miramas, par Salon ;

7° De Gap vers la frontière sarde.

La longueur du réseau de Paris-Lyon-Méditerranée était ainsi portée à 4 010 kilomètres, savoir :

Ancien réseau de Lyon............................	987 km.
Réseau de la Méditerranée.........................	619
Ligne de Lyon à Genève...........................	234
Ligne de Lyon par le Bourbonnais.................	670
Sections retranchées du Grand-Central.............	297
Lignes nouvelles définitivement concédées...........	427
Lignes nouvelles concédées éventuellement..........	776
TOTAL...........	4 010 km.

Toutes ces concessions étaient faites sans subvention, ni garantie d'intérêt.

Les garanties d'intérêt accordées, d'une part à la Compagnie d'Orléans, pour son réseau tel qu'il avait été constitué par les décrets des 27 mars 1852, 17 août 1853 et 20 juin 1855, et, d'autre part, à la Compagnie d'Orsay, étaient confondues, ce qui constituait un avantage évident pour l'État.

Le délai imparti, pour l'achèvement des travaux du Grand-Central, étaient maintenues avec les quelques exceptions que commandaient les retards imputables à la Compagnie primitivement concessionnaire du chemin.

Les subventions attribuées au réseau du Grand-Central, aussi bien que toutes les sommes dues par l'État à la Compagnie d'Orléans et à la Compagnie de Lyon à la Méditerranée, pour les chemins compris dans les concessions antérieures, soit à titre de subvention, soit à titre de marché à forfait, devaient être converties en obligations négociables, de 500 fr. chacune, portant intérêt à 5 %, et remboursables en trente ans.

Le capital auquel s'appliquait la garantie d'intérêt sti-

pulée par la convention des 2 février et 6 avril 1855, pour
les sections du Grand-Central rétrocédées à la Compagnie
d'Orléans, était fixé au chiffre maximum de 177 millions ;
cette garantie était supprimée pour la partie rétrocédée à la
Compagnie de Paris-Lyon-Méditerranée.

La clause du partage des bénéfices au delà de 8 %, stipulée au profit de l'État par la même convention, était
appliquée à l'ensemble des sections du Grand-Central rétrocédées à la Compagnie d'Orléans, et annulée pour le surplus.

Le terme de la concession de la Compagnie d'Orléans
était fixé au 31 décembre 1956. C'était une prolongation de
six années pour les lignes antérieurement concédées à cette
Compagnie, une réduction de huit ans et quatre mois pour
le Grand-Central, une diminution de sept ans et demi sur
la période de quatre-vingt-dix-neuf ans (considérée comme
durée normale des baux, pour les lignes nouvelles concédées définitivement, et une diminution probable de onze années et demie pour les lignes concédées éventuellement.

Le terme de la concession de la Compagnie Paris-Lyon-
Méditerranée était fixé au 31 décembre 1958. C'était une
prolongation de quatre années pour le chemin de Lyon,
de quatre années également pour le chemin de la Méditerranée, de sept mois pour le chemin de Genève ; une réduction d'un an et trois mois pour le chemin du Bourbonnais,
et de six ans et quatre mois pour le Grand-Central ; enfin
une diminution de cinq ans et six mois sur la durée normale des nouvelles concessions définitives, et de neuf ans et
demi sur celle des nouvelles concessions éventuelles.

Cette unification des délais de concession donnait donc,
aux yeux du Ministre, des compensations admissibles.

Les deux Compagnies étaient soumises à un cahier des
charges nouveau, plus favorable que les précédents aux

intérêts généraux du pays. Les tarifs comportaient certaines
réductions ; les marchandises étaient divisées en trois
classes, taxées respectivement à 0 fr. 16, 0 fr. 14 et 0 fr. 10.
Les prescriptions relatives aux tarifs spéciaux prenaient une
forme différente. En effet, l'ancien cahier des charges contenait les stipulations suivantes : « Dans le cas où la Société
« jugerait convenable, soit pour le parcours total, soit pour
« le parcours partiel de la voie de fer, d'abaisser, au-dessous
« des limites déterminées par le tarif, les taxes qu'elle est
« autorisée à percevoir, les taxes abaissées ne pourraient
« être relevées qu'après un délai de trois mois, au moins,
« pour les voyageurs, et d'un an, pour les marchandises..... La
« perception des taxes devra se faire indistinctement et sans
« aucune faveur ; dans le cas où la Société aurait accordé à
« un ou plusieurs expéditeurs une réduction sur l'un des
« prix portés au tarif, avant de le mettre à exécution elle
« devra en donner connaissance à l'administration, et celle-
« ci aura le droit de déclarer la réduction, une fois consentie,
« obligatoire vis-à-vis de tous les expéditeurs et applicable
« à tous les articles de même nature. » Le nouveau cahier
des charges reproduisait la première partie de ces dispositions, mais en ajoutant que la Compagnie pourrait consentir
des abaissements de taxes « avec ou sans conditions » ;
puis il ajoutait : « La perception des tarifs modifiés ne pourra
« avoir lieu qu'avec l'homologation de l'administration supé-
« rieure, conformément à l'ordonnance du 15 novembre
« 1846. La perception des taxes se fera indistinctement et
« sans aucune faveur. Tout traité particulier, qui aurait
« pour effet d'accorder à un ou plusieurs expéditeurs une
« réduction sur les tarifs approuvés, demeure formelle-
« ment interdit. Toutefois, cette disposition n'est pas appli-
« cable aux traités qui pourraient intervenir, entre le
« Gouvernement et la Compagnie, dans l'intérêt des services

« publics, ni aux réductions ou remises qui seraient accor-
« dées par la Compagnie aux indigents. » Cette modification
de rédaction donnait au principe de l'homologation préalable
un caractère plus absolu et plus impératif, en interdisant
explicitement les traités particuliers, qui, en assurant à
quelques maisons le monopole des transports à prix réduit,
rendaient la concurrence impossible et compromettaient la
liberté du commerce.

Il était stipulé que la faculté de rachat ne pourrait
s'exercer, pour la Compagnie d'Orléans, que sur l'ensemble
des lignes rétrocédées ou concédées en vertu de la convention, et, pour la Compagnie Paris-Lyon-Méditerranée,
que sur l'ensemble des lignes fusionnées, rétrocédées ou
concédées en vertu du nouveau contrat, et ce, après un
délai de quinze ans à partir de l'origine de la concession, telle qu'elle était fixée comme nous l'avons dit ci-
dessus.

La Compagnie d'Orléans s'engageait : 1° à contribuer
pour la moitié à l'exécution des travaux du raccordement,
à Bordeaux, des chemins de fer de Paris à Bordeaux avec
le chemin de fer du Midi ; 2° à verser au Trésor, en huit
annuités, une somme de 8 millions, applicable à l'exécution
du réseau des chemins de fer des Pyrénées et autres travaux d'utilité publique.

Les forges, mines et ateliers d'Aubin, affectés temporairement à l'usage du chemin de fer, pour la fabrication
des produits nécessaires à la construction des lignes, étaient
considérés comme ne constituant pas une dépendance du
chemin de fer d'Orléans, qui pouvait, par suite, en disposer comme elle l'entendrait.

L'ajournement de la mise en exploitation de la ligne
du Mans à Angers devait être levé, dès que les Compagnies

d'Orléans et de l'Ouest auraient pu s'entendre à cet égard, sauf approbation de l'administration.

Étaient maintenus pour la Compagnie d'Orléans, sous réserve de la modification précitée relative à la ligne d'Orsay :

1° La garantie, pendant cinquante ans, à partir du 1er janvier 1852, d'un intérêt de 4 °/₀ sur un capital maximum, de 150 millions, affecté à la construction de son réseau ;

2° La garantie, pendant cinquante ans, à partir du 10 juin 1853, d'un intérêt de 3 °/₀, sur un capital maximum de 4 200 000 fr., affecté à la construction du chemin d'Orsay ;

3° La subvention de 25 millions accordée, en exécution de la loi du 2 mai 1855, pour l'exécution du chemin de Nantes à Châteaulin avec embranchement sur Napoléon-ville ;

4° Le marché à forfait passé entre l'État et la Compagnie pour l'exécution de l'embranchement de Saint-Germain-des-Fossés à Roanne ;

5° Le partage des bénéfices, au delà de 8 °/₀, sur le chemin d'Orsay.

De son côté, la Compagnie de Paris-Lyon-Méditerranée s'engageait : 1° à verser une somme de 16 millions applicable à l'exécution du réseau pyrénéen et d'autres travaux d'utilité publique ; 2° à acquitter les obligations souscrites au profit du Trésor par l'ancienne Compagnie du chemin de fer de Rhône-et-Loire, en remboursement du prêt fait à la Compagnie d'Andrézieux à Roanne, en vertu de la loi du 15 juillet 1840.

Le partage des bénéfices, au delà de 8 °/₀ du capital dépensé par la Compagnie, tel qu'il était stipulé par les cahiers des charges des Compagnies de Paris à Lyon, de Lyon à la Méditerranée et de Lyon à Genève, devait s'exercer comme il suit. Du produit net général des lignes antérieurement concédées auxdites Compagnies, ainsi que des lignes rétrocédées ou concédées à la Compagnie de Paris-Lyon-Méditerranée en vertu de la convention, on retranchait l'intérêt et l'amortissement des obligations créées ou à créer pour le rachat ou l'exécution des lignes rétrocédées ou concédées, comme il vient d'être dit, et pour l'acquittement des autres charges résultant de la convention ; si le surplus excédait 8 % du capital total affecté à l'exécution des lignes concédées à la Compagnie de Lyon par les décrets des 5 janvier 1852, 17 août 1853, 20 avril 1854 et 5 avril 1856, à la Compagnie de la Méditerranée par la loi du 8 juillet 1852, et à la Compagnie de Lyon à Genève par la loi du 10 juin 1853, par le décret du 7 mars 1857 et par le décret à intervenir pour la concession d'un embranchement sur la frontière sarde, par Culoz, l'excédent était partagé entre l'État et la Compagnie ; ce partage devait avoir lieu, le cas échéant, à partir du 1er janvier 1866.

Étaient maintenus :

1° Le marché à forfait du 3 février 1855, pour l'exécution des travaux du chemin de Marseille à Toulon ;

2° Les garanties d'un minimum d'intérêt conférées aux Compagnies de Paris à Lyon, de Lyon à Genève, et de Lyon à la Méditerranée, par les lois, décrets, conventions et cahiers des charges antérieurs. Le revenu net de toutes les lignes formant le réseau de Paris-Lyon-Méditerranée devait d'ailleurs être confondu, sans distinction de compte, pour l'application de ces garanties.

Pour les deux Compagnies, le compte de premier établissement des lignes pouvant donner lieu à l'application de la garantie d'intérêt ou du partage des bénéfices devait être arrêté à des dates que fixeraient les conventions, et qui, pour les lignes nouvelles, coïncideraient avec l'expiration d'un délai de cinq ans, à partir du terme assigné à l'achèvement de ces lignes. Toutefois, après l'expiration du délai précité, les Compagnies pouvaient être autorisées, s'il y avait lieu, par décret délibéré en Conseil d'État, à ajouter audit compte les dépenses qui seraient faites pour l'exécution de travaux reconnus de premier établissement ; dans ce cas, la Compagnie n'avait droit qu'aux charges réelles de ces dépenses, avant partage avec l'État.

II. — Décrets approbatifs sous réserve des clauses financières. Projets de loi. — Des décrets du 19 juin 1857 [B. L., 2ᵉ sem. 1857, n° 522, p. 244, 275 et 308] approuvèrent les contrats dont nous venons d'indiquer l'économie, sous réserve des clauses financières, qui firent l'objet de deux projets de loi déposés le 9 mai 1857, sur le bureau du Corps législatif [M. U., 10 mai et annexes I et K].

III. — Rapport au corps législatif. — Au nom de la Commission de la Chambre, M. Lequien fit un rapport très développé sur l'affaire [M. U., 22 et 23 mai, et annexe N]. Après avoir exposé la situation de la Compagnie du Grand-Central, les conditions dans lesquelles cette Compagnie cédait son réseau, les bases du traité de cession du Bourbonnais aux Compagnies de Lyon et de la Méditerranée, et du chemin d'Orsay à la Compagnie d'Orléans, ainsi que celles de la fusion des Compagnies de Lyon et de la Méditerranée ; après avoir fait connaître les traits généraux des conventions conclues entre l'État et les Compagnies d'Orléans et de Paris-Lyon-Méditerranée, il indiqua les points principaux sur lesquels avait porté la discussion au sein de la Commission.

Tout d'abord, on s'était demandé s'il était convenable d'engager l'État par une loi, avant la ratification de la cession du Grand-Central par l'assemblée générale des actionnaires de la Compagnie, alors surtout que cette Compagnie était la plus intéressée à adhérer à une combinaison qui la déchargeait de toutes les conséquences de ses engagements, et qui réservait à ses actions une valeur équivalente à celle de leurs cours les plus élevés. Mais la Commission considérait que l'adhésion de la Compagnie ne pouvait être douteuse, que cette Société avait encouru la déchéance, que d'ailleurs il existait de nombreux précédents d'une procédure analogue ; elle avait cru, par suite, devoir passer outre.

La question s'était ensuite posée de savoir s'il n'y aurait pas des inconvénients à placer entre les mains de deux puissantes Compagnies toutes les voies ferrées de communication, établies ou à établir sur près des deux tiers de la France. Mais la Commission avait pensé que l'action du Gouvernement serait toujours assez forte pour parer à ces inconvénients ; que l'on pouvait être rassuré par les nombreuses améliorations apportées aux cahiers des charges des concessions ; que, du reste, le seul moyen d'assurer la prompte exécution des lignes nouvelles, nécessairement peu productives, était de les confier aux mêmes Compagnies, de manière à profiter des plus-values des lignes antérieurement concédées et de la compensation qui s'établirait entre les insuffisances de ces dernières lignes et le surcroît des recettes des premières. La Commission jugeait que, au point de vue financier, il n'en résulterait pas de retard dans l'achèvement des travaux, attendu que le délai nécessaire à leur exécution était à peu près exclusivement déterminé par la quantité de titres susceptibles d'être émis annuellement sur le marché, et était, par suite, indépendant du mode de

répartition des réseaux. Toutefois, elle appelait l'attention
du Gouvernement sur l'opportunité de hâter la mise en
exploitation de la ligne de Limoges à Agen, dernier tronçon
de la seconde ligne de Paris à Bordeaux, de manière à pourvoir à l'encombrement de la ligne actuelle d'Orléans et à
assurer les communications entre la capitale et une partie
considérable du Midi, au cas où le chemin d'Orléans à Tours
serait intercepté par les inondations. Elle exprimait aussi
quelques doutes, sur l'efficacité de la clause relative à la
ligne du Mans à Angers, et demandait qu'il fût mis fin, le
plus tôt possible, à un état de choses qui obligeait une partie
de l'ouest de la France à subir un excédent de parcours de
40 kilomètres. Elle formulait le désir que la seconde ligne
de Paris à Tours se rattachât à Chartres plutôt qu'à Orsay,
attendu que, entre Orsay et Châteaudun, les intérêts à desservir étaient relativement minimes. Saisie d'un grand
nombre de réclamations sur les tracés, elle prenait acte de
la déclaration du Gouvernement que ces tracés n'avaient
rien de définitif, et ne seraient arrêtés qu'après des enquêtes
et une information complète ; elle signalait, toutefois, d'une
manière toute particulière, l'opportunité de desservir Draguignan, soit par la ligne de Toulon à Nice, soit par un
embranchement ; de prolonger jusqu'à Clamecy l'embranchement de la Roche à Auxerre ; de faire passer par Cholet la
ligne d'Angers à Niort ; de mettre la ville de Valence en
communication directe avec la populeuse vallée de la
Drôme. Appréciant les conséquences des modifications dans
la durée des concessions et dans les règles relatives au partage des bénéfices, d'après les résultats probables de l'exploitation, elle considérait ces modifications comme plutôt
avantageuses que défavorables aux intérêts de l'État. En ce
qui touchait les établissements d'Aubin, elle approuvait
leur distraction de la concession ; elle adhérait également

à la stipulation qui interdisait à la Compagnie d'Orléans
d'accorder à ces établissements un traitement privilégié au
point de vue des tarifs; elle émettait en outre l'avis qu'il
était désirable de voir la Compagnie rentrer, le plus tôt possible, dans une situation normale, en rendant à l'industrie
privée une exploitation étrangère à celle du chemin de fer.
Passant à l'examen des clauses relatives aux tarifs spéciaux
et aux craintes qui s'étaient fait jour, de voir rouvrir indirectement la porte aux traités particuliers par la faculté de
subordonner ces tarifs à certaines conditions, elle se déclarait rassurée par cette double circonstance : 1° que, désormais, toute modification de tarifs devrait, au préalable, être
approuvée par le Gouvernement; 2° *que le Ministre avait
l'intention bien arrêtée de ne plus donner que des homologations
provisoires, susceptibles d'une révocation immédiate*, si l'expérience ou des faits nouveaux rendaient cette mesure nécessaire ; elle ajoutait qu'elle comptait sur la vigilance de
l'administration pour ne pas laisser compromettre, par le
jeu des tarifs spéciaux, les légitimes intérêts de notre navigation intérieure. Sous le bénéfice de ces observations, elle
concluait à l'adoption du projet de loi.

III. — DISCUSSION ET VOTE AU CORPS LÉGISLATIF. —
Lorsque la discussion s'engagea devant le Corps législatif
[M. U., 27 et 28 mai, et annexe O], M. le vicomte Lemercier
déclara que, tout en consentant à voter le projet de loi, il
signalait la nécessité de ne pas pousser à l'extrême le système
de la concentration des chemins de fer entre les mains d'un
petit nombre de Compagnies, et de ne pas constituer ainsi
des monopoles trop redoutables. Sans doute, l'aggloméra-
tion des forces produisait souvent de bons résultats; sans
doute, les grandes Compagnies et notamment celle d'Orléans
avaient pu assurer à leurs agents des avantages que n'au-

raient pas été en mesure de leur faire des sociétés moins riches et moins puissantes. Mais, en revanche, il était impossible de méconnaître qu'une concentration excessive devait avoir pour effet de mettre en interdit un assez grand nombre de lignes, qui étaient attendues avec impatience par les populations et qui, peut-être, auraient pu être exécutées plus tôt par des sociétés indépendantes. Les Compagnies elles-mêmes pourraient en souffrir par le fait des lignes peu productives qu'on leur imposait, à la faveur de la combinaison préconisée par le Gouvernement.

M. Frémy, conseiller d'État, commissaire du Gouvernement, répondit à M. Lemercier en invoquant l'impossibilité, pour des Compagnies indépendantes, d'entreprendre, avec quelques chances de succès, l'établissement des lignes secondaires, et la nécessité où s'était par suite trouvée l'administration de s'adresser aux Compagnies existantes. La combinaison qui faisait l'objet du projet de loi était absolument favorable aux populations, puisqu'elle les dotait de voies de communication dont elles auraient été inévitablement privées pendant de longues années; elle l'était également au Trésor, qui eût été obligé de subventionner des sociétés nouvelles n'ayant pas, pour se rémunérer au moins partiellement, les plus-values d'un réseau antérieur; enfin, elle ne portait point atteinte aux intérêts des Compagnies, qui étaient les meilleurs juges des sacrifices dont elles étaient capables, et qui d'ailleurs évitaient ainsi de voir se constituer des sociétés, avec lesquelles elles auraient à engager des luttes de trafic. Le monopole, dont avait parlé M. Lemercier, ne présentait pas de dangers réels, en présence des stipulations du cahier des charges.

M. le comte Murat signala ensuite l'opportunité de prolonger la ligne de Limoges vers Toulouse par Brive, Cahors et Montauban.

M. Monier de la Sizeranne insista sur les inconvénients dont étaient susceptibles les tarifs spéciaux, et demanda aux représentants du Gouvernement de faire connaître quelle était la règle de conduite de l'administration à cet égard.

M. Vuillefroy, président de section au conseil d'État, déféra à l'invitation de M. Monier de la Sizeranne: il fit tout d'abord observer que les traités particuliers se trouvaient absolument proscrits par le nouveau cahier des charges des Compagnies d'Orléans et de Lyon; qu'à la vérité ces traités n'étaient pas interdits pour les Compagnies non visées dans le projet de loi, et que le seul devoir de l'administration était de les déclarer applicables à tous les expéditeurs; mais que le Gouvernement avait manifesté la ferme intention d'user de ce droit pour tout contrat renfermant un principe contraire aux cahiers des charges, et qu'il avait invité les Compagnies à remplacer lesdits traités par des tarifs spéciaux d'une application générale. Il défendit d'ailleurs le système des tarifs spéciaux, en rappelant que la Chambre elle-même en avait prescrit, dans certaines lois de concession, par exemple pour les relations de deux localités beaucoup plus éloignées l'une de l'autre par la voie de fer que par la voie de terre préexistante. Reconnaissant, toutefois, qu'un emploi abusif de ces tarifs pourrait jeter la perturbation dans les relations commerciales, altérer les situations acquises, anéantir d'autres voies de transport, il fit remarquer que la nécessité d'une homologation préalable, exigée par les nouveaux cahiers des charges, pourvoirait à ce danger, et que le public pouvait compter à cet égard sur toute la sollicitude du Gouvernement.

A la suite de cet échange d'observations, les lois furent votées et sanctionnées le 19 juin (B. L., 2ᵉ sem. 1857, n° 522, p. 241, 242, 244).

L'ouverture des lignes concédées à titre définitif eut lieu :

Pour la ligne de Paris à Tours, par Vendôme, de 1865 à 1867 ;

Pour la ligne de Nantes à Napoléon-Vendée, en 1866 :

Pour la ligne de Bourges à Montluçon, en 1861 ;

Pour la ligne de Toulouse à Lexos et l'embranchement d'Albi, en 1864 ;

Pour la ligne de Moulins et Nevers à Chagny, de 1861 à 1869 ;

Pour la ligne de Nevers à Montchanin, en 1866-1867 ;

Pour la ligne de Châtillon à Nuits-sous-Ravière en 1864 ;

Pour la section de Mouchard à Pontarlier, en 1862 ; pour celle de Pontarlier à la frontière suisse, en 1860 ;

Pour l'embranchement de Vallorbe, en 1875 ;

Pour la ligne de Montbéliard à Delle, en 1868.

201. — Loi et décret relatifs aux routes agricoles des Landes. — Le 28 avril 1857, le Gouvernement, préoccupé, à juste titre, de la nécessité d'assainir et de mettre en valeur les landes de Gascogne, présenta au Corps législatif un projet de loi destiné à y pourvoir [M. U, annexe XXVII]. Parmi les dispositions proposées, figurait l'établissement de routes agricoles, venant se ramifier sur le chemin de fer de Bordeaux à Bayonne, porter dans les Landes la circulation et la vie, assurer des débouchés faciles aux produits de la contrée, et contribuer puissamment au desséchement, par des fossés longitudinaux. L'État devait assumer les dépenses de leur construction, évaluée à 5 millions, et celles de leur entretien, pendant une période de cinq années, à charge par les communes de fournir les terrains nécessaires ; après l'expiration du délai de cinq ans, les routes nouvelles devaient être classées comme chemins de grande

communication ou comme routes départementales. Le
Trésor devait être rémunéré de ses sacrifices par la perception des droits de tout genre sur la région ainsi transformée.

Le rapport présenté par M. de Saint-Germain au nom
de la Commission [M. U., annexe XLIX] fut absolument
favorable.

La loi fut votée le 25 mai et sanctionnée le 19 juin [B. L.,
1er sem. 1857, n° 512, p. 1240].

Le 1er août 1857 intervint, entre l'État et la Compagnie
du Midi, une convention aux termes de laquelle cette Compagnie se chargeait de l'exécution des routes agricoles des
Landes, sur un parcours de 500 kilomètres environ, moyennant une somme fixée à forfait à 4 millions, à prélever sur
la somme de 24 millions qui devait être versée au Trésor
par les Compagnies de Paris à Lyon et d'Orléans, conformément aux conventions du 11 avril 1857; le Ministre s'engageait, en outre, à concéder à la Compagnie, après l'accomplissement des formalités réglementaires et pour le délai
restant à courir sur l'ensemble de sa concession, l'autorisation d'établir des chemins à rails de bois ou de fer le long
de tout ou partie de ces routes.

Aux termes des cahiers des charges annexés à la convention, les routes devaient se rattacher à des gares de la ligne
de Bordeaux à Bayonne. Sur les points où seraient posées
des voies, l'accotement recevrait un supplément de largeur
de 2 m. 50; l'écartement des rails était fixé à 1 m. 45.
Les tarifs étaient réglés à 0 fr. 20, pour les matériaux de
construction destinés à l'exécution et à l'entretien des routes
agricoles; à 0 fr. 21, pour les matériaux de même nature,
destinés à l'exécution et à l'entretien des autres routes et
chemins publics; à 0 fr. 21, pour la houille, les marnes et

2   10

autres engrais ou amendements; ces taxes étaient révisables, au cas où la Compagnie perfectionnerait la voie et porterait la vitesse de ses transports à plus de 10 kilomètres à l'heure, ou organiserait un service de voyageurs. A toute époque, après l'expiration des quinze premières années, à dater du délai fixé pour l'achèvement des travaux des voies ferrées, le Gouvernement avait la faculté de racheter la concession entière; l'annuité, réglée dans les conditions ordinaires, était majorée du tiers, pendant la première période de cinq ans, du quart, pendant la seconde, et du cinquième, pendant le surplus de la durée de la concession. Au cas où des modifications ou des améliorations survenues dans les moyens de transport des Landes, ou toute autre cause, auraient rendu inutiles un ou plusieurs chemins à rails en bois ou en fer, la Compagnie pouvait être autorisée à supprimer ces chemins, et à disposer des matériaux et des terrains acquis par elle, en dehors de l'assiette de la voie.

Cette convention fut ratifiée par un décret du 1er août 1857 [B. L., 2e sem. 1857, n° 544, p. 813].

202. — Concession de l'embranchement des houillères de Trélys.

— Le 24 juin 1857 [B. L., 2e sem. 1857, n° 520, p. 31], la société des forges et fonderies d'Alais, concessionnaire du chemin de fer de Bessèges à Alais, obtint en outre la concession d'un embranchement destiné à desservir les houillères de Trélys; cet embranchement devait, au moins à titre provisoire, être exclusivement affecté au service des marchandises; l'administration se réservait, suivant l'usage, le droit d'exiger, ultérieurement, l'établissement d'un service de voyageurs, si l'utilité en était reconnue après enquête; sous cette réserve, le cahier des charges était celui du chemin de Bessèges à Alais.

La ligne fut livrée en 1858.

203. — **Concession de diverses lignes au profit des Compagnies du Nord et de l'Ouest.** — Un décret du 26 juin 1857 [B. L., 2ᵉ sem. 1857, nᵒ 526, p. 411] vint ajouter au réseau de la Compagnie du Nord les sept lignes suivantes, dont elle se chargeait à ses frais, risques et périls :

1ᵒ De Paris à Soissons ;

2ᵒ De Boulogne à Calais, avec embranchement sur Marquise ;

3ᵒ D'Amiens vers un point de la ligne de Creil à Saint-Quentin ;

4ᵒ D'un point à déterminer de la ligne de Lille à Calais et à Dunkerque vers la ligne de Paris à Lille (ledit chemin aboutissant en deux points à déterminer, d'une part d'Arras à Douai, d'autre part de Douai à Lille) ;

5ᵒ De Chantilly à Senlis ;

6ᵒ De Pontoise vers un point à déterminer de la ligne de Paris en Belgique, près de Saint-Ouen-l'Aumône ;

7ᵒ Du chemin de Paris en Belgique (à ou près Ermont) à Argenteuil.

Les Compagnies du Nord et de l'Ouest devenaient, en même temps, concessionnaires l'une, pour les deux tiers, et l'autre, pour un tiers, d'un chemin de Rouen à Amiens ; elles devaient participer dans cette proportion aux dépenses de construction et aux recettes, et concerter entre elles les propositions de tarifs.

La convention passée avec la Compagnie du Nord lui assurait en outre la concession de cinq autres lignes, pour le cas où l'utilité publique en serait constatée, à savoir :

1ᵒ Chemin de Soissons à la frontière de Belgique, par ou près Laon, Vervins et Hirson ;

2ᵒ Chemin reliant la ligne précédente à celle de Saint-Quentin à Erquelines (entre Busigny et Landrecies) ;

3ᵒ Chemin de Senlis vers la ligne de Paris à Soissons ;

4° prolongement du chemin de Creil à Beauvais, vers la ligne de Paris à Dieppe par Pontoise.

Était approuvé le traité passé entre les Compagnies du Nord et des Ardennes, par lequel la Compagnie du Nord cédait à celle des Ardennes la section de Laon à Reims, en échange de l'embranchement de Creil à Beauvais.

Le chemin de Villers-Cotterets au Port-aux-Perches était réuni au réseau du Nord et restait affecté au transport des marchandises et des bestiaux.

L'ensemble des lignes concédées à la Compagnie était solidarisé, au point de vue de la durée de la concession, qui expirait le 31 décembre 1950, et de la faculté de rachat ; elles étaient soumises à un nouveau cahier des charges, conforme à celui qui avait été arrêté le 19 juin pour la Compagnie d'Orléans ; toutefois, pour jouir immédiatement des avantages qui lui étaient conférés, l'administration des postes avait à payer une somme annuelle, fixée, à forfait, à 200 000 fr.

La ligne de Paris à Soissons fut livrée de 1860 à 1862, celle de Boulogne à Calais, en 1867 ; celle d'Amiens à Tergnier, en 1867 ; celle du chemin de Lille à Calais vers Arras et vers à Douai, de 1860 à 1862 ; celle de Chantilly à Senlis. en 1862 ; celle de Pontoise à Saint-Ouen-l'Aumône, en 1863 ; et celle d'Ermont à Argenteuil, également en 1863.

204. — Concession de l'embranchement du camp de Châlons. — Le Gouvernement, ayant résolu d'établir un camp près de Châlons-sur-Marne, jugea utile de relier ce camp à la ligne de Paris à Strasbourg par un embranchement de 18 kilomètres de longueur, évalué à 1 500 000 fr. ou 2 millions.

La Compagnie de l'Est se chargea d'exécuter cet embranchement, à ses frais, risques et périls, dans un délai de six mois, et le construisit dans un délai beaucoup plus court.

Aux termes du décret de concession du 3 juillet 1857 [B. L., 2ᵉ sem. 1857, n° 525, p. 405], le nouveau chemin était soumis aux clauses et conditions du cahier des charges du 17 août 1853, relatif à la ligne de Paris à Mulhouse ; eu égard à la rapidité avec laquelle les travaux devaient être poussés, la Compagnie était autorisée à faire, au moins provisoirement, en charpente les ouvrages à la traversée de la vallée de la Marne. Les voyageurs devant être très peu nombreux, le tarif applicable aux militaires ou marins, voyageant isolément, était porté à la moitié du tarif fixé par le cahier des charges.

La convention prévoyait la suspension périodique de l'exploitation, aux époques où le camp ne serait pas occupé, si la Compagnie en faisait la demande.

Un droit de préférence était attribué pendant six ans à la Compagnie, pour la concession d'un prolongement sur Sainte-Menehould.

Au cas de suppression du camp, la Compagnie pouvait enlever les rails et disposer des terrains formant l'assiette de la voie, si mieux n'aimait le Gouvernement reprendre le chemin, en remboursant les dépenses de premier établissement.

L'ouverture à l'exploitation eut lieu le 16 septembre 1857, c'est-à-dire moins de deux mois et demi après la concession.

205. — **Concession du raccordement du chemin de Lyon à Genève avec le chemin sarde « Victor-Emmanuel ».** — Le chemin de Lyon à Genève passait trop près de la frontière sarde pour qu'il n'y eût pas intérêt à le relier, le plus tôt possible, avec le réseau du « Victor-Emmanuel ». Le

24 juillet 1857]B. L., 2ᵉ sem. 1857, n° 541, p. 749], le Gouvernement concéda, en conséquence, sans subvention, à la Compagnie de Lyon à Genève, un embranchement de Culoz à la frontière, aux conditions du cahier des charges du 19 juin 1857, relatif à la fusion des chemins de fer de Paris à Lyon, de Lyon à la Méditerranée et de Lyon à Genève, et suivant les mêmes règles, pour le partage des bénéfices, la garantie' d'intérêt, la durée de la concession et la faculté de rachat.

Cet embranchement fut livré à la circulation en 1858.

Une convention du 30 août 1858, promulguée par décret du 14 décembre 1858 [B. L., 2ᵉ sem. 1858, n° 654, p. 981], régla les conditions internationales d'exécution du pont sur le Rhône.

206. — **Concession du raccordement de la ligne de Paris à Bordeaux avec le chemin de fer du Midi.** — La Garonne séparait, à Bordeaux, la ligne qui reliait cette ville à Paris et le réseau du Midi. Le 1ᵉʳ août 1857 [B. L., 2° sem. 1857, n° 544, p. 810], le Gouvernement concéda aux deux Compagnies, par parties égales, sans subvention ni garantie d'intérêt, un raccordement destiné à faire disparaître cette lacune ; elles étaient autorisées à percevoir, pour le passage sur le pont, en sus du parcours réel, la taxe d'un kilomètre pour chaque somme de 300 000 fr. employée à la construction de ce pont, sans qu'en aucun cas le nombre de kilomètres correspondant à cette taxe supplémentaire pût être supérieur à cinq.

La mise en exploitation eut lieu en 1860.

207. — **Concession des chemins de fer pyrénéens.** — Nous avons fait connaître les dispositions de la loi du 21 juillet 1856, qui avait autorisé le Ministre des travaux publics

à traiter pour la concession des chemins de fer pyrénéens.

En conformité de cette loi, une convention et un décret du 1ᵉʳ août 1857 [B. L., 2ᵉ sem. 1857, n° 544, p. 810] concédèrent à la Compagnie du Midi les trois chemins : de Toulouse à Bayonne, par Montrejeau, Tarbes et Pau, avec embranchements sur Foix et sur Dax; d'Agen à Tarbes; et de Mont-de-Marsan à ou près Rabastens. Une subvention de 24 millions, payable en huit annuités de 3 millions chacune, était accordée à cette Compagnie; une garantie de 4 %, était, en outre, consentie, pour cinquante ans, sur le capital de premier établissement, déduction faite de la subvention précitée, sans que cette garantie pût porter sur plus de 112 millions; à dater du 1ᵉʳ janvier 1866, si le produit de l'exploitation excédait 8 %, la moitié de l'excédent était attribuée à l'État; le compte d'établissement devait être clos cinq ans après les époques respectivement fixées pour l'achèvement des diverses lignes; après ce délai de cinq ans, la Compagnie pouvait être autorisée, s'il y avait lieu, par décret délibéré en Conseil d'État, à ajouter à ce compte les dépenses complémentaires de construction, mais seulement pour en prélever, avant partage des bénéfices, l'intérêt et l'amortissement.

Le Ministre s'engageait, en outre, à concéder à la Compagnie, sans subvention ni garantie d'intérêt, un embranchement de Castres à la ligne de Bordeaux à Cette; l'État ou la Compagnie devaient réclamer la réalisation de cette concession dans un délai de deux ans, sous peine de rendre l'engagement caduc.

Il était stipulé que l'embranchement d'Agde à Pézenas serait prolongé jusqu'à Clermont, aux frais, risques et périls de la Compagnie.

Le terme de la concession de l'ensemble du réseau du Midi était fixé au 31 décembre 1960; toutes les lignes de ce réseau étaient solidarisées, au point de vue du rachat ; elles étaient soumises à un cahier des charges nouveau, conforme à celui du chemin de fer d'Orléans.

Les comptes de garantie, de remboursement des avances de l'État et de partage des bénéfices restaient distincts, pour les lignes concédées par le décret de 1857, et pour les lignes concédées antérieurement.

La mise en exploitation eut lieu : pour le chemin de Toulouse à Bayonne, de 1862 à 1867 ; pour l'embranchement de Foix, en 1861-1862 ; pour l'embranchement de Dax, en 1863 ; pour la ligne d'Agen à Tarbes, de 1865 à 1869 ; et pour la ligne de Mont-de-Marsan à Rabastens, en 1859.

208. — **Concession du chemin de Bordeaux au Verdon.** — Le 17 octobre 1857 [B. L., 2e sem. 1857, n° 560, p. 988], le Gouvernement concéda à une Compagnie spéciale un chemin de Bordeaux au Verdon, appelé à desservir les vignobles les plus renommés du Bordelais, cinq chefs-lieux de canton, un chef-lieu d'arrondissement, et à faciliter les relations maritimes, en permettant aux voyageurs, aux capitaines de navires et aux marchandises d'abréger leur parcours soit au départ, soit à l'arrivée, de toute la différence des délais afférents aux trajets par voie de fer et par voie d'eau. La dépense de construction était évaluée à 15 millions, et le produit net à 700 000 francs.

Le cahier des charges était conforme au type d'Orléans. Mais la concession fut résiliée en 1861, comme nous le verrons ultérieurement.

209. — **Enquête sur les moyens d'assurer la régularité et la sûreté de l'exploitation.** — Nous ne pouvons pas clore l'année 1857 sans mentionner le travail considérable d'une

commission administrative, qui avait été instituée, sous la présidence du Ministre des travaux publics, à la suite de graves accidents survenus à la fin de 1853.

Cette commission, dont le secrétaire était M. Tourneux, chef de division au Ministère, avait été chargée de procéder à une enquête sur tous les détails de l'exploitation des chemins de fer, d'étudier tous les règlements des Compagnies, et de proposer les améliorations dont elle aurait reconnu l'opportunité.

Elle fit porter ses investigations sur les points suivants :

A. *Personnel*. — 1° Mode de recrutement du personnel. Part faite aux anciens militaires.

2° Importance numérique de ce personnel. Sa proportionnalité à l'étendue kilométrique du réseau. Répartition en agents commissionnés et agents à la journée.

3° Durée du travail, notamment pour les agents de la traction et du mouvement, ainsi que pour les aiguilleurs.

4° Statistique médicale.

5° Rémunération fixe et allocations accessoires. Mesures prises pour réduire le prix des objets nécessaires à la vie des agents.

6° Question de l'assimilation des employés des Compagnies aux employés civils de l'État, particulièrement au point de vue des saisies-arrêts sur leurs émoluments.

7° Caisses de secours et caisses de retraite. Participation des agents aux bénéfices de l'exploitation.

B. *Voie.* — 1° Type du rail. Matériel accessoire de la voie.

     2° Traverses.

     3° Ballast.

     4° Changements de voies.

     5° Encombrement par les neiges.

C. *Matériel moteur et roulant.* — 1° Locomotives. Nombre par myriamètre. Origine française ou étrangère.

     2° Voitures à voyageurs. Nombre par myriamètre. Proportionnalité pour les diverses classes.

     3° Wagons à marchandises et wagons de service. Nombre par myriamètre.

D. *Freins.* — 1° Nombre de freins à adapter aux trains.

     2° Types divers.

E. *Signaux.* — 1° Signaux fixes. Signaux mobiles.

     2° Emploi du télégraphe électrique.

F. *Exploitation à voie unique.* — Précautions pour assurer la sécurité.

G. *Statistique des accidents.*

H. *Révision du règlement d'administration publique du 15 novembre 1846.*

Les résultats de cette longue étude firent l'objet d'un remarquable repport, en date du 1ᵉʳ décembre 1857, de M. Tourneux, secrétaire de la Commission, et d'annexes, formant un volume in-folio de 450 pages.

Il n'entre pas de le cadre de notre travail d'analyser ce rapport, qui mérite d'être lu *in extenso.* Nous nous contentons d'en extraire les renseignements que voici sur quelques points spéciaux :

A. *Importance numérique du personnel.*

Nombre d'agents par kilomètre au 31 décembre 1853   7.81
Nombre d'agents par kilomètre au 31 décembre 1854   7.07

Répartition du personnel entre les divers services au 31 décembre 1853 :

Administration		2 %
Mouvement et trafic........... ⎧ Service central....... 3 ⎫		37
⎨ Service des gares..... 30 ⎬		
⎩ Service des trains.... 4 ⎭		
Traction...		31
Voie..		30
		100

Répartition en employés commissionnés et agents à la journée :

Employés à l'année.......... ⎧ Hommes........... 63 % ⎫		67 %
⎨ Femmes.......... 4 ⎬		
Employés à la journée.............................		33
		100

B. *Importance du matériel moteur et roulant* :

Nombre de locomotives par kilomètre, en 1853   0.293
Nombre de locomotives par kilomètre, en 1854   0.317
Nombre de locomotives par kilomètre, en 1855   0.344
Nombre de locomotives par kilomètre, en 1856   0.372

Nombre de voitures à voyageurs par kilomètre, en 1853   0.882
Nombre de voitures à voyageurs par kilomètre, en 1854   0.877
Nombre de voitures à voyageurs par kilomètre, en 1855   0.891

Répartition des voyageurs entre les trois classes :

1re .... 9 à 13 %
2e .... 16 à 21
3e .... 64 à 73

Nombre de wagons à marchandises par kilomètre, en 1853   5.36

Nombre de wagons à marchandises par kilomètre, en 1854   5.68

Nombre de wagons à marchandises par kilomètre, en 1855   6.34

Valeur du matériel roulant par kilomètre, en 1853   50 000 fr.

Valeur du matériel roulant par kilomètre, en 1854   51 000

Valeur du matériel roulant par kilomètre, en 1855   56 000

C. *Nombre d'accidents de voyageurs, de* 1853 *à* 1854 *inclusivement* :

1 voyageur tué sur 1 955 555 voyageurs transportés.

1 voyageur blessé sur 496 551 voyageurs transportés.

1 voyageur tué ou blessé sur 395 999 voyageurs transportés.

(Ces moyennes très élevées étaient dues principalement aux deux catastrophes du chemin de Versailles rive gauche et de Fampoux ; sur 81 voyageurs tués, 64 l'avaient été dans ces deux accidents.)

Renseignements analogues pour les pays étrangers :

Belgique (1834 à 1848 inclusivement).......
{ 1 tué sur 8 861 804 transportés.
1 blessé sur 2 000 000 transportés.
1 tué ou blessé sur 1 611 237 transportés.

Prusse (1851 à 1854 inclusivement).......
{ 1 tué sur 21 411 488 transportés.
1 blessé sur 3 892 998 transportés.
1 tué ou blessé sur 3 294 075 transportés.

Grand-duché de Bade (dix années).........
{ 1 tué sur 17 514 977 transportés.
1 blessé sur 1 154 331 transportés.
1 tué ou blessé sur 1 082 186 transportés.

Grande-Bretagne (1840 à 1855 inclusivement)..
{ 1 tué sur 5 256 290 transportés.
1 blessé sur 330 945 transportés.
1 tué ou blessé sur 311 345 transportés.

D. *Révision de l'ordonnance du* 15 *novembre* 1846 :

Le nouveau règlement, que la Commission proposait de substituer à celui du 15 novembre 1846, était coordonné suivant une méthode un peu différente ; il tenait compte des modifications survenues dans l'organisation du personnel du contrôle ; il comportait diverses améliorations dont l'ex-

périence semblait avoir révélé l'utilité, par exemple : l'obligation, pour les Compagnies, d'avoir, à l'arrière des trains,
un wagon ne portant pas de voyageurs; la faculté, pour le
Ministre, de dispenser la Compagnie d'ajouter une seconde
voiture vide en tête des trains, en cas de double traction;
l'obligation de délivrer un récépissé à tout expéditeur, etc.

Ce projet de révision ne reçut d'ailleurs pas de suite et
c'est encore le règlement de 1846 qui est en vigueur aujourd'hui.

CHAPITRE VII. — ANNÉE 1858

210. — Mise sous séquestre du chemin de Graissessac à Béziers. — Le chemin de Graissessac à Béziers, concédé par décret du 27 mars 1852, pour desservir le bassin houiller de Graissessac, était terminé entre Bédarieux et Béziers; mais les concessionnaires, se sentant dans l'impuissance d'assurer l'exploitation de cette section et de pourvoir à l'achèvement des travaux entre Graissessac et Bédarieux, sollicitèrent eux-mêmes la mise sous séquestre de la ligne. Un décret du 12 mai 1858 [B. L., 2ᵉ sem. 1858, n° 603, p. 1050] fut rendu conformément à cette demande, et un second décret du 15 août 1858 [B. L., 2ᵉ sem. 1858, n° 627, p. 214] mit à la disposition du Ministre les crédits nécessaires, sauf remboursement ultérieur sur les produits nets de l'entreprise et sur toutes les autres ressources de la Compagnie.

211. — Décret relatif à la négociation des titres des chemins de fer étrangers. — Les titres des chemins de fer français avaient subi, vers la fin de 1857, une dépréciation notable. Préoccupé de cette situation, qui portait obstacle à la continuation des travaux, le Gouvernement crut devoir prendre des mesures pour atténuer la concurrence que les chemins de fer étrangers faisaient aux voies ferrées de notre territoire, sur le marché de la Bourse. Le Ministre des finances et celui de l'agriculture, du commerce et des travaux publics provoquèrent en conséquence un décret en date du 22 mai 1858 [B. L., 1ᵉʳ sem. 1858, n° 603, p. 1055], qui soumettait la négociation des titres émis par les Compagnies de chemins de fer étrangers aux lois et règles en vigueur pour la négociation des valeurs françaises de même nature, et en outre à un certain nombre de prescriptions spéciales, telles que la production des actes constitutifs de ces Compagnies, la justification d'une cote officielle dans le pays auquel appartenaient les lignes, la libération, jusqu'à concurrence des sept dixièmes, des actions antérieurement émises, etc.

212. — **Fusion de la Compagnie de Mulhouse à Thann avec celle de l'Est.** — A la suite de la fusion de la Compagnie de l'Est avec celle de Strasbourg à Bâle, en 1854, la première de ces Compagnies s'était considérée comme substituée à la seconde, pour l'exécution de ses conventions avec la Compagnie de Mulhouse à Thann. De là naquirent des difficultés, qui se terminèrent par un traité du 19 mai 1855, portant cession de la ligne de Mulhouse à Thann à la Compagnie de l'Est, moyennant remplacement des obligations de ce chemin par un nombre égal d'obligations de l'Est, de 500 fr. chacune, remboursables à 650 fr., en quatre-vingt dix-neuf ans.

Un décret du 29 mai 1858 [B. L., 1er sem. 1858, n° 613, p. 1407] ratifia ce traité, sous la réserve que le chemin de Mulhouse à Thann serait rendu solidaire du surplus du réseau de l'Est, pour le partage des bénéfices, la durée de la concession et l'exercice de la faculté de rachat, et qu'il serait soumis aux clauses et conditions du cahier des charges du 17 août 1853, relatif au chemin de Paris à Mulhouse, ainsi que du cahier des charges supplémentaire annexé à la convention du 20 avril 1854, concernant la réunion des lignes de Strasbourg à Bâle et à Wissembourg à la concession de la Compagnie de l'Est.

213. — **Affermage du canal du Midi à la Compagnie du chemin de fer du Midi.** — Le 20 mai 1858, la Compagnie du chemin de fer du Midi, déjà maîtresse du canal latéral à la Garonne, concluait avec la Compagnie du canal du Midi un traité, aux termes duquel elle prenait à bail cette voie navigable, pour quarante années à courir du 1er juillet 1858 au 30 juin 1898, moyennant le paiement : 1° d'un canon annuel de 743 000 fr., dont 710 600 fr. représentant l'intérêt du fonds social ; 2° de la somme nécessaire pour pourvoir au service de 8 000 obligations ; 3° des pensions des agents retraités ou à retraiter de la Compagnie du canal du Midi.

Un décret du 21 juin 1858 [B. L., 2e sem. 1859, n° 713, p. 151] approuva ce traité dans les conditions suivantes :

Le tarif du canal du Midi, fixé au taux uniforme de 0 fr. 06, par les ordonnances et décrets antérieurs, pour toutes les marchandises, était révisé. Les nouvelles taxes étaient :

Pour les voyageurs de 1re classe,	0 fr. 03.
Pour les voyageurs de 2e classe,	0 02.
Pour les marchandises de 1re classe,	0 06.
Pour les marchandises de 2e classe,	0 05.
Pour les marchandises de 3e classe,	0 04.
Pour les marchandises de 4e classe,	0 03.

Pour les marchandises de 5e classe (houilles, minerais, matériaux de construction), 0 fr. 02.

Comme compensation, et eu égard aux mécomptes éprouvés sur les évaluations du trafic, le tarif des droits à percevoir sur le canal latéral à la Garonne, conformément au cahier des charges annexé à la loi du 8 juillet 1852, était relevé :

Pour la tonne de marchandises de 1re classe, à la remonte, de 0 fr. 03 à 0 fr. 04 ;

Pour la tonne de marchandises de 1re classe, à la descente, de 0 fr. 02 à 0 fr. 03 ;

Pour la tonne de marchandises de 2e classe, à la remonte, de 0 fr. 02 à 0 fr. 03 ;

Pour la tonne de marchandises de 2e classe, à la descente, de 0 fr. 01 à 0 fr. 02 ;

Pour le mètre cube d'assemblage de trains de charpente, à la remonte, de 0 fr. 02 à 0 fr. 03 ;

Pour le mètre cube d'assemblage de trains de charpente, à la descente, de 0 fr. 01 à 0 fr. 02 ;

Pour le mètre cube d'assemblage de bois à brûler, à la remonte, de 0 fr. 01 à 0 fr. 02 ;

Pour le mètre cube d'assemblage de bois à brûler, à la descente, de 0 fr. 005 à 0 fr. 01.

Cette accession du canal du Midi au chemin de fer, qui a été si vivement critiquée depuis, s'était produite dans les circonstances suivantes. Dès la constitution de la Compagnie du chemin de fer du Midi, la Compagnie du canal, prévoyant la concurrence qu'elle aurait à subir, s'était préparée à la lutte ; elle avait contracté un emprunt de 2 400 000 fr., pour mettre en parfait état la voie navigable, et abaissé à 0 fr. 028, à partir de 1857, c'est-à-dire à partir de l'époque de l'ouverture de la voie ferrée entre Toulouse et Cette, les tarifs variables de 0 fr. 05 à 0 fr. 042 qu'elle avait perçus antérieurement, depuis l'ouverture du canal latéral à la Garonne. Mais le chemin de fer ayant, par des abaissements analogues, attiré une partie notable du trafic, cette Compagnie avait vu ses recettes atteintes, tout à la fois par la réduction de la circulation et par celle des prix ; elle s'était dès lors trouvée dans la nécessité de conclure, dès le 24 juin 1857, avec la société concessionnaire du chemin de fer, un traité portant rétrocession du canal à cette dernière, pendant quatre-vingt-dix-neuf ans. Ce traité, successivement

2   11

soumis aux délibérations du comité des chemins de fer et à
celles du Conseil d'État, avait été repoussé, par ce double
motif, qu'il ne contenait, au point de vue des tarifs, aucune
stipulation contre l'abus possible du monopole, et qu'un bail
de quatre-vingt-dix-neuf ans était trop long pour permettre
d'en apprécier les conséquences économiques. La lutte avait
donc continué, mais d'une manière désastreuse pour le canal,
dont les recettes brutes, après s'être maintenues, de 1847 à
1856, au chiffre moyen de 2 417 500 fr. s'étaient abaissées
à 778 500 fr., dans les douze mois compris entre le 1er juin
1857 et le 31 mai 1858; comme les dépenses d'entretien
s'étaient élevées à 823 200 fr. durant la même période, il en
était résulté que le canal ne faisait plus ses frais. Sur les nouvelles instances de la Compagnie du canal du Midi, l'administration avait consenti à reprendre l'examen de l'affaire;
elle avait pensé, après une étude attentive, que, si la concurrence entre deux voies latérales était désirable et possible, quand il existait une masse de transports suffisante
pour les alimenter et les faire vivre simultanément, il n'en
pouvait être de même quand la matière manquait à cette
double alimentation, ce qui lui paraissait être le cas dans
l'espèce. D'un autre côté, la moitié environ des actions du
canal appartenait à des dotataires de l'Empire, dont le Gouvernement tenait à sauvegarder les intérêts, sérieusement
menacés.

Telles avaient été les considérations qui avaient dicté la
décision approbative du traité du 20 mai 1858, réduit à une
durée de quarante années concordant avec celle de l'amortissement du dernier emprunt de 2 400 000 fr.

214. — **Observations sur la situation des chemins de
fer à la fin de 1858.** — Dans les derniers mois de l'année
1857, avait éclaté une crise financière remarquable par son

caractère de généralité et qui s'était étendue sur toutes les places de commerce, où elle avait bientôt déterminé une crise commerciale. Le marché des chemins de fer qui, après 1852, avait inspiré tant de confiance et montré tant de fermeté en ressentit nécessairement le contre-coup : l'atteinte ainsi portée au crédit des Compagnies fut d'autant plus grave que la diminution des transports réduisait notablement les recettes. La dépréciation des actions fut considérable. Celle des obligations ne le fut pas moins ; l'émission de ces titres devint pénible et ne se fit plus qu'à des conditions fort onéreuses.

L'opinion publique, toujours prête à aller au-delà de la vérité, crut voir, dans la dépression temporaire des produits des voies ferrées, le commencement d'une ère de décadence et de désastres. Elle admit que les Compagnies avaient assumé des charges au-dessus de leurs forces, en acceptant, sans subvention ni garantie d'intérêt, la concession d'un ensemble de lignes secondaires d'une grande étendue, d'une dépense considérable et d'un revenu incertain ; que ces nouvelles lignes étaient, pour les anciens réseaux, une cause permanente et irrémédiable de dépréciation ; que les actions devaient continuer à baisser indéfiniment ; que les obligations elles-mêmes ne trouveraient bientôt plus de placement et qu'ainsi la propriété des Compagnies et l'achèvement du réseau seraient compromis à la fois.

Les Compagnies, menacées dans leur œuvre et dans leur existence, s'adressèrent au Gouvernement et sollicitèrent la révision de leurs contrats.

Dès 1858, une note ainsi conçue parut au *Moniteur* :
« L'opinion publique s'est préoccupée dans ces derniers
« temps des réclamations que la réunion des grandes Com-
« pagnies de chemins de fer a adressées au Gouvernement.

« Ces réclamations ont été accueillies avec le bienveil-

« lant intérêt que l'Empereur a toujours montré et con-
« tinue à porter à ces grandes entreprises.

« La principale de ces demandes avait pour but le retrait
« de la loi votée l'année dernière sur les valeurs mobilières.
« Cette loi, présentée conformément au vœu souvent for-
« mulé par le Corps législatif, n'a été votée qu'après une
« discussion approfondie. Elle est d'une date trop récente
« pour qu'on puisse se former une opinion définitive sur
« son application et sur ses résultats. Quant aux autres de-
« mandes relatives à des points spéciaux, les réclamations
« des Compagnies seront examinées avec la sollicitude
« qu'inspirent au Gouvernement des entreprises dont le
« succès est si intimement lié à la prospérité générale, et le
« Ministre des travaux publics s'est déjà mis en rapport
« avec les Compagnies. »

C'est dans ces circonstances que furent élaborées les
conventions de 1859 qui firent époque dans l'histoire des
chemins de fer et dont nous allons indiquer les dispositions.

Nous devons toutefois résumer auparavant les progrès
faits depuis le 1er janvier 1852 jusqu'au 31 décembre 1858
et donner à cet effet le tableau suivant :

	SITUATION à la fin de 1851	SITUATION à la fin de 1858
Développement des chemins d'intérêt général con-cédés définitivement......................	3 918 km.	14 252 km.
Développement des chemins d'intérêt général concédés éventuellement...............................	»	1 833
Total............	3 918 km.	16 085 km.
Développement des chemins d'intérêt général déclarés d'utilité publique et non concédés..............	1 049	»
Total............	4 967 km.	16 085 km.
Développement des chemins industriels concédés...	74	89
Total............	5 041 km.	16 174 km.

	SITUATION à la fin de 1851	SITUATION à la fin de 1858
Développement des chemins d'intérêt général en exploitation.	3 554 km.	8 683 km.
Développement des chemins industriels en exploitation....................................	71	86
Total	3 625 km.	8 769 km.
Dépenses faites par l'État. ⎫ pour	580 millions.	775 millions.
Dépenses faites par les Compagnies⎬ les chemins	868 —	3 2 ;6 —
Dépenses faites par divers. ⎭d'intérêt général.	24 —	33 —
Total............	1 472 millions.	4 014 millions.
Dépenses à faire par l'État. ⎫ pour	278 millions.	457 millions
Dépenses à faire par les Compagnies⎬ les chemins	196 —	1 900 —
Dépenses à faire par divers. ⎭d'intérêt général.	3 —	18 —
Total............	477 millions.	2 375 millions.

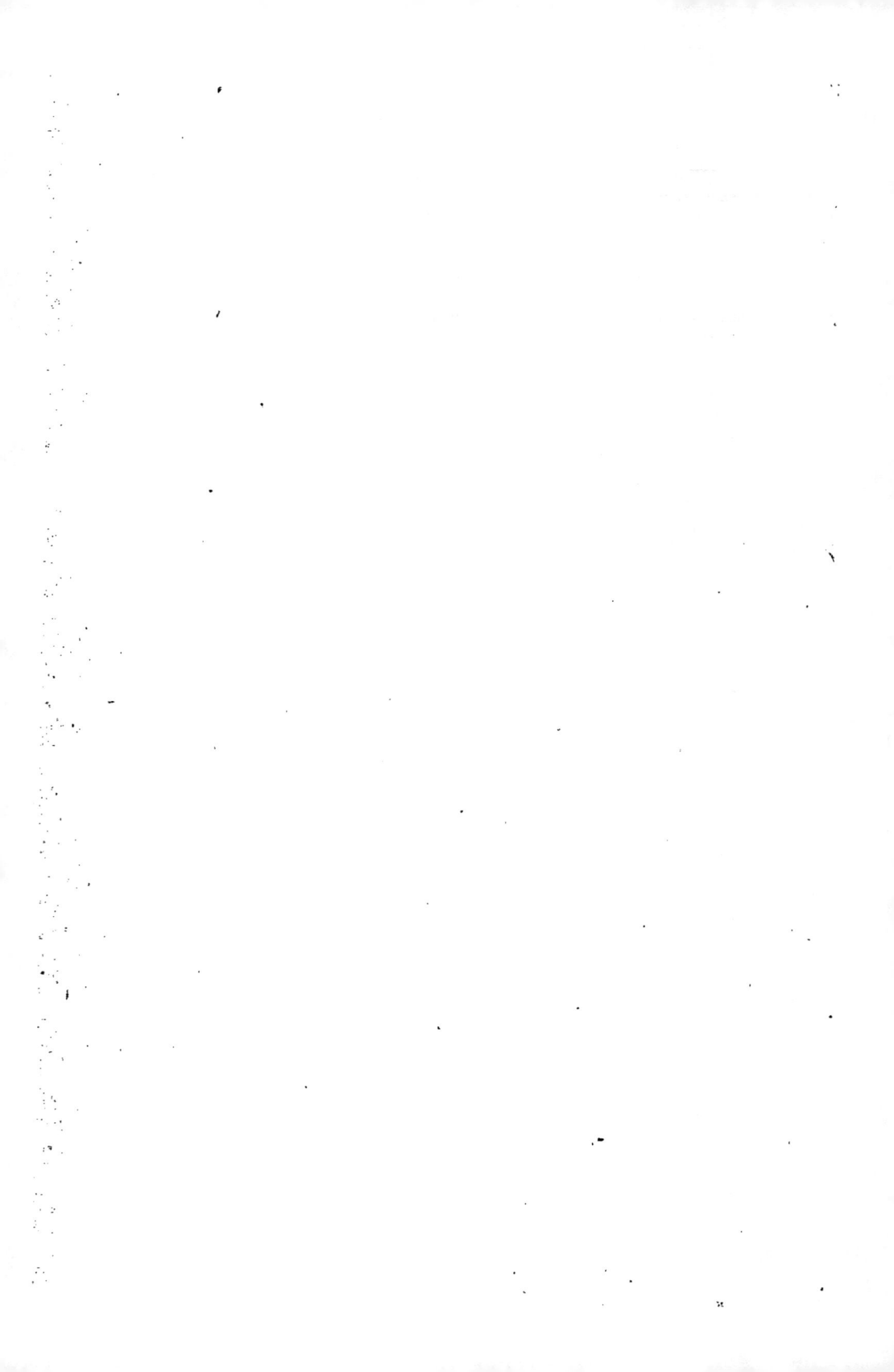

DEUXIÈME PARTIE

PÉRIODE

DU 1ᵉʳ JANVIER 1859 AU 4 SEPTEMBRE 1870

CONVENTIONS DE 1859, 1863 ET 1868

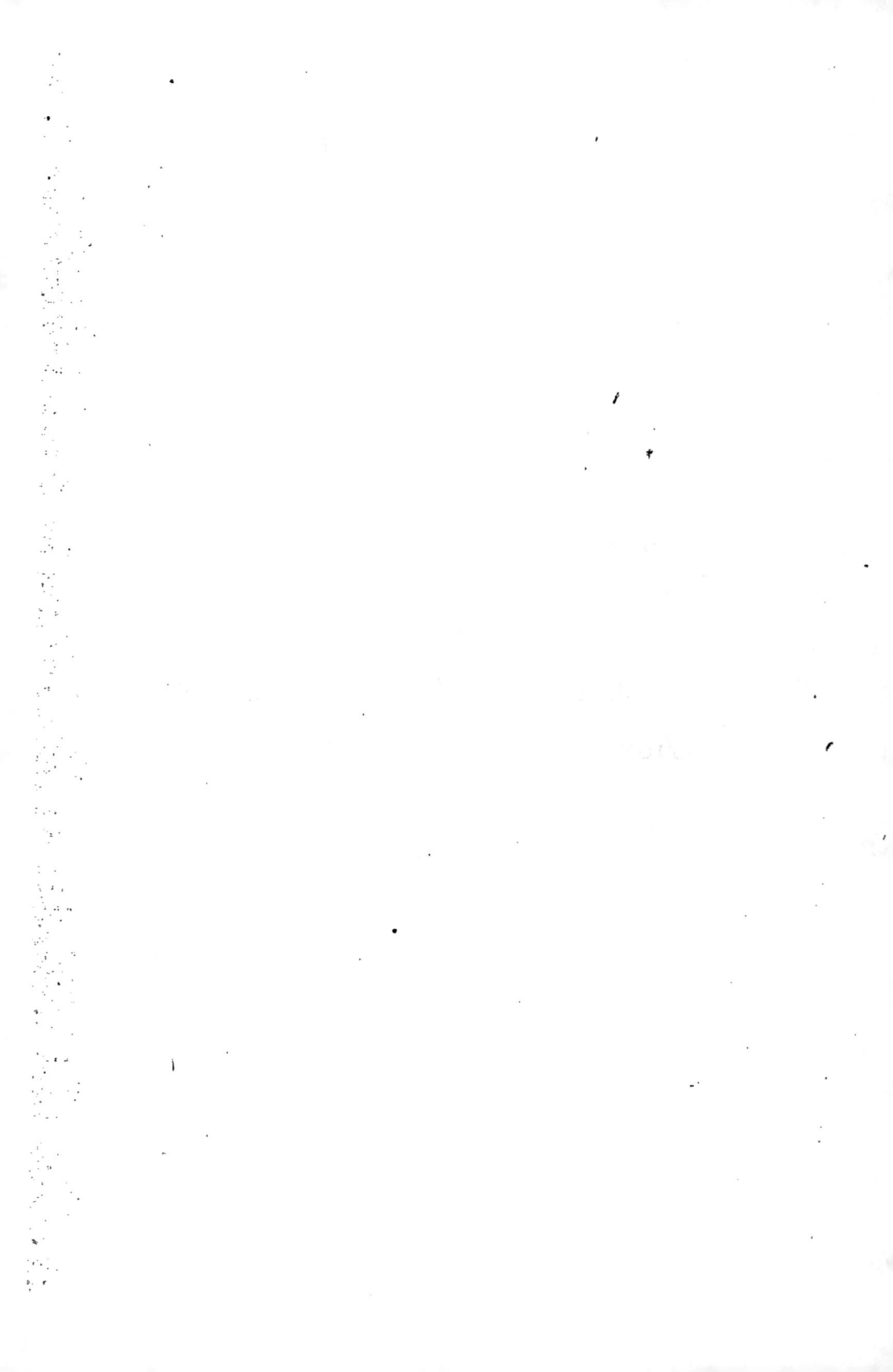

PÉRIODE du 1er JANVIER 1859 au 4 SEPTEMBRE 1870

CONVENTIONS DE 1859, 1863 ET 1868

CHAPITRE Ier. — ANNÉE 1859

215. — **Conventions de 1859 avec les grandes Compagnies.**

I. — Bases générales des conventions. — Lorsque nous sommes arrivé à la fin de l'année 1858, nous avons fait connaître les difficultés avec lesquelles les Compagnies se trouvaient aux prises et qui les avaient déterminées à solliciter la révision de leurs contrats.

Tout en proclamant que, au point de vue du droit strict, les Compagnies n'avaient rien à réclamer, qu'elles avaient librement accepté leurs concessions nouvelles, et que, si ces concessions faisaient peser sur elles de lourdes charges, elles les prémunissaient, en revanche, contre des concurrences redoutables, le Gouvernement ne crut pas devoir repousser leur demande. Le crédit public était, en effet, intimement lié à celui des grandes Compagnies, qui s'étaient associées à l'État pour l'accomplissement d'une œuvre d'utilité publique, et dont les titres, répartis entre une multitude de mains et créés, le plus souvent, avec la garantie du Trésor, constituaient une partie notable de la richesse du pays.

De nombreux précédents devaient d'ailleurs justifier cette détermination ; nous avons vu en effet successivement :

La Compagnie du chemin de fer d'Orléans se faire exonérer, en 1840, d'une partie de ses charges et obtenir la garantie d'un minimum d'intérêt ;

L'État prêter, vers la même époque, plus de 12 millions à la Compagnie de Strasbourg à Bâle ;

Le Gouvernement rendre, en 1847, une partie de leur cautionnement aux deux Compagnies de Bordeaux à Cette et de Lyon à Avignon, qui renonçaient à leur concession ;

Le Trésor rembourser, en rentes sur l'État, les sommes versées par les actionnaires de la Compagnie de Paris à Lyon, qui se trouvait en 1848 dans l'impossibilité de continuer les travaux ;

Les Compagnies d'Orléans à Bordeaux et de Tours à Nantes faire décider la prorogation de leurs concessions et la décharge d'une partie de leurs obligations ;

Enfin, l'Empire prendre, en 1852, la mesure générale qui consistait à reculer à quatre-vingt-dix-neuf ans le terme des contrats.

En 1859, deux systèmes pouvaient être adoptés pour venir en aide aux Compagnies et consolider leur crédit, à savoir : d'un côté, la suppression ou l'ajournement indéfini, dans chaque réseau, des lignes présumées les moins productives ; de l'autre, une garantie d'intérêt convenablement combinée, et, dans le cas exceptionnel où la mesure serait jugée indispensable, l'intervention de l'État, soit au moyen de subventions, soit au moyen de travaux payés sur les fonds du Trésor.

Il n'était guère possible de s'arrêter au premier système, étant données les promesses faites aux populations et l'impatience avec laquelle la réalisation en était attendue. Restait le second système, dont la garantie d'intérêt constituait la principale disposition. Le Gouvernement crut devoir l'adopter, pour ce motif que la garantie substituait le paiement éventuel d'un intérêt à celui d'un capital ; qu'elle fonctionnait, précisément, dans la mesure de l'insuffisance des produits ; et que d'ailleurs, jusqu'alors, tout en offrant pour les Compagnies un appui moral très utile à leur crédit, elle n'avait imposé aucun sacrifice au Trésor.

Le taux de cette garantie, qui avait varié, lors de l'institution des diverses concessions antérieures, fut fixé à 4 %, pendant cinquante ans ; on y ajouta l'amortissement calculé au même taux et pour la même durée, ce qui le porta à 4, 65 % (1).

On dut ensuite se demander s'il y avait lieu de l'appliquer à l'ensemble des réseaux ou seulement aux lignes récemment concédées, c'est-à-dire à la partie la moins productive de ces réseaux. La première solution n'eût pas apporté d'amélioration réelle au crédit des Compagnies ; la seconde seule était de nature à remédier à la situation ; elle avait d'ailleurs déjà reçu une application, pour les lignes du Grand-Central rétrocédées à la Compagnie d'Orléans et pour les lignes des Pyrénées concédées à la Compagnie du Midi.

Les concessions de chaque Compagnie furent donc divisées, au point de vue du jeu de la garantie d'intrêt, en deux sections distinctes, désignées sous les noms d'*ancien* et de *nouveau réseau* ; seules, les lignes du nouveau réseau jouissaient du bénéfice de la garantie.

_____

(1) Le chiffre exact est 4,655 % ; mais, dans le langage usuel, on néglige la troisième décimale.

Toutefois, il était juste que le nouveau réseau profitât de l'accroissement de trafic qu'il apportait à l'ancien ; il sembla donc nécessaire de stipuler que toute la portion du produit net de l'ancien réseau, qui dépasserait un certain chiffre kilométrique, se *déverserait* sur le nouveau réseau et viendrait couvrir, jusqu'à due concurrence, l'intérêt garanti par l'État.

Ce revenu *réservé* à l'ancien réseau était calculé de manière : 1° à assurer aux actions un dividende fixe, basé sur le revenu des dernières années ; 2° à pourvoir au service des obligations afférentes à ce réseau ; 3° à fournir un appoint de 1,10 % nécessaire pour compléter, avec le taux garanti de 4,65 %, l'intérêt et l'amortissement effectif des emprunts contractés pour l'exécution du nouveau réseau.

Cette combinaison allégeait les risques du Trésor, neutralisait la tendance que les Compagnies pouvaient avoir à favoriser le trafic de certaines lignes de l'ancien réseau au détriment des lignes du nouveau réseau, et restituait, en outre, à ce dernier une partie des bénéfices indirects résultant de sa construction.

Les sommes que l'État pouvait être appelé à verser, à titre de garant, devaient lui être remboursées, avec les intérêts à 4 %, dès que les produits du nouveau réseau auraient dépassé l'intérêt garanti, et à quelque époque que cet excédent se produisît.

L'origine de la garantie d'intérêt était fixée au 1er janvier 1864 pour la Compagnie de l'Est et au 1er janvier 1865 pour les autres Compagnies. Les conventions portaient d'ailleurs les stipulations suivantes :

« Les lignes de l'ancien réseau, qui ne seraient pas ter-
« minées avant le 1er janvier 1865, ne figureront dans le
« compte des produits nets de ce réseau qu'à partir du
« 1er janvier qui suivra leur mise en exploitation.

« Celles des lignes du nouveau réseau, qui ne seront pas
« terminées avant le 1ᵉʳ janvier 1865, ne participeront à
« la garantie d'intérêt qu'à partir du 1ᵉʳ janvier qui suivra
« leur mise en exploitation.

« Jusqu'à l'époque où commencera, pour les lignes du
« nouveau réseau, l'application de la garantie d'intérêt
« stipulée par le présent article, les intérêts et l'amortisse-
« ment des titres émis pour leur rachat ou leur construc-
« tion seront payés au moyen des produits des sections de
« ces lignes qui seront successivement mises en exploita-
« tion. En cas d'insuffisance, ces intérêts et amortissement
« seront portés au compte de premier établissement. »

Cette dernière disposition, déjà introduite dans des
conventions antérieures, avait pour objet de ne pas faire
entrer les lignes au compte d'exploitation, avant qu'elles
fussent en possession de leur trafic normal. Elle présentait,
pour les Compagnies, l'avantage de ne pas avilir leurs recettes, et pour l'État, celui de ne pas surcharger le compte
de la garantie d'intérêt.

Si, à l'expiration de la concession, l'État était créancier
de la Compagnie, le montant de sa créance devait « être
compensé, jusqu'à due concurrence, avec la somme due à
la Compagnie pour la reprise du matériel, s'il y avait lieu,
aux termes de l'article 36 du cahier des charges ». L'interprétation de cette clause a donné lieu à de sérieuses diver-
gences ; devait-on la comprendre en ce sens que, en cas
d'excédent de la dette de la Compagnie sur la valeur de son
matériel d'exploitation, cet excédent se trouverait perdu
pour le Trésor? Devait-on, au contraire, admettre que cet
excédent était recouvrable pour l'État? Les seuls éclaircissements que l'on ait sur les intentions des parties contractantes, à ce sujet, se trouvent dans les passages suivants du
rapport de M. le baron de Jouvenel et d'un discours de

M. Baroche, président du Conseil d'État, au Corps législatif, qu'il nous paraît utile de reproduire par anticipation :

(A). *Extrait du rapport de M. de Jouvenel :*

« L'article relatif à la clause du rachat (rédaction pri-
« mitive du Gouvernement) qui donne à l'État la faculté de
« rentrer dans les lignes concédées, après quinze ans d'ex-
« ploitation, n'aurait pas permis, d'après le projet de loi,
« d'opposer à la Compagnie, dépossédée de la valeur de son
« ancien réseau, la compensation des sommes affectées par
« l'État au nouveau réseau, attendu la désolidarisation
« absolue que les Compagnies avaient entendu maintenir
« entre les deux réseaux. Votre Commission n'a pas trouvé
« qu'un état de choses pareil fût parfaitement équitable ;
« elle a jugé que, s'il pouvait être trop rigoureux d'exiger
« des Compagnies, sur le montant de tout leur actif, le
« paiement d'une dette provenant de l'exécution par elles
« d'un réseau, dont elles auraient bien voulu pouvoir être
« déchargées, il était rationnel d'exiger d'elles qu'elles
« affectassent tout leur matériel au paiement de la dette
« contractée par suite des avances du Trésor public. Le
« Conseil d'État a bien voulu s'associer à cette doctrine,
« dont la conséquence, il faut le reconnaître, est de donner
« à l'État, pour le remboursement de ses avances éven-
« tuelles, un gage de plus, dont l'évaluation peut être fixée
« à 400 millions environ, car le matériel affecté à l'exploi-
« tation de 8 000 kilomètres environ de l'ancien réseau ne
« saurait être estimé à moins de 50 000 fr. par kilomètre. »

(B). *Extrait du discours de M. Baroche :*

« Dans la prévision de l'expiration des concessions ou du
« rachat des lignes de fer, l'État serait indemnisé des sommes
« dont il serait créancier par suite de l'application de la ga-
« rantie, et de préférence à tous, sur la valeur du matériel
« repris. »

La prétention des Compagnies est que ces extraits justifieraient, le cas échéant, l'interprétation la plus favorable à leurs intérêts ; elles ajoutent que d'ailleurs cette interprétation se fût, en tous cas, imposée à l'expiration normale de leurs concessions, et que dès lors elle devait prévaloir aussi pour le cas de rachat, puisque les conventions ne distinguaient pas, sur ce point, entre les diverses époques et les divers modes de retour à l'État. Quoiqu'il en soit, la question n'a plus qu'un intérêt secondaire dans l'état actuel de la dette des grandes Compagnies de la métropole.

En compensation des avantages qui leur étaient accordés, les Compagnies devaient s'engager à partager avec l'État, à partir de l'année 1872, la portion de leurs revenus qui excéderait un chiffre déterminé.

Telles furent les bases générales des conventions que le Gouvernement conclut avec les grandes Compagnies et au sujet desquelles nous allons entrer dans quelques détails.

II. — Convention avec la compagnie d'Orléans. — La concession de la Compagnie d'Orléans, antérieurement à la convention de 1857, se composait des lignes de Paris à Bordeaux et à Nantes avec prolongement sur Saint-Nazaire, de Poitiers à la Rochelle et Rochefort, d'Orléans à Limoges, de Vierzon au Guétin, de Tours au Mans, de Savenay à Châteaulin avec embranchement sur Napoléonville ; ces lignes, dont le développement était de 1 764 kilomètres (sur lesquels 1 462 kilomètres étaient livrés à l'exploitation), furent considérées comme constituant l'ancien réseau.

Quant au nouveau réseau, il était formé des lignes rétrocédées du Grand-Central et d'Orsay (960 km.) ; des lignes nouvelles concédées par la convention de 1857, c'est-à-dire de celles de Paris à Tours par Vendôme, Bourges à Montluçon, Nantes à Napoléon-Vendée, Toulouse à Albi et

Villefranche (502 km.); des lignes concédées à titre éventuel par la même convention (580 km.); enfin des embranchements de Cahors, Villeneuve-d'Agen, Bergerac et Tulle, concédés à titre éventuel à la Compagnie du Grand-Central (120 km.); son développement total était de 2 162 kilomètres dont 1 462 kilomètres concédés à titre définitif, et sur lesquels 271 étaient en exploitation.

Le chiffre des dépenses faites et à faire s'élevait :

Pour l'ancien réseau, à......................	445 millions
Pour le nouveau réseau (concessions définitives), à	601
Pour le nouveau réseau (concessions éventuelles), à	214
TOTAL.........	1 260 millions.

Il restait à dépenser sur ce chiffre, à partir de 1858, 743 millions.

Le capital garanti, à partir du 1er janvier 1865, était réglé au maximum de 815 millions (601 + 214) ; les lignes non terminées à cette date ne devaient prendre part à la garantie qu'à partir du 1er janvier qui suivrait leur achèvement.

Le capital total de 1 260 millions était d'ailleurs représenté par :

1° 300 000 actions, déjà émises, à 500 fr., ci...	150 millions
2° 200 000 actions nouvelles à émettre à 1 100 fr. ci	220
3° Des obligations émises ou à émettre, ci	890
TOTAL PAREIL.....	1 260 millions.

Le revenu total réservé à l'ancien réseau se composait :

1° De la somme nécessaire pour assurer un dividende annuel de

70 fr. par action, ci .... 35 000 000 fr.

2° De l'intérêt et de l'amortissement à 5,75 °/₀ des 75 millions réalisés sous forme d'obligations pour ce réseau, ci.................................... 4 312 500

3° De l'appoint de 1,1 °/₀ à ajouter à la garantie de l'État pour parfaire l'intérêt et l'amortissement des 815 millions consacrés au nouveau réseau, ci....... 8 965 000

TOTAL....... 48 277 500 fr.

En divisant cette somme par 1 764, chiffre de l'étendue kilométrique de l'ancien réseau, on arrêta le revenu kilométrique réservé avant déversement à 27 400 fr. C'était un peu moins que le produit net des 1 275 kilomètres exploités en 1857 et 1858, produit qui s'était élevé à 28 800 fr. ; mais il restait à ouvrir 489 kilomètres dont le rendement, pendant les premières années, n'était pas évalué à plus de 10 000 fr. Le revenu ainsi réservé au capital-actions était de 9 1/2 °/₀ et le dividende correspondant, de 70 à 71 fr. (1).

Comme, durant la période comprise entre le 1ᵉʳ janvier 1863, origine de la garantie et l'époque de l'achèvement complet des travaux, les produits des anciennes lignes ne pouvaient atteindre le chiffre auquel ils étaient appelés à s'élever successivement par le développement naturel du trafic, il convenait d'abaisser, pendant cette période transitoire, le niveau du déversoir. Il fut donc stipulé que la limite de 27 400 fr. serait réduite de 200 fr., par 100 kilomètres non livrés à l'exploitation, jusqu'au minimum de 25 000 fr. : cette disposition allégeait, durant les années les moins productives, les conséquences de la garantie de l'État et créait, en outre, pour les Compagnies, un motif de hâter l'achèvement de leur réseau, but principal poursuivi par l'administration.

---

(1) Ces chiffres, de même que ceux qui sont donnés pour les autres Compagnies sont extraits ou déduits des documents parlementaires.

2   12

Jusqu'alors, la Compagnie d'Orléans n'avait été soumise au partage des bénéfices excédant 8 % que pour les lignes provenant du Grand-Central ; il fut entendu que ce partage s'exercerait sur l'ensemble de la concession, à partir du 1er janvier 1872, date présumée de l'achèvement des travaux. Le revenu réservé avant partage fut d'ailleurs fixé à 32 000 fr. par kilomètre de l'ancien réseau et à 6 % des dépenses du nouveau réseau ; le chiffre de 32 000 fr. par kilomètre, attribué à l'ancien réseau, correspondait à un intérêt de 14 1/2 % et à un dividende de 108 fr. par action ; si on s'était borné à réserver, comme on le faisait pour l'ancien réseau d'autres Compagnies, un intérêt de 8 %, ce dividende eût été réduit à 67 fr., de telle sorte qu'au moment où le revenu eût atteint la limite fixée par la convention de 1859, les actionnaires auraient touché $\frac{108 - 67}{2}$, soit 21 fr. de moins.

La Compagnie renonçait formellement à l'interdit qui pesait sur la ligne du Mans à Angers, et donnait ainsi satisfaction aux légitimes revendications du public.

La convention maintenait d'ailleurs la clause de clôture du compte de premier établissement des diverses lignes, cinq ans après le 1er janvier qui suivrait leur mise en exploitation, et celle de l'autorisation éventuelle de dépenses complémentaires par décrets délibérés en Conseil d'État, au point de vue du partage des bénéfices, après l'expiration de ce délai.

III. — CONVENTION AVEC LA COMPAGNIE DE PARIS-LYON-MÉDITERRANÉE. — Comme pour la Compagnie d'Orléans, la division en ancien et nouveau réseau, des chemins de fer concédés à la Compagnie de Paris-Lyon-Méditerranée, eut pour base la convention de 1857.

L'ancien réseau fut composé des lignes de Paris à Lyon, avec embranchement sur Auxerre ; de Dijon à Belfort, par

Besançon, avec embranchement sur Gray et Salins ; de Bourg, par Lons-le-Saunier, à un point de la ligne de Dijon à Belfort ; de Chalon-sur-Saône à Dôle ; de Lyon à Marseille par Avignon, avec embranchement sur Aix ; de Tarascon à Cette par Nîmes et Montpellier, avec embranchement sur Alais et la Grand'Combe ; de Marseille à Toulon ; de Lyon à Genève, avec embranchement sur Bourg et sur Mâcon, et vers la frontière sarde, par Culoz ; son développement était de 1 834 kilomètres.

Quant au nouveau réseau, il fut formé des lignes : 1° de Paris à Lyon, par Nevers, Roanne et Saint-Étienne d'une part, et par Tarare d'autre part, avec embranchement sur Vichy ; de Saint-Germain-des-Fossés à Arvant, par Clermont-Ferrand ; d'Arvant à Saint-Étienne, par le Puy ; de Nevers et de Moulins au chemin de Paris à Lyon ; de Châtillon au même chemin ; de la section de Dôle à Salins à la frontière suisse, par les Verrières et Jougne ; de Montbéliard à Delle et à Audincourt ; de Saint-Rambert à Grenoble : de la ligne précédente à Lyon ; de la même ligne à Valence ; 2° éventuellement, de Brioude à Alais ; de Montbrison à Andrézieux ; de Privas au chemin de Lyon à Avignon, avec prolongement jusqu'à Crest ; de Carpentras au même chemin ; de Toulon à Nice, avec embranchement sur Draguignan ; d'Avignon à Gap, avec embranchement sur Aix et sur Miramas : enfin de Gap vers la frontière sarde. Son développement était de 2 496 kilomètres. La nomenclature que nous venons de donner comprend les lignes du Dauphiné : c'est que, en effet, un traité de fusion avait été conclu le 22 juillet 1858 entre la Compagnie concessionnaire de ces lignes et celle de Paris-Lyon-Méditerranée. Le Gouvernement avait cru devoir adhérer à ce traité, d'un côté, parce que le réseau du Dauphiné, intimement lié à celui de [Lyon, en formait en quelque sorte une dépendance directe et présentait avec lui une solidarité absolue au point de vue de l'exploitation; d'un autre côté, parce que la Compagnie du Dauphiné, réduite à ses propres forces, eût été contrainte de solliciter un large concours de l'État. Aux termes du traité précité, la Compagnie du Dauphiné devait terminer, à ses risques et périls, les deux lignes de Lyon et de Saint-Rambert à Grenoble (l'exécution ultérieure du chemin de Grenoble à Valence étant réservée pour la Compagnie de Paris-Lyon-Méditerranée); elle devait ensuite les exploiter pendant deux ans, et les produits nets de la seconde année, majorés de 36 %, pour tenir compte de l'accroissement ultérieur du trafic, servaient de terme de comparaison pour régler la valeur à attribuer aux actions de cette Compagnie.

En définitive, la longueur totale des chemins concédés à la Compagnie de Paris-Lyon-Méditerranée était de 4 330 kilomètres, dont 2 165 (c'est-à-dire la moitié) étaient livrés à l'exploitation.

La dépense totale faite ou à faire s'élevait :

Pour l'ancien réseau, à......................		735 millions
Pour le nouveau réseau (concessions définitives), à............................	734	
Pour le nouveau réseau (concessions éventuelles), à............................	311	1 125
Pour le nouveau réseau (lignes du Dauphiné), à............................	80	
TOTAL................		1 860 millions

somme sur laquelle il restait à dépenser environ 974 millions.

Le revenu kilométrique réservé à l'ancien réseau avant déversement fut fixé, d'après des principes analogues à ceux que nous avons exposés relativement au réseau d'Orléans, à 37 400 fr., chiffre un peu inférieur au revenu moyen de 39 000 fr. des 1 231 kilomètres exploités en 1857; dans la période intermédiaire entre le 1er janvier 1865 et l'achèvement complet du nouveau réseau, une diminution de 200 fr. était opérée par 100 kilomètres non livrés à l'exploitation, sans que le revenu réservé pût descendre au-dessous de 35 400 fr.

Le partage des bénéfices devait s'exercer, lorsque le produit net représenterait 8 % du capital de premier établissement de l'ancien réseau, plus l'intérêt et l'amortissement du capital affecté au nouveau réseau. Le terme du 1er janvier 1866, à partir duquel il pouvait y avoir lieu à partage, d'après la convention de 1857, était reporté au 1er janvier 1872, eu égard aux charges que les lignes du Dauphiné allaient faire peser sur la Compagnie de Paris-Lyon-Méditerranée; il n'y avait d'ailleurs là qu'un avantage purement moral concédé à la Compagnie.

IV. — CONVENTION AVEC LA COMPAGNIE DU DAUPHINÉ. — La convention du 16 mars 1857, en concédant à la Compagnie de Saint-Rambert à Grenoble les deux nouvelles lignes de Grenoble à Lyon et à Valence, avait stipulé que la somme de 1 400 000 fr., formant le dernier terme de la subvention de 7 millions, ne serait payée qu'après l'ouverture de l'ensemble des lignes concédées; elle exigeait en outre le versement d'un nouveau cautionnement de 1 200 000 fr., dont le dernier cinquième était retenu jusqu'à la même époque. Ces conditions ne parurent pas devoir être maintenues, en présence du traité de fusion qui ne laissait à la charge de la Compagnie du Dauphiné que l'achèvement des deux lignes de Saint-Rambert et de Lyon à Grenoble livrées à l'exploitation, la première, sur toute son étendue, la seconde, sur moitié de sa longueur, soit 40 kilomètres. Le Gouvernement jugea qu'il y avait là un gage suffisant, et consentit au paiement intégral de la subvention, ainsi qu'au remboursement total du cautionnement.

V. — CONVENTION AVEC LA COMPAGNIE DU NORD. — L'ancien réseau de la Compagnie du Nord fut composé des lignes de Paris à la frontière belge, par Lille et par Valenciennes, avec embranchement sur Beauvais; de Lille à Calais et à Dunkerque; d'Amiens à Boulogne, avec embranchement sur Saint-Valery; de Creil à Saint-Quentin et à Erquelines, avec raccordement de Busigny à Somain, par Cambrai; de Tergnier à Laon; de Paris à Creil; et de Mons à Hautmont. Son développement était de 967 kilomètres, dont 925 en exploitation.

Le nouveau réseau fut formé des lignes de Paris à Soissons; de Boulogne à Calais, avec embranchement sur Marquise; de Rouen à Amiens (pour deux tiers); d'Amiens au chemin de Creil à Saint-Quentin; des houillères du Pas-de-Calais; de Chantilly à Senlis; de Pontoise au chemin de Belgique; d'Ermont à Argenteuil; de Villers-Cotterets au Port-aux-Perches; et, éventuellement, de Soissons à la frontière belge; de cette dernière ligne au chemin de Saint-Quentin à Erquelines; de Senlis au chemin de Paris à Soissons; de Beauvais au chemin de Paris à Dieppe par Pontoise; son développement était de 618 kilomètres.

La dépense faite ou à faire était :

Pour l'ancien réseau, de......................	403 millions
Pour le nouveau réseau, de..................	300
TOTAL..........	603 millions

Le capital de la Compagnie se composait de 525 000 actions, ayant produit ensemble 231 825 000 fr. et, pour le surplus, d'obligations.

Le revenu réservé, avant déversement, à l'ancien réseau était fixé à 38 400 fr. par kilomètre, ce qui correspondait à un dividende de 50 fr. environ, par action. Ce chiffre était réduit de 200 fr. pour 100 kilomètres non livrés à l'exploitation, sans pouvoir descendre au-dessous de 37 400 fr.

La Compagnie qui, en vertu des actes antérieurs, n'était soumise à aucun partage de bénéfices avec l'État, acceptait l'application de ce partage, à partir du 1er janvier 1872, lorsque l'ensemble des produits nets de la concession excédait la somme nécessaire pour représenter à la fois, sur l'ancien réseau, un revenu net moyen de 53 000 fr. par kilomètre, et un intérêt de 6 % du capital affecté au nouveau réseau. Le dividende correspondant, ainsi attribué aux actions, était de 80 fr. environ.

VI. — CONVENTION AVEC LA COMPAGNIE DE L'EST. — La Compagnie de l'Est se trouvait dans une situation un peu différente de celle des Compagnies précédentes, en ce sens que la concession des lignes ajoutées à son réseau primitif remontait, pour la majeure partie, à l'année 1853, et que les sections les plus importantes de ces lignes étaient alors en exploitation. Néanmoins, la convention conclue avec cette Compagnie fut semblable à celles dont nous venons de faire connaître les principales dispositions. Elle approuvait, en premier lieu, le traité de fusion passé en 1857 entre la Compagnie de l'Est et celle des Ardennes, sur des bases tout à fait analogues à celles du traité intervenu entre la Compagnie de Paris-Lyon-Méditerranée et celle du Dauphiné. Elle portait ensuite concession à la Compagnie : 1° à titre ferme, de la ligne de Thann à Wesserling, de 12 kilomètres de longueur, formant le prolongement du chemin de Mulhouse à Thann et desservant une contrée riche et industrieuse ; 2° à titre éventuel, du chemin de Mézières à Hirson, de 50 kilomètres de longueur, destiné à compléter une communication directe de Calais, Dunkerque et Lille avec Metz et Strasbourg.

L'ancien réseau comprenait la ligne de Paris à Strasbourg avec toutes celles qui s'y rattachaient directement,

telles que les embranchements sur Reims, sur le camp de
Châlons, sur Metz et la frontière prussienne, sur Wissembourg, sur Thionville et la frontière du Luxembourg, ainsi
que les chemins de Paris à Vincennes et Saint-Maur, et de
Mulhouse à Thann et à Wesserling. Son développement
était de 985 kilomètres, dont 918 kilomètres livrés à l'exploitation.

Le nouveau réseau était formé des lignes de Paris à Mulhouse, avec embranchements sur Provins, Coulommiers,
Montereau et Bar-sur-Seine ; de Blesme à Saint-Dizier et
à Gray ; de Nancy à Gray, par Épinal ; ainsi que des chemins des Ardennes et, éventuellement, de celui de Mézières
à Hirson. Son développement était de 1 365 kilomètres, dont
849 exploités.

La dépense faite et à faire était :

Pour l'ancien réseau (déduction faite du prix des travaux exécutés
par l'État), de. . . . . 310 millions

Et pour le nouveau $\left\{ \begin{array}{ll} \text{Concessions définitives . . . } & 505 \\ \text{Concessions éventuelles. . . } & 17 \end{array} \right\}$ 522

TOTAL. . . . . 832 millions

sur lesquels il restait à dépenser 254 millions.

Le capital social de la Compagnie se composait de
500 000 actions de 500 fr.

Le déversoir de l'ancien réseau était réglé à 27 800 fr.,
chiffre peu différent du revenu effectif de 1856, lequel avait
été de 27 000 fr.; le dividende ainsi assuré aux actions était
de 38 fr.

Quant au partage des bénéfices au profit de l'État, il
était stipulé par les actes antérieurs, pour le cas où le produit net excéderait 8 %; cette clause fut maintenue, mais
sous la réserve que les lignes des Ardennes ne donneraient
lieu qu'à un prélèvement de 6 %. Le revenu réservé ainsi au
capital était de 13 % et le dividende correspondant, de 65 fr.

Le tarif du transport des militaires et marins était réduit de la moitié au quart du tarif ordinaire, à partir du 1ᵉʳ janvier 1863. Le service des postes, qui imposait alors à l'administration le paiement annuel d'une somme de 340 000 fr., devait être fait désormais moyennant une annuité à forfait de 300 000 fr., jusqu'au 1ᵉʳ janvier 1880, et devenait gratuit à partir de cette date.

VII. —. CONVENTION AVEC LA COMPAGNIE DES ARDENNES. — Le réseau des Ardennes se composait des lignes de Reims à Laon, de Reims à Charleville et Sedan, de Reims à Soissons, de Charleville à Givet, de Sedan au chemin de Metz à Thionville, avec embranchement sur Longwy; son développement était de 420 kilomètres. Parmi les lignes que nous venons d'énumérer, les trois premières avaient été concédées sans subvention, ni garantie d'intérêt. Pour le chemin de Charleville à Givet, le décret du 20 juillet 1853 stipulait que, dans le cas où le Gouvernement croirait devoir en rendre la concession définitive, les travaux seraient exécutés conformément au système de la loi de 1842; mais le décret du 10 juin 1857 avait remplacé ce concours de l'État par la concession du chemin de Charleville à Thionville.

Aux termes de la convention conclue entre le Ministre et la Compagnie des Ardennes, une garantie d'intérêt était attribuée au réseau, sous réserve que, une fois la fusion avec la Compagnie de l'Est réalisée, cette garantie se confondrait avec celle qui était affectée au nouveau réseau de cette dernière Compagnie.

En outre, une subvention de 4 500 000 fr. était accordée à la Compagnie ; ce chiffre constituait la différence entre l'évaluation des dépenses (142 millions) et le produit de la capitalisation à 5,50 °/₀ du produit net probable du réseau.

Toutefois, il était entendu que si, pendant les deux années d'exploitation qui précéderaient la réunion définitive des lignes des Ardennes à celles de l'Est, le produit net était supérieur aux prévisions, la subvention serait réduite proportionnellement.

VIII. — CONVENTION AVEC LA COMPAGNIE DE L'OUEST. — L'ancien réseau de la Compagnie de l'Ouest fut composé des lignes de Paris à Saint-Germain et Versailles, avec embranchements sur Argenteuil et Auteuil ; de Paris à Rouen et au Havre, avec embranchements sur Dieppe et Fécamp ; de Versailles à Rennes ; de Nantes à Caen et à Cherbourg, avec embranchement sur Saint-Lô ; de Mézidon au Mans. Son développement était de 1192 kilomètres, entièrement livrés à la circulation.

Le nouveau réseau fut formé : 1° des lignes concédées par le décret du 7 avril 1855 et par des actes postérieurs, à savoir celles de Rennes à Brest, à Saint-Malo et à Redon ; de Lisieux à Honfleur ; de Serquigny à Rouen ; du Mans à Angers ; de Saint-Cyr à Surdon et d'Argentan à Granville ; 2° des lignes dont la concession précédemment admise en principe, était ratifiée par la présente convention, à savoir celles de Rouen à Amiens (pour un tiers) ; de Paris à Dieppe, par Pontoise et Gisors ; de Pont-l'Évêque à Trouville ; de l'Aigle à ou près Conches. Son développement était de 1 112 kilomètres, dont 17 en exploitation.

Les dépenses faites et à faire, déduction faite des subventions du Trésor, étaient :

Pour l'ancien réseau, de......................	461 millions
Pour le nouveau réseau, de....................	291
TOTAL.....................	752 millions

somme sur laquelle il restait à dépenser 340 millions.

Le capital social était de 300 000 actions à 503 fr. 15 c.

La situation de la Compagnie de l'Ouest était particulièrement difficile : d'énormes augmentations s'étaient révélées sur les prévisions primitives de dépenses ; les lignes qu'elle était obligée d'exécuter tout d'abord étaient les plus improductives du réseau. Le Gouvernement, ayant égard à cette situation, crut devoir s'engager à exécuter, à ses frais, l'infrastructure de la ligne de Rennes à Brest, ce qui se traduisait par un supplément de subvention de 23 millions.

Le chiffre du produit net kilométrique, au-dessus duquel les excédents de revenu de l'ancien réseau étaient affectés au nouveau, fut fixé à 26 700 fr. ; l'intérêt correspondant réservé aux actions était de 7 °/₀ et le dividende, de 35 fr.

La Compagnie consentait au partage des bénéfices, lorsqu'ils excéderaient la somme nécessaire pour représenter à la fois un revenu net moyen de 30 000 fr. par kilomètre de l'ancien réseau et l'intérêt à 6 °/₀ du capital de premier établissement du nouveau réseau ; l'intérêt correspondant réservé aux actions était de 12 °/₀ environ.

IX. — CONVENTION AVEC LA COMPAGNIE DU MIDI. — L'ancien réseau de la Compagnie du Midi fut composé des lignes de Bordeaux à Cette (y compris le raccordement à Bordeaux avec le chemin de fer d'Orléans à Bordeaux et de Bordeaux à la Teste) ; de Narbonne à Perpignan ; de Bordeaux à la Teste, avec prolongement sur Arcachon ; de Lamothe à Bayonne, avec embranchement sur Mont-de-Marsan. Son développement était de 798 kilomètres.

Le nouveau réseau fut formé des lignes de Toulouse à Bayonne, avec embranchement sur Foix, Dax et Bagnères-de-Bigorre ; d'Agen à Tarbes ; de Mont-de-Marsan à Andrest ; d'Agde à Clermont et Lodève ; de Bayonne à Irun ; et, éventuellement, des lignes de Castres et de Perpignan à Port-Vendres. Son développement était de 825 kilomètres.

Les dépenses faites ou à faire, déduction faite des subventions, étaient :

Pour l'ancien réseau, de.	239 500 000 fr.
Pour le nouveau réseau, de.	132 000 000
TOTAL.	371 500 000 fr.

somme sur laquelle 205 millions étaient dépensés.

Au point de vue des conditions dans lesquelles la Compagnie du Midi possédait ses diverses lignes, on pouvait les diviser en trois groupes.

Le premier comprenait le chemin de Bordeaux à Cette, avec embranchement sur Perpignan, et de Lamothe à Bayonne, avec embranchement sur Mont-de-Marsan, ainsi que le canal latéral à la Garonne, concédés avec une subvention de 51 500 000 fr., une garantie d'intérêt et d'amortissement à 4 % pendant 50 ans sur 51 millions, et une garantie semblable, mais sans amortissement, sur 67 millions (lois des 8 juillet 1852 et 28 mai 1853, décret du 24 août 1852).

Le second groupe comprenait les lignes de Toulouse à Bayonne avec embranchements sur Foix et sur Dax, d'Agen à Tarbes par Rabastens, et de Mont-de-Marsan à Rabastens, concédées avec une subvention de 24 millions et une garantie d'intérêt de 4 %, sans amortissement, sur un capital maximum de 112 millions.

Le troisième groupe comprenait les lignes d'Agde à Pézenas et Clermont, de Castres, de La Teste à Arcachon, et le raccordement de Bordeaux, concédés sans subvention.

La Compagnie avait en outre pris à ferme, jusqu'à l'expiration de sa concession, la ligne de Bordeaux à La Teste.

Un mécompte de plus de 120 millions s'était produit sur les dépenses de l'ancien réseau. Invoquant ce mécompte et l'insuffisance des produits de l'exploitation, la Compagnie sollicita un concours très large de l'État ; le Gouvernement

ne crut pas pouvoir accueillir l'intégralité de ses demandes.
mais il jugea équitable de prendre à sa charge l'infrastructure des lignes de Toulouse à Bayonne et de Perpignan à
Port-Vendres, sauf renonciation, de la part de la Compagnie,
à la subvention de 24 millions, allouée pour l'ensemble du
réseau pyrénéen, et à celle de 4 millions, formant la part de
l'État dans la construction des routes agricoles des Landes ;
ce concours équivalait à une subvention d'un peu plus de
25 millions.

La convention portait donc concession ferme à la Compagnie du chemin de Bayonne à Irun, et du prolongement
jusqu'à Lodève de celui d'Agde à Clermont, et concession
éventuelle du chemin de Perpignan à Port-Vendres ; elle
déterminait le concours de l'État, tel que nous venons de le
définir, pour l'exécution des lignes de Toulouse à Bayonne
et de Perpignan à Port-Vendres. Elle fixait le déversoir de
l'ancien réseau à 19 500 fr., avec réduction de 200 fr. par
100 kilomètres non livrés à l'exploitation jusqu'au minimum
de 18 300 fr., ce qui permettait de distribuer aux actions un
dividende de 35 fr. environ ; quant au partage des bénéfices.
il devait s'opérer, conformément aux contrats antérieurs,
au-delà de 8 % sur l'un ou l'autre des deux réseaux, mais
séparément pour chacun d'eux.

X. — CAHIER DES CHARGES. — Le cahier des charges
nouveau, que nous avons vu appliquer en 1856 et 1857 aux
Compagnies d'Orléans, de Paris-Lyon-Méditerranée, du Nord
et du Midi, était étendu aux chemins de fer du Dauphiné, de
l'Est et de l'Ouest.

XI. — SITUATION GÉNÉRALE DES ENTREPRISES DE CHEMINS
DE FER D'APRÈS LES NOUVELLES CONVENTIONS. — La situation
générale des entreprises de chemins de fer pouvait, en dé-

finitive, se résumer comme le montre le tableau ci-dessous :

COMPAGNIES	LONGUEURS					DÉPENSES				
	ancien réseau	nouveau réseau	totales	en exploitation au 1er février 1859	en construction ou à construire	faites au 31 décembre 1857	à faire au 1er janvier 1858	totales	ancien réseau	nouveau réseau
Orléans................	1 764 km.	2 162 km.	3 926 km.	1 733 km.	2 193 km.	517 millions	743 millions	1 260 millions	445 millions	815 millions
P.-L.-M.-Dauphiné..........	1 834	2 496	4 330	2 165	2 165	886 —	974 —	1 860 —	735 —	1 125 —
Nord...................	967	618	1 585	925	660	350 —	253 —	603 —	403 —	200 —
Est.— Ardennes....	985	1 305	2 350	1 767	583	578 —	254 —	832 —	310 —	522 —
Ouest.............	1 192	1 112	2 304	1 183	1 121	412 —	340 —	752 —	461 —	291 —
Midi..................	708	825	1 023	704	829	205 —	166.5 —	371.5 —	239.5 —	132 —
Compagnies diverses.........	234	»	234	134	100	52 —	19.5 —	71.5 —	71.5 —	»
TOTAUX.......	7 774	8 578	16 352	8 801	7 651	3 000 millions	2 750 millions	5 750 millions	2 665 millions	3 085 millions

La dépense faite pendant la campagne de 1858 s'élevait à 250 millions, de telle sorte que le montant des dépenses restant à faire était d'environ 2 milliards et demi.

Les subventions (non comprises dans les chiffres ci-dessus) étaient, avant les conventions, de 910 millions, dont 746 soldés et 164 à payer dans une période de dix années, en numéraire ou sous forme d'obligations d'État ; cette somme s'appliquait d'ailleurs, jusqu'à concurrence de 732 millions, aux anciens réseaux, et de 178 millions, aux nouveaux réseaux.

La dépense à la charge des Compagnies atteignait, en moyenne, pour les anciennes comme pour les nouvelles lignes, 350 000 fr. par kilomètre ; la subvention du Trésor était, par kilomètre, de près de 100 000 fr., pour les premières, et d'environ 20 000 fr., pour les secondes ; avec les nouvelles conventions relatives aux Compagnies de l'Ouest et du Midi, la subvention applicable à l'ensemble des nouveaux réseaux était portée à 215 millions et la subvention moyenne par kilomètre, à 25 000 fr.

XII. — Projet de loi et rapport de M. de Jouvenel. — Les clauses financières des conventions dont nous venons d'indiquer les stipulations firent l'objet d'un projet de loi, déposé le 8 février [M. U., 23 février et 4 mars 1859] sur le bureau de la Chambre.

M. de Jouvenel, organe de la Commission à laquelle fut renvoyé ce projet de loi, fit un rapport détaillé et très intéressant [M. U., 31 mai 1859]. Tout en constatant qu'il était regrettable de voir des Compagnies remettre en question des contrats librement débattus et des décisions législatives, il exprimait l'avis que l'État avait, avant tout, le devoir de sauvegarder l'esprit d'association, de ne pas faire assister le pays au spectacle de grandes sociétés convaincues d'impuissance et frappées de discrédit, et de ne pas condamner à la ruine des capitaux qui avaient, en définitive, ajouté à la prospérité de la France, à sa grandeur, à ses éléments de puissance et de civilisation.

Il fit connaître que la Commission avait successivement discuté les divers systèmes d'intervention de l'État, tels que subventions en travaux et en argent, prêts remboursables, garantie d'intérêt. Malgré les arguments invoqués en faveur de l'exécution directe et tirés principalement du caractère gouvernemental des voies ferrées, elle avait considéré comme impossible d'imposer à l'État une tâche devant laquelle il avait reculé, alors qu'elle était simple, dégagée des faits accomplis et des droits acquis, qui l'eussent rendue beaucoup plus complexe en 1859 ; elle avait donc repoussé ce système, défendu par M. Brame. Elle avait de même refusé de s'associer à une proposition de M. le marquis de Talhouët, qui tendait à faire émettre par l'État des titres de rente, dont le produit eût été versé dans les caisses des Compagnies, en échange de leurs obligations : cette proposition, dont l'auteur comptait sur les cours plus favorables de la rente, aurait eu l'inconvénient de compromettre le crédit de l'État. La Commission avait, au contraire, signalé à l'examen attentif du Gouvernement une idée émise par M. le comte Le Hon et consistant à solidariser les Compagnies au point de vue de leurs émissions, à leur imposer un type unique d'obligations et à éviter ainsi la concurrence qu'elles faisaient à la rente sur l'État. Elle approuva entièrement le maintien du système de la construction par les Compagnies. Malgré les crises successives qui s'étaient produites, la valeur des actions s'était considérablement accrue ; leur valeur actuelle s'élevait à 2 169 millions, pour un capital d'émission de 1 197 millions ; d'autre part, sans tenir compte de l'accroissement considérable des contributions

indirectes, l'État avait reçu des Compagnies, en 1858, près
de 34 millions, sous forme d'impôt sur les transports, de
timbre sur les actions et obligations, de droits de transmission de valeurs, d'immunités pour les services publics ; il
avait ainsi perçu plus de 4 1/2 °/₀ du montant de ses subventions en travaux et en argent. La Commission considéra
d'ailleurs que la garantie était la meilleure forme de concours du Trésor, en ce sens qu'elle ne constituait pas une
prime, permettant d'escompter, en valeur réelle, une valeur
souvent fictive ; son seul inconvénient était de mettre en jeu
les finances publiques, précisément dans les moments de
détresse, c'est-à-dire dans les circonstances où les revenus
de l'État étaient le plus affectés ; mais cet inconvénient était
loin de compenser les autres avantages du système.

Cherchant ensuite à chiffrer la mesure dans laquelle la
garantie pourrait avoir à fonctionner, le rapporteur évaluait
le produit net kilométrique de l'ancien réseau à 28 000 fr.
et celui du nouveau à 7 000 fr., et trouvait ainsi que le Trésor
était exposé à un sacrifice annuel de 83 millions ; mais il
estimait que cette somme serait très rapidement réduite,
dans une forte proportion, par le développement du trafic et
la réalisation d'économies dans les dépenses. La Commission avait jugé que, dans ces conditions, le concours de
l'État était absolument légitime et ne pouvait compromettre
les finances publiques. Toutefois, préoccupée de la tendance, à laquelle les Compagnies n'échapperaient peut-être
pas, de sacrifier les lignes nouvelles aux lignes anciennes
dans le but d'accroître le jeu de la garantie, elle insistait
pour la prompte intervention d'un règlement d'administration publique destiné à régler les justifications financières
à fournir par les Compagnies, pour l'organisation d'un
contrôle sérieux et efficace, pour l'institution de commissaires chargés de pondérer équitablement les attributions

2   13

de dépenses et de trafic à chacun des deux réseaux et de prévoir les abus de comptabilité à l'aide desquels on pourrait charger le fonds de premier établissement, exagérer les dividendes et fausser l'appréciation de la valeur réelle des actions. Elle demandait que ces commissaires eussent une importance personnelle, qui les classât au niveau des hommes et des intérêts sur l'administration desquels ils avaient à exercer leur contrôle; elle voulait, d'ailleurs, qu'ils eussent des auxiliaires intelligents, répartis sur les divers points du réseau. Elle exprimait l'avis qu'il fallait absolument prendre les mesures nécessaires pour contenir la force des grandes Compagnies financières, qui constituaient un véritable gouvernement et employaient une armée de 60 000 employés.

M. de Jouvenel formulait ensuite le regret qu'en général le capital-obligations des Compagnies dominât dans une proportion trop considérable leur capital-actions ; cette disproportion avait le grave inconvénient de porter vers l'industrie des capitaux, dont l'emploi naturel était dans les placements hypothécaires et la production agricole; la Commission s'était même demandé si, pour parer à cet inconvénient, il ne serait pas prudent de diminuer le taux de la garantie ; mais elle avait reculé devant la crainte de ne pas apporter aux Compagnies l'appui dont elles avaient besoin.

Après ces considérations générales, le rapport passait à l'examen des diverses conventions et fournissait des indications détaillées, analogues à celles que nous avons données précédemment. Nous nous bornerons donc à relater quelques observations spéciales.

A propos de plusieurs des conventions, M. de Jouvenel insistait sur la nécessité qui s'imposait au Gouvernement d'user de ses pouvoirs, pour assurer la prompte exécution des nouvelles lignes ; la réduction de 200 fr. sur le déversoir par 100 kilomètres non livrés à l'exploitation n'était pas, à ses yeux, une pénalité suffisante pour contrebalancer la tendance des Compagnies à retarder des emprunts sur lesquels elles touchaient une prime de 1.10 %, tant qu'elles ne les avaient pas réalisés.

Il signalait un grand nombre d'amendements, tendant surtout à des modifications de tracé ou au classement de lignes supplémentaires. et en appuyait quelques-uns, tout en ajoutant que le Gouvernement seul pouvait y donner suite, d'après la Constitution. Il faisait connaître que la Commission avait proposé, sans en obtenir l'acceptation par le Conseil d'État, une clause ainsi conçue : « Le Ministre des « travaux publics est autorisé à porter d'office aux projets « de budget que les Compagnies sont tenues de lui pré- « senter, à la fin de chaque année. pour les travaux neufs « de l'exercice suivant, les crédits nécessaires à l'exécution, « dans les délais voulus, des lignes concédées » ; cette clause, inspirée par le désir de créer un contrepoids à la résistance intéressée des Compagnies, avait, aux yeux de la Commission, une très grande importance.

La Commission avait rejeté une proposition de M. Monier de la Sizeranne tendant à réduire de quinze à sept années le délai à l'expiration duquel l'État pouvait rentrer en possession des lignes concédées ; cette réduction aurait ébranlé le crédit des Compagnies, alors qu'il s'agissait de le raffermir.

Conformément au vœu de plusieurs députés, qui auraient voulu voir donner immédiatement un caractère définitif aux concessions éventuelles, elle demandait instamment que cette transformation eût lieu le plus tôt possible et prenait acte des promesses du Gouvernement à cet égard.

Le rapport reproduisait un amendement de MM. Fouché-

Lepelletier et autres, ayant pour but de continuer et de fermer le chemin de fer de Ceinture sur la rive gauche, et faisait connaître que le Gouvernement, tout en appréciant l'utilité de la mesure, jugeait sage de temporiser.

Enfin, sans vouloir examiner la question au fond, il appelait toute la sollicitude du Gouvernement sur l'objet de deux amendements, dont l'un tendait à exiger, pour tout changement de tarif, une publicité d'un mois, puis l'avis du préfet et des-chambres de commerce sur le parcours de la ligne, celui de la section de l'agriculture et du commerce au Conseil d'État et l'approbation ministérielle, et dont l'autre visait l'interdiction d'abaisser les tarifs de petite vitesse au-dessous de 0 fr. 04, si ce n'est pour toute la durée des concessions.

Sous le bénéfice de ces observations, le rapport concluait au vote du projet de loi.

XIII. — DISCUSSION ET VOTE AU CORPS LÉGISLATIF. — Le débat au Corps législatif fut assez vif [M. U., 18, 19 et 20 mai 1859].

M. Darimon ouvrit ce débat, en soutenant que le projet de loi mettait en oubli les règles protectrices des contrats et renversait toutes les notions reçues en matière de crédit public. Les propositions du Gouvernement avaient pour point de départ une large application du système des fusions. Or, les Compagnies n'avaient été autorisées à se fusionner qu'à la condition expresse de construire des lignes peu productives ; n'était-il pas juste qu'elles supportassent les conséquences de leurs engagements à cet égard et les inconvénients inhérents à tout monopole? Y avait-il lieu, de la part des pouvoirs publics, à consentir des sacrifices considérables pour sauvegarder les intérêts d'actionnaires dont le capital ne représentait qu'une faible fraction des sommes consa-

crées à l'exécution des chemins de fer? Convenait-il de créer
tout un code d'exception pour une fraction si minime de la
richesse nationale? Était-il prudent de remettre en question
des conventions librement acceptées, et de compromettre
ainsi le respect dû au droit et à la foi jurée? C'est en vain
que le Gouvernement faisait valoir les ménagements à garder
envers l'esprit d'association. Les grandes Compagnies, ins-
truments de monopole, n'avaient rien de commun avec les
associations fondées sur le travail et la liberté, dont on devait développer la fécondité et la force. D'ailleurs, les conditions onéreuses dans lesquelles elles auraient à faire leurs
émissions les forceraient inévitablement à réclamer de nouveau le secours de l'État, avant peu d'années, et il était impossible dès lors de les considérer comme d'utiles auxiliaires.
Leur puissance excessive, leur action néfaste sur le commerce par le jeu de leurs tarifs spéciaux et par leur concurrence contre les voies rivales, les scandales qu'elles
avaient provoqués à la Bourse, tout aurait dû déterminer le
Gouvernement à provoquer leur déchéance.

M. Plichon, président de la Commission, répondit à
M. Darimon. Si la concentration avait été poursuivie par les
Compagnies dans le but d'éviter des concurrences, elle avait
eu, d'autre part, l'avantage de hâter le classement de
lignes secondaires réclamées par les populations. Or, en
présence des défaillances du crédit, les Compagnies se trouvaient dans l'impossibilité de faire face à leurs engagements
pour la construction de ces lignes. Fallait-il les évincer par
le rachat ou par la déchéance? Le rachat n'était pas réalisable, attendu que les délais légaux, au terme desquels
s'ouvrait, pour l'État, le droit de rentrer en possession des
chemins de fer, n'étaient pas encore expirés. Quant à la
déchéance, elle jetterait le trouble le plus profond sur le
marché ; avilirait non seulement les valeurs industrielles,

mais encore les titres de rente; porterait atteinte à la
grandeur du pays; et serait condamnée par le sentiment
public, au nom de l'équité : en effet, lorsque le Gouvernement avait stipulé avec les Compagnies pour l'exécution des
nouvelles lignes, il avait compté qu'une rémunération suffisante serait attachée à cette œuvre importante et il ne pouvait constater son erreur sans la réparer. D'ailleurs, la déchéance mettrait les pouvoirs publics dans l'obligation de
constituer de nouvelles Compagnies, car ils ne devaient pas
songer un instant à l'exploitation directe par l'État, et il
leur serait impossible de traiter à des conditions meilleures
et de trouver des sociétés plus capables et plus honorables.
Il ne restait donc que deux partis à prendre : ou décharger
les Compagnies d'un certain nombre de chemins, ou leur
prêter le concours nécessaire. De ces deux partis, le premier ne méritait même pas d'être examiné; le second
s'imposait, au contraire, absolument. La combinaison ingénieuse proposée par le Gouvernement paraissait à l'orateur
répondre parfaitement au but qu'il s'agissait d'atteindre, et
il se bornait à signaler : 1° l'opportunité de créer, pour la
garantie d'intérêt, un fonds de réserve, destiné à fournir
tout ou partie des sommes nécessaires dans les moments
de crise; 2° la nécessité, pour les Compagnies, d'améliorer
les détails de leur service.

M. Picard, qui succéda à M. Plichon à la tribune, refit
le tableau de tous les avantages successivement accordés
aux Compagnies par le Gouvernement impérial; en 1852, à
la faveur de la dictature, la durée de toutes les concessions
avait été doublée et portée à quatre-vingt-dix-neuf ans;
puis étaient venues les concessions directes, alors que la
sagesse commandait impérieusement de recourir aux adjudications publiques, comme l'avait voulu le législateur de
1842; enfin, s'étaient produites les fusions. Il fallait s'arrêter

dans cette voie fatale et ne pas accepter des conventions qui avaient pour effet de consacrer le partage de la France en six grands commandements industriels, dans lesquels transports, routes, circulation générale, tout avait été livré à six Compagnies toutes-puissantes ; de garantir, pour une somme énorme, un intérêt de beaucoup supérieur au taux des emprunts de l'État ; de compromettre gravement le crédit public ; d'exposer le Trésor aux plus graves embarras, en cas de crise, et cela, pour assurer un minimum de dividende aux actionnaires.

M. Baroche, président du Conseil d'État, prit la défense du projet de loi et des diverses mesures qui l'avaient précédé, depuis 1852. La prolongation, si vivement critiquée, des concessions de chemins de fer avait été l'un des actes les plus utiles au développement du réseau et à l'accroissement de la richesse nationale. Les concessions directes, quoique faites par le Gouvernement dans la plénitude de ses pouvoirs, aux termes de la Constitution, avaient été indirectement soumises au contrôle et à la ratification du Corps législatif, saisi des clauses financières des traités. Quant aux fusions, elles avaient permis l'achèvement de lignes nombreuses et nécessaires, alors que de petites sociétés fractionnées eussent été inhabiles à accomplir cette œuvre. Sans la crise de 1858, les Compagnies auraient pu, suivant toute probabilité, tenir leurs engagements ; mais cette crise avait déjoué tous leurs calculs, aussi bien que ceux du Gouvernement. Or, au point de vue politique, il n'était pas admissible de retarder la construction de chemins solennellement promis aux populations ; au point de vue financier, on ne pouvait laisser s'accuser et s'accroître la dépréciation de valeurs solidaires avec le crédit de l'État ; il était donc, à tous égards, indispensable de tendre une main secourable aux Compagnies. Ce principe mis hors de conteste, qu'avait-on à objecter aux conventions de 1859 ? Elles n'assuraient pas, comme on l'avait dit, un minimum de dividende aux actionnaires, mais portaient simplement que, au-dessus d'un certain chiffre de dividende, tous les produits de l'ancien réseau viendraient à la décharge de l'État pour l'acquittement des engagements contractés à raison du nouveau réseau. Pour régler ce déversement, on avait pris les bases les plus modestes ; on était allé jusqu'à réduire de 20 °/₀, dans certains cas, le dividende de 1857. La proposition de faire réaliser par l'État les emprunts nécessaires à l'exécution des voies ferrées avait été examinée par la Commission et repoussée par elle, comme de nature à porter un coup fatal au crédit de l'État. La garantie serait du reste renfermée dans des limites étroites ; ce serait une simple avance remboursable, soit sur l'excédent des recettes ultérieures, soit, le cas échéant, sur la valeur du matériel des Compagnies.

M. Calvet-Rogniat, appelé à la tribune par quelques mots de M. Picard sur le Grand-Central, dont il avait été l'un des fondateurs, fit l'historique de ce réseau et des conditions dans lesquelles il avait été liquidé.

M. Émile Ollivier, tout en se déclarant l'adversaire de la reprise des chemins de fer par l'État, combattit le projet de loi, parce qu'il tendait à constituer des monopoles trop redoutables et parce que la consolidation d'un petit nombre de grandes Compagnies était le prélude de leur réunion, puis de leur remplacement par l'État. Les mesures proposées par le Gouvernement étaient destinées, bien moins à sauvegarder l'avenir, qu'à couvrir les gaspillages du passé : les spéculations auxquelles avaient donné lieu le chemin de Graissessac à Béziers et le Grand-Central étaient là pour en faire foi.

A la suite de deux répliques : 1° l'une de M. Ba-

roche, qui se refusa à suivre M. Émile Ollivier sur un
terrain étranger au débat porté devant la Chambre, et
notamment à discuter l'affaire du Grand-Central, qui avait
été terminée législativement en 1857 ; 2° l'autre de M. Calvet-
Rogniat, qui crut devoir fournir de nouveaux renseignements sur l'acquisition des forges d'Aubin par la Compagnie
du Grand-Central, la discussion générale fut close.

À l'occasion de l'article 1er, portant approbation des
clauses financières de la convention avec la Compagnie
d'Orléans, M. Taillefer demanda que Bergerac fût relié, non
point à la ligne de Périgueux à Mussidan, mais à celle de
Tours à Bordeaux, à Libourne ; M. de Franqueville lui
répondit que le choix entre les divers tracés de l'embranchement était absolument réservé.

M. Guillaumin demanda le prompt achèvement du réseau
des voies navigables, qui seules pouvaient transporter à bon
marché les produits agricoles et les amendements. M. Aymé
rappela, à cette occasion, que deux propositions émanant,
la première, de son initiative, et la seconde, de celle de
M. le général Dautheville, et tendant à la réduction du taux
de la garantie, avaient été soumises à la Commission dans
l'intérêt de l'agriculture ; qu'il avait dû s'incliner devant
les raisons tirées de la situation des Compagnies ; mais qu'il
importait d'empêcher la ruine des voies navigables par une
concurrence acharnée des chemins de fer ; et que d'ailleurs,
à son avis, les concessions consenties au profit des Compagnies devaient être les dernières.

M. Fouché-Lepelletier insista pour l'exécution du chemin
de fer de Ceinture sur la rive gauche de la Seine et pour
l'ouverture d'un service de voyageurs sur cette voie ferrée ;
suivant lui, l'attitude prise dans cette affaire par le représentant du Gouvernement était l'indice d'un affaiblissement
du pouvoir ; les intérêts de soixante usines, dans la seule com-

mune de Grenelle, exigeaient impérieusement la réalisation
d'une œuvre, dont la dépense ne devait pas excéder 10 millions. M. de Franqueville répliqua que la réunion des diverses
lignes était assurée par le chemin de la rive droite ; que
seule la gare de Montparnasse n'était pas desservie ; mais que
le raccordement de Viroflay y pourvoirait ; que, néanmoins,
le Gouvernement avait fait étudier l'achèvement du chemin
de Ceinture ; que des difficultés très sérieuses avaient été constatées entre Montparnasse et la gare de Saint-Lazare et qu'il
avait paru impossible d'en imposer la charge aux Compagnies, au moment où l'on cherchait à alléger leur fardeau

M. de la Sizeranne reproduisit, mais sans en obtenir la
discussion, sa proposition tendant à réduire de quinze à
sept ans le délai au terme duquel devait s'ouvrir pour l'État
le droit de rentrer en possession des chemins de fer.

A propos de l'article 2, portant approbation de la convention avec la Compagnie de Paris-Lyon-Méditerranée,
M. le colonel Réguis sollicita et obtint des assurances de
M. Vuillefroy, président du Conseil d'État, pour la transformation, à courte échéance, des concessions éventuelles
en concessions définitives.

M. le baron de Ravinel formula des doutes sur l'efficacité
des moyens dont disposait le Gouvernement pour assurer
l'exécution des voies ferrées, et M. de Jouvenel rappela
l'amendement que la Commission avait présenté, mais sans
réussir à le faire accepter par le Conseil d'État, dans le but
de conférer au Ministre le droit d'inscrire d'office au budget
des Compagnies les sommes nécessaires. M. Vuillefroy répondit que les Compagnies, sociétés anonymes, n'étaient
nullement tenues de soumettre leur budget à l'administration,
mais que le Gouvernement était suffisamment armé par les
cahiers des charges et notamment par la clause de déchéance.

Sur l'article 7 relatif à la Compagnie de l'Ouest, M. de

Cuverville préconisa. pour la ligne de Rennes à Brest, le tracé par le centre de la Bretagne, de préférence au tracé par le littoral; M. le comte de Champagny défendit au contraire ce dernier tracé.

Diverses autres observations, ne portant que sur des intérêts locaux, furent ensuite présentées.

En ce qui touchait l'article 8, concernant le réseau du Midi, après quelques échanges d'explications afférentes à des points de détail. M. le baron David, tout en se déclarant prêt à voter le projet de loi. attaqua la disproportion entre le capital-actions et le capital-obligations des Compagnies et l'exemple funeste que donnaient ces sociétés, en ne remplissant pas leurs engagements antérieurs. Après une réponse de M. Baroche, l'ensemble des articles fut voté par 221 voix contre 11, et la loi fut sanctionnée le 11 juin [B. L., 2ᵉ sem. 1859, n° 709, p. 13].

Des décrets du même jour approuvèrent les conventions [B. L., 2ᵉ sem. 1859, n° 709, p. 13 à 126].

Les dates d'ouverture des lignes concédées à titre ferme par les conventions furent les suivantes : Thann à Wesserling en 1863, Argenteuil à la limite de l'ancien et du nouveau réseau en 1863. Pontoise à Dieppe en 1873, Rouen à Amiens et embranchement en 1867, Pont-l'Évêque à Trouville en 1863, Laigle à Conches et raccordement en 1866, Bayonne à Irun en 1864 et Clermont-l'Hérault à Lodève en 1863.

216. — Concession définitive du chemin de Toulon à Nice, de l'embranchement de Privas et de son prolongement jusqu'à Crest. — La convention du 11 avril 1857 avait accordé à la Compagnie de Paris-Lyon-Méditerranée la concession éventuelle :

1° D'un chemin de Toulon à la frontière d'Italie, desservant Draguignan;

2° D'un embranchement de Privas à la ligne de Lyon à Avignon, avec prolongement jusqu'à Crest.

Un décret du 3 août 1859 [B. L., 2° sem. 1859, n° 725, p. 515], rendu après l'accomplissement des formalités ré-glementaires, transforma ces concessions éventuelles en concessions définitives, en stipulant que Draguignan serait desservi par un embranchement.

L'ouverture à l'exploitation eut lieu pour le chemin de Toulon à Nice de 1862 à 1864, pour l'embranchement de Draguignan en 1864, pour l'embranchement de Privas en 1862 et pour son prolongement jusqu'à Crest en 1871.

217. — **Fusion de la section de Mons à Hautmont avec le réseau du Nord.** — Le 3 mai 1859 la Compagnie du Nord conclut avec la Compagnie belge du chemin de Mons à Hautmont et de Saint-Ghislain un traité, aux termes duquel la section française de la ligne de Mons à Hautmont, ainsi que ses embranchements et, notamment, celui de Mau-beuge, étaient incorporés au réseau du Nord. Cette cession était consentie moyennant une annuité réglée à 400 000 fr., à partir du 1er janvier 1869, et à 390 000 fr., avant cette date.

Un décret du 26 septembre 1859 [B. L., 2° sem. 1859, n° 735, p. 704] ratifia cet accord, en décidant que désor-mais la ligne serait soumise au cahier des charges du 26 juin 1857.

218. — **Concession du chemin de Bully-Grenay au canal d'Aire à la Bassée.** — La Compagnie de Béthune ob-tint le 28 décembre 1859, à ses risques et périls, la conces-sion d'un chemin de Bully-Grenay au canal d'Aire à la Bassée.

Ce chemin était exclusivement affecté aux marchandises;

l'État se réservait toutefois la faculté d'exiger ultérieurement l'établissement d'un service de voyageurs, si l'utilité
en était reconnue après enquête ; les conditions de ce service
et le tarif à percevoir devaient être fixés par décret rendu en
Conseil d'État, le concessionnaire entendu ; en cas de rachat, l'indemnité devait être égale au montant des dépenses
utiles de premier établissement, majorées de leur intérêt à
5 % pendant la période de construction ; pour le surplus, le
cahier des charges était conforme au type en vigueur pour
les grandes lignes.

Le chemin fut livré à l'exploitation en 1862.

CHAPITRE II. — ANNÉE 1860

219. — Construction de divers chemins industriels.—
Nous avons à signaler, en 1860, un grand nombre de concessions de chemins de fer industriels, savoir : 1° huit chemins raccordant les mines d'Auchy-aux-Bois, de Vendin, de
Marles, de Ferfay, de Dourges, de Lens, de Nœux et Hersin,
et de Bruay à la ligne des houillères du Pas-de-Calais
[décrets des 25 avril, 28 avril, 8 mai, 9 mai, 26 mai et
6 juillet. — B. L., 1ᵉʳ sem. 1860, n° 799, p. 722; n° 801,
p. 792; n° 804, p. 837 ; n° 804, p. 852 ; n° 804, p. 867 ;
2° sem. 1860, n° 840, p. 597 et 612];

2° Un chemin reliant les mines de Chamblet à la ligne
de Montluçon à Moulins [décret du 11 juillet. — B. L.,
2ᵉ sem. 1860, n° 840, p. 627];

3° Un chemin reliant les mines de Cromey, Mazenay et
Change à la ligne de Moulins à Chagny et au canal du Centre
[décret du 28 juillet. — B. L., 2ᵉ sem. 1860, n° 846,
p. 738].

Tous ces chemins étaient provisoirement affectés au
transport exclusif des produits des mines qu'ils étaient
appelés à desservir ; toutefois les actes de concession contenaient la réserve d'usage, concernant l'établissement ultérieur d'un service public de marchandises, ou de voyageurs,
ou de marchandises et de voyageurs. Les cahiers des charges
étaient, pour le surplus, conformes aux types des grandes
Compagnies et contenaient même tous les tarifs applicables,
le cas échéant, aux transports publics. La durée des con-

cessions était fixée de telle sorte que leur terme coïncidât avec celui des concessions des réseaux dans lesquels étaient enclavés les embranchements. Leur régime était étendu au chemin du Creusot.

L'ouverture à l'exploitation de ces diverses lignes eut lieu de 1861 à 1864.

220. — Concession des premiers chemins de l'Algérie.

I. — Précédents. — Depuis longtemps l'opinion publique se préoccupait de l'établissement d'un réseau de chemins de fer en Algérie et de l'influence considérable qu'il exercerait sur l'avenir de la colonisation, du commerce et de l'industrie. La lenteur avec laquelle se développaient la plupart des entreprises dans la colonie était en effet attribuée, pour une large part, au manque de bonnes voies de communication. Les routes ouvertes jusqu'alors étaient plutôt stratégiques que commerciales; elles présentaient un ensemble très incomplet et se dégradaient sous l'influence d'une circulation très active, au grand préjudice des transports et, par suite, de l'exploitation des forêts, des carrières, des mines et des établissements industriels, qui se trouvaient ainsi condamnés à la stérilité et à l'impuissance.

Dès 1855, des études avaient été faites, tant par des Compagnies que par le Gouvernement.

En 1857, un décret du 8 avril [M. U., 9 avril 1857], avait classé :

1° Une ligne parallèle à la mer, de Constantine à Alger et Oran par ou près Aumale, Sétif, Blidah, Orléansville et Sainte-Barbe ;

2° Des lignes partant des principaux ports et aboutissant à la ligne principale, savoir :

De Philippeville à Constantine ;

De Bougie à Sétif ;

De Bône à Constantine ;

De Tenès à Orléansville ;

D'Arzew à Mostaganem ;

Et d'Oran à Tlemcen par Sainte-Barbe et Sidi-Bel-Abbès.

Depuis, les demandes en concession s'étaient multipliées. Le concours, demandé à l'État par les Compagnies, comportait généralement une garantie d'intérêt de 5 %; des concessions de terres ; la cession gratuite des terrains domaniaux nécessaires à l'assiette des chemins ; l'autorisation d'exploiter dans les forêts domaniales les bois qu'exigeraient les travaux ; le transport gratuit, en Algérie, des ouvriers et du matériel ; l'entrée en franchise des matériaux ; la préférence à l'égard des embranchements.

Le Gouvernement, avant d'entrer en négociation, examina les questions préjudicielles suivantes :

1° Le moment était-il venu d'exécuter les chemins algériens? Ces chemins devaient-ils suivre ou précéder la colonisation?

2° Quel système convenait-il d'adopter pour leur exécution ?

3° Quel genre de subvention fallait-il accorder aux Compagnies? Convenait-il de répartir la concession entre plusieurs Compagnies?

La première question était résolue par l'imperfection des routes ; par le parti qu'avait déjà pris le Gouvernement, lors du classement de 1857 ; par la nécessité de ne pas attendre, comme dans la métropole, l'établissement des courants de circulation ; mais de suivre au contraire l'exemple de l'Amérique, de provoquer la colonisation et d'en développer les progrès. La construction des voies ferrées appellerait en Algérie un grand nombre d'ouvriers, dont une partie s'y fixeraient et fourniraient à la région un contingent de travailleurs éprouvés. Les chemins de fer auraient d'ailleurs une importance considérable au point de vue stratégique et permettraient de réduire l'effectif de l'armée d'Algérie.

Il n'était néanmoins pas nécessaire d'entreprendre immédiatement un vaste réseau : il fallait, au contraire, opérer par voie de développement progressif, réglé sur la marche de la colonisation et sur l'accroissement des produits ; il importait, d'autre part, de ne pas rechercher une perfection excessive dans les tracés, d'admettre des pentes de 0,017 et des courbes de 300 mètres de rayon, de se contenter d'une voie, sauf à faire les ouvrages à deux voies et à acquérir également l'emplacement de la deuxième voie sur les lignes les plus fréquentées.

Quant au mode d'exécution proprement dit, la construction totale ou partielle par l'État était trop aléatoire dans un pays où tout était à créer : on ne pouvait songer à y employer les troupes dont l'utilisation, toujours précaire, devait être réservée à l'établissement des routes nouvelles. Le Gouvernement se décida donc pour l'exécution par les Compagnies.

Sans préjuger définitivement le choix à faire entre la concession à une Compagnie unique et la concession à plusieurs Compagnies, le Gouvernement penchait pour le premier système qui lui semblait de nature à assurer plus d'unité dans l'exécution et à faciliter l'établissement des lignes les moins productives.

En ce qui touchait le mode d'encouragement à accorder aux concessionnaires, on pouvait donner des terres, des subventions en argent, une garantie d'intérêt.

L'idée de concéder des terres aux Compagnies, en leur offrant les moyens d'en distribuer aux ouvriers qui reste-

2   14

raient un certain temps en Afrique et qui seraient ainsi déterminés à s'y fixer, était plus spécieuse qu'utile : l'État pouvait, tout aussi bien et mieux que les Compagnies, faire cette
distribution, au profit de la colonisation et du peuplement
des villages, et d'ailleurs les Compagnies eussent été tentées
de compter pour peu de chose les immeubles mis ainsi entre
leurs mains. Il convenait de se borner à livrer aux Compagnies la jouissance gratuite, pendant la durée de la concession, des terrains nécessaires à l'assiette des chemins, partout
où l'État disposait de ces terrains.

Les subventions en argent n'auraient pu être fixées que
d'après des calculs tout à fait incertains.

Le Gouvernement s'arrêta par suite au système de la garantie d'intérêt, qu'il jugea le meilleur, tout à la fois pour
le Trésor et pour les Compagnies.

Parmi les diverses lignes qui avaient été classées en 1857
et dont le développement total était de 1 357 kilomètres, il en
était trois dont la concession ferme s'imposait immédiatement. C'étaient celles de la mer à Constantine (77 km.),
d'Alger à Blidah (48 km.), d'Oran à Saint-Denis-du-Sig
(53 km.). La première était évaluée à 570 000 fr. le kilomètre, soit à 44 000 000 fr. au total; la seconde, amorcée au
moyen d'une allocation de 1 500 000 fr. mise à la disposition du Ministre de la guerre en 1858, l'était à 166 000 fr.
le kilomètre, soit à 8 000 000 fr.; la troisième l'était à
170 000 fr. par kilomètre, soit à 9 000 000 fr. Le capital garanti ne devait donc pas dépasser 61 000 000 fr. et l'annuité
correspondante, au taux de 5 %, 3 050 000 fr. L'ensemble
des produits nets était estimé, d'autre part, à 3 336 000 fr.,
ce qui faisait espérer que la garantie serait purement nominale.

II. — PROJET DE LOI. — Le Gouvernement présenta le

29 avril 1859 [M. U., 19 mai 1859] un projet de loi dont les clauses étaient les suivantes.

Aux termes de l'article 1er, le Ministre de l'Algérie et des colonies était autorisé à garantir, au nom de l'État, jusqu'à l'expiration d'une période de quatre-vingt-dix-neuf ans à dater de la dixième année qui suivrait le décret de concession à intervenir, un intérêt de 5 °/₀ amortissement compris, sur un capital maximum de 61 millions.

L'article 2 portait que, à dater de la promulgation du décret de concession jusqu'à l'expiration du délai fixé par le cahier des charges pour la construction des chemins concédés, la Compagnie aurait la faculté d'introduire, en franchise de tous droits de douanes, les fers, madriers et autres objets destinés à la construction et à l'exploitation desdits chemins. Toutefois, pour compenser dans une certaine mesure le préjudice que cette disposition pouvait causer aux constructeurs français, l'article 2 était complété par un paragraphe qui déclarait l'Algérie lieu d'importation au point de vue de l'application de l'article 5 de la loi du 5 juillet 1836, et qui, par suite, donnait la faculté d'autoriser l'importation temporaire en France des produits destinés à y être fabriqués ou à y recevoir un complément de main-d'œuvre pour être ensuite envoyés dans la colonie.

Au projet de loi étaient annexés un projet de convention et un projet de cahier des charges.

Le projet de convention contenait les dispositions usuelles pour la garantie d'intérêt ; réservait à l'État le droit de concéder à la Compagnie le surplus des lignes classées en 1857, à la condition d'user de ce droit dans un délai de quinze ans ; et prévoyait la révision quinquennale des tarifs, lorsque les produits nets de l'ensemble du réseau dépasseraient 8 °/₀, sans cependant que les taxes pussent descendre au-dessous de celles de la métropole.

Le cahier des charges était analogue à ceux des grandes Compagnies françaises ; toutefois, il comportait des facilités pour le tracé des lignes ; il attribuait au concessionnaire la jouissance gratuite des terrains dont l'État pourrait disposer ; il fixait les tarifs des trois classes de voyageurs à 0 fr. 20, 0 fr. 14, 0 fr. 08, et ceux des trois classes de marchandises transportées à petite vitesse, à 0 fr. 32, 0 fr. 28, 0 fr. 20.

III. — MODIFICATION DU PROJET DE LOI. — L'époque avancée à laquelle le projet de loi avait été présenté à la Chambre n'avait pas permis de le discuter pendant la session de 1859.

Le Gouvernement mit à profit le délai dont il disposait pour y apporter diverses modifications, à savoir :

1° Suppression de la clause relative à l'introduction en franchise des fers étrangers destinés à la construction du réseau algérien ;

2° Révision des tarifs, dans le but de les réduire et de les mettre plus en rapport avec les besoins du pays ;

3° Léger changement dans le tracé du chemin de Constantine et prolongement jusqu'à la mer du chemin de Blidah à Alger et de Saint-Denis-du-Sig à Oran ;

4° Attribution d'une subvention de l'État et nouvelle fixation du capital sur lequel devrait porter le maximum de la garantie d'intérêt.

La clause de franchise au profit des fers étrangers avait en effet provoqué les réclamations les plus vives de la part des producteurs français ; d'autre part, les dispositions du traité de commerce avec l'Angleterre et leur extension à l'Algérie ôtaient à cette clause une partie de son importance. Le Gouvernement y renonça donc et se borna à stipuler dans le nouveau projet de loi présenté par lui, le

2 mars 1860 [M. U., 14 mars 1860], la faculté d'introduction
en franchise, à charge de réexportation après l'achèvement
des travaux, des wagons, machines et autres objets d'outillage, destinés à la construction des chemins algériens.

Les tarifs annexés au premier projet de loi étaient
doubles de ceux de France pour les voyageurs de 1re et de
2e classe, pour les marchandises et pour les bestiaux ; ils comportaient une augmentation de 50 % pour les voyageurs de
3e classe et les transports accessoires. Cette élévation des taxes
était jugée de nature à faire perdre aux chemins de fer algériens une partie des avantages que l'on en attendait au point
de vue de la colonisation, d'autant plus que les Compagnies
ne devaient point rencontrer de concurrence les déterminant à modifier spontanément leurs perceptions. Le Gouvernement abaissa donc les taxes du cahier des charges
primitif, dans une proportion qui les laissait encore de 25
à 50 % supérieures à celles de la métropole, et les arrêta à
0 fr. 16, 0 fr. 12, 0 fr. 08 pour les trois classes de voyageurs,
et à 0 fr. 24, 0 fr. 21 et 0 fr. 15 pour les trois classes de
marchandises.

Les chemins d'Alger à Blidah et d'Oran à Saint-Denis-
du-Sig, dont la tête était assez éloignée de la mer, étaient
mis en contact plus direct avec les ports d'Alger et d'Oran.
La dépense rectifiée des trois lignes à exécuter immédiatement était portée à 64 millions.

Le produit net ne paraissant pas devoir dépasser
2 900 000 fr., chiffre correspondant à l'intérêt à 5 % d'un
capital de 58 000 000 fr., le nouveau projet de loi fixait la
subvention à allouer au concessionnaire à 6 000 000 fr., dont
1 500 000 fr. en travaux déjà exécutés entre Alger et
Blidah.

IV. — RAPPORT AU CORPS LÉGISLATIF. — Le rapport au

Corps législatif fut présenté par M. le comte Le Hon [M. U., 1860, annexe H].

Après avoir constaté que le Gouvernement avait, depuis le dépôt du précédent projet de loi, satisfait à tous les desiderata qui avaient été exprimés en 1859 par la Commission, cet honorable député passa en revue les diverses questions générales que soulevait l'affaire. Il constata l'absolue nécessité de doter l'Algérie d'un réseau de voies ferrées, de manière à pourvoir à l'insuffisance des autres voies de communication et d'en faire l'âme et le précurseur de la colonisation, suivant l'exemple donné par l'Angleterre et l'Amérique. Il établit que la priorité d'exécution devait être accordée aux lignes qui partiraient des ports pour s'enfoncer perpendiculairement à la côte dans l'intérieur du pays, en tirer les produits jusqu'alors dépourvus de débouchés, et y jeter, en échange, les matières venues de la métropole; quant aux lignes parallèles à la côte, elles pourraient être ajournées, attendu que le cabotage suffisait provisoirement aux courants de circulation en vue desquels elles seraient établies.

En ce qui concernait le choix entre l'exécution totale ou partielle par l'État et l'exécution par l'industrie privée, il se prononça pour le second système; il invoqua, à l'appui de cette opinion, les capitaux considérables que le Trésor devrait fournir dans le cas où le premier système viendrait à prévaloir, l'avantage qu'il y avait à ne pas se priver du stimulant de l'intérêt privé précisément dans une région où tout était à organiser et à créer, l'utilité d'introduire en Algérie l'esprit d'entreprise et d'initiative particulière, le concours qu'apporterait à la colonisation le personnel ouvrier des concessionnaires.

Examinant ensuite s'il convenait de recourir à une adjudication ou, au contraire, à une concession directe, il exprima ses préférences pour ce dernier mode de concession, par les motifs déjà développés antérieurement, lorsque cette question avait été soumise au Parlement ;. mais il appela l'attention du Gouvernement sur l'opportunité d'adjudications, pour les divers travaux que comporterait l'entreprise.

Il formula un avis très ferme contre le sectionnement du réseau entre plusieurs Compagnies et pour la réunion de toutes les lignes en une concession unique. Cette concentration avait, à ses yeux, l'avantage de faciliter la création de la véritable colonie ouvrière, qu'auraient à fonder les entrepreneurs, et de réduire le montant de la garantie de l'État, par la compensation entre les résultats de l'exploitation des lignes productives avec ceux des lignes improductives.

Le concours de l'État à la construction des chemins de fer algériens lui paraissait indispensable et parfaitement justifié par les revenus indirects de toute nature qui entreraient dans les caisses publiques ; il considérait d'ailleurs comme particulièrement nécessaire de prêter à la première grande entreprise industrielle de la colonie l'appui moral nécessaire pour l'empêcher de péricliter. Il repoussait le système exclusif des subventions en argent ou en travaux. pour les raisons qui avaient déjà déterminé l'opinion du Gouvernement à cet égard, et adhérait, au contraire, au principe de la garantie d'intérêt.

Tout en appréciant les raisons qui avaient conduit le ministère à renoncer aux subventions en terres, il s'étendait longuement sur les avantages qui s'attacheraient aux subventions de cette nature, dont on avait si largement usé aux États-Unis et dans les colonies anglaises : économie pour les deniers publics ; transformation rapide des terres voisines des voies ferrées en grandes cultures et en centres de population ; utilisation plus complète et plus prompte de ces terres par des industriels dont l'intérêt privé serait ardent, actif et ingénieux à trouver des bénéfices rémunérateurs auxquels ne pouvait prétendre l'État.

Cette étude d'ensemble terminée, le rapporteur passait aux détails du projet de loi.

Les trois lignes dont la concession ferme était proposée par le Gouvernement lui semblaient répondre à des besoins sérieux et réels.

Il faisait connaître que, sur la demande de la Commission, il avait été procédé à des études complémentaires, qui avaient permis de réduire de 3 millions et de ramener à 55 millions l'estimation du capital garanti.

La Commission avait aussi fait réduire à 0 fr. 20 et à 0 fr. 13 les taxes afférentes à la 2e et à la 3e classe de marchandises transportées en petite vitesse.

Elle avait maintenu, non sans regret, et uniquement pour céder aux très pressantes instances du Gouvernement la subvention de 6 millions prévue au projet de loi, subvention qu'elle avait préféré remplacer par une augmentation du capital garanti.

Elle avait réduit à soixante-quinze ans la durée de la garantie.

Le rapport se terminait, en concluant à l'adoption du projet de loi ainsi amendé et en signalant à la bienveillance du Ministre un vœu de M. Vatry, qui tendait à faire accoler des passerelles pour piétons aux ponts et viaducs des nouveaux chemins de fer.

III. — DISCUSSION ET VOTE AU CORPS LÉGISLATIF. — Lors de la discussion devant le Corps législatif, [M. U., 3 juin 1860], M. de Belleyme critiqua, comme trop onéreuses, les conditions de la concession. Le taux très élevé de la garantie mettait en effet la Compagnie à l'abri de toute perte;

d'un autre côté, l'État n'avait aucune chance d'entrer en
partage des bénéfices, puisque, dans le cas où le produit net
dépassait 8 %, il y avait lieu à révision des tarifs. Tous
les avantages appartenaient au concessionnaire. Les critiques de l'orateur trouvaient, suivant lui, leur confirma-
tion dans ce double fait : 1° que les conventions de 1859
s'étaient bornées à assurer aux grandes Compagnies de la
métropole une garantie de 4,65 %, amortissement compris,
et à assigner à cette garantie une durée de cinquante ans :
2° que la Commission elle-même aurait voulu faire prévaloir ce dernier délai ; 3° que, si l'État exécutait lui-même,
il pouvait, au taux de 5 %, se libérer complètement en cinquante ans, tout en conservant pour lui la libre disposition
des chemins de fer et les bénéfices éventuels de l'exploitation. Il concluait en exprimant ses préférences pour l'exécution par l'État des lignes peu productives comme celles de
l'Algérie, à l'exclusion de l'industrie privée dont l'emploi
comportait inévitablement des dépenses parasites et qui, du
reste, avait un champ d'activité largement suffisant.

M. le général Allard, président de section au Conseil
d'État, commissaire du Gouvernement, répondit à M. de
Belleyme ; il fit valoir toutes les éventualités, toutes les dépenses accessoires auxquelles serait soumis le réseau algérien ; il invoqua le taux élevé de l'intérêt de l'argent en
Algérie ; il justifia la clause de révision des tarifs par les
chiffres relativement forts auxquels on avait dû les arrêter.
Sans se prononcer catégoriquement et d'une manière absolue contre l'exécution par l'État, il défendit, dans l'espèce,
l'intervention d'une Compagnie, par quelques considérations
sommaires ne présentant rien de nouveau.

M. de Belleyme ayant répliqué, en soutenant que l'exécution par l'État serait beaucoup moins onéreuse et que,
d'ailleurs, l'expérience avait démontré la supériorité des

constructions de l'administration, au point de vue de l'économie, M. le comte Dubois, conseiller d'État, commissaire du Gouvernement, fit le tableau de tous les travaux dont la charge incombait à l'État en Algérie et s'efforça de démontrer que sa tâche était trop lourde, pour y ajouter encore le poids de l'établissement du réseau colonial.

En réponse à une question de M. le baron de Ravinel, M. le général Allard expliqua que la clause de révision des tarifs, au cas où les produits nets dépasseraient 8 %, s'appliquait exclusivement aux lignes concédées à titre ferme et que, dès lors, elle produirait ses effets, le cas échéant, avant l'achèvement des lignes concédées à titre éventuel.

A la suite de cet échange d'observations, la loi fut votée et sanctionnée le 20 juin [B. L., 1er sem. 1860, n° 810, p. 987].

Une convention, conforme au projet qui avait été soumis au Corps législatif, fut conclue entre l'État et MM. Rostand et consorts, et approuvée par décret du 11 juillet 1860 [B. L., 2e sem. 1860, n° 842, p. 682].

Les statuts de la Compagnie furent approuvés par décret du 18 septembre 1860 [B. L., 1er sem. 1861, supp., n° 711, p. 149].

Cette Compagnie fut remplacée plus tard, comme nous le verrons quand nous serons arrivés à l'année 1863, par la Compagnie de Paris-Lyon-Méditerranée.

Les trois lignes concédées à titre ferme furent ouvertes, savoir : celle de la mer à Constantine en 1870, celle d'Alger à Blidah en 1862, et celle d'Oran à Saint-Denis-du-Sig en 1868.

221. — Déclaration d'utilité publique des chemins d'Annecy à Aix et de Montmélian à la limite de la Savoie et de l'Isère vers Grenoble. — Continuant son œuvre en

Savoie, conformément aux pouvoirs que lui avait conférés
le sénatus-consulte du 12 juin 1860, le Gouvernement prononça la déclaration d'utilité publique de deux chemins
d'Annecy à Aix-les-Bains et d'un point de la ligne de Chambéry à Modane, à déterminer à ou près Montmélian, à la
limite des départements de la Savoie et de l'Isère, dans la
direction de Grenoble [décret du 1ᵉʳ août 1860. — B. L.,
2ᵉ sem. 1860, n° 848, p. 773].

Ces chemins furent ultérieurement concédés à la Compagnie de Paris-Lyon-Méditerranée.

222. — Déclaration d'utilité publique des chemins de Caen à Flers, de Mayenne à Laval, d'Épinal à Remiremont et de Lunéville à Saint-Dié.

I. — PROJET DE LOI. — La réforme économique récemment réalisée exigeait que les droits protecteurs fussent,
autant que possible, compensés par un abaissement du prix
de transport des matières premières et du combustible
destinés à alimenter les fabriques et les usines ; elle devait,
par suite, avoir pour conséquence un nouveau développement des chemins de fer.

Parmi les centres producteurs, sur lesquels devait spécialement se porter l'attention des pouvoirs publics, se
trouvaient notamment ceux du Calvados et de l'Orne, pour la
filature et le tissage du coton ; ceux de la Mayenne, pour la
filature du chanvre, le tissage des toiles et la fabrication de
la chaux destinée à l'amendement des terres ; ceux de la
Meurthe et les Vosges, pour diverses industries au nombre
desquelles était la grande cristallerie de Baccarat et auxquelles il fallait ajouter de vastes exploitations de forêts.

Les lignes projetées, pour donner satisfaction à ces
grands intérêts, sont indiquées dans le tableau suivant qui

récapitule, en même temps, l'estimation de leur construction et celle de leur produit brut probable.

DÉSIGNATION des lignes.	Longueurs.	DÉPENSES de construction.		PRODUIT BRUT	
		Totales.	Par kilomètre.	Total.	Par kilomètre.
Caen à Flers.........	65 k.	15 000 000 f.	230 000 f.	1 130 000 f	17 300 f.
Laval à Mayenne......	20	4 400 00)	220 000	268 00)	13 400
Lunéville à Saint-Dié..	48	9 940 000	205 000	700 000	14 500
Épinal à Remiremont.	24	5 940 000	247 500	264 000	11 000

Il était hors de doute que ces nouvelles lignes ne cou-
vriraient pas, au moins pendant les premières années, l'intérêt et l'amortissement des capitaux engagés.

Le Gouvernement considérait donc que des subventions
équivalentes à la moitié de la dépense devraient être accordées aux concessionnaires. Il admettait d'ailleurs que les
départements, les communes et les particuliers directement
intéressés devraient être tenus de contribuer à la dépense :
c'était, suivant lui, une application très sage d'un principe
consacré par la pratique de l'ancienne Monarchie, pour la
construction des chemins, et par celle du premier Empire,
pour l'établissement des routes impériales de 3° classe et
des routes départementales (décret du 16 décembre 1811),
ainsi que pour tous les autres grands travaux d'utilité publique (loi du 16 septembre 1807 sur le dessèchement des
marais).

Même avec des subventions de cette importance, il
n'était pas certain que les chemins nouveaux pussent être
immédiatement concédés, soit aux Compagnies de l'Ouest
et de l'Est, soit à d'autres Compagnies ; le Gouvernement
jugeait donc nécessaire de donner au Ministre le moyen de
commencer les travaux.

Le Corps législatif fut, en conséquence, saisi, le 11 juin

1860 [M. U., 1860, annexe L., n° 240], d'un projet de loi aux termes duquel le Ministre était autorisé :

1° A allouer des subventions montant, respectivement, aux chiffres de 7 500 000 fr. ; 2 250 000 fr. ; 3 000 000 fr. et 5 000 000 fr. pour les quatre chemins ci-dessus désignés ;

2° A accorder la garantie ordinaire, pour le surplus de la dépense, jusqu'à concurrence des sommes ci-dessus indiquées ;

3° A entreprendre les travaux, s'il était impossible de réaliser une concession immédiate.

Le projet de loi posait d'ailleurs le principe du concours des localités.

II. — RAPPORT AU CORPS LÉGISLATIF. — M. Roulleaux-Dugage, rapporteur, présenta un travail complet et très intéressant [M. U. 1860, annexe R., n° 338] . Le projet de loi méritait d'ailleurs une étude approfondie : il avait plus de portée en fait qu'en apparence, et ne pouvait être considéré que comme le prélude d'une série de mesures analogues.

En jetant les yeux sur la carte de France, à cette époque, on constatait que de vastes espaces étaient encore absolument dépourvus de chemins de fer, non seulement en exploitation, mais même en construction où en projet. Sur certain points, les difficultés topographiques justifiaient cette situation ; sur d'autres, au contraire, il n'existait pas d'obstacles naturels et les populations y attendaient avec d'autant plus d'impatience le bienfait des nouvelles voies de communication, que leurs produits se trouvaient dans une situation d'infériorité incontestable vis-à-vis des contrées plus favorisées. Pour certains ports de mer, c'était une véritable question de vie ou de mort que d'être pourvus de débouchés vers l'intérieur. D'autre part, les lignes concédées à titre définitif rayonnaient presque toutes de Paris ou de certains grands centres et manquaient de communications transversales dont la nécessité s'imposait absolument. La construction d'un réseau complémentaire était donc indispensable à tous les points de vue.

Mais l'établissement des nouvelles lignes soulevait les difficultés financières les plus sérieuses ; leurs produits directs devaient être peu rémunérateurs et il fallait s'attendre à de grandes résistances de la part des Compagnies, qui ne voulaient pas voir diminuer le dividende assuré à leurs actions par leurs concessions primitives ; qui, jusqu'alors, avaient atteint ce résultat, tout d'abord par la création d'obligations à intérêt fixe, puis par la garantie d'intérêt et même par le concours, en travaux, de l'État pour leur nouveau réseau ; et qui réclameraient certainement des sacrifices encore plus élevés de la part du Trésor, pour le réseau complémentaire.

A cet égard, on pouvait regretter que l'État, au lieu de livrer ses voies ferrées pour un siècle, ne les eût pas construites lui-même et n'en eût pas ensuite affermé l'exploitation à court terme ; il aurait pu ainsi profiter de l'accroissement successif des produits des meilleures lignes, et les excédents de recettes lui auraient permis de construire les chemins les moins productifs, sans engager outre mesure les finances publiques. Cet inconvénient, auquel venait s'ajouter celui de l'aliénation des tarifs, était sans doute compensé, dans une certaine mesure, par l'essor qu'avaient pris la richesse mobilière et l'esprit d'association. Mais il n'en était pas moins vrai que l'État était à peu près à la discrétion complète des grandes Compagnies pour la construction et l'exploitation de tronçons trop disséminés, trop découpés, pour faire l'objet d'entreprises distinctes.

Quoiqu'il en soit, il importait d'aviser aux moyens de ne

pas retarder l'exécution des travaux d'une urgence incontestée.

Le projet de loi ne faisait donc, nous le répétons et le rapporteur l'annonçait, que commencer une série qui devait bientôt se poursuivre; M. Roulleaux-Dugage donnait en outre l'assurance que, d'après les déclarations des commissaires du Gouvernement, toutes les concessions éventuelles seraient incessamment transformées en concessions définitives et que l'administration userait de son influence sur les Compagnies, pour hâter l'achèvement des parties les plus urgentes des lignes faisant l'objet de ces dernières concessions.

L'exécution des quatre lignes proposées par le Ministre se justifiait à tous égards.

La ligne de Caen à Flers était en effet appelée à desservir: 1° 748 établissements de tissage ou de filature, occupant près de 65 000 ouvriers et fournissant 71 millions de produits; 2° des papeteries, fours à chaux, moulins à blé, moulins à huile, moulins à tan, etc; 3° le port relativement important de Caen.

Celle de Laval à Mayenne était nécessaire pour sauvegarder les intérêts des importantes fabriques de tissus, qui s'étaient établies dans les deux arrondissements de Laval et de Mayenne et qui comptaient 25 000 ouvriers. Elle devait d'ailleurs trouver un élément de trafic considérable dans les transports d'amendements calcaires. Elle constituait en outre, avec la précédente, une partie de la grande artère de Caen à Bordeaux, destinée à relier les chemins de Paris à Cherbourg, de Paris à Granville, de Paris à Rennes et Brest, de Paris à Nantes, de Paris à Bordeaux et de Bordeaux à Lyon.

La ligne de Lunéville à Saint-Dié devait porter la vie dans les usines de tout genre de l'arrondissement de Saint-

Dié, telles que filatures, tissages, papeteries, cristalleries, verreries, et dans les importantes exploitations de grès, de granite, de marbre, de pierres volcaniques ; elle devait aussi augmenter d'au moins 100 000 fr. le revenu annuel des forêts de l'État et diminuer de 200 000 fr. les frais de transport, qui grevaient l'exploitation des bois domaniaux et communaux.

La ligne d'Épinal à Remiremont était appelée à procurer des avantages analogues aux vallées industrieuses de la Moselle, de la Vologne, de la Moselotte et du Tholy. Les deux arrondissements de Saint-Dié et de Remiremont possédaient le cinquième des métiers mécaniques et le quinzième des broches de tout le territoire français.

La Commission appuyait, à l'occasion de l'examen du projet de loi, les réclamations de la ville manufacturière de Vire, et des villes de Laigle, de Rugles et de Granville, tendant à faire presser l'achèvement de la ligne de Paris à Granville, ainsi que celle de la ville de Cholet, centre d'une fabrication de toiles, cotonnades et lainages, comptant environ 50 000 ouvriers, qui demandait à être reliée à la Loire.

Passant aux détails du projet de loi, le rapport repoussait le principe d'une contribution imposée d'office aux localités, dans les conditions prévues par la loi du 16 septembre 1807 ; la seule loi générale applicable à la construction des chemins de fer était en effet celle du 11 juin 1842, et la disposition de cet acte législatif, qui rendait obligatoire le concours des départements et des communes, avait été abrogée par la loi du 19 juillet 1845 ; du reste les commissaires du Gouvernement avaient atténué notablement la portée de l'exposé des motifs, sur ce point, et déclaré que l'administration désirait simplement être en mesure de provoquer le concours des localités, lorsqu'elles seraient en situation de le

donner. Ainsi interprété, l'article du projet de loi fut
maintenu.

La Commission conclut à un vote favorable aux propositions du Gouvernement, après avoir repoussé, pour des
motifs d'opportunité, un amendement de M. de Belleyme
tendant : 1° à autoriser le Ministre à faire exécuter les lignes
nouvelles par l'État, dans le cas où elles ne seraient pas
concédées ; 2° à l'inviter à faire étudier l'ensemble des
chemins de fer qu'il serait nécessaire de construire pour
satisfaire aux besoins légitimes des contrées jusqu'alors
déshéritées, les dépenses de ces chemins devant être couvertes par un emprunt payé au moyen de leurs produits.

III. — DISCUSSION ET VOTE AU CORPS LÉGISLATIF. — M. le
baron de Jouvenel ouvrit la discussion devant l'Assemblée
M. U., 19 et 20 juillet 1860] par un long discours. Il commença par rappeler qu'un grand nombre de lignes du
deuxième réseau n'étaient pas encore construites et que le
devoir le plus impérieux du Gouvernement était d'en assurer,
avant tout, l'établissement. D'ailleurs, l'ancien réseau n'avait
été subventionné qu'à raison de 100 000 fr. par kilomètre
et le nouveau, à raison de 26 000 fr. ; pour doter plus riche-
ment les lignes qui faisaient l'objet du projet de loi, il eût
fallu démontrer qu'elles répondaient à des intérêts d'ordre
supérieur, jusqu'alors méconnus par le Gouvernement. Or,
il n'en était rien : ces lignes n'avaient qu'une utilité purement
locale, ne pouvant justifier, à aucun titre, des sacrifices supérieurs à toutes les libéralités usitées jusqu'à ce jour ; elles
ne devaient avoir qu'un parcours restreint, ne fournir par
suite sur les voies de terre qu'une faible économie, et servir
surtout au transport des marchandises de grande valeur,
pour lesquelles cette économie était relativement insignifiante.

2   15

Il en était tout autrement de la plupart des anneaux de
deuxième réseau dont la concession n'était même pas encore
définitive et, par exemple, du chemin de fer de Tours à
Vierzon, appelé à ouvrir un débouché, vers le littoral de
l'Océan, à l'industrie minière, et métallurgique du Centre et
à refouler les charbons anglais ; du chemin de Montluçon à
Limoges et à Poitiers, destiné également à affranchir un
vaste périmètre du tribut payé à l'Angleterre au détriment
du bassin de Commentry ; de la ligne d'Angers à Niort,
etc... En résumé, M. de Jouvenel considérait l'allocation
demandée comme devant être refusée, au nom de la justice et à raison du fâcheux précédent qu'elle constituerait.

M. Vuillefroy, président de section au Conseil d'État,
commissaire du Gouvernement, répondit que la loi de 1859
n'avait nullement clos l'ère du classement des chemins de
fer d'intérêt général, comme l'impliquait l'argumentation
de M. de Jouvenel ; qu'il importait, au contraire, d'ajouter
successivement au réseau les lignes dont l'utilité serait
constatée ; que les sacrifices proposés par le projet de loi
étaient inférieurs à ceux qui avaient été consentis en 1859
au profit d'un certain nombre de chemins, tels que ceux de
Perpignan à Port-Vendres, de Brest et des Pyrénées. Le projet en discussion et ceux qui le suivraient en 1860 ne com-
porteraient pas une subvention totale de 20 millions et ne
grèveraient par conséquent pas les finances de l'État. La
situation, à la fin de 1860, serait bien meilleure que celle de
la fin de 1858, attendu que, sur les 2 milliards et demi de
travaux restant à exécuter au moment du vote de la loi de
1859, 600 millions seraient dépensés au 31 décembre 1860 ;
il convenait d'en profiter pour satisfaire à de nouveaux besoins. A ce point de vue, l'utilité des lignes nouvelles se
justifiait amplement par les conséquences des traités de

commerce et la Commission l'avait proclamée hautement après une étude approfondie.

M. le comte Dubois, conseiller d'État, commissaire du Gouvernement, compléta les explications de M. Vuillefroy, en faisant remarquer que, rapprochée des pays voisins, la France occupait seulement le quatrième rang au point de vue du rapport entre le développement de son réseau et sa population ou sa surface territoriale. Il ajouta que les chiffres indiqués par le projet de loi, pour les sacrifices de l'État, constitueraient des maxima au-dessous desquels il serait sans doute possible de descendre. Répondant à une observation formulée par divers députés, et notamment par MM. de Benoist et Chauchard, il confirma les déclarations de la Commission sur la portée de la clause relative au concours des localités : il s'agissait, non pas d'imposer d'office ce concours, mais de lui subordonner la concession définitive des nouveaux chemins, dans les limites des ressources des départements et des communes. Le principe n'était pas nouveau ; l'Alsace venait de donner, à cet égard, un exemple digne d'être suivi. La contribution des localités serait surtout efficace, si elle se réalisait sous forme d'acquisitions de terrains : car le prix d'achat de ces terrains serait certainement beaucoup moins élevé pour les communes et pour les départements que pour l'État.

M. Roulleaux-Dugage reproduisit et développa les indications consignées dans son rapport, sur l'importance des établissements industriels que les nouvelles lignes devaient desservir et sur les avantages à attendre de leur construction.

M. Fouché-Lepelletier ayant à nouveau insisté sur l'utilité de l'achèvement du chemin de fer de Ceinture, comme il l'avait déjà fait peu de temps auparavant, à l'occasion d'une autre discussion, M. de Franqueville, directeur général des chemins de fer, lui répondit que le retard apporté à la solu-

tion de l'affaire s'expliquait par les difficultés et le surcroît
de dépenses résultant de l'extension des limites de Paris,
et par la nécessité de procéder à une instruction sérieuse
et complète dans une question d'une telle importance.

Un certain nombre d'autres membres du Corps législatif
prirent la parole ; leurs observations ayant eu surtout pour
objet d'obtenir l'achèvement de chemins intéressant leur
région, nous nous abstiendrons de les reproduire et nous
nous bornerons à mentionner le desideratum exprimé par
M. Dalloz, de voir au besoin dévier les lignes nouvelles,
même au prix d'un allongement de parcours, pour desservir
les centres industriels qui n'en seraient pas trop éloignés.

Puis l'Assemblée ratifia les propositions du Gouvernement.

La loi ayant été sanctionnée le 1er août 1860 [B. L.,
2e sem. 1860, n° 832, p. 346], les lignes de Mayenne à Laval,
d'Épinal à Remiremont et de Lunéville à Saint-Dié furent
déclarées d'utilité publique par décret du 31 août [B. L.,
2e sem., 1860, n° 832, p. 827], et celle de Caen à Flers par
décret du 3 octobre [B. L., 2e sem. 1860, n° 858, p. 889] :
ces lignes furent entreprises par l'État et concédées en 1863
à la Compagnie de l'Ouest et à la Compagnie de l'Est.

223. — Concession des chemins de Besançon à Vesoul et de Besançon à Gray.

I. — PROJET DE LOI. — Le 5 juillet 1860, le Gouvernement présenta un projet de loi, tendant à compléter le réseau
de la Franche-Comté par la construction de deux lignes :
l'une de Besançon à Vesoul, l'autre de Besançon à Gray
[M. U., 7 juillet et annexe R, 1860].

La première de ces deux lignes devait mettre en communication, par la voie la plus directe, la Lorraine et la

Franche-Comté, servir au trafic de ces deux régions avec la Suisse, desservir des gisements miniers et deux établissements métallurgiques.

Quant à celle de Besançon à Gray, avec embranchement sur Ougney et prolongement de Rans à Fraisans, elle était appelée à mettre en communication directe les groupes métallurgiques de la Champagne et de la Comté ; à faciliter l'échange entre eux des matières premières, minerais et fontes, dont le mélange favoriserait les opérations sidérurgiques ; à desservir directement ou indirectement vingt-deux hauts-fourneaux ; à traverser des gisements ferrifères importants. Sa construction impliquait l'incorporation au réseau d'intérêt général du chemin d'Ougney à Rans, établi par la Compagnie des forges et fonderies de la Franche-Comté, et la restitution à cette Compagnie d'une somme de deux millions, susceptible d'être utilement employée au perfectionnement de son outillage et à l'accroissement de sa production.

La Compagnie de Paris-Lyon-Méditerranée était naturellement indiquée pour devenir concessionnaire de ces embranchements, qui se rattachaient au centre de son exploitation dans l'est de la France.

La longueur des nouveaux chemins était de 112 kilomètres et la dépense afférente à leur établissement, de 31 millions. Aux termes de la convention conclue avec la Compagnie, ils entraient dans le nouveau réseau ; le produit kilométrique réservé à l'ancien réseau était augmenté de 200 fr. par kilomètre, ce qui correspondait à la différence entre le taux de l'intérêt réellement servi aux obligataires et le montant de l'intérêt garanti.

II. — RAPPORT ET VOTE AU CORPS LÉGISLATIF. — La Commission à laquelle fut renvoyé le projet de loi donna, par l'organe de M. le marquis d'Andelarre [M. U., 16 juillet et annexe T¹, un avis tout à fait favorable.

Elle repoussa, comme ne répondant pas à des nécessités d'une urgence suffisante, un amendement de M. Latour-Dumoulin, ayant pour objet d'assurer des relations directes entre Besançon et la Suisse par la construction d'une ligne de Besançon à Morteau.

Elle adopta au contraire, mais à titre de vœu seulement, une partie d'un amendement de M. Lelut, qui tendait à abréger les délais d'exécution.

La loi fut votée sans discussion et sanctionnée le 1ᵉʳ août [M. U., 20 juillet 1860.—B. L., 2ᵉ sem. 1860, n° 833, p. 366].

Un décret du 1ᵉʳ février 1862 [B. L., 1ᵉʳ sem. 1862, n° 1003, p. 303] prononça la déclaration d'utilité publique des travaux et rendit, par suite, définitive la concession.

La ligne de Besançon à Vesoul fut ouverte en 1872, la section de Gray à Ougney en 1866, la section de Montagney à Miserey en 1878 et le prolongement de l'embranchement d'Ougney sur Rans et Fraisans de 1862 à 1864.

224. — Subvention pour les chemins de Strasbourg à Molsheim, Barr et Wasselonne et de Haguenau à Niederbronn.

I. — PROJET DE LOI. — Le 5 juin 1860, le Ministre des travaux publics, invoquant les motifs qu'il avait déjà fait valoir pour les lignes de Saint-Dié à Lunéville, d'Épinal à Remiremont, etc., vint solliciter du Corps législatif une décision analogue pour les chemins de Strasbourg à Molsheim, Barr et Wasselonne (50 km.) et de Haguenau à Niederbronn (20 km.) [M. U., 1860, annexe O, n° 306].

Depuis plusieurs années, les départements de l'Alsace se

préoccupaient de relier aux chemins de fer qui les traversaient les industrieuses vallées des Vosges, où étaient groupés, depuis Niederbronn jusqu'à Sainte-Marie-aux-Mines, Wesserling et Thann, des établissements industriels d'une grande importance, tels que forges et hauts-fourneaux, manufactures d'armes, filatures, tissages, fabriques de quincaillerie, scieries, etc. Le conseil général du Bas-Rhin et les communes intéressées avaient demandé, à l'unanimité, d'appliquer à la création des embranchements nouveaux les ressources que la loi du 21 mai 1836 avait affectées à l'établissement des chemins vicinaux, et une loi du 16 juin 1859 était intervenue pour autoriser une imposition extraordinaire, dont le produit était destiné « *aux travaux de cons-* « *truction des chemins classés comme lignes vicinales de grande* « *communication, pour être ultérieurement, s'il y avait lieu, con-* « *vertis en embranchements de chemins de fer* ».

C'était l'infrastructure qui était ainsi établie par les départements et les communes, le département concourant à la dépense pour 40 % et les communes pour 60 %.

Depuis, le conseil général s'était en outre engagé à fournir le ballast et les traverses, et à poser le télégraphe électrique, de telle sorte qu'il ne devait rester à la charge de la Compagnie concessionnaire que la pose de la voie ferrée, la construction des ateliers et la fourniture du matériel roulant.

La Compagnie de l'Est n'ayant pu s'entendre avec le département, il se constitua deux sociétés particulières, dont l'une était présidée par le maire de Strasbourg et l'autre placée sous la direction de MM. de Diétrich et Cie, maîtres de forges à Niederbronn; ces sociétés sollicitèrent une subvention de 12 000 fr. par kilomètre et la garantie d'un minimum d'intérêt sur le montant du surplus du capital qu'elles auraient à dépenser. Conformément à l'avis du Conseil d'État, le Gouvernement considéra la première partie de la demande comme susceptible d'être accueillie, mais ne crut pas pouvoir accéder à la seconde et créer ainsi un précédent compromettant pour le Trésor public. Il se borna donc à solliciter l'autorisation d'allouer une subvention de 600 000 fr. pour le chemin de Strasbourg à Barr, à Mutzig et à Wasselonne, par Molsheim, et une subvention de 240 000 fr. pour le chemin de Haguenau à Niederbonn, avec embranchement sur Reischoffen.

C'était, on le voit, un système nouveau qu'il s'agissait en fait d'inaugurer, avec application aux expropriations de la loi de 1836, qui permettait de recourir au petit jury et d'éviter ainsi l'abus des décisions prises par le jury constitué dans les conditions de la loi du 3 mai 1841. Le mérite de cette initiative ingénieuse et féconde revient à M. Coumes, alors ingénieur en chef et depuis inspecteur général des ponts et chaussées et à M. Migneret, préfet du Bas-Rhin.,

II. — RAPPORT ET VOTE AU CORPS LÉGISLATF. — M. le baron de Bussière, rapporteur, conclut à l'adoption du projet de loi, tout en exprimant, au nom de la commission du Corps législatif, le regret que le Conseil d'État se fût opposé à l'allocation d'une garantie d'intérêt si largement méritée, suivant cette Commission, par les sacrifices considérables du département [M. U., 1860, annexe R., n° 345].

La loi fut votée sans discussion et sanctionnée le 1er août [B. L., 2e sem. 1860, n° 832, p. 348].

Les chemins furent ultérieurement concédés à la Compagnie de l'Est.

225. — **Projet de loi relatif au chemin de fer de Graissessac à Béziers.**

I. — PREMIER PROJET DE LOI. — Le chemin de fer de

Graissessac à Béziers, destiné à créer un débouché aux produits du bassin houiller de Graissessac, avait été concédé en 1852, sans subvention ni garantie d'intérêt. La Compagnie avait passé, pour l'exécution de ce chemin, un marché à à forfait de 16 800 000 fr. et s'était constituée au capital de 18 millions; mais, vers la fin de 1854, les entrepreneurs avaient été mis en faillite et la Compagnie n'avait pu arriver à terminer le chemin, même en y consacrant tout son fonds social, ainsi que le produit de deux emprunts montant ensemble à 9 millions, lorsque éclata la crise de 1858, qui fit échouer un nouvel emprunt de 6 millions. La ligne fut mise sous séquestre le 12 mai 1858, sur la demande même des concessionnaires. Au moyen d'une avance de 600 000 fr., l'État était arrivé à ouvrir un service de marchandises dès le 20 septembre 1858 et à préparer la circulation des trains de voyageurs; toutefois, pour que les travaux fussent terminés dans les conditions du cahier des charges, il fallait encore 800 000 fr. et la Compagnie ne pouvait pourvoir à cette dépense et rétablir l'équilibre de son bilan qu'au moyen d'un emprunt supplémentaire de 3 millions; elle sollicita : 1° la garantie par l'État de l'intérêt et de l'amortissement à 5 °/₀ d'une somme de 18 millions ; 2° l'autorisation de ne rembourser au Trésor ses avances, au titre de la garantie d'intérêt, qu'après perception au profit de ses actionnaires d'un intérêt à 3 °/₀ des sommes par eux versées.

Après examen par le comité consultatif et le Conseil d'État, le Gouvernement pensa qu'il importait de ne pas laisser déclarer la faillite de la Compagnie, malgré les abus déplorables commis par l'ancienne administration ; il craignait en effet le contre-coup de cette mesure de rigueur sur les entreprises du même genre. Il conclut donc avec la Compagnie une convention qui lui accordait une garantie de 1 040 000 fr., au maximum, sur un capital de 18 000 000 fr.;

comme il s'agissait d'un chemin en exploitation, la durée
de cette garantie était limitée à douze années, délai pendant lequel on devait pouvoir déterminer avec précision le
régime des recettes et des dépenses, et préparer telle mesure définitive que de droit. Suivant l'usage, les avances du
Trésor devaient lui être remboursées avec les intérêts à
4 %. Le partage des bénéfices au delà de 8 % devait s'ouvrir au profit de l'État à partir du 1er janvier 1865.

Les revenus du chemin avaient été évalués par la Compagnie à 1 800 000 fr., dont 1 600 000 fr. pour le transport
des houilles ; mais cette évaluation, trop optimiste, reposait
sur une appréciation excessive du développement qu'étaient
appelées à prendre les mines de Graissessac ; le Gouvernement pensait que la garantie serait effective pendant cinq ou
six années.

À la convention était annexé un nouveau cahier des
charges, analogue à celui des grandes Compagnies.

Les stipulations financières du contrat firent l'objet d'un
projet de loi présenté au Corps législatif le 24 mai 1859
[M. U., 31 mai 1859].

II. — DEUXIÈME PROJET DE LOI. — Ce projet de loi,
n'ayant pu être discuté en 1859, fut présenté à nouveau le
14 avril 1860 [M. U., 1860, annexe E, p. XVIII], avec
quelques modifications, qui avaient été indiquées par la
Commission et dont la principale consistait à faire passer la
houille de la 2e à la 3e classe, de manière à la taxer à 0 fr. 10
au lieu de 0 fr. 14. La houille était en effet le seul élément
de trafic important de la ligne et il convenait de ne pas la
soumettre à une taxe qui aurait été un obstacle au développement de l'exploitation des houillères et, par contre-coup,
à celui de la circulation sur la voie ferrée.

III. — RAPPORT AU CORPS LÉGISLATIF. — Le 19 avril 1860
[M. U., 1860, annexe F., p. XXIII]: M. le comte Léopold
Le Hon déposa, sur l'affaire, un rapport très développé.
Après avoir refait l'historique de la Compagnie et flétri les
malversations des mandataires qui en avaient eu originai-
rement la gestion, il examina si, dans l'avenir, les produits
et les bénéfices de l'entreprise seraient suffisants pour atténuer la portée du concours de l'État et le rendre plutôt no-
minal qu'effectif : tout l'avenir du chemin était dans le
bassin houiller, qui renfermait des richesses inépuisables
et qui produisait un charbon de qualité supérieure et d'extraction facile. On pouvait raisonnablement compter sur un
transport annuel de 200 000 tonnes, au bout de quatre à
cinq ans, et, par suite, sur un produit brut de 1 600 000 fr.
et un produit net de 1 130 000 fr. ; il n'y avait d'ailleurs
aucun doute sur la facilité d'écouler 200 000 tonnes de
houille provenant de Graissessac, eu égard à la supériorité
de ce combustible sur ceux avec lesquels il avait à lutter.

Le rapport proclamait l'opportunité du concours du
Trésor, qui était justifié aux yeux de la Commission par
l'utilité publique incontestable de la ligne et par la probabilité de son prolongement vers Rodez. Quant au mode et
à la quotité du concours, M. Le Hon les jugeait en rapport
avec les circonstances ; il faisait observer notamment qu'au
cas où, par impossible, l'État serait conduit à payer, pendant le délai de douze années prévu dans la convention, la
totalité de la somme nécessaire pour faire face au paiement
des intérêts, ses avances n'excèderaient pas la valeur du
gage placé entre ses mains. L'opération lui semblait morale,
équitable et de la nature de celles que pouvait entreprendre
l'État pour sauvegarder un intérêt public. Remaniant et vé-
rifiant les calculs du Gouvernement, il portait de 1 040 000 fr.
à 1 140 000 fr. l'annuité garantie.

Sous cette réserve, la Commission concluait à l'adoption du projet de loi.

IV.—DISCUSSION ET AJOURNEMENT DU VOTE.— Une discussion ardente s'engagea devant le Corps législatif [M. U., 26 avril 1860].

M. Darimon contesta l'utilité publique du chemin qui, suivant lui, avait un caractère purement industriel et ne pouvait être assimilé, à aucun titre, aux grandes lignes appelées à bénéficier du système des conventions de 1859 ; il cita un certain nombre de faits blâmables de la gestion des concessionnaires, et soutint qu'il serait contraire à la morale publique de couvrir les fautes de ces concessionnaires et de leur accorder un véritable bill d'indemnité.

M. le comte Le Hon, tout en s'associant au blâme de M. Darimon contre les désordres de l'ancienne administration, fit valoir les modifications survenues dans cette administration, qui présentait alors des garanties d'honorabilité complète ; il montra que, grâce à la faible durée assignée à la garantie d'intérêt, l'État était absolument certain de ne pas dépasser la valeur du gage et de pouvoir, le cas échéant, rentrer intégralement dans ses déboursés en provoquant la liquidation de l'entreprise ou en procédant au rachat, dans les conditions prévues par le cahier des charges ; il s'efforça de prouver que l'intérêt public commandait de pourvoir au maintien du chemin de fer et qu'il était impossible de compter, à cet effet, soit sur les sociétés minières dont la situation était embarrassée, soit sur une Compagnie nouvelle non garantie par l'État. Répondant à diverses questions qui lui étaient posées par M. le baron de Ravinel et à des critiques dirigées par M. le baron de Jouvenel contre l'application au chemin de Graissessac du régime des conventions de 1859, il ajouta que le conseil d'administration de la Compagnie était entièrement renouvelé ; que tout faisait présager un développement rapide de la production des houillères ; que l'administration y tiendrait la main ; qu'en cas de vente de la ligne à l'expiration du délai de douze ans, l'État aurait, pour recouvrer sa créance, un privilège indéniable ; que le terme de douze années avait été précisément adopté pour soustraire le Trésor à tout risque de ce chef. M. Heurtier, conseiller d'État, commissaire du Gouvernement, compléta les explications du rapporteur sur ce dernier point, en entrant dans des considérations de droit qu'il serait oiseux de reproduire ici.

M. Picard, après avoir nié que la loi trouvât sa justification dans l'intérêt public, attaqua la doctrine du rapporteur et du Gouvernement sur le prétendu privilège conféré à l'État pour le remboursement de ses avances.

M. Heurtier répliqua, pour insister sur le caractère d'utilité générale du chemin et sur la certitude absolue qu'avait l'État de ne pas exposer ses capitaux.

Mais la question des dangers que pourraient courir les avances de l'État préoccupait vivement les esprits ; M. Roques-Salvaza et M. Javal insistèrent longuement pour une réponse plus précise ou un nouvel examen, et la Commission se mit d'accord avec le Gouvernement pour demander l'ajournement de la discussion : cet ajournement fut prononcé par la Chambre.

v. — TROISIÈME PROJET DE LOI. — A la suite de cette décision, le Gouvernement ouvrit de nouvelles négociations avec la Compagnie et présenta le 11 mai [M. U., 22 mai 1860] un nouveau projet de loi modifiant le précédent, en ce sens que le montant total des avances de l'État était limité au chiffre maximum de 4 millions.

VI. — RAPPORT AU CORPS LÉGISLATIF ET RETRAIT DU NOU-
VEAU PROJET DE LOI. — La Commission, par l'organe de
M. le comte Hallez-Claparède [M. U., 20 juin 1860], s'éleva
très vivement contre l'atteinte portée au respect des traités,
et cela au profit d'un chemin créé par des agioteurs et soumis aux poursuites de la justice, au profit d'une Compagnie
qui en était à son soixante-troisième procès et à son quatrième emprunt, qui n'avait rempli aucun de ses engagements
et qui, pour construire 52 kilomètres à voie unique, avait dépensé 36 millions. L'intérêt public avait été invoqué pour ne
pas laisser périr l'entreprise; mais l'intérêt le plus sacré
était, sans aucun doute, de ne pas encourager, de ne pas
primer une entreprise aussi déplorable que celle du chemin
de Graissessac. Le prétendu développement de l'exploitation
houillère, que l'on avait fait miroiter aux yeux de la
Chambre, était des plus problématiques, en raison de l'inertie
et des divisions des concessionnaires de mines : les documents administratifs en faisaient foi. Il en était de même de
l'abaissement présumé sur le prix de vente du charbon : car
il existait des raisons sérieuses de craindre que les Compagnies minières profitassent seules de la réduction réalisée
sur le prix de transport. D'ailleurs, pourquoi le Gouvernement n'avait-il pas compris le chemin de Graissessac dans
la loi générale de 1859, sinon parce qu'il ne jugeait pas ce
chemin digne d'être traité comme ceux des grandes Compagnies, parce qu'il constituait une entreprise d'intérêt
privé, parce que les travaux en étaient terminés. Les créanciers de la Compagnie du chemin de Béziers à Graissessac
devaient être assimilés à des spéculateurs malheureux,
auxquels il était impossible de venir en aide, sans consacrer
un précédent aussi fâcheux pour la morale que pour le
Trésor. Le refus des pouvoirs publics d'entrer dans la voie
tracée par le projet de loi, loin de porter atteinte au

crédit public, devait fournir un salutaire exemple. Bref,
la Commisssion concluait au rejet de la proposition du Gouvernement, qui fut dès lors retirée [M. U., 13 juin 1860].

226. — Concession du chemin du Var à Nice. — A la
suite de l'annexion de la Savoie, un décret du 22 août
1860 [B. L., 2ᵉ sem. 1860, n° 848, p. 781] déclara d'utilité
publique l'établissement de la section du chemin de fer de
Toulon à Nice comprise entre le Var et Nice, et concéda à
la Compagnie de Paris-Lyon-Méditerranée cette section,
qui fut classée dans le nouveau réseau et soumise à toutes
les clauses des conventions de 1858 et 1859. Le capital
garanti pour la ligne de Toulon fut porté de 60 à 66 millions.

Ce décret, bien qu'engageant les finances de l'État, était
rendu légalement sans l'intervention des Chambres et avait
force de loi, en vertu de l'article 3 du sénatus-consulte du
12 juin 1860, concernant la réunion à la France de la Savoie et de l'arrondissement de Nice.

La section fut livrée en 1864.

**227. — Concession définitive de l'embranchement de
Carpentras sur la ligne de Lyon à Avignon.** — La convention conclue le 11 avril 1857 avait concédé éventuellement
à la Compagnie de Paris-Lyon-Méditerranée un embranchement destiné à rattacher Carpentras à la ligne de Lyon
à Avignon.

Un décret du 31 août 1860 [B. L., 2ᵉ sem. 1860, n° 852,
p. 826] transforma cette concession éventuelle en concession définitive.

L'ouverture à l'exploitation eut lieu en 1863.

228. — **Déclaration d'utilité publique du chemin de fer de Grenoble à Montmélian.** — Le 31 août intervint un décret qui déclara d'utilité publique le chemin de Grenoble vers Montmélian, pour la section comprise dans l'Isère [B. L., 2ᵉ sem. 1860, n° 852, p. 825]. Ce chemin ne fut concédé qu'ultérieurement, en 1863, à la Compagnie de Paris-Lyon-Méditerranée.

229. — **Déclaration d'utilité publique d'un chemin de jonction de la ligne de Lyon à Genève avec le chemin du Chablais.** — Le 29 décembre [B. L., 1ᵉʳ sem. 1861, n° 894, p. 35], le Gouvernement, agissant en vertu du sénatus-consulte précité du 12 juin 1860, déclarait d'utilité publique un chemin reliant la ligne de Lyon à Genève (près Collonges), au chemin de fer sarde du Chablais, vers Thonon. Ce chemin fut concédé en 1863 à la Compagnie de Paris-Lyon-Méditerranée.

CHAPITRE III. — ANNÉE 1861

230. — Décret relatif au chemin de la Croix-Rousse à Sathonay. — L'année 1861 s'ouvrit par un décret du 12 janvier [B. L., 1er sem. 1861, n° 905, p. 205] concédant, sans subvention ni garantie d'intérêt, à MM. le comte du Hamel et consorts un chemin de la Croix-Rousse au camp de Sathonay. Le cahier des charges était conforme au type; la convention stipulait que, si, avant l'expiration d'un délai de quinze années à dater du terme fixé pour l'achèvement des travaux, le Gouvernement faisait exécuter ou concédait un prolongement vers les Dombes, il pourrait racheter la concession, moyennant le remboursement des dépenses utiles de construction, majorées de leur intérêt à 4 % pendant un an.

Les statuts de la Société furent approuvés par décret du 5 août 1861 [B. L., 2e sem. 1861, supp. n° 756, p. 377], et la ligne fut ouverte en 1863.

231. — Concession définitive de diverses lignes. — Un grand nombre de concessions éventuelles furent, après l'accomplissement des formalités relatives à la déclaration d'utilité publique, transformées, pendant le cours de l'année 1861, en concessions définitives.

2

16

Nous en donnons le tableau ci-dessous :

DÉSIGNATION des compagnies	DATE des décrets	NUMÉRO du bulletin des lois	DÉSIGNATION des lignes	ÉPOQUE de l'ouverture
Midi............	16 janvier 1861	1er sem. 1861, n° 901, p. 148	Perpignan à Port-Vendres..	1866-67
Orléans.........	5 juin 1861	1er sem. 1861, n° 940, p. 782	Tours à Vierzon...........	1869
—	—	— p. 783	Angers à Niort............	1866-68
—	—	— p. 784	Poitiers à Limoges........	1867
Nord..........	—	1er sem. 1861, n° 940; p. 785	Beauvais à Gournay.......	1870
Nord..........	14 juin 1861	2e sem. 1861, n° 953, p. 254	Senlis au chemin de Soissons	1870
Midi...........	20 juin 1861	2e sem. 1861, n° 951, p. 215	Castelnaudary à Castres...	1865
P.-L.-M........	20 juin 1861	2e sem. 1861, n° 951, p. 214	Andrézieux à Montbrison...	1866
Orléans........	22 juin 1861	2e sem. 1861, n° 953, p. 255	Montluçon à Limoges......	1864-65
P.-L-M........	25 août 1861	2e sem. 1861, n° 965, p. 475	Avignon à Gap...........	1872-75
Nord..........	22 septembre 1861	2e sem. 1861, n° 968, p. 514	Soissons à la frontière belge	1866-70

232. — **Autorisation du concours de l'État pour le chemin d'Aigues-Mortes à la ligne de Nîmes à Montpellier.** — Aigues-Mortes est le seul port de mer du département du Gard. Rattaché au réseau des voies navigables du Midi par plusieurs canaux dont les principaux étaient ceux des Étangs et de Beaucaire, il était séparé des voies ferrées par une distance de 16 à 20 kilomètres, et on attribuait à cette circonstance la décadence de son commerce maritime qui était tombé, en quatorze ans, de 40 000 à 7 000 tonnes. Dès 1838, M. de Chabaud-Latour, rapporteur du projet de loi du chemin de fer de Montpellier à Nîmes, avait indiqué l'utilité d'un embranchement desservant Aigues-Mortes; M. de Morny se prononçait dans le même sens en 1852, à l'occasion d'un rapport sur la fusion des Compagnies aboutissant à la Méditerranée. La nouvelle voie devait satisfaire, non seulement à des besoins locaux, mais encore à des besoins généraux, en facilitant le transport des produits des nombreuses salines établies dans la région, et en concourant ainsi au développement des améliorations agricoles et de l'industrie des produits chimiques, ainsi qu'à l'abaissement des

prix d'une denrée alimentaire de première nécessité. Une seule Compagnie salicole s'était engagée à fournir un trafic annuel de 50 000 tonnes ou à payer aux concessionnaires du chemin une indemnité de 1 fr., pour chaque tonne non transportée au-dessous du chiffre garanti. L'embranchement d'Aigues-Mortes était, en outre, appelé à réduire le prix du charbon d'Alais sur le rivage de la Méditerranée, au grand avantage de notre navigation à vapeur ; à donner des facilités précieuses pour l'importation des minerais de Bône et d'Aïn-Mokra ; et à provoquer la création, dans la région d'Aigues-Mortes de nouveaux établissements métallurgiques où se traiteraient les minerais de cuivre et de plomb des provinces de Constantine et d'Alger. La longueur était de 20 kilomètres ; la dépense probable, de 2 550 000 fr. ; et le produit net probable, de 4 000 fr. par kilomètre. Les subventions locales s'élevaient à plus de 500 000 fr. Le Gouvernement pensa que l'État pouvait allouer, de son côté, une somme n'excédant pas 750 000 fr., de manière à parfaire la moitié de la dépense. Il présenta le 16 juillet 1860 [M. U., annexe T, n° 365] un projet de loi l'autorisant à s'engager, soit à allouer une subvention, soit à garantir, dans les conditions prévues par la convention de 1859, l'intérêt à 4 °/₀ et l'amortissement calculé au même taux, pour une période de cinquante ans, du capital affecté à l'exécution du chemin, sans que ce capital pût dépasser 2 millions ; en tous cas, les localités intéressées étaient tenues de fournir les terrains et une subvention de 250 000 fr.

M. Pérouse, rapporteur [M. U., 20 juin 1861], formula un avis tout à fait favorable au projet du Gouvernement, en invoquant la situation éminemment favorable du port d'Aigues-Mortes, en développant les motifs que le Gouvernement lui-même avait donnés à l'appui de sa proposition, et en faisant remarquer, pour répondre à certaines objections, que si, contre toute attente, le canal d'Aigues-Mortes à Beaucaire voyait son trafic diminuer, il trouverait un emploi facile de ses eaux et une bonne compensation dans le développement des irrigations.

La loi fut votée sans discussion [M. U., 25 mai 1861] et sanctionnée le 5 juin [B. L., 1er sem. 1861, n° 936, p. 718]. Le chemin fut concédé en 1863 à la Compagnie Paris-Lyon-Méditerranée.

233. — Résiliation de la concession du chemin de Bordeaux au Verdon. — Le chemin de Bordeaux au Verdon avait été concédé par décret du 17 octobre 1857. Mais les souscripteurs anglais, qui devaient contribuer à fournir la plus large part du capital, s'étaient refusés en 1858 à tenir leurs engagements, et la Compagnie avait demandé en même temps le remboursement de son cautionnement. Le Gouvernement crut devoir accueillir presque complètement cette demande, attendu que la ligne avait surtout un caractère d'intérêt local ; que, dès lors, le public n'aurait pas à souffrir beaucoup de la résiliation du contrat ; et que, d'un autre côté, les acquisitions de terrains n'étaient pas engagées. Un décret du 15 juin 1861 [B. L., 2e sem. 1861, n° 948, p. 65] vint, en conséquence, prononcer l'annulation de la convention du 17 octobre 1859, et autoriser la restitution du cautionnement, en ne retenant qu'une somme de 50 000 fr.

234. — Loi relative à l'émission d'obligations trentenaires. — L'État s'était engagé, vis-à-vis de la Compagnie de l'Ouest, à exécuter la ligne de Rennes à Brest, dans les conditions déterminées par la loi de 1842 ; il avait contracté le même engagement vis-à-vis de la Compagnie du Midi, pour la ligne de Toulouse à Bayonne et pour l'embranchement de Perpignan à Port-Vendres. Ces engagements avaient été sanctionnés par la loi du 11 juin 1859; ils devaient entraîner une dépense de 71 millions.

Plus tard, des décrets des 1ᵉʳ et 31 août et 29 décembre 1860, rendus en exécution du sénatus-consulte du 12 juin 1860, avaient décidé que les chemins de fer français aboutissant à la Savoie seraient prolongés de Grenoble à Montmélian, de Collonges à Thonon et d'Aix à Annecy; c'était une dépense de 33 millions.

Le 8 mai 1861, le Gouvernement déposa sur le bureau du Corps législatif un projet de loi [M. U., 3 juillet 1861], tendant à l'émission d'obligations trentenaires du Trésor pour faire face à ces dépenses. Un compte spécial devait être ouvert pour l'emploi des ressources créées par cette émission, et il devait en être fait état dans la loi de règlement de chaque exercice.

Les titres qu'il s'agissait de jeter sur le marché étaient conformes à ceux que le Ministre des finances avait institués, en conformité des pouvoirs dont il avait été investi par la loi du 23 juin 1857, pour le paiement de diverses subventions aux Compagnies de chemins de fer; il convient toutefois d'observer que, jusqu'alors, le public n'avait pas été appelé à souscrire, et que les obligations remises aux Compagnies avaient été transférées par elles à la Caisse des dépôts et consignations.

Au nom de la Commission, M. le duc d'Albufera, rapporteur, conclut à l'adoption du projet de loi [M. U., annexe D, n° 359]. Il émit l'avis que, malgré les avantages généraux de l'unification de la dette, il était naturel de faire un appel distinct au crédit pour des besoins dont la nature était toute spéciale; que, par leur caractère particulier, les obligations trentenaires ne feraient pas concurrence à la rente; que le crédit des Compagnies n'en serait pas davantage affecté, puisque la somme des grands travaux publics ne serait pas accrue et que leur répartition entre l'État et l'industrie privée serait seule modifiée.

Les conclusions de la Commission furent votées sans discussion [M. U., 20 juin 1861] et la loi fut sanctionnée le 29 juin [B. L., 1er sem. 1861, n° 944, p. 859].

En exécution de cette loi, un décret du 4 juillet 1861 [B. L., 2° sem. 1861, n° 946, p. 5] autorisa l'émission, au taux de 440 fr., de 300 000 obligations, ayant une valeur nominale de 500 fr., portant un intérêt de 20 fr., et remboursables en trente annuités par voie de tirage au sort. .

235. — Classement et déclaration d'utilité publique de vingt-cinq lignes. Dotation pour l'exécution par l'État de l'infrastructure de vingt-deux de ces lignes.

I.— DÉCLARATION D'UTILITÉ PUBLIQUE DE VINGT-CINQ LIGNES. Au ¡commencement du mois de juin 1861, les concessions définitives s'élevaient à 15 000 kilomètres dont 9 500 livrés à l'exploitation et 2 785 en pleine voie d'exécution.

Les concessions éventuelles s'appliquaient à 1 600 kilomètres; le Gouvernement était décidé à donner, le plus tôt. possible, un caractère définitif à ces concessions, et avait même adressé aux Compagnies les notifications nécessaires pour les lier à cet égard. .

Enfin, des lois ou des décrets survenus en 1861 avaient autorisé l'exécution de 370 kilomètres de lignes non concédées.

L'exécution totale du réseau dont l'extension devait être d'ores et déjà considérée comme décidée était, par suite, de 16 970 kilomètres, dont 9 500 en exploitation et 7 470 en construction ou à construire.

La dépense faite au 30 décembre 1860 était de 4 611 millions environ, savoir : à la charge de l'État

811 millions, dont 100 millions représentés par des obligations trentenaires, et à la charge des Compagnies 3 800 millions.

Quant aux dépenses restant à faire, elles montaient à 1 633 millions environ, savoir : à la charge de l'État 200 millions, dont 75 à payer aux Compagnies, et à la charge de ces dernières 1 433 millions.

Malgré les sacrifices antérieurs, malgré l'étendue des efforts indispensables pour faire face aux engagements pris vis-à-vis du pays, le Gouvernement ne pensa pas qu'il y eût lieu de considérer la carrière comme fermée et qu'il convînt d'ajourner indéfiniment les satisfactions légitimes réclamées par les populations des régions jusqu'alors déshérités.

Le 14 juin 1861 [B. L., 2ᵉ sem. 1861, nº 953, p. 233 à 254], il déclara d'utilité publique, sous toute réserve des voies et moyens, vingt-cinq chemins destinés à combler des lacunes; à établir des communications transversales entre les grandes artères; à mettre les centres manufacturiers en relation avec les ports maritimes et les principaux lieux de production et de consommation; à rattacher au réseau, par des embranchements, quelques villes ou contrées se recommandant par leur importance commerciale ou agricole; enfin, à faciliter le transport des matières premières nécessaires à l'agriculture et à l'industrie.

Nous donnons ci-dessous la nomenclature de ces lignes et l'évaluation de leur dépense :

DÉSIGNATION DES LIGNES	LONGUEUR	ESTIMATION
Chemin de ceinture de Paris (rive gauche)...........	10 km.	22 000 000 fr.
Châteaulin à Landerneau.........................	63	23 300 000
Napoléon-Vendée à la Rochelle....................	82	17 100 000
Rochefort à Saintes.............................	43	9 500 000
Saintes à Coutras..............................	93	20 600 000
Niederbronn à la ligne de Metz à Thionville.........	136	42 800 000

DÉSIGNATION DES LIGNES	LONGUEUR	ESTIMATION
Louviers à la ligne de Rouen.........................	6 km.	1 500 000 fr.
Annonay à Saint-Rambert.............................	19	7 000 000
Dijon à Langres.....................................	68	11 800 000
Châtillon-sur-Seine à Chaumont.......................	43	11 050 000
Chaumont à Toul....................................	90	22 700 000
Bergerac à Libourne.................................	62	15 000 000
Saintes à Angoulême.................................	71	16 500 000
Saint-Girons à la ligne de Toulouse à Tarbes.........	31	5 000 000
Grasse à la ligne de Toulon à Nice...................	16	3 800 000
Napoléon-Vendée aux Sables-d'Olonne..................	35	6 700 000
Napoléon-Vendée à la ligne d'Angers à Niort..........	75	18 200 000
Napoléonville à Saint-Brieuc........................	58	16 550 000
Auxerre à la ligne de Nevers à Chagny, par Clamecy....	112	23 000 000
Clermont à Montbrison..............................	108	38 200 000
Commentry à la ligne de Saint-Germain-des-Fossés à Clermont.......................................	61	17 200 000
Port-Vendres à la frontière d'Espagne...............	11	11 000 000
Dieuze à la ligne de Paris à Strasbourg par Réchicourt.	22	3 500 000
Sainte-Marie-aux-Mines à Schlestadt.................	20	1 600 000
Boulogne à Calais (modification de l'origine du chemin près de Boulogne)...............................	»	1 500 000
TOTAUX............	1 325 km.	365 800 000 fr.

Le chemin de Ceinture (rive gauche) était destiné à pourvoir à l'insuffisance du chemin de rive droite, pour le transit des marchandises entre les diverses gares, et à doter de nombreux établissements industriels des moyens de s'approvisionner économiquement des matières premières qui leur étaient nécessaires ; il était réclamé depuis long-temps, et le renchérissement continu des terrains en rendait l'exécution particulièrement urgente.

L'embranchement de Châteaulin à Landerneau se jus-tifiait par la nécessité de faciliter l'arrivée des charbons et des autres produits du bassin de la Loire et du centre de la France à l'arsenal de Brest. Il devait jouer, dans le réseau des voies ferrées, le rôle que Napoléon Ier avait imparti au canal de Brest à Nantes, dans le réseau des voies navigables.

Les chemins de Napoléon-Vendée à La Rochelle, de Rochefort à Saintes et de Saintes à Coutras complétaient une ligne littorale continue entre Brest et Bayonne et devaient rendre les plus grands services, tant pour les relations commerciales entre Nantes et Bordeaux, que pour la défense en cas de guerre maritime.

La ligne de Niederbronn au chemin de Metz à Thionville réunissait les places fortes échelonnées entre Lille et Strasbourg, et traversait le bassin houiller de la Moselle, ainsi que les immenses forêts domaniales des environs de Bitche (17 000 hectares).

Après les chemins importants dont nous venons d'indiquer sommairement l'objet, se plaçaient ceux de Louviers à la ligne de Rouen et d'Annonay à Saint-Rambert, appelés à donner satisfaction aux intérêts légitimes de deux cités industrielles ; puis ceux de Dijon à Langres, de Châtillon à Chaumont et de Chaumont à la ligne de Strasbourg, destinés à ouvrir aux établissements métallurgiques de la Côte-d'Or et de la Haute-Marne des voies de communication économiques pour le transport de leur combustible, de leurs minerais et de leurs produits. Celui de Dijon à Langres avait, en outre, l'avantage de faciliter les communications directes entre Lyon, Nancy, Metz et Strasbourg.

Les lignes de Bergerac à Libourne et de Saintes à Angoulême devaient desservir les riches vallées de la Dordogne et de la Charente ; le prolongement de celle de Saintes à Angoulême jusqu'à Limoges était prévu, pour le cas où elle serait susceptible d'être englobée dans une concession, sans sacrifice exagéré de l'État.

L'embranchement de Saint-Girons au chemin de Toulouse à Bayonne devait servir au transport de nombreux bestiaux et de produits minéralogiques, et desservir plusieurs établissements industriels.

La ville de Grasse était le centre d'une fabrication considérable qu'il fallait mettre à même de subir la concurrence de la fabrication similaire de Nice. Pour l'embranchement de Saint-Girons et pour celui de Grasse, le décret prévoyait le concours des localités jusqu'à concurrence de la moitié de la valeur des terrains.

Le chemin de Napoléon-Vendée aux Sables ouvrait un débouché au port de cette dernière localité vers l'intérieur de la France. Celui de Napoléon-Vendée à la ligne d'Angers à Niort devait relier le centre du département de la Vendée au réseau des voies ferrées et à la capitale, et répandre dans le département la houille du bassin de Vouvant, éminemment propre à la fabrication de la chaux et par suite à la fertilisation du sol.

Le prolongement de l'embranchement d'Auray à Napoléonville jusqu'à la ligne de Saint-Brieuc à Brest était le complément du réseau de Bretagne ; il devait donner à la partie centrale de la Bretagne la possibilité de fertiliser son sol par les engrais de mer et le sable calcaire de la côte nord, et d'écouler ses produits, et, en outre, relier les riches contrées du nord et du sud de cette partie de la France.

Depuis 1846, les esprits se préoccupaient de l'établissement du chemin d'Auxerre à Nevers, destiné à ouvrir une communication transversale entre les deux lignes de Paris à Lyon, l'une par la Bourgogne, l'autre par le Bourbonnais. Cette ligne devait relier deux grandes villes ; passer par Clamecy, centre d'un commerce de bois d'une importance exceptionnelle pour l'approvisionnement, de Paris ; assurer la régularité de cet approvisionnement, souvent compromise par les intermittences et les incertitudes du flottage ; servir au transport des bestiaux, des charbons, des vins, des grains, des pierres de taille, des granites du Morvan et des ciments de Corbigny.

La ligne de Montbrison à Clermont par Thiers formait le prolongement de la ligne de Lyon sur Saint-Étienne, Andrézieux et Montbrison; elle ouvrait une communication directe entre Lyon et Clermont; elle pourvoyait à l'alimentation des usines de Thiers, qui employaient de 18 à 20 000 ouvriers et produisaient, à elles seules, les cinq sixièmes en valeur et les dix-neuf vingtièmes en quantité de la coutellerie française; elle traversait la Limagne dans sa partie la plus féconde.

Le chemin de Commentry à la ligne de Saint-Germain-des-Fossés à Clermont se justifiait par les minerais, les bois, les kaolins, les chaux, les houilles de Saint-Éloi, qu'il rencontrait sur son parcours; il abrégeait de 25 à 30 kilomètres les communications de Bordeaux à Lyon.

La ligne de Port-Vendres à la frontière d'Espagne complétait le chemin déjà concédé de Perpignan à Port-Vendres et unissait le réseau français à la ville de Barcelone, c'est-à-dire au centre manufacturier le plus important de l'Espagne et à l'un des premiers ports de la Méditerranée.

Un canal commencé sous le premier Empire pour relier les salines de Dieuze au canal des houillères de la Sarre avait été abandonné; mais une loi du 20 mai 1860 avait autorisé le Ministre des travaux publics à accepter l'offre, faite par la Compagnie des salines, d'avancer à l'État une somme de 2 millions, nécessaire pour l'achèvement du canal. Depuis, les industriels de la contrée, la ville de Dieuze et le conseil général de la Meurthe avaient demandé instamment la substitution d'un chemin de fer à la voie navigable. Cette voie ferrée, dirigée sur le chemin de Paris à Strasbourg, devait rencontrer sur son trajet le canal de la Marne au Rhin et faire bénéficier ainsi la ville de deux voies de transport; elle était d'ailleurs appelée à opérer, dans des conditions de régularité plus parfaites, l'approvisionnement des usines; enfin la Compagnie avait proposé de se charger de l'exécution du chemin, évalué à 3 500 000 fr., moyennant une subvention de 2 millions égale à la dépense que le canal aurait en définitive laissé peser sur l'État.

L'industrie de Sainte-Marie-aux-Mines occupait près de 25 000 ouvriers tisserands, et comprenait d'importantes filatures de coton, des tissages de calicot, des fabriques de toile peinte, des teintureries, des blanchisseries, des fabriques d'apprêts. Les éléments de sa prospérité se seraient trouvés gravement compromis, si elle était restée privée des voies de communication perfectionnées dont allaient être dotées les industries similaires et notamment celle de Saint-Dié. Il convenait donc de la rattacher à la ligne de Strasbourg à Bâle. Les deux départements du Haut et du Bas-Rhin s'étaient engagés à construire la plate-forme, conformément au précédent consacré par la loi du 16 août 1860.

Enfin le chemin de Boulogne à Calais devait, d'après la convention du 22 juin 1857, qui portait concession de ce chemin à la Compagnie du Nord, se détacher de la ligne d'Amiens à Boulogne, assez loin de cette dernière ville, qui avait élevé les réclamations les plus vives à cet égard. Pour satisfaire à ces réclamations, il fallait dépenser 2 000 000 fr., dont la ville avait déclaré prendre le quart à sa charge ; le Gouvernement considéra comme légitime de faire supporter par le Trésor le surplus de la dépense, soit 1 500 000 fr.

II. — PROJET DE LOI. — Le 5 juin 1861 [M. U., 18 juin 1861], le Gouvernement présenta un projet de loi ayant pour objet d'assurer les voies et moyens d'exécution des travaux.

Le titre Ier conférait au Ministre des travaux publics l'autorisation d'entreprendre ces travaux pour les vingt-deux premières lignes et lui ouvrait les crédits nécessaires sur l'exercice 1862 ; il réservait pour des lois ultérieures les clauses financières des concessions à intervenir et stipulait que, en aucun cas, les dépenses à faire par l'État ne pourraient excéder celles qui incombaient au Trésor d'après les lois des 11 juin 1842 et 19 juillet 1845, c'est-à-dire celles de l'infrastructure. Le Gouvernement faisait du reste connaître qu'il espérait bien pouvoir concéder au moins une partie des chemins précités, dans des conditions avantageuses ; qu'il se réservait de négocier dans ce but ; et que, s'il désirait mettre immédiatement la main à l'œuvre, c'était tout à la fois pour ne pas attendre le résultat de ces négociations et pour s'armer d'une plus grande liberté d'action vis-à-vis des Compagnies avec lesquelles il aurait à traiter. Les ressources nécessaires devaient être fournies par l'émission d'obligations trentenaires.

Le titre II portait autorisation d'allouer une subvention de 850 000 fr., pour l'exécution du chemin de Sainte-Marie à Schlestadt, et une subvention de 2 millions, pour celle du chemin d'Avricourt à Dieuze : la concession de ces deux lignes paraissait en effet assurée ; il était dès lors inutile d'en faire entreprendre les travaux par l'administration. Les dispositions antérieures concernant l'exécution du canal des salines de Dieuze étaient rapportées. Enfin le Ministre était autorisé à accorder à la Compagnie du Nord, en vue de la modification du tracé de la ligne de Boulogne à Calais, une subvention fixée au chiffre maximum de 1 500 000 fr. et devant, le cas échéant, être limitée aux frais effectifs de cette modification, après déduction du concours de 500 000 fr. de la ville de Boulogne.

III. — RAPPORT AU CORPS LÉGISLATIF. — Le rapport fut présenté par M. Le Roux [M. U., 29 et 30 juin 1861]. Il constatait que les chemins proposés étaient d'une utilité

indéniable ; que leur construction serait un véritable acte
de justice distributive ; qu'elle constituerait le corollaire des
traités de commerce ; que, en donnant du travail aux
ouvriers, elle serait un contrepoids salutaire à l'attraction
exercée par les villes. Examinant si les intérêts de l'État ne
seraient pas compromis, il ajoutait : « Tout ce qui contribue
» à la prospérité de la France augmente la richesse de l'État
« et récompense ses efforts et ses sacrifices. L'argent qu'il
« sème ainsi avec largesse et prévoyance revient à lui sous
« mille formes, et c'est, à n'en pas douter, au développe-
« ment de nos chemins de fer qu'est dû, en grande partie,
« le développement incessant de nos revenus indirects.
« Nous profitons des germes déposés dans le passé ; ne
« devons-nous pas aussi, tout en améliorant le présent,
« laisser à l'avenir notre part de bienfaits ? »

Il adhérait aux moyens d'exécution, tout en exprimant
l'espoir que les Compagnies sentiraient l'utilité, pour elles,
des nouveaux affluents, et traiteraient à des conditions équitables, afin de ne pas laisser rompre l'unité de leurs réseaux,
ou qu'il se formerait des Compagnies nouvelles et sérieuses.

Il formulait aussi un avis favorable à la forme indiquée
pour la création des ressources financières ; il y voyait le
triple avantage d'élargir le marché des obligations trentenaires, de donner un cachet spécial aux titres émis pour
les travaux de la paix, et de prévoir l'amortissement à
terme fixe des emprunts.

Il exprimait l'opinion que, malgré la grandeur de la
tâche à accomplir, les capitaux ne feraient pas défaut, et
allait même jusqu'à conseiller au Gouvernement de se mon-
trer de plus en plus sobre de l'hospitalité donnée aux valeurs étrangères sur notre marché.

Passant ensuite en revue les diverses lignes qui moti-
vaient le projet de loi, il s'attachait à réfuter les objections

opposées à l'exécution du chemin de Ceinture (rive gauche), en montrant le revenu considérable de la première partie de ce chemin (92 000 fr. par kilomètre), son insuffisance pour faire face à toutes les nécessités des relations entre les divers réseaux, les services considérables que rendrait la voie de Ceinture ainsi complétée pour le transport des voyageurs et des ouvriers et pour le désencombrement des rues de Paris, son rôle considérable au point de vue militaire. Il reproduisait les arguments développés dans l'exposé des motifs pour justifier la construction des autres lignes.

Il concluait à l'adoption du projet de loi, en élevant de 10 à 15 millions la somme mise à la disposition du Ministre pour entreprendre les travaux en 1851 ; cette augmentation était la conséquence de l'engagement, pris par le Gouvernement devant la Commission, de ne pas ouvrir de crédits supplémentaires ou extraordinaires pendant la prorogation des Chambres.

Il notait un grand nombre d'amendements dont la Commission avait été saisie et qui tendaient à l'établissement de chemins entre Grenoble et Gap ; Neufchâteau et Épinal ; Remiremont et Saint-Amarin ; Nantes et Laval par Châteaubriant ; Cherbourg et Brest ; Dieuze et Faulquemont ou Saint-Avold ; Avricourt et Baccarat ; Privas et Saint-Ambroise ; Châteauneuf et Barbezieux ; Angoulême et Limoges ; la ligne d'Angers à Niort et Saumur ou éventuellement Tours, par Loudun et Chinon ; la ligne d'Auxerre à Nevers et Avallon ; Tours et Montluçon ; Crest et Gap ; Rodez et la Méditerranée ; Tulle et Clermont ; Orléans et Épinay par Montargis ; Nogent et Sézanne ; Bergerac et la Haute-Dordogne ; la ligne de Sainte-Marie à Schlestadt et celle d'Épinal à Saint-Dié ; la ligne de Saintes à Coutras et Blaye ; Vienne et Saint-Hilaire (Isère) ; Niort et Angoulême ; Saint-Dié et Mutzig par Schirmeck ; Langres et Neufchâteau ;

Niort et Luçon; Bourbonne-les-Bains et la ligne de Paris à Mulhouse; Cahors et Gannat; Aubigné et la Flèche; Reims. et Metz, par Mourmelon, Sainte-Menehould et Verdun. La Commission recommandait à l'attention du Gouvernement ce dernier chemin dont la demande s'appuyait sur des souscriptions s'élevant au total de 25 millions.

IV. — DISCUSSION ET VOTE AU CORPS LÉGISLATIF. — M. Auguste Chevalier engagea le débat devant le Corps législatif [M. U., 25 et 26 juin 1861], en signalant un certain nombre de points sur lesquels il conviendrait de réviser les cahiers des charges, si on traitait de la concession des nouvelles lignes avec les grandes Compagnies. La vitesse des trains de voyageurs, comparée à celle qui était réalisée en Angleterre, était tout à fait insuffisante. Les tarifs maxima étaient appliqués avec trop de rigueur; les délais des livraisons des marchandises étaient excessifs; les frais accessoires étaient tout à fait exagérés. Il exprimait, d'ailleurs, l'avis que, même après l'addition des lignes proposées par le Gouvernement, le réseau français rendrait plus de 5 % de produit net.

M. de Franqueville, directeur général des ponts et chaussées et des chemins de fer, commissaire du Gouvernement, répondit à M. Chevalier. Si les trains express étaient moins rapides en France qu'en Angleterre, cela tenait à ce qu'il y avait plus d'arrêts, à ce que les Compagnies répondaient des bagages, à ce que les colis étaient plus nombreux; d'ailleurs les tarifs des trains de vitesse de la Grande-Bretagne comportaient une forte majoration des taxes. En ce qui touchait les marchandises, il existait, entre les régimes des deux pays, des différences considérables et inhérentes à la nature des choses. En Angleterre, les concessionnaires n'étaient pas tenus de recevoir immédiatement les objets apportés à leurs gares ; ils pouvaient percevoir des suppléments de taxes pour les opérations de chargement et de déchargement ; ils disposaient de tarifs différentiels ; les prix de transports étaient très élevés. En France, au contraire, les Compagnies devaient continuellement recevoir les marchandises qu'on leur apportait : quelle que fût l'importance des arrivages dans les ports, elles étaient tenues de pourvoir au transport des cargaisons des navires, dès leur débarquement ; les délais qui avaient été fixés par les contrats et qui étaient d'un jour pour le départ, un pour l'arrivée et un jour par 125 kilomètres de distance, constituaient des maxima au-dessous desquels les Compagnies se maintenaient généralement. Il appartenait plus particulièrement aux intéressés de faire respecter, le cas échéant, ces délais. Quant aux tarifs effectivement perçus, ils étaient, en réalité, de beaucoup inférieurs aux taxes autorisées par le cahier des charges : le transport de la houille ne coûtait pas plus de 0 fr. 049 par kilomètre, en moyenne ; celui des marchandises, prises dans leur ensemble, était de 0 fr. 069, chiffre égal au tiers du prix de roulage. La situation était la même pour les voyageurs.

Le discours de M. de Franqueville provoqua un échange d'observations entre M. Schneider, qui critiquait le système de la réglementation absolue comme anticommercial et antiéconomique, et MM. Roulleaux-Dugage et le baron de Jouvenel, qui considéraient au contraire ce système comme la conséquence nécessaire du monopole.

M. de Parieu exposa ses craintes sur l'aliment que des émissions exagérées pouvaient apporter à l'agiotage, sur le retard que le classement des nouvelles lignes pouvait causer dans l'achèvement du second réseau, sur les mécomptes qui en résulteraient pour les populations intéressées à cet achèvement, sur le dépeuplement que l'exagération des grands

2   17

travaux amènerait dans les campagnes, sur le rôle excessif que ces travaux jouaient dans la politique.

Puis, un grand nombre de députés vinrent réclamer la prompte exécution de chemins antérieurement classés, ou le classement de nouvelles lignes dont le développement total n'était pas de moins de 2 666 kilomètres. M. de Franqueville, tout en signalant l'importance de ce chiffre et la dépense qu'il serait nécessaire d'engager pour satisfaire à toutes les demandes, promit, au nom du Gouvernement, la présentation ultérieure de projets de loi complémentaires répondant aux intérêts légitimes du pays, dans la limite des possibilités financières. Il ajouta que, sauf quelques tempéraments dans les délais, tous les engagements pris par les Compagnies, pour les lignes antérieurement concédées, seraient religieusement tenus.

La loi fut ensuite votée et sanctionnée le 2 juillet [B. L., 2° sem. 1861, n° 946, p. 1].

Les lignes qui en faisaient l'objet furent ultérieurement concédées.

236. — **Crédit pour le chemin d'Alger à Blidah.** — Une loi du 20 juin 1860 avait, nous l'avons vu, autorisé la concession ferme de trois lignes de Philippeville à Constantine, d'Alger à Blidah et de Saint-Denis-du-Sig à Oran et la concession éventuelle de huit autres sections du réseau algérien. Cette concession avait été consentie par décret du 11 juillet, au profit d'une société qui, ayant à faire face à une dépense de 55 millions, devait se constituer à un capital de pareille somme, représenté par 110 000 actions de 500 fr. chacune. Le placement de ces titres avait été impossible ; 34 000 actions à peine avaient été prises par des souscripteurs sérieux. Le surplus avait dû, par suite, être pris en charge par sir Peto, entrepreneur général, qui

avait conclu, moyennant la somme fixe de 43 100 000 fr. à forfait, un marché pour l'exécution de tous les travaux autres que les bâtiments des stations, et qui avait, en même temps, contracté l'engagement de souscrire, jusqu'à concurrence de son marché, toutes les actions dont le placement dans le public aurait été impossible. Des difficultés ne tardèrent pas à surgir. L'entrepreneur général, notamment, avait assumé une tâche beaucoup trop lourde pour lui et ne pouvait faire honneur à sa parole ; sa situation était d'autant plus critique que, par suite du petit nombre d'actions émises, il allait être payé non pas en espèces, mais en papier difficilement négociable.

Le Gouvernement pensa que la principale cause de l'abstention des capitalistes résidait dans l'isolement des trois tronçons concédés à titre ferme ; ces tronçons, ainsi séparés les uns des autres, ne pouvaient en effet avoir qu'un trafic restreint ; leur exploitation devait d'ailleurs être très coûteuse, par le fait de la nécessité de services distincts, d'ateliers séparés, d'un matériel et d'un personnel plus considérables, etc. Le remède était, suivant l'administration, dans la jonction de Blidah à Saint-Denis-du-Sig, c'est-à-dire dans la construction de la ligne d'Alger à Oran sur toute sa longueur. Cette mesure devait, à la vérité, laisser encore isolée la section de Philippeville à Constantine ; mais la ville de Constantine avait près de 40 000 âmes ; son commerce était important ; son seul débouché était sur la mer ; sa distance à Philippeville était en outre considérable ; il y avait là, pour la section reliant les deux villes, des éléments de trafic et de recettes suffisants pour permettre d'ajourner l'établissement de la ligne de Constantine à Alger.

Dans la pensée du Gouvernement, il fallait modifier radicalement le système prévu en 1860, décider immédiatement et comprendre dans la concession toute la ligne

d'Alger à Oran, appliquer les conditions de la loi de 1842 à
l'exécution du réseau et garantir pendant soixante-quinze
ans un minimum d'intérêt de 5 %, sur le capital représentant les dépenses incombant à la Compagnie.

L'évaluation des dépenses et leur répartition entre l'État
et les concessionnaires étaient les suivantes :

| | LONGUEUR | DÉPENSES | | |
		au compte de l'État.	au compte de la Compagnie	Totaux
De Philippeville à Constantine.....	82 km 500	16 625 000 fr.	10 500 000 fr.	27 125 000 fr.
D'Alger à Oran....	457 500	46 375 000	58 500 000	104 875 000
Totaux......	549 km.	63 000 000 fr.	69 000 000 fr.	132 000 000 fr.
Dépenses kilomé-métriques......		116 700	128 700	244 700

Les travaux pourraient d'ailleurs n'être entrepris que
successivement, au fur et à mesure des allocations budgétaires.

Comme corollaire des sacrifices imposés au Trésor, le
Gouvernement considérait comme possible de réduire encore les tarifs, tels qu'ils avaient été fixés par le cahier des
charges antérieur, et de les ramener, pour les marchandises,
au taux des tarifs de la métropole.

Le 30 mai 1861 [M. U., 1861, annexe G, n° 220], le Corps
législatif fut, en conséquence, saisi d'un projet de loi rédigé
d'après les bases ci-dessus indiquées, prévoyant une nouvelle concession sur ces bases et comportant l'ouverture
d'un premier crédit de 2 500 000 fr. sur l'exercice 1861.

La Commission ne crut pas pouvoir admettre la proposition du Gouvernement. En effet, le contrat passé en vertu
de la loi du 20 juin 1860 n'avait pas encore cessé d'exister ;
la Compagnie soutenait même que, ayant commencé les
travaux, elle ne pouvait être frappée de la déchéance sti-

pulée par le cahier des charges; elle manifestait le désir et
l'espoir de voir l'État traiter avec elle pour la modification
à l'amiable de son traité. Dans ces conditions, le projet de
loi était évidemment prématuré. Toutefois, pour ne pas
retarder la construction, si vivement attendue, du réseau
algérien, la Commission, d'accord avec le Conseil d'État,
conclut, par l'organe de son rapporteur, M. Josseau [M. U.,
1861, annexe G, n° 332], à ouvrir au Ministre de la guerre,
sur l'exercice 1861, un crédit de 2 500 000 fr., pour continuer les travaux du chemin d'Alger à Blidah, en cas d'inexécution de la convention arrêtée le 7 juillet 1860 entre le
Ministre de l'Algérie et les fondateurs de la Compagnie des
chemins de fer algériens.

La loi fut votée, sans discussion, dans les termes indiqués par la Commission [M. U., 28 juin 1861] et sanctionnée
le 2 juillet [B. L., 2e sem. 1861, n° 946, p. 4].

237. — **Déclaration d'utilité publique d'un embranchement du chemin du Bourbonnais sur le canal de
Roanne à Digoin.** — Le 25 août 1861 [B. L., 2e sem. 1861,
n° 965, p. 477], un décret déclarait d'utilité publique l'établissement d'un chemin d'embranchement du canal de
Roanne à Digoin à la ligne du Bourbonnais. La dépense de
400 000 fr. de cet embranchement, considéré comme une
dépendance de la voie navigable, devait être imputée sur
les crédits affectés à l'établissement des canaux. Le chemin
fut ouvert en 1866.

CHAPITRE IV. — ANNÉE 1862

238. — **Concession de l'embranchement des mines de Fléchinelle.** — Le premier acte que nous ayons à enregistrer en 1862 est un décret du 8 février [B. L., 1er sem. 1862, n° 1004, p. 309], concédant à la Société houillère dé a Lys supérieure un embranchement destiné à relier les fosses de Fléchinelle au canal d'Aire à la Bassée et à la ligne des houillères du Pas-de-Calais. Le cahier des charges était conforme à celui des grandes Compagnies. Toutefois, il était stipulé que, provisoirement et sous la réserve de l'établissement ultérieur d'un service public dans les conditions usuelles, le chemin pourrait être affecté exclusivement aux transports des produits des mines de Fléchinelle.

La mise en exploitation eut lieu en 1868.

239. — **Déclaration d'utilité publique du chemin de Reims à Mourmelon.** — Un décret du 29 mars 1862 [B. L., 1er sem. 1862, n° 1013, p. 449] déclara d'utilité publique le chemin de Reims à Mourmelon, qui constituait un tronçon de la ligne de Reims à Melz, recommandé à la sollicitude du Gouvernement pendant le cours de la discussion de la loi du 29 juin 1861. La dépense d'exécution de ce chemin, évaluée à 2 500 000 fr., était imputable sur les fonds du chapitre relatif à l'établissement des grandes lignes de chemin de fer. Il fut ultérieurement concédé à la Compagnie de l'Est.

240. — Concession définitive de diverses lignes. — Divers décrets intervenus en 1862 rendirent définitives des concessions éventuelles faites antérieurement aux grandes Compagnies. Nous en donnons ci-dessous la nomenclature :

DÉSIGNATION des Compagnies	DATE des décrets	NUMÉRO du Bulletin des lois	DÉSIGNATION des lignes	ÉPOQUE de l'ouverture.
P.-L.-M.	9 avril 1862	1er sem. 1862, n° 1020, p. 653	Brioude vers Alais	1866-70
Nord.	6 juillet 1862	2e sem. 1862, n° 1041, p. 289	De la ligne de Saint-Quentin à Erquelines à la ligne de Soissons à la frontière belge.	1869
Est.	6 juillet 1862	2e sem. 1862, n° 1041, p. 290	Mézières à la ligne de Soissons à la frontière belge.	1869

241. — Règlement relatif au transit et à l'exportation. — Le 26 avril 1862 [B. L., 1er sem. 1862, n° 1021, p. 664], le Gouvernement voulant favoriser le transit et l'exportation édicta, par dérogation aux règles ordinaires concernant l'homologation des tarifs, les dispositions suivantes.

I. — TRANSIT. — Le Ministre des travaux publics pouvait autoriser les Compagnies, qui en feraient la demande, à percevoir les prix et à appliquer les conditions qu'elles jugeraient les plus propres à combattre la concurrence des voies étrangères.

Dans ce cas, les Compagnies n'étaient astreintes à aucune formalité d'affichage préalable et à aucun délai, soit pour appliquer les taxes réduites, soit pour opérer, dans les limites fixées par les cahiers des charges, le relèvement des prix abaissés.

Elles devaient toutefois communiquer les tarifs au Ministre, la veille de leur mise en vigueur. Chacun de ces tarifs devait constituer un prix ferme unique, comprenant le péage, le transport et les frais accessoires de la frontière.

d'entrée à la frontière de sortie. Ce prix ferme devait être
le même, pour tous les ports de mer appartenant au même
réseau et situés sur le même littoral.

Les tarifs étaient portés à la connaissance du public,
avant la mise en vigueur, par des affiches dans toutes les
gares qui y étaient dénommées.

A toute époque, le Ministre des travaux publics pouvait
en interdire l'application.

II. — EXPORTATION. — Les Compagnies étaient dispen-
sées des formalités d'affichage préalable et de l'obligation
de ne pas relever les taxes avant le délai d'un an.

Elles devaient toutefois soumettre au Ministre toutes les
propositions tendant, soit à l'abaissement des taxes, soit à la
modification des conditions d'application de ces taxes, en
indiquant les parties du réseau sur lesquelles les tarifs seraient applicables au départ, ainsi que la durée pendant
laquelle ils devaient être en vigueur, durée qui ne pouvait
être inférieure à trois mois. Si, dans un délai de cinq jours
à dater de l'enregistrement desdites propositions au ministère, le Ministre n'avait pas notifié son opposition aux
Compagnies, les taxes pouvaient être appliquées à titre
provisoire.

Ces tarifs étaient portés immédiatement à la connaissance
du public par des affiches apposées dans toutes les gares
qui y étaient dénommées.

Toutes les fois que, après le délai minimum de trois
mois, les Compagnies voulaient les relever, elles étaient tenues de se conformer aux règles ordinaires.

A la fin de chaque exercice, elles devaient fournir un
état du tonnage, de la nature, de la provenance et de la
destination des marchandises transportées sur leur réseau,
aux termes des tarifs de transit et d'exportation, ainsi que

des prix et conditions auxquels ces transports avaient-été effectués.

242. — **Concession du chemin de Bergerac à Libourne.**
— Un décret du 19 avril 1862 [B. L., 2ᵉ sem. 1862, nº 1041,
p. 267] prescrivit l'adjudication du chemin de Bergerac à
Libourne, compris dans la loi du 2 juillet 1861. Le rabais
devait porter sur la subvention, dont le maximum était fixé
à 5 millions.

Le cahier des charges était conforme au type, sauf en
ce qui touchait le tarif des marchandises en petite vitesse ;
ces marchandises étaient divisées en quatre classes, taxées
respectivement : la première à 0 fr. 16 ; la deuxième à
0 fr. 14 ; la troisième à 0 fr. 10 ; la quatrième à 0 fr. 08, jusqu'à
20 kilomètres (avec maximum de 1 fr. 25), à 0 fr. 06 de
20 à 100 kilomètres (avec maximum de 5 fr.), à 0 fr. 05 de
101 à 300 kilomètres (avec maximum de 12 fr.) et à 0 fr. 04
au delà de 300 kilomètres ; dans la 4ᵉ classe étaient rangés
la houille, les engrais, les amendements, les matériaux
pour la construction et l'entretien des routes, les cailloux
et le sable. La concession devait durer quatre-vingt-dix-
neuf ans.

Le sieur Rougemont de Lowenberg fut déclaré adjudicataire par décret du 6 juillet 1862 [B. L., 2ᵉ sem. 1862,
nº 1041, p. 264], sans subvention de l'État. Un décret du
9 mai 1863 [B. L., 1ᵉʳ sem. 1863, nº 948, p. 1022] approuva
les statuts de la Société.

La ligne fut plus tard rétrocédée à la Compagnie
d'Orléans.

243. — **Concession du chemin de Dunkerque à la frontière belge.** — Un décret du 26 avril 1862 [B. L., 1ᵉʳ sem.
1863, nº 1127, p. 1194] prescrivit de même l'adjudication

du chemin de Dunkerque à la frontière belge, vers Furnes.
Le rabais devait porter sur la durée de la concession, qui,
en tous cas, expirait au plus tard en même temps que celle
du Nord.

Le cahier des charges était conforme à celui du chemin
de Bergerac à Libourne.

Le sieur Petyt fut déclaré adjudicataire, par décret du
23 mai 1863, moyennant un rabais de onze années [B. L.,
1er sem. 1863, n° 1127, p. 1192].

Une convention internationale fut conclue avec la Belgique, le 15 novembre 1869, et la ligne fut ouverte en 1870,
et raccordée en 1874 avec le réseau du Nord à Dunkerque.

244. — **Convention internationale relative aux chemins de fer entre la France et l'Italie.** — Le 7 mai 1862,
intervint entre la France et l'Italie une convention importante, qui fut rendue exécutoire par décret du 9 juin
1862.

Cette convention réglait les conditions d'exécution du
chemin de Modane à Suse. Le Gouvernement français et le
Gouvernement italien s'engageaient à en supporter la dépense, chacun pour la partie située sur son territoire;
l'exécution du souterrain du mont Cenis était entièrement
confiée au Gouvernement italien, sauf paiement par la
France d'une somme à forfait de 19 000 000 fr., à majorer, le
cas échéant, de 500 000 fr. par année gagnée sur le délai
maximum de vingt-cinq ans et d'une prime supplémentaire de
100 000 fr. par année au-dessous de quinze ans. Pendant les
travaux, le Gouvernement français devait servir au Gouvernement italien les intérêts à 5 °/₀ des dépenses faites pour les
parties entièrement terminées sur le sol de la France, lesdites
dépenses évaluées à 3 000 fr. par mètre courant, à condition
que la partie terminée sur le sol de l'Italie n'eût pas une

longueur inférieure de plus de 100 mètres. Si le souterrain n'était pas achevé le 1er janvier 1887 ou s'il était abandonné par le Gouvernement italien, la France était exonérée de sa quote-part contributive. La somme de 20 millions que la Compagnie Victor-Emmanuel était tenue de payer à titre de subvention était répartie dans la proportion de 13 millions pour l'Italie et 7 millions pour la France.

Les charges résultant de la garantie d'intérêt à 4 1/2 %° stipulée en faveur de la Compagnie Victor-Emmanuel devaient être partagées entre les deux Gouvernements, de telle sorte que chacun d'eux supportât seul le déficit pouvant résulter des règlements de compte relatifs à la partie du chemin située sur son territoire : toutefois, si les sections appartenant à l'un des deux États rendaient plus de 4 1/2 %, l'excédent était déversé sur l'autre État, de manière à réduire ou supprimer l'effet de sa garantie.

Après la mise en exploitation de la ligne de Modane à Suse, la garantie d'intérêt spéciale à cette section devait être répartie entre les deux États, au prorata des longueurs sur les territoires respectifs, le capital de 20 millions précité étant partagé comme il a été dit ci-dessus.

Le Gouvernement français s'engageait en outre à présenter, au plus tard en 1863, un projet de loi pour le prolongement du chemin de Toulon à Nice jusqu'à la frontière ; le changement de service était fixé à Vintimille ; le Gouvernement italien devait recevoir l'intérêt à 5 % des dépenses afférentes aux constructions élevées dans cette gare pour l'usage exclusif du chemin français, ainsi que de la moitié des dépenses afférentes aux constructions d'un usage commun ; l'administration italienne devait en outre recevoir, à titre de péage, les deux tiers des recettes correspondant aux transports entre la frontière et Vintimille.

245. — Autorisation d'établir un embranchement desservant les Mines de Nœux et d'Hersin. — Un décret du
18 juin 1862 [B. L., 2° sem. 1862, n° 1039, p. 177] autorisa
la société des mines de Vicoigne et de Nœux à établir un
embranchement reliant ses exploitations de Nœux et d'Hersin
au canal de Beuvry à Gorre, aux clauses et conditions du
cahier des charges annexé au décret du 26 mai 1860, concernant l'embranchement desdites mines au chemin des
houillères du Pas-de-Calais.

L'embranchement pouvait être provisoirement affecté au
seul transport des produits des mines de Nœux. Mais le
décret contenait la réserve d'usage pour l'établissement
ultérieur et éventuel d'un service public, si l'utilité en était
reconnue.

L'ouverture à l'exploitation eut lieu en 1863.

246. — Concession des chemins de Valenciennes à
Achette et de Lille à Tournai. — Dès 1857, le Gouvernement préoccupé de la nécessité d'établir une communication rapide entre Dunkerque et Strasbourg et de relier
entre elles les places fortes de Dunkerque, Lille, Valenciennes, Le Quesnoy, Avesnes, Rocroy, Mézières, Sedan,
Thionville, Metz, Bitche et Strasbourg, avait ajouté aux
chemins de fer déjà existants dans le Nord et dans l'Est, et
concédé aux deux Compagnies régionales deux sections,
l'une entre la ligne de Saint-Quentin à Erquelines et la
ligne de Soissons à la frontière belge, et l'autre entre Mézières et cette dernière ligne.

A la suite d'une étude approfondie, il s'était arrêté à un
tracé passant par Trélon, Fourmies, Avesnes et Achette ;
mais il avait jugé utile d'exécuter, en outre, un tronçon de
30 kilomètres entre Valenciennes et Achette, de manière à
créer entre la mer du Nord et le Rhin, entre Dunkerque ou

Calais et Strasbourg, une communication directe. L'évaluation de la dépense était de 8 millions.

La ligne ainsi constituée était d'une importance extrême, pour assurer à la France le transit entre la mer du Nord et l'Allemagne. Elle devait d'ailleurs desservir les établissements industriels des Ardennes, de Trélon, d'Hirson, de Fourmies, et ceux de la Sambre et de l'Escaut ; faciliter aux bois de la région l'accès des bassins houillers du Nord et du Pas-de-Calais ; ouvrir aux minerais de Trélon un débouché vers les hauts-fourneaux de l'Escaut et vers ceux de la Sambre ; permettre aux houilles françaises de faire concurrence aux houilles belges, pour l'approvisionnement des forges de la Sambre de l'arrondissement d'Avesnes et des Ardennes.

Une autre ligne avait également paru nécessaire : c'était celle de Lille à la frontière belge vers Tournai, de 12 kilomètres de longueur, évaluée à 4 millions.

Le Ministre des travaux publics conclut donc, avec la Compagnie du Nord, une convention portant concession définitive à cette Compagnie du chemin de Valenciennes à Achette et de celui de Lille à la frontière vers Tournai.

La concession était faite sans subvention, ni garantie d'intérêt. Le chemin était classé dans l'ancien réseau, sur lequel était également reporté le chemin des houillères du Pas-de-Calais, tronçon de la grande ligne de Paris à Calais et à Dunkerque.

L'étendue de l'ancien réseau était ainsi portée de 967 kilomètres à 1 095 et celle du nouveau réseau, ramenée de 590 kilomètres à 505.

Ces modifications avaient pour corollaire la révision des chiffres fixés pour le revenu réservé à l'ancien réseau, tant au point de vue de la garantie d'intérêt qu'au point de vue du partage des bénéfices. En ce qui touchait le déversoir, on ajouta au revenu total réservé aux 967 kilomètres de l'ancien réseau, à raison de 38 400 fr. par kilomètre, l'intérêt et l'amortissement des dépenses afférentes aux trois lignes que l'on y rattachait et, divisant le total ainsi obtenu par le développement nouveau du réseau, soit 1 095 kilomètres, on ramena le revenu réservé kilométrique à 35 000 fr. En ce qui touchait le partage des bénéfices, on ramena de même le revenu réservé kilométrique de 53 000 fr. à 48 700 fr., en ne comptant les lignes nouvelles que pour 6 % de leurs dépenses.

Cette convention fit l'objet d'un projet de loi, dont le Corps législatif fut saisi le 16 juin [M. U., 17 juin, annexe O, page LIV]. M. Plichon, rapporteur, émit un avis favorable [M. U., 28 juin 1862 et annexe Q, p. LXV], en signalant l'opportunité de donner satisfaction aux régions de l'Aisne, que l'un des tracés mis à l'étude pour la ligne de Mézières vers le Nord aurait traversées et desservies. Il fit, d'ailleurs, connaître que la Commission avait repoussé un amendement de MM. Geoffroy de Villeneuve et Hébert, tendant à supprimer la garantie d'intérêt sur la section d'Hirson à Achette; cet amendement n'avait aucune portée pratique, eu égard à la situation de la Compagnie, qui avait des revenus suffisants pour ne pas recourir à la garantie.

Il n'y eut pour ainsi dire pas de discussion sur le projet de loi devant l'Assemblée [M. U., 28 et 29 juin 1862]. Un certain nombre de députés profitèrent de l'occasion [pour réclamer l'exécution des chemins qui les intéressaient, et M. le baron de Jouvenel demanda le chauffage des voitures à voyageurs de toutes les classes pendant l'hiver. La loi fut sanctionnée le 6 juillet et un décret du même jour approuva la convention [B. L., 2ᵉ sem. 1862, nᵒ 1041, p. 286 et 289].

La ligne de Valenciennes à Achette fut ouverte en 1872.

Les conditions d'établissement de la ligne de Lille à la frontière furent l'objet d'une convention internationale du 1er juillet 1863; elle fut ouverte en 1865.

247. — **Concession des chemins de Napoléon-Vendée à la Rochelle, de Rochefort à Saintes, de Saintes à Coutras et de Saintes à Angoulême.** — Au nombre des lignes autorisées par la loi du 2 juillet 1861, se trouvaient les chemins de Napoléon-Vendée à la Rochelle, de Rochefort à Saintes, de Saintes à Coutras, et de Saintes à Angoulême, qui présentaient ensemble un développement de 289 kilomètres. Cette loi portait que les dépenses à faire par l'État n'excèderaient pas celles qui étaient mises à la charge du Trésor par les lois des 11 juin 1842 et 19 juillet 1845 et, d'autre part, qu'il serait statué par des lois spéciales sur les clauses financières à la charge de l'État, qui seraient ultérieurement stipulées pour la concession desdits chemins.

Les dépenses d'établissement des lignes précitées étaient évaluées à 64 100 000 fr., dont 34 800 000 fr. pour l'infrastructure.

Un décret du 19 avril 1862 [B. L., 2e sem. 1862, n° 1041, p. 246] en prescrivit l'adjudication en un seul groupe. Le rabais devait porter sur la subvention de l'État, fixée au maximum à 22 millions. Le cahier des charges était conforme à celui du chemin de Libourne à Bergerac; la durée de la concession était de quatre-vingt-dix-neuf ans; le concessionnaire était tenu, s'il en était requis dans un délai de huit ans, d'exécuter un prolongement d'Angoulême sur Limoges, l'État y participant dans la proportion prévue par la loi du 11 juin 1842.

Les fils de Guilhon jeune se rendirent adjudicataires, moyennant un rabais de 1 505 000 fr.

Le 19 juin 1862, le Gouvernement présenta un projet

de loi portant autorisation de l'allocation de la subvention
[M. U., 20 juin 1862].

M. Alfred Le Roux, rapporteur, conclut au vote de la loi
[M. U., 24 juin 1862 et annexe Q, p. LXIV]. Ce vote eut lieu
sans discussion [M. U., 2 juillet 1862] et la loi fut sanctionnée
le 6 juillet. Un décret du même jour ratifia la convention
[B. L., 2ᵉ sem. 1862, n° 1041, p. 241 et 242].

Les statuts de la Compagnie furent approuvés par décret
du 30 mai 1863 [B. L., 1ᵉʳ sem. 1863, supp., n° 958, p. 1245].

La ligne de Napoléon-Vendée à la Rochelle fut ouverte
en 1871 ; celle de Rochefort à Saintes, en 1867 ; celle de
Saintes à Coutras, de 1869 à 1874 ; et celle de Saintes à
Angoulême, en 1867.

248. — **Allocation d'une subvention au chemin de fer
de Belfort à Guebwiller.** — Les propriétaires des établissements industriels situés sur le versant oriental des Vosges
avaient sollicité du Gouvernement l'établissement d'un chemin direct de Rouffach à Belfort. Il s'agissait de desservir
des usines comptant 800 000 broches et 30 000 métiers,
occupant 50 000 ouvriers et représentant à peu près le
cinquième de la fabrication cotonnière de France, ainsi que
d'importants ateliers affectés à la construction des machines
et des métiers et représentant à peu près la moitié de la
fabrication française : dès 1854, ces divers établissements
avaient 4 900 chevaux de force hydraulique et 5 700 che-
vaux-vapeur.

Le chemin devait se détacher à Guebwiller, passer par
Soultz et aboutir à Belfort ; sa longueur était de 50 kilomètres ; son évaluation, de 12 millions ; et l'estimation de son
produit net, de 440 000 fr. environ. Conformément à l'avis
du comité consultatif et du Conseil d'État, le Gouvernement
présenta, le 21 juin 1862, un projet de loi tendant à l'allo-

cation d'une subvention de 3 millions [M. U., 22 juin 1862 et annexe Q, p. LXVI].

M. Keller, rapporteur, conclut à l'adoption de cette proposition, en invoquant, outre les considérations développées dans l'exposé des motifs, l'utilité d'assurer du travail aux nombreux ouvriers qui allaient subir un chômage désastreux, par suite du manque de coton [M. U., 26 juin 1862, annexe Q, p. LXVI].

La loi fut votée sans débat [M. U., 28 juin 1862] et sanctionnée le 6 juillet 1862 [B. L., 2ᵉ sem. 1862, n° 1039, p. 118].

La Compagnie de l'Est se rendit concessionnaire de la ligne en 1863.

249. — **Projet de loi relatif au chemin de Reims à Metz.** — Lors de la construction de la ligne de Paris à Strasbourg, le choix à faire entre le tracé par Nancy et le tracé par Metz avait été très controversé; la direction de Nancy avait fini par l'emporter et on s'était borné à desservir Metz par un embranchement se détachant à Frouard. Des intérêts considérables étaient ainsi laissés en souffrance et, depuis de longues années, le Gouvernement était saisi de demandes instantes, ayant pour objet l'établissement d'un chemin de Reims sur Metz. Indépendamment de son trafic local, ce chemin devait servir au transit entre la Prusse rhénane et le grand-duché de Luxembourg, d'une part, l'Océan et la Manche, d'autre part. Le raccourci, qui devait résulter de sa création, pour Metz et les au delà, était : sur Paris, de 44 kilomètres; sur Amiens et le Nord, de 90 kilomètres; sur Reims, de 90 kilomètres; sur le Havre et Rouen, de 116 kilomètres; sur Mourmelon et le camp de Châlons, de 86 kilomètres. Sa longueur était de 186 kilomètres; son évaluation, de 50 millions; son produit net probable, de 14 700 fr. par kilomètre.

2   18

Le 16 juin 1862 [M. U., 1862, annexe Q, p. LXIV], le Gouvernement déposa sur le bureau du Corps législatif un projet de loi tendant à l'allocation d'une subvention de 10 millions. Ce projet de loi ne put être discuté pendant la session de 1862; il fut retiré en 1863 et la ligne de Reims à Metz fut comprise dans un ensemble de concessions faites à la Compagnie de l'Est.

250. — Autorisation d'un embranchement du chemin des mines de Lens. — Par décret du 10 juillet 1862 [B. L., 2ᵉ sem. 1862, n° 1043, p. 377] la société des mines de Lens fut autorisée à greffer, sur le réseau qui avait fait l'objet d décret du 9 mai 1860, un nouvel embranchement desservant une nouvelle fosse.

Cet embranchement fut livré à l'exploitation en 1853.

251. — Déclaration d'utilité publique de la section du Grand-Parc à Rouen. — Le 11 août 1862, un décret déclara d'utilité publique une section du chemin de Rouen à Amiens, celle du Grand-Parc à Rouen par la vallée de Darnetal, en réservant les voies et moyens d'exécution.

252. — Concession du chemin de Dieuze à Avricourt. — La loi du 2 juillet 1861 avait autorisé le Ministre des travaux publics à allouer une subvention de 2 millions pour l'établissement du chemin de Dieuze à Avricourt.

Un décret du 16 août 1862 [B. L,, 2ᵉ sem. 1862, n° 1051, p. 595], rendu en conformité de cette loi, concéda la ligne à la société des anciennes salines domaniales de l'Est, pour une durée égale à celle qui restait à courir jusqu'à l'expiration de la concession du réseau de l'Est. Le cahier des charges était analogue à celui de Libourne à Bergerac.

L'embranchement fut repris par la Compagnie de l'Est en 1863.

253. — **Décret relatif au tracé de la ligne de Paris à Vendôme.** — Aux termes du cahier des charges annexé au décret du 19 juin 1857, le chemin de Paris à Tours devait se détacher de celui de Paris à Orsay.

A la suite de projets comparatifs et d'enquêtes, un décret du 28 août [B. L., 2ᵉ sem. 1862, n° 1053, p. 624] modifia cette disposition, en fixant à Brétigny, sur la ligne de Paris à Orléans, le point de départ de la ligne de Tours, sous la réserve que le chemin d'Orsay serait prolongé jusqu'à Limours.

La section d'Orsay à Limours fut ouverte en 1867.

CHAPITRE V. — ANNÉE 1863

254. — Concession des chemins de Napoléon-Vendée aux Sables-d'Olonne et de Napoléon-Vendée à Bressuire. — Parmi les lignes autorisées par la loi du 2 juillet 1861 étaient compris deux chemins dirigés, l'un de Napoléon-Vendée aux Sables-d'Olonne, l'autre de Napoléon-Vendée à la ligne d'Angers à Niort, par ou près Bressuire; leur évaluation était de 6 600 000 fr. pour le premier et de 18 200 000 fr. pour le second; la dépense à la charge de l'État, dans les conditions de la loi de 1842, était évaluée à 13 900 000 fr.

Un décret du 15 septembre 1862 [B. L., 1er sem. 1863, n° 1092, p. 193] prescrivit la mise en adjudication de ces deux chemins, moyennant une subvention de l'État fixée, au maximum, à 2 500 000 fr. pour la ligne des Sables-d'O-lonne et à 146 000 fr. par kilomètre pour celle de Bressuire. Le rabais devait porter sur l'ensemble des subventions.

Le cahier des charges était conforme à ceux qui avaient été admis récemment pour diverses lignes de la région. Il réservait, pendant dix ans et à conditions égales, un droit de préférence à l'adjudicataire, pour un prolongement éventuel du chemin de Bressuire.

MM. le comte de Monthiers, Thomas Savin et Cie, ayant offert un rabais de 707 500 fr., furent déclarés concessionnaires, sauf homologation de l'adjudication par décret et sous réserve de la ratification des clauses financières par le Corps législatif.

Un projet de loi fut, en conséquence, présenté le 12 janvier 1863 [M. U.. 13 janvier 1863, et annexe E, p. XX]; l'exposé des motifs se bornait à faire remarquer que le résultat de l'adjudication était de procurer à l'État une économie de 1 900 000 fr. environ, sur les prévisions de dépenses relatives à l'infrastructure.

M. Mame, rapporteur, émit un avis favorable et formula, au nom de la Commission, le vœu que la ligne fût prolongée le plus tôt possible vers Tours [M. U., 27 janvier 1863 et annexe F. p. XXII].

La discussion devant la Chambre [M. U., 3 février 1863] ne souleva que quelques observations sur la nécessité du prolongement et sur le tracé à lui appliquer. Le Gouvernement prit acte de ces observations. La loi fut votée et sanctionnée le 4 mars [B. L., 1ᵉʳ sem. 1863, n° 1089, p. 121].

Un décret du 28 février avait, d'ailleurs, déjà approuvé l'adjudication. sous réserve des clauses financières [B. L., 1ᵉʳ sem. 1863, n° 1092, p. 189].

Les statuts de la Compagnie furent approuvés par décret du 31 octobre 1863 [B. L., 2ᵉ sem. 1863, n° 990, p. 977].

L'ouverture à l'exploitation eut lieu pour la ligne de Napoléon-Vendée aux Sables, en 1866. et pour celle de Napoléon-Vendée à Bressuire, en 1871.

255. — Concession du chemin de Sathonay à Bourg. —

La Dombes était encore couverte d'étangs, rebelle à la culture et insalubre : sur 90 000 hectares, elle en comptait plus de 14 000 en eau. La proportion des fiévreux était, en moyenne, de 34 % : dans certaines communes, elle avait atteint 94 %. La vie moyenne. qui était de trente-cinq ans dans toute la France, y était descendue à vingt-trois ans. Les réformes prononcées, pour causes physiques, par les conseils de révision, s'élevaient en moyenne à 52 %. L'exploitation des étangs se faisait par un assolement qui consistait à les laisser en eau pendant deux ans et à les livrer à la culture pendant la troisième année, de telle sorte qu'annuellement 5 000 hectares venaient livrer à l'évaporation leurs dépôts limoneux, mêlés de débris organiques, et jeter à profusion leurs miasmes dans l'atmosphère ; d'un autre côté, dans les parties laissées en eau, le niveau s'abaissait considérablement pendant l'été et de vastes étendues de terrains marécageux étaient ainsi découvertes à l'époque des chaleurs.

Dès 1789, les cahiers provinciaux protestèrent contre cet état de choses et les pouvoirs publics cherchèrent à y pourvoir par la loi de septembre 1792 ; mais cette loi, entourée de formalités souvent impraticables, ne produisit que peu d'effets. Les événements retardèrent jusqu'en 1856 l'intervention de mesures nouvelles. En 1856 une loi de procédure pourvut au rachat et à la licitation de la propriété des étangs, qui était divisée en une multitude de droits d'évolage, de brouillage, de champéage, de naisage ; des subventions furent accordées pour l'exécution de chemins vicinaux ; mais l'un des principaux éléments de mise en valeur et d'assainissement de la Dombes était incontestablement une voie ferrée, venant y apporter les amendements et les engrais.

Tel était l'objet du chemin de Sathonay à Bourg, qui devait traverser la Dombes dans sa zone médiane ; sa longueur était de 50 kilomètres ; la dépense de construction était évaluée à 10 000 000 fr. au plus. Une Compagnie du pays avait soumissionné directement l'entreprise et offrait d'exécuter la ligne, moyennant une subvention de 3 750 000 fr., représentant approximativement le coût de l'infrastructure. Cette Compagnie, obligée d'établir de nombreux ateliers, d'exécuter des terrassements considérables, s'était en outre engagée à dessécher 6 000 hectares, dont la suppression au-

rait été préalablement approuvée par l'administration, et
ce, soit en acquérant les étangs pour les transformer en
prairies, bois ou terres arables, soit en provoquant leur
dessèchement et leur mise en valeur au moyen de primes
payées aux propriétaires en numéraire, en travaux agricoles, en constructions, en engrais, ou de toute autre manière.

Une convention fut signée, sur ces bases, entre le Ministre et MM. Arlès-Dufour, Germain et Amédée Sellier.
Cette convention assurait d'ailleurs aux concessionnaires
une prime de 1 500 000 fr., payable en vingt termes semestriels égaux, à charge par eux de justifier, avant le
paiement de chaque terme, du dessèchement et de la mise
en valeur de 300 hectares.

Le Corps législatif fut saisi, le 23 février 1863, de
cette convention [M. U., 24 février et annexe G, p. XXVII].
M. de Saint-Germain, rapporteur, conclut à l'approbation
des propositions du Gouvernement [M. U., 28 mars et
26 avril].

La loi fut votée sans discussion [M. U., 8 avril 1863] et
sanctionnée le 18 avril [B. L., 2e sem. 1864, n° 1233,
p. 213].

Un décret du 25 juillet 1864 [B. L., 2e sem. 1864, n° 1233,
p. 214] approuva définitivement la convention ; un autre
décret du 17 septembre 1864 [B. L., 2e sem. 1864, supp.,
n° 1071, p. 861] autorisa la société dite Compagnie de la
Dombes et le chemin fut ouvert en 1866.

256. — **Concession du chemin de Perpignan à Prades.**
— Le 7 avril 1863 [M. U., 8 et 29 avril 1863] le Gouvernement saisit le Corps législatif d'un projet de loi tendant à
l'allocation d'une subvention de 2 millions pour l'exécution
d'un chemin de Perpignan à Prades, destiné à faciliter

l'exploitation des riches minerais de fer du Canigou. Ce chemin, de 41 kilomètres de longueur, devait coûter 300 000 fr. par kilomètre et donner un produit net de 13 000 fr. environ.

M. Durand, rapporteur [M. U., 16 avril et 14 mai 1863], fit valoir le grand intérêt qu'il y avait à faciliter l'envoi des minerais de la Tet à Decazeville, à Alais, au Creusot, et à leur permettre ainsi de se substituer avec avantage aux minerais de l'Espagne, de l'île d'Elbe et même de l'Algérie ; il invoqua l'utilité de la ligne au point de vue de l'établissement de nouvelles communications avec l'Espagne, le rôle qu'elle pourrait jouer pour la défense du pays, la plus-value qu'elle procurerait à un certain nombre d'établissements thermaux. Il proposa l'adoption du projet de loi.

Lors de la discussion devant le Corps législatif [M. U., 21 avril 1863], M. Dalloz demanda que l'exploitation des gîtes houillers fût améliorée par le développement des voies de transport et l'abaissement des tarifs. Il justifia cette observation par le rapprochement de la production houillère en Angleterre, en Prusse, en Belgique et en France ; ces divers pays produisaient respectivement, par année, 80 000 000 de tonnes, 17 000 000 de tonnes, 8 900 000 tonnes et 8 490 000 tonnes ; la France était conduite à demander 6 000 000 de tonnes à l'étranger.

La loi fut ensuite votée et rendue exécutoire le 6 mai 1863 [B. L., 1ᵉʳ sem. 1862, n° 1112, p. 751].

Un décret du 18 juin 1863 [B. L., 2ᵉ sem. 1863, n° 1150, p. 374] prescrivit l'adjudication du chemin, sur un cahier des charges conforme à celui des chemins de la Vendée, sauf en ce qui concernait les marchandises de la 4ᵉ classe (houille, engrais, etc.) dont le tarif était fixé à 0 fr. 08 jusqu'à 100 kilomètres, avec maximum de 5 fr. ; à 0 fr. 05 entre 101 kilomètres et 300 kilomètres, avec maximum de 12 fr. ; à 0 fr. 04 au delà de 300 kilomètres.

M. Sharpe se rendit adjudicataire de la ligne, moyennant une réduction de 1 000 fr. sur la subvention, et l'adjudication fut homologuée le 29 août 1863 [B. L., 2ᵉ sem. 1863, nº 1150, p. 372].

Après une mise sous séquestre, l'ouverture à l'exploitation eut lieu de 1868 à 1877.

257. — **Décrets réglant les justifications financières à fournir par les Compagnies.** — Nous avons à noter, vers cette époque, une série de décrets déterminant, en ce qui concernait la garantie d'intérêt, les formes suivant lesquelles la plupart des Compagnies auraient à fournir diverses justifications, savoir :

Décret du 2 mai pour le réseau de l'Est [B. L., 1ᵉʳ sem. 1863, nº 1121, p. 1009];

Décret du 6 mai pour le réseau de l'Ouest [B. L., 1ᵉʳ sem. 1863, n. 1127, p. 1179]; ·

Décret du 6 mai pour le réseau d'Orléans [B. L., 1ᵉʳ sem. 1863, nº 1127, p. 1173];

Décret du 6 mai pour le réseau du Midi [B. L., 1ᵉʳ sem. 1863, nº 1127, p. 1185];

Décret du 6 juin pour le réseau de Paris-Lyon-Méditerranée [B. L., 1ᵉʳ sem. 1863, nº 1129, p. 1251];

Décret du 6 août pour le réseau de Victor-Emmanuel [B. L., 2ᵉ sem. 1863, nº 1143, p. 222];

Décret du 20 septembre pour le réseau de Paris-Lyon-Méditerranée algérien [B. L., 2ᵉ sem. 1863, nº 1155, p. 545] (1).

Nous n'entrerons pas dans le détail des stipulations de ces différents décrets, et nous nous bornerons à en faire connaître le cadre et les traits principaux.

(1) Le règlement relatif au réseau du Nord n'intervint que le 12 août 1868 [B. L., 2ᵉ sem. 1868, nº 1632, p. 395].

Le titre Ier était relatif aux frais de premier établissement, tels qu'ils devaient être établis au double point de vue de la garantie d'intérêt et du partage des bénéfices. Ces frais devaient comprendre, outre les sommes que la Compagnie justifiait avoir dépensées dans un but d'utilité pour le rachat, la construction et la mise en valeur des lignes jusqu'au 1er janvier qui avait suivi leur ouverture, la dépense d'entretien et d'exploitation jusqu'à la même époque des sections successivement livrées à la circulation ; les trois cinquièmes de la dépense d'entretien de la voie et des terrassements pendant une année, à dater de cette époque, pour les sections qui n'auraient été mises en service que l'année précédente ; enfin, l'intérêt et l'amortissement des emprunts contractés pour le rachat ou la construction jusqu'à l'époque où commencerait l'application de la garantie d'intérêt, mais seulement pour la portion que ne couvrirait pas le produit net des lignes ou sections successivement ouvertes. Devaient en être déduits les produits bruts de l'exploitation, jusqu'au 1er janvier qui avait suivi l'ouverture de chaque ligne ; le produit de l'aliénation des immeubles ; le produit des capitaux affectés à l'établissement de chaque ligne, jusqu'au moment de leur emploi en travaux. Venaient ensuite diverses dispositions tirées des conventions et relatives à la clôture des comptes, aux travaux complémentaires, à la commission de vérification des comptes.

Le titre II était relatif aux dépenses d'exploitation et aux recettes. Nous signalerons particulièrement une clause interdisant de porter au compte d'exploitation : 1° les charges des emprunts contractés pour l'achèvement des travaux, en cas d'insuffisance du capital garanti par l'État ; 2° les frais concernant des établissements qui ne servaient pas directement à l'exploitation du chemin de fer.

Le titre III réglait les conditions d'application de la

garantie d'intérêt et de partage des bénéfices. Nous n'en retiendrons que le paragraphe conférant au Ministre la faculté de faire une avance à la Compagnie après règlement provisoire du compte de la garantie.

Le titre IV indiquait l'étendue de l'action des inspecteurs généraux des chemins de fer et de l'inspecteur général des finances.

Enfin le titre V contenait certaines dispositions générales, notamment la réserve de l'approbation préalable du Ministre pour les émissions d'obligations.

258. — Loi de finances. Timbre des récépissés. —

La loi de finances du 13 mai 1863 [B. L., 1er sem. 1863, n° 1114, p. 801] réduisit à 0 fr. 10 le droit de timbre des récépissés que les Compagnies de chemin de fer étaient tenues de délivrer aux expéditeurs, lorsque ces derniers ne demandaient pas de lettre de voiture. Ce droit était auparavant réglé d'après la dimension du papier. Le commissaire du Gouvernement, M. Vuitry, déclara d'ailleurs que le récépissé, complété, comme l'avait demandé la Commission du budget, par les principales énonciations de la lettre de voiture, aurait la même valeur et les mêmes conséquences juridiques que cette dernière.

259. — Convention avec la Compagnie Victor-Emmanuel.

I. — Convention. — La concession du chemin de fer Victor-Emmanuel remontait à 1853; les conditions en avaient été réglées par une loi sarde du 29 mai 1853. La durée de cette concession avait été fixée à quatre-vingt-dix-neuf ans, à partir de l'époque de l'achèvement des travaux; le Gouvernement piémontais avait accordé une garantie d'intérêt de 4 1/2 %, pour toute cette durée, sur le capital dépensé par la Compagnie, dans la limite d'une évaluation à faire préalablement d'après des plans et devis qui devaient être présentés dans un délai de quatre mois.

Postérieurement, une loi du 15 août 1857 avait modifié la consistance du réseau, qui avait compris dès lors sept sections, savoir : celles du Rhône, près Culoz, à Chambéry ; de Chambéry à Saint-Jean de Maurienne ; de Saint-Jean à Modane ; de Modane à Suse ; de Suse à Turin ; de Turin au Tessin ; et d'Ayton, par Albertville, à Annecy. La même loi avait arrêté au 1ᵉʳ juillet 1856 l'origine de la concession. Indépendamment de la garantie générale, le Gouvernement piémontais en avait accordé une spéciale et distincte pour la subvention de 20 millions à fournir par la Compagnie, en vue de la construction de la section de Modane à Suse, comprenant le tunnel du mont Cenis.

La partie du réseau, située sur le territoire de la Savoie annexé à la France, était livrée à l'exploitation depuis le mois de mars 1862, sur 117 kilomètres, entre Culoz et Saint-Michel, et ne comportait plus que 27 kilomètres en construction.

La Compagnie demanda : 1° que la garantie fût spécialisée à chaque État ; 2° qu'elle fonctionnât à partir de l'époque de l'annexion.

Ces deux chefs de demande furent soumis à l'examen d'une commission internationale instituée pour résoudre les questions que soulevait, au point de vue des chemins de fer, l'annexion de la Savoie.

La commission fut d'avis de repousser la première demande (1), comme absolument contraire au cahier des charges ; cette solution fut consacrée par la convention in-

_____

(1) Cette demande s'expliquait par le revenu relativement élevé des sections italiennes.

ternationale du 7 mai 1862 dont nous avons donné précédemment la substance.

Sur le second chef, au contraire, la commission, tout en constatant qu'en appliquant le contrat à la lettre il serait possible d'ajourner le fonctionnement de la garantie jusqu'à l'achèvement de la section de Modane à Suse, conseilla d'accorder cette garantie dès la mise en exploitation de la section de Saint-Jean-de-Maurienne à Saint-Michel, afin de ne pas surcharger le capital de premier établissement de l'insuffisance des produits pendant un temps trop long. Le Conseil d'État et le Gouvernement se rangèrent à cette opinion, en fixant au 1er janvier 1863 l'origine de l'application de la garantie.

Le Ministre conclut donc, avec la Compagnie, une convention dont les stipulations étaient les suivantes :

L'article 1er donnait la nomenclature des lignes dont se composait le réseau et dégageait la Compagnie de l'obligation d'exécuter l'embranchement d'Ayton sur Annecy par Albertville.

L'article 2 indiquait l'origine du fonctionnement de la garantie et disposait que le capital, bénéficiant de cette garantie, ne dépasserait pas 16 millions jusqu'à l'ouverture de la section de Modane à Suse, mais pourrait être porté à 66 millions après la mise en service de cette section, à raison des dépenses complémentaires dûment autorisées par décrets rendus en Conseil d'État qu'il serait nécessaire d'effectuer pendant un délai de cinq ans, pour l'augmentation du matériel roulant ou la pose d'une seconde voie, sur tout ou partie de la ligne du Culoz à Modane.

L'article 3 portait que la garantie spéciale d'intérêt de 4,50 %, accordée à la Compagnie par la loi du 15 août 1857, sur le capital à verser par elle pour la traversée des Alpes, s'appliquerait à une somme de 7 millions. Il devait être tenu

un compte distinct de l'exploitation de cette section, jusqu'au jour où l'ensemble du réseau, tant français qu'italien,
aurait, pendant trois années consécutives, donné aux actions 6 °/₀ au moins de revenu.

L'article 4 rappelait la division des sections françaises
et des sections italiennes au point de vue de la garantie.

L'article 5 contenait les clauses d'usage pour le remboursement des avances de l'État.

L'article 6 prévoyait, à partir du 1ᵉʳ janvier 1872, le partage des produits au delà de 10 °/₀.

L'article 7 reproduisait les dispositions habituelles au
sujet de la tenue des comptes.

Enfin l'article 8 soumettait la concession à un nouveau
cahier des charges.

Ce cahier des charges était analogue à celui qui avait
été adopté pour les chemins des Charentes ; toutefois, les
marchandises transportées eu petite vitesse étaient divisées
en trois classes taxées à 0 fr. 20, 0 fr. 18, et 0 fr. 16, plus
une classe spéciale taxée à 0 fr. 10 pour les houilles, marnes,
cendres, fumiers et engrais. La durée de la concession était
de quatre-vingt-dix-neuf ans, à partir du 1ᵉʳ janvier 1856.
Diverses clauses du cahier des charges piémontais, concernant notamment la construction du tunnel du mont Cenis
et la contribution de la Compagnie à cette œuvre, étaient
déclarées maintenues.

II. — LOI APPROBATIVE DES CLAUSES FINANCIÈRES. —
Le 7 avril 1863 [M. U., 8 avril, 1ᵉʳ et 3 mai 1863] le Gouvernement saisit le Corps législatif d'un projet de loi, portant approbation des stipulations financières de cette convention.

M. Palluel, rapporteur, donna son adhésion à ces stipulations [M. U., 29 avril et annexe O, p. LVII]. Il indiqua

que, pour l'année 1863, le déficit à couvrir par la France
pourrait s'élever à 1 200 000 fr. environ, mais que ce déficit
s'atténuerait rapidement, et que l'on pouvait espérer voir
l'ère du partage des bénéfices commencer après le percement du mont Cenis, qui ouvrirait la route la plus directe
au trafic échangé entre l'Angleterre, la Belgique, la France,
d'une part, l'Italie, l'Égypte et l'Inde, d'autre part. A cette
occasion, il donna des détails techniques sur l'état d'avancement des travaux du tunnel et sur les procédés mis en
œuvre par MM. Ranco, Grandis, Grattoni et Sommeiller,
pour assurer l'aération des chantiers, au moyen de projec-
tions d'air comprimé, et pour obtenir un avancement d'un
mètre par jour à chaque tête.

M. Dalloz avait présenté un amendement, aux termes
duquel la 4ᵉ classe de marchandises eût été taxée à 0 fr 06
par kilomètre, sous condition d'un parcours de 50 kilomètres, sans qu'au delà de 50 kilomètres jusqu'à 100 kilomètres le prix pût excéder 5 fr. Des tarifs *circonstanciels* de
0 fr. 025 eussent été admis pour les houilles, dans le cas où
l'expéditeur eût laissé à la Compagnie la liberté du transport, suivant ses convenances. Mais la Commission, prenant
en considération la dépense considérable de premier établissement du réseau, n'avait pas cru devoir accueillir cet
amendement.

La loi fut votée, après un échange d'observations entre
M. de Boigne et M. de Franqueville, au sujet de l'établisse-
ment éventuel d'une ligne entre le point de l'ancienne fron-
tière le plus rapproché de Lyon et Saint-Jean-de-Maurienne
[M. U., 6 mai 1863]; elle fut sanctionnée le 27 mai 1863
[B. L., 2ᵉ sem. 1863, n° 1141, p. 113].

La section de Saint-Michel à Modane et à la frontière
fut ouverte en 1871.

260.— Adjudication du chemin de Bordeaux au Verdon.

— Le chemin de Bordeaux au Verdon avait été concédé une première fois en 1857; mais la concession avait été résiliée par décret du 15 juin 1861. Un décret du 4 mars 1863 [B. L., 1er sem. 1863, n° 1129, p. 1233] prescrivit l'adjudication du chemin, sur un cahier des charges conforme à celui des Charentes. MM. Poujard'hieu et consorts furent déclarés adjudicataires par décret du 2 juin 1863 [B. L., 1er sem. 1863, n° 1129, p. 1231], moyennant un rabais d'un an sur la durée de la concession. Les statuts de la Société furent approuvés par décret du 2 mars 1864 [B. L., 1er sem. 1864, supp., n° 1019, p. 482]. L'ouverture à l'exploitation eut lieu, par sections, de 1868 à 1875.

261. — Convention avec la Compagnie de l'Est.

I.— CONVENTION.— Le réseau de l'Est, tel qu'il était constitué par la convention du 11 juin 1859 et par sa fusion avec le réseau des Ardennes, desservait toutes les communications de la France avec une partie de la Suisse, avec l'Allemagne, avec le grand-duché de Luxembourg et avec les provinces méridionales de la Belgique. On pouvait prévoir la mise en exploitation prochaine des dernières lignes de ce réseau. Malgré son étendue, qui n'était pas de moins de 2 336 kilomètres, il comportait encore des lacunes importantes.

Le Ministre conclut avec la Compagnie en 1863 une convention, dont l'objet était de combler ces lacunes, d'assurer la construction et l'exploitation d'un certain nombre de lignes antérieurement déclarées d'utilité publique, et d'obtenir en même temps des améliorations dans les contrats antérieurs pour le public et pour le Trésor.

Le Gouvernement accordait à la Compagnie la concession ferme des lignes énumérées au tableau ci-après avec des dotations également indiquées dans ce tableau :

DÉSIGNATION DES LIGNES	LONGUEUR	SUBVENTION	OBSERVATIONS
Épinal à Remiremont....	24 km.	3 000 000 fr.	Concessions conformes aux conditions fixées par la loi du 1er août 1860.
Lunéville à Saint-Dié.....	50	3 000 000	
Strasbourg à Barr, Mutzig et Wasselonne.........	49	600 000	Id.
Haguenau à Niederbronn..	20	240 000	
Niederbronn à Thionville.	155	27 410 000	
Châtillon-sur-Seine à Chaumont.	43	7 000 000	Concession autorisée par la loi du 2 juillet 1861.
Chaumont à la ligne de Paris-Strasbourg.......	95	13 700 000	
Sainte-Marie-aux-Mines à Schlestadt...........	21	850 000	Concession conforme à la loi du 2 juillet 1861.
Belfort à Guebwiller.	49	3 000 000	Concession conforme à la loi du 6 juillet 1862.
Reims à Metz...........	185	2 000 000	Ligne réclamée depuis longtemps et accordée à la Compagnie, en vertu du droit de préférence prévu par la convention du 3 juillet 1857.

A ces lignes s'ajoutait celle de Dieuze à Réchicourt, de 22 kilomètres de longueur, que la société des anciennes salines domaniales de l'Est transférait à la Compagnie, et qui comportait une subvention de 2 millions.

Le développement des chemins, ainsi rattachés au réseau de l'Est, était de 713 kilomètres : leur construction paraissait devoir entraîner une dépense de 154 millions pour la Compagnie ; sur quelques-uns d'entre eux, des travaux avaient été déjà engagés par l'État, conformément aux dispositions des lois des 1er août 1860 et 2 juillet 1861 ; la convention stipulait que les dépenses ainsi faites par le Trésor seraient déduites des subventions.

Les chemins de Strasbourg à Barr, Mutzig et Wasselonne, de Haguenau à Niederbronn, et de Sainte-Marie-aux-Mines à Schlestadt devaient être livrés à la Compagnie dans les conditions résultant des engagements contractés par les

2

départements du Haut et du Bas-Rhin, pour l'exécution des travaux ; la Compagnie avait droit, en outre : 1° pour le chemin de Niederbronn à Thionville, à la subvention de 1 200 000 fr. votée par le département de la Moselle ; 2° pour celui de Belfort à Guebwiller, à la subvention de 20 000 fr. par kilomètre votée par le département du Haut-Rhin et par les intéressés, sauf déduction des frais d'études.

Le délai d'exécution était fixé à huit années, sauf pour les chemins de Strasbourg à Barr, Mutzig et Wasselonne, de Haguenau à Niederbronn, et de Sainte-Marie-aux-Mines à Schlestadt, qui devaient être livrés un an après la remise de la plate-forme à la Compagnie.

L'État avait la faculté de se libérer vis-à-vis de la Compagnie, soit en seize paiements semestriels égaux, soit en quatre-vingt-dix annuités représentant l'intérêt et l'amortissement, calculés à 4,50 °/₀; il pouvait même, après avoir opté pour le paiement par annuités, revenir dans un délai de quatre ans au premier mode de libération, sauf à tenir compte à la Compagnie des intérêts nécessaires pour la replacer exactement dans la situation à laquelle elle avait droit. Cette disposition permettait à l'État d'éviter, s'il le jugeait à propos, la création de titres nouveaux, d'échelonner sur une longue période les dépenses extraordinaires afférentes à l'accroissement du réseau et d'élargir le cadre de ce réseau, sans surcharger les budgets annuels.

La Compagnie s'engageait en outre à verser au Trésor, en obligations calculées au prix de 300 fr., la somme de 15 651 000 fr., restant due sur le prêt de 12 600 000 fr. fait par l'État à la Compagnie de Strasbourg à Bâle et mise à la charge de la Compagnie de l'Est par la convention du du 17 août 1853. (L'État avait consenti en 1853, eu égard à l'ébranlement du crédit de la Compagnie, à l'échelonnement du paiement sur quarante et une années.)

Le Gouvernement promettait également à la Compagnie la concession des trois embranchements suivants :

	Longueur.	Évaluation.
Embranchement de Bar-sur-Seine à Châtillon	36 kilom.	11 millions
Embranchement de Signy-le-Petit à la frontière	10	3
Embranchement de Givet vers la frontière...	6	2

Le premier de ces embranchements formait le prolongement nécessaire de celui de Troyes à Bar-sur-Seine ; il comportait une subvention de 3 millions. Les deux autres devaient amener, par la voie la plus directe, sur notre territoire les produits d'importants charbonnages de Belgique : ils ne donnaient lieu à aucune subvention. L'engagement réciproque de l'État et de la Compagnie devenait caduc, si l'une ou l'autre des parties n'en réclamait pas la réalisation dans un délai de quatre ans et si ensuite la déclaration d'utilité publique n'intervenait pas dans un délai de huit ans.

Toutes les nouvelles lignes, étant peu productives, étaient classées dans le nouveau réseau : l'État devait, d'ailleurs, y avoir un intérêt, le cas échéant, puisque le revenu réservé avant partage n'était que de 6 % pour le nouveau réseau, tandis qu'il était de 8 % pour l'ancien.

Aux termes du traité du 12 mai 1857, approuvé par la convention du 11 juin 1859, la Compagnie des Ardennes avait souscrit à sa fusion avec la Compagnie de l'Est à partir du 1er janvier 1866 ; mais depuis, les deux Compagnies avaient, d'un commun accord, devancé cette échéance, et, à partir du 1er janvier 1864, les 8 400 actions de la Compagnie des Ardennes étaient assimilées à celles de la Compagnie de l'Est.

Des modifications assez profondes étaient apportées, sinon au principe, du moins aux conséquences financières de la convention de 1859. Cette convention avait été en effet conçue dans la pensée de réserver aux actionnaires un dividende de 38 fr.; mais des mécomptes considérables s'étaient révélés sur les évaluations primitives des lignes et avaient déjoué tous les calculs faits par les parties contractantes. La Compagnie avait, en conséquence, insisté pour que le Gouvernement révisât ces calculs, d'après les faits accomplis, et accordât ainsi aux actionnaires l'appui qu'il était entré dans ses intentions de leur prêter. Le Ministre avait admis cette révision comme un acte d'équité. D'après les constatations d'une commission d'inspecteurs généraux des ponts et chaussées, la dépense de l'ancien réseau, évaluée à 307 millions, devait en réalité s'élever à 315 millions; celle du nouveau réseau (Est et Ardennes), qui avait été estimée à 522 millions, devait atteindre 698 millions, d'où résultait une augmentation de 176 millions. Cette dépense supplémentaire n'étant l'objet d'aucune garantie, l'intérêt et l'amortissement des emprunts contractés pour y faire face devaient être intégralement prélevés sur le revenu réservé avant déversement; de ce chef, les 500 000 actions avaient à supporter un déficit de plus de 10 millions sur 19. La situation devait encore s'aggraver par le prélèvement de 1,10 % du capital à consacrer aux lignes nouvelles et le dividende se serait ainsi trouvé réduit à 14 fr. Le Gouvernement consentit à ramener ce dividende, non point à sa valeur primitive de 38 fr., mais à 30 fr., laissant ainsi peser sur les actionnaires une partie de la responsabilité des estimations erronées de 1859. Dès lors, en comptant 30 fr. par action pour 584 000 titres; en y ajoutant, d'une part l'intérêt et l'amortissement à 5,75 % des 20 millions d'obligations, et d'autre part 1,10 % du capital du nouveau réseau montant à 865 millions; puis en divisant ce total par le développement de l'ancien réseau (978 km.), il fixa à 29 000 fr. le revenu kilométrique réservé avant déversement. Ce revenu devait d'ailleurs être diminué de 200 fr., pour chaque longueur de 100 kilomètres du nouveau réseau non livrée à l'exploitation.

La Compagnie acceptait de son côté deux modifications, la première à son tarif, la seconde au partage des bénéfices.

Les cahiers des charges des concessions les plus récentes avaient, nous l'avons vu, établi dans les tarifs des marchandises à petite vitesse une quatrième classe comprenant les matières pondéreuses et de peu de valeur, notamment les houilles et les engrais, et taxée à 0 fr. 08 pour les parcours de 0 à 100 kilomètres (avec maximum de 5 fr.), à 0 fr. 05 pour les parcours de 101 à 300 kilomètres (avec maximum de 12 fr.) et à 0 fr. 04 au delà de 300 kilomètres. La Compagnie admettait l'addition de cette quatrième classe à son tarif.

La convention de 1859 n'avait attribué à l'État de part dans les bénéfices de la Compagnie de l'Est, que lorsque le revenu net dépassait 8 %, aussi bien pour l'ancien que pour le nouveau réseau ; au contraire la Compagnie des Ardennes était tenue au partage, quand le produit net atteignait 6 %. La Compagnie de l'Est consentait, à l'occasion de la fusion et de la révision de son contrat, à entrer en partage avec le Trésor, lorsque le revenu net dépasserait 8 % pour l'ancien réseau et 6 % pour le nouveau, c'est-à-dire lorsque son dividende s'élèverait à 45 fr. environ par action.

Notons enfin que le droit attribué à l'administration, de prescrire la pose de la deuxième voie, était déterminé et s'ouvrait au moment où le produit brut des sections à doubler atteignait 35 000 fr. par kilomètre.

II. — PROJET DE LOI ET RAPPORT AU CORPS LÉGISLATIF. —

Le 6 avril 1863 [M. U., 7 avril et 3 mai 1863], le Gouvernement soumit au Corps législatif un projet de loi tendant à la ratification des clauses financières de cette convention.

Ce fut M. le baron de Benoist qui eut à présenter le rapport à l'Assemblée. Il se montra entièrement favorable au projet de loi [M. U., 24 avril et annexe M, p. L.] ; nous ne retiendrons de son travail que : 1° une déclaration en faveur de la réunion des concessions entre les mains des grandes Compagnies, pourvu qu'elles donnassent satisfaction aux besoins du pays ;

2° Une appréciation sur les plus-values annuelles des recettes des chemins de fer, qu'il évaluait à 5 % au minimum ;

3° Des observations tendant à ce que le Gouvernement exerçât un contrôle sérieux sur les dépenses, évitât tout entraînement vers le luxe dans les travaux et fît produire au nouveau réseau tout ce qu'il pouvait rapporter, en évitant le détournement des marchandises vers l'ancien réseau et les faveurs accordées aux voyageurs ;

4° L'expression du désir de voir encore réduire les prix d'application pour la 4° classe de marchandises.

III. — DISCUSSION ET VOTE AU CORPS LÉGISLATIF. — Au début de la discussion [M. U., 3 mai 1863], M. Darimon lut un discours dans lequel il s'attachait à démontrer que, depuis dix ans, le Gouvernement était lancé sur une pente où il y avait à la fois péril à avancer ou à reculer. Jamais les grandes Compagnies n'avaient cessé de violer leurs engagements et de tenir le Gouvernement à leur discrétion. En vain avait-on décidé en 1860, en dehors de leur action, l'établissement d'un certain nombre lignes ; elles avaient su bientôt les accaparer et, par surcroît, obtenir la révision complète de leurs contrats, au mépris de la responsabilité qui leur incombait incontestablement ; elles avaient su faire couvrir par l'État toutes les erreurs qu'elles avaient commises dans les évaluations de leurs travaux. A un autre point de vue, le système adopté, qui consistait à garantir les emprunts des Compagnies et par suite à leur donner le crédit de l'État, faisait des obligations de chemin de fer des titres rivaux de la rente et rendait impossible l'unification de la dette publique. Quel serait d'ailleurs le montant effectif des sommes que le Trésor pourrait avoir à verser par suite du fonctionnement de la garantie ? Le Gouvernement avait négligé de le dire et il importait que la Chambre fût fixée à cet égard.

M. Vuillefroy, président de section au Conseil d'État, répondit en faisant valoir les efforts des Compagnies, pour tenir leurs engagements; elles avaient en effet dépensé 233 millions en 1859, 300 millions en 1860, 412 millions en 1861, 380 millions en 1862, et leurs projets de budgets pour 1863 prévoyaient une dépense de 465 millions. Aussi les pouvoirs publics n'avaient-ils nullement entendu changer de système en 1860, 1861 et 1862 ; ils avaient, au contraire, prévu la concession de nouveaux chemins et s'étaient bornés à conférer à l'administration le pouvoir d'entreprendre les travaux pour éviter toute perte de temps. Le Gouvernement avait d'ailleurs dû traiter avec les grandes Compagnies, à défaut d'autres sociétés offrant les garanties voulues. Les conventions nouvelles avaient eu surtout pour objet les lignes décidées depuis 1860 ; on y avait compris à la vérité quelques chemins nouveaux, mais ces chemins étaient depuis longtemps réclamés et répondaient à des besoins pressants. On avait aussi profité de l'occasion pour rectifier les calculs erronés de 1859, qui eussent entraîné la ruine de plusieurs Compagnies ; mais n'était-ce pas là une nécessité morale à laquelle le Gouvernement ne pouvait se soustraire? Ne fallait-il pas soutenir les Compagnies, pour assurer l'achèvement des travaux? Il avait paru légitime, utile, équitable, de rétablir les faits tels qu'ils eussent été s'il n'y avait pas eu de mécomptes sur les évaluations.

Passant aux préoccupations de M. Darimon au point de vue financier, M. Vuillefroy fit connaître que le Trésor aurait à fournir en huit ans 271 millions de subvention pour les concessions définitives de la métropole, en dix ans 70 millions pour les concessions définitives de l'Algérie, en douze ans 109 millions pour les concessions éventuelles. En y ajoutant le solde de quelques subventions antérieures, on arrivait à une charge annuelle de 45 à 50 millions à partir de 1865, pendant un nombre restreint d'années. Cette charge n'avait rien d'excessif; elle pourrait d'ailleurs être considérablement atténuée par la transformation de la dette en annuités, transformation très légitime puisqu'elle devait avoir pour effet de reporter sur les générations suivantes une partie du poids d'entreprises dont elles bénificieraient.

M. Ernest Picard prit ensuite la parole; suivant lui, la révision des conventions de 1859, telle qu'elle était proposée, devait inévitablement rendre les Compagnies indifférentes au succès de leurs entreprises, puisqu'elles étaient toujours sûres d'obtenir la réparation de leurs fautes. Il insista pour avoir quelques indications sur le montant effectif de la garantie. Il critiqua le principe même des conventions, qui avait eu pour effet, tout à la fois, d'exposer les Compagnies à la ruine et de grever outre mesure le budget de l'État; il montra l'intérêt général sacrifié à l'intérêt particulier de quelques spéculateurs.

M. Baroche, président du Conseil d'État, répliqua en développant à nouveau les raisons qui avaient été données dans l'exposé des motifs et dans le discours de M. Vuillefroy, pour justifier la révision des conventions; il montra les garanties dont allait être entourée la vérification des comptes produits par les Compagnies; il mit en relief la nécessité de recourir aux mesures propres à assurer l'achèvement du réseau. Les effets de la garantie d'intérêt ne devaient pas être exagérés ; d'ailleurs, les sommes versées de ce chef par le Trésor constitueraient de simples avances. Quant aux subventions, le Gouvernement avait agi sagement en se réservant la possibilité de les convertir en annuités à long terme.

Après un échange d'observations entre MM. Drouot et Millon, au sujet du tracé de la ligne de Chaumont au chemin de Paris à Strasbourg, la loi fut votée et sanctionnée le 11 juin [B. L., 2ᵉ sem. 1863. nº 1141, p. 137].

Un décret du même jour [B. L., 2ᵉ sem. 1863. nº 1141. p. 138] approuva définitivement la convention.

La mise en exploitation des lignes concédées à titre définitif eut lieu : pour le chemin d'Avricourt à Dieuze, en 1864 ; pour le chemin d'Épinal à Remiremont, en 1864 ; pour celui de Lunéville à Saint-Dié, en 1864 ; pour celui de Strasbourg à Barr. Mutzig et Wasselonne, en 1864 ; pour celui de Haguenau à Niederbronn, en 1864 ; pour la section de Sarreguemines à Niederbronn, en 1869 ; pour le chemin de Châtillon-sur-Seine à Chaumont. en 1866 ; pour celui de Chaumont à Pagny-sur-Meuse, de 1867 à 1873 ; pour celui de Sainte-Marie-aux-Mines à Schlestadt, en 1864 ; pour celui de Reims à Metz. de 1863 à 1873.

262. — Convention avec la Compagnie de l'Ouest.

ɪ. — CONVENTION. — La Compagnie de l'Ouest avait achevé les lignes de son ancien réseau, d'une longueur totale de 1 195 kilomètres, y compris les deux chemins de Caen à Cherbourg et de Mézidon au Mans, qui étaient placés dans une situation spéciale, en ce sens que, jusqu'au 1ᵉʳ janvier 1865, l'intérêt et l'amortissement des sommes employées à leur construction devaient être portés au compte de premier

établissement du nouveau réseau, sous déduction des produits des sections livrées à l'exploitation.

Quant aux lignes du deuxième réseau, dont le développement total était de 1120 kilomètres, un dixième seulement
(114 kilomètres) était terminé.

De même que pour la Compagnie de l'Est, les évaluations primitives des dépenses étaient considérablement
dépassées. Celles de l'ancien réseau étaient portées de
461 000 000 fr. à 560 000 000 fr. ; celles du nouveau réseau
l'étaient de 307 500 000 fr. à 400 000 000 fr. Il y avait là
un mécompte total de 191 500 000 fr., qui aurait absorbé
à peu près entièrement le revenu réservé avant déversement.

Les sommes que la Compagnie avait à demander au
crédit s'élevaient d'ailleurs à 338 900 000 fr. et il lui semblait impossible de les réaliser dans la situation où elle se
trouvait ; à plus forte raison, eût-elle été incapable de se charger de nouvelles lignes.

Le Gouvernement crut donc devoir consentir, comme il
l'avait fait pour la Compagnie de l'Est, à une révision des
contrats, et conclut avec la Compagnie une nouvelle convention sur les bases suivantes.

La Compagnie obtenait la concession définitive des lignes
ci-après :

DÉSIGNATION DES LIGNES.	LONGUEURS	SUBVENTIONS.	OBSERVATIONS.
Caen à Flers............	60 km.	7 500 000 fr.	Concession conforme aux con-ditions prévues par la loi du 1er août 1860.
Mayenne à Laval........	20	2 250 000	Id.
Louviers au chemin de fer de Paris à Rouen..	7	800 000	
Napoléonville à Saint-Brieuc...............	56	10 750 000	Conditions conformes à la loi du 2 juillet 1861.

Une autre ligne, celle de Flers à Mayenne de 61 kilomètres de longueur, lui était concédée à titre éventuel, avec une subvention de 10 700 000 fr., pour le cas où l'utilité publique en serait reconnue ; l'engagement réciproque des parties pour cette ligne devenait caduc, dans le cas où la réalisation n'en serait réclamée, ni par la Compagnie, ni par l'État, dans un délai de quatre ans, ainsi que pour le cas où la déclaration d'utilité publique n'interviendrait pas dans les huit années suivantes.

Les délais d'exécution et les conditions de paiement des subventions étaient les mêmes que pour le réseau de l'Est ; ces subventions correspondaient à la dépense de l'infrastructure. Les chemins nouveaux étaient classés dans le nouveau réseau.

Les lignes de Caen à Cherbourg, avec embranchement sur Saint-Lô, et de Mézidon au Mans, avec embranchement sur Falaise, dont nous avons signalé la situation spéciale et qui paraissaient ne devoir donner qu'un produit très faible, passaient de l'ancien au nouveau réseau.

Le capital garanti était fixé comme il suit :

1° Dépenses d'établissement des deux lignes de Caen à Cherbourg et de Mézidon au Mans . . . . 80 000 000 fr.

2° Évaluation de 1859, pour le nouveau réseau . 307 500 000

3° Intérêts et amortissement pendant la période de construction, sauf déduction des produits des sections successivement ouvertes à l'exploitation 37 000 000

4° Excédents de dépenses causés notamment par l'élévation du prix des terrains et par les difficultés exceptionnelles qu'avait présentées l'établissement de certaines parties du réseau. 55 500 000

5° Sommes nécessaires à l'agrandissement des gares de l'ancien réseau où venaient aboutir les

A reporter. . . 480 000 000

A reporter. . .   480 000 000 fr.

lignes du nouveau réseau 8 000 000

6° Sommes nécessaires à l'agrandissement des gares de Saint-Lazare,
de Montparnasse et de Rouen qui,
tout en ne donnant un accès direct
qu'aux lignes de l'ancien réseau,
n'en avaient pas moins une utilité   55 000 000
commune aux deux réseaux 26 000 000

7° Part des frais de premier
établissement des gares de l'ancien
réseau affectées à l'usage commun
des deux réseaux. 21 000 000

8° Dépenses à la charge de la Compagnie pour
les concessions nouvelles 35 000 000

                       TOTAL . . . . .   570 000 000 fr.

Le capital de l'ancien réseau était fixé comme suit :

Évaluation rectifiée . . . .   560 000 000 fr.

       A déduire :

Dépenses des lignes de Caen à Cherbourg et de
Mézidon au Mans. . . . .   80 000 000 fr.

Dépenses d'agrandissement des
gares mixtes, etc., comme ci-des-
sus 55 000 000

             TOTAL. . . . .   135 000 000 fr.   135 000 000

                RESTE. . . . . .   425 000 000 fr.

dont 150 000 000 fr. représentés par 300 000 actions et 275 000 000 fr.,
par des obligations.

Le dividende attribué aux actionnaires avant déverse-
sement était abaissé de 35 fr. à 30 fr. ; dès lors, en ajoutant
à la somme correspondante, pour les 300 000 actions, l'intérêt
et l'amortissement à 5,75 % des 275 000 000 fr. d'obligations de l'ancien réseau et 1,10 % des 570 000 000 fr. du
nouveau réseau, puis en répartissant le total sur les 900 kilo-

mètres de l'ancien réseau, on était conduit à porter le revenu réservé kilométrique de 27 000 fr. à 34 500 fr.

D'après la convention de 1859, le droit de l'État au partage des bénéfices s'ouvrait quand le produit net atteignait 30 000 fr. par kilomètre sur l'ancien réseau et 6 °/₀ du capital effectivement dépensé pour le nouveau réseau. Cette clause était modifiée au profit de l'État, en ce sens que le revenu réservé à l'ancien réseau était le même pour le partage que pour le déversement.

Le tarif des marchandises en petite vitesse était modifié, comme pour la Compagnie de l'Est, par l'addition d'une quatrième classe à taxe réduite.

Enfin, on avait cru nécessaire de prévoir le cas où le Gouvernement serait dans la nécessité de compléter le chemin de ceinture de Paris, en y comprenant la ligne d'Auteuil ; on avait en conséquence réservé à l'État la faculté de racheter cette ligne, en stipulant que le prix serait arrêté, comme pour les canaux et les ponts à péage, dans les formes prescrites par les lois du 29 mai 1845 et du 1ᵉʳ août 1860.

II. — Projet de loi et rapport au Corps législatif. — Le Corps législatif fut saisi des clauses financières de cette convention, le 7 avril 1863 [M. U., 8 et 29 avril et 1ᵉʳ mai 1863]. M. le baron Mercier, rapporteur, émit un avis favorable [M. U., 1ᵉʳ mai 1863 et annexe P, p. LXII]. Il fit remarquer que, eu égard au peu d'étendue des concessions nouvelles faites à la Compagnie de l'Ouest, il serait possible de presser l'achèvement de son réseau et d'incorporer encore à ce réseau des chemins dont l'exécution était vivement réclamée par les populations. Il appela, au nom de la Commission, toute la sollicitude du Ministre à cet égard et signala l'opportunité de faire respecter l'ordre prévu par les contrats, pour la mise en exploitation des diverses lignes.

Le rapport enregistrait en outre une série d'amendements ayant pour objet : 1° de concéder ou classer, indépendamment des chemins dénommés dans la convention,
des lignes de Laval à Nantes ; de Cherbourg à Brest ; de
Pont-Audemer à Glos-sur-Risle ; de Gisors à Pont-de-
l'Arche ; de Rouen à Orléans, par Louviers, Dreux et Chartres ; de Fougères à Vitré et de Sillé-le-Guillaume à la Hutte ;
2° de hâter l'exécution du chemin de Ceinture (rive gauche) ;
3° de réduire le délai d'achèvement de la ligne de Laigle à
Conches ; 4° de créer une cinquième classe de marchandises
en petite vitesse, taxée à 0 fr. 05, pour la chaux et les
sables de mer destinés à l'amendement des terres ; 5° de
taxer la 4° à 0 fr. 06, sous condition d'un parcours de
50 kilomètres, sans qu'au delà de 50 kilomètres jusqu'à
100, le prix pût excéder 5 fr., et d'admettre pour la houille
des tarifs circonstanciels à 0 fr. 025, si l'expéditeur laissait
à la Compagnie la liberté du transport suivant ses convenances ; 6° de comprendre les cokes dans la 4° classe.

Après avoir étudié ces divers amendements, la Commission concluait :

(a) A concéder éventuellement à la Compagnie de l'Ouest,
aux conditions admises pour les 204 kilomètres déjà compris au projet de loi, les chemins suivants :

DÉSIGNATION DES LIGNES	LONGUEUR	ÉVALUATION	OBSERVATIONS
Gisors à Pont-de-l'Arche..	51 km	7 600 000 fr.	
Laval à Nantes.........		33 000 000	Chemin destiné à compléter la grande ligne de Caen à Nantes et à desservir un pays riche en céréales, des hauts-fourneaux, des fours à chaux, des ardoisières, des mines de fer.
De la ligne de Cherbourg à la ligne de Brest, par Dinan..............	180	55 000 000	Destiné à compléter la grande ligne du littoral et à desservir Coutances, Granville, Avranches, Pontorson, Dol, Saint-Malo et Dinan.

(b) A accorder une subvention de 1 000 000 fr., sans garantie d'intérêt, soit à la Compagnie de l'Ouest, soit à une Compagnie particulière, pour un chemin de Pont-Audemer à Glos-sur-Risle, long de 16 kilomètres et évalué à 3 250 000 francs.

La Commission recommandait au Gouvernement l'étude des lignes de Louviers à Orléans, par Dreux et Chartres ; de Laval à Sablé ; de Sablé à Château-Gontier ; de Fougères à Vitré ; de Tinchebray au chemin d'Argentan à Granville : de Sillé-le-Guillaume à la Hutte. Elle signalait à son attention et à sa sollicitude les vœux relatifs au chemin de Ceinture et au chemin de Conches à Laigle.

Enfin, d'accord avec le Ministre, elle prévoyait une réduction de 200 fr. pour chaque longueur de 100 kilomètres du nouveau réseau, non livrés à l'exploitation, sur le montant du revenu kilométrique réservé à l'ancien réseau.

III. — DISCUSSION ET VOTE AU CORPS LÉGISLATIF. — La discussion publique [M. U., 6 mai 1863] ne souleva guère que des observations tendant à l'exécution des lignes qui avaient fait l'objet d'amendements et nous nous contentons d'enregistrer :

1° Une déclaration de M. Vuillefroy, portant que le Gouvernement réservait entièrement sa décision au sujet des amendements ou vœux formulés par la Commission ;

2° Une promesse de M. de Franqueville, concernant l'exécution du chemin de ceinture de Paris (rive gauche).

La loi fut donc votée telle qu'elle avait été préparée par le Gouvernement, sauf la stipulation concertée ultérieurement avec la Commission, pour la réduction à faire subir au revenu réservé avant déversement jusqu'au complet achèvement du nouveau réseau. Elle fut sanctionnée le 11 juin 1863. [B. L., 2ᵉ sem. 1863, n° 1141. p. 146].

Un décret du même jour [B. L., 2ᵉ sem. 1863, nº 1141,
p. 147] ratifia la convention.

La ligne de Caen à Flers fut ouverte en 1868-1873 ; celle
de Mayenne à Laval, en 1866, celle de Louviers au chemin
de Paris à Rouen, en 1867 et celle de Napoléonville à Saint-
Brieuc, en 1871-1872.

263. — Convention avec la Compagnie d'Orléans.

I. — CONVENTION. — Le Gouvernement conclut également avec la Compagnie d'Orléans une convention, dont les
principales clauses étaient les suivantes.

Étaient concédées définitivement les lignes ci-après :

DÉSIGNATIONS DES LIGNES	LONGUEURS	SUBVENTIONS	OBSERVATIONS
De Cahors à la ligne de Péri-gueux à Agen..........	54 km.	11 490 000 fr.	Déjà concédée à la Cⁱᵉ du Grand Central et figurant au nombre des concessions éventuelles faites à la Cⁱᵉ d'Orléans par la convention de 1859.
De Villeneuve d'Agen à la même ligne.............	9	1 600 000	Id.
De Tulle à Brives..........	28	3 000 000	Id.
D'Aubusson à la ligne de Montluçon à Limoges....	47	»	Destinée à fournir une compensation à la ville d'Aubusson, qui s'était vu préférer Guéret comme point de passage du chemin de Montluçon à Limoges.
D'Orsay à Limours.........	16	»	Décidée par décret du 28 août 1862
Châteaulin à Landerneau....	52	17 000 000	Comprise dans la loi du 2 juillet 1864.
Commentry à Gannat........	50	11 000 000	Id.

Pour les lignes subventionnées, le concours de l'État
représentait la dépense d'infrastructure.

Le délai d'exécution était de huit ans ; le mode de
paiement des subventions était conforme à celui qui avait
été adopté pour la Compagnie de l'Est.

Le Gouvernement s'engageait à concéder à la Compagnie,
dans le cas où l'utilité publique en serait reconnue et sous

les conditions de délai déjà indiquées pour les Compagnies de l'Est et de l'Ouest, trois chemins de Pithiviers à la ligne de Corbeil à Montargis ; de Pithiviers à la ligne de Paris à Orléans, près de cette dernière ville ; et de la Flèche à la ligne de Tours au Mans. Une subvention de 1 500 000 fr. était attribuée au chemin de Pithiviers à la ligne de Corbeil à Montargis ; la concession du chemin de La Flèche à la ligne de Tours au Mans ne devait, d'ailleurs, être rendue définitive que si le département de la Sarthe en livrait à la Compagnie la plate-forme, sauf les bâtiments des stations.

La subvention à la charge de l'État s'élevait ainsi au total de 46 millions pour les concessions définitives, chiffre auquel s'ajoutait un appoint de 1 500 000 fr. pour les concessions éventuelles.

Parmi les chemins nouveaux, celui de Châteaulin à Landerneau était classé dans l'ancien réseau ; les autres l'étaient dans le nouveau réseau. La ligne de Brétigny à Tours passait d'ailleurs de l'ancien au nouveau réseau et était ainsi placée sur le même pied que l'ancien chemin de Paris à Tours.

Le capital garanti par la convention de 1859, après addition de 59 500 000 fr. pour les concessions fermes ou éventuelles et soustraction de 84 millions pour la ligne de Brétigny à Tours, était fixé à 766 millions.

Par suite de la modification de la consistance du réseau, le revenu kilométrique réservé à l'ancien réseau avant déversement et le revenu réservé avant partage étaient respectivement ramenés de 27 300 fr. à 26 300 fr. et de 32 000 fr. à 30 700 fr.

II. — PROJET DE LOI ET RAPPORT AU CORPS LÉGISLATIF. — Le projet de loi portant approbation des clauses financières

2   20

de la convention fut déposé le 6 avril 1863 [M. U., 7 avril et 3 mai 1863].

Ce fut M. le baron de Jouvenel qui eut à présenter le rapport au Corps législatif [M. U., 1er mai 1863, et annexe P, p. LXI et LXII]. Après avoir donné son adhésion aux principes qui servaient de base au projet de loi, il exprima le vœu que le Ministre, usant de son droit de régler le budget annuel des Compagnies et ayant égard à l'époque déjà éloignée, à laquelle remontaient les promesses relatives aux chemins de Cahors, de Villeneuve et de Tulle, réduisît le délai d'exécution de ces trois chemins et de celui de Commentry. Il proposa en outre, d'accord avec le Conseil d'État, d'opérer une réduction de 7 millions sur les subventions accordées à la Compagnie d'Orléans, au cas où cette Compagnie, avec laquelle on avait négocié jusqu'alors sans résultat, ne consentirait pas à l'addition d'une quatrième classe de marchandises à petite vitesse, dans les conditions admises pour les réseaux de l'Est et de l'Ouest ; il justifia cette proposition en faisant remarquer, d'une part que tout abaissement de tarif se traduisait par une augmentation du trafic, et d'autre part que, si cette augmentation ne compensait pas la diminution de recette par unité, l'État en supporterait les conséquences par le jeu de la garantie d'intérêt.

Il mentionna d'ailleurs divers amendements tendant : 1° à classer un chemin de Vendôme à Château-du-Loir ; 2° à concéder éventuellement à la Compagnie un embranchement de Niort à Luçon, par Fontenay-le-Comte ; 3° à lui concéder définitivement un chemin de Montluçon à Tours, par la Châtre, Chateauroux et Loches ; 4° à modifier le tarif de la 4e classe et à y comprendre le coke, comme l'avaient déjà indiqué des amendements relatifs aux autres conventions.

III. — DISCUSSION ET VOTE AU CORPS LÉGISLATIF. — Lors

de la discussion [M. U., 6 mai 1863], MM. Nogent Saint-
Laurens, le comte Murat, Lafond de Saint-Mur et André de-
mandèrent quel serait le sort des lignes énumérées dans la
convention, au cas où la Compagnie persisterait dans son
refus d'admettre une quatrième classe de marchandises.
M. Dalloz, de son côté, signala les abus des tarifs spéciaux, qui,
comportaient souvent des taxes moindres pour des distances
plus considérables ou inversement.

M. de Franqueville répondit à la première question que
le Gouvernement assurerait par lui même le commencement
des travaux, s'il y avait lieu, et à la seconde question que,
toutes réserves faites pour les lignes n'ayant pas les mêmes
points de départ et d'arrivée, l'administration ne laisserait
pas appliquer de taxes inférieures pour des distances plus
grandes sur une même direction.

La loi fut ensuite votée et sanctionnée le 11 juin 1863
[B. L., 2ᵉ sem. 1863, n° 1141, p. 187].

La Compagnie ayant accédé à l'addition d'une quatrième
classe de marchandises, la convention fut modifiée sur ce
point et approuvée par décret du 6 juillet [B. L., 2ᵉ sem. 1863,
n° 1141, p. 188].

L'ouverture à l'exploitation eut lieu : pour l'embranchement de Cahors, en 1869 ; pour celui de Villeneuve, en
1869 ; pour celui de Tulle, en 1871 ; pour la section d'Orsay
à Limours, en 1867 ; pour la ligne de Châteaulin à Landerneau, en 1867 ; pour celle de Commentry à Gannat, en 1871.

264. — Convention avec la Compagine de Paris-Lyon-Méditerranée. (Chemins de la métropole.)

ı. — CONVENTION. — Le réseau de la Compagnie Paris-
Lyon-Méditerranée comprenait 4 404 kilomètres. Sur l'ancien réseau, 1 462 kilomètres étaient en exploitation et

avaient donné en 1862 un revenu brut kilométrique de près de 89 000 fr.; il restait à construire 153 kilomètres évalués à 67 000 000 fr. Sur le nouveau, réseau, 910 kilomètres étaient livrés et avaient donné en 1862 un produit brut kilométrique de 36 500 fr. environ; il restait à terminer ou à construire 1 492 kilomètres évalués à 569 000 000 fr.

La nouvelle convention conférait à la Compagnie la concession de 1 402 kilomètres estimés à 524 500 000 fr., ce qui devait porter l'étendue totale de son réseau à 5 806 kilomètres, et le capital nécessaire à son achèvement à 1 160 000 000 fr.

Voici la nomenclature des lignes nouvelles qui étaient ainsi attribuées à la Compagnie :

DÉSIGNATION des lignes.	LONGUEURS.	SUBVENTIONS.	DÉPENSES à la charge de la Compagnie.	OBSERVATIONS.
I.—CONCESSIONS DÉFINITIVES.				
a. ANCIEN RÉSEAU				
Lunel à Arles.......	42 km.	»	12 000 000 fr.	Destinée à abréger de 22 à 28 km. la distance de Cette à Marseille.
Lunel à Aigues-Mortes	19	»	2 500 000	Décidée par une loi du 5 juin 1861.
Marseille à Lestaque.	7	»	5 000 000	Destinée à fournir une abréviation de 5 km. sur la distance de Cette à Marseille et à désencombrer la gare principale de Marseille.
Marseille à Aix......	33	»	20 0 0 000	Destinée à ouvrir une communication directe entre ces deux villes et à donner à Marseille une nouvelle issue vers la ville de Lyon et les Alpes, indépendante du souterrain de la Nerthe.
A reporter......	101 km.	»	39 500 000 fr.	

DÉSIGNATION des lignes.	LONGUEURS.	SUBVENTIONS.	DÉPENSES à la charge de la Compagnie	OBSERVATIONS
Report......	101 km.	»	39 500 000 fr.	
Aubagne à Fuveau...	17	»	3 000 000	Destinée à faciliter l'exploitation des mines de lignite de Fuveau et le transport à Marseille de leurs produits.
Total.....	118 km.	»	42 500 000 fr.	
b. NOUVEAU RÉSEAU				
Annonay à Saint-Rambert.............	19 km.	»	8 000 000 fr.	Décidée par la loi du 2 juillet 1861.
Lunel au Vigan.....	72	»	27 500 000	Destinée à compléter la communication de la Provence avec Rodez et à faciliter l'exploitation des richesses minérales et forestières des Cévennes.
Grenoble à Montmélian.............	50	2 000 000 fr.	7 000 000	Décidée par la loi du 2 juillet 1861.
Annecy à Aix.......	50	5 000 000	7 000 000	Id.
Thonon à Collonges..	58	13 000 000	7 000 000	Id.
Dijon à Chalindrey, près Langres......	68	4 500 000	10 50 000	Id.
Grasse à la ligne de Toulon à Nice......	16	2 000 000	3 000 000	Id.
Auxerre à la ligne de Nevers à Chagny...	201	11 800 000	38 000 000	Décidée par la loi du 2 juillet 1861 (mais complétée par une double branche vers Cercy-la-Tour et vers Nevers.)
Clermont à Montbrison.	110	26 900 000	32 000 000	Décidée par la loi du 2 juillet 1861.
Du Var à la frontière d'Italie...........	36	19 000 000	13 000 000	Promise dans la convention internationale ratifiée par décret du 9 juin 1862.
Embranch' d'Hyères.	15	1 500 000	2 500 000	Réclamée par la ville d'Hyères et par le Ministre de la marine.
Total......	695 km.	85 700 000 fr.	155 500 000 fr.	

DÉSIGNATION des lignes.	LONGUEURS.	SUBVENTIONS.	DÉPENSES à la charge de la Compagnie.	OBSERVATIONS.

II. — CONCESSIONS ÉVENTUELLES.

a. ANCIEN RÉSEAU

DÉSIGNATION des lignes.	LONGUEURS.	SUBVENTIONS.	DÉPENSES à la charge de la Compagnie.	OBSERVATIONS.
Sorgues à la ligne d'Avignon à Gap....	9 km.	»	2 000 000 fr.	Destinées à former avec la ligne de Marseille à Aix un raccourci de 27 km. sur la direction par Arles, pour les communications entre Marseille et la ligne de Lyon.
Salon à la ligne d'Aix à Arles............	21	»	6 500 000	
Total......	30 km.	»	8 500 000 fr.	
b. NOUVEAU RÉSEAU				
Champagnole à la ligne de Dôle.......	13 km.	»	3 500 000 fr.	
Montpellier à Lodève.	42	»	15 000 000	Rétrocédée ultérieurement à la Compagnie du Midi.
Santenay à Étang....	63	5 000 000 fr.	12 500 000	Destinée à mettre Autun et le bassin houiller d'Épinac en communication avec les lignes de Lyon et de Nevers-à-Chagny.
Grenoble à Gap.....	100	50 000 000	20 000 000	Présentant un intérêt stratégique.
Embranchem' d'Apt.	40	4 300 000	9 000 000	Destinées à compléter le réseau dans cette partie du territoire et à y relier le chef-lieu des Basses-Alpes.
Embranchement de Digne.............	25	3 000 000	5 500 000	
Embranchement d'Avallon.............	90	11 500 000	17 000 000	Destinée à réunir les lignes d'Auxerre à Nevers et de Paris à Dijon et le prolongement de la ligne venant de Chaumont.
De la ligne d'Agde à Lodève à Milhau, avec raccordement sur le chemin de Graissessac à Béziers.............	108	21 000 000	24 000 000	Rétrocédées ultérieurement à la Compagnie du Midi.
De Milhau à Rodez..	78	13 000 000	18 000 000	
Total........	559 km.	107 800 000 fr.	124 500 000 fr.	

La Compagnie prenait ainsi à sa charge, sans subvention, 294 kilomètres évalués à 105 000 000 fr. et, avec une
subvention de 193 500 000 fr., 1 108 kilomètres évalués
à 419 500 000 fr.

Ces engagements étaient la conséquence de la résolution
prise par le Gouvernement, sur une demande de la Compagnie du Midi, qui avait vivement ému l'opinion publique, et
sur laquelle nous allons entrer dans quelques développements.

Au mois d'août 1861, la Compagnie du Midi avait présenté, avec une soumission, le projet d'une ligne directe de
Cette à Marseille par le littoral, et soulevé ainsi une question
d'autant plus grave qu'elle touchait non seulement aux intérêts de la Compagnie Paris-Lyon-Méditerranée, déjà concessionnaire d'une ligne réunissant Cette et Marseille, mais
encore aux principes qui avaient jusqu'alors présidé à la
distribution des réseaux.

Le conseil général des ponts et chaussées et le comité
consultatif des chemins de fer, consultés sur cet avant-pro-
jet, avaient conclu, le premier à une faible majorité, le second à l'unanimité, à ne pas y donner suite. Néanmoins le
Gouvernement, cédant aux sollicitations de la Compagnie et
des populations, avait cru devoir compléter l'instruction
par une enquête d'utilité publique.

La Compagnie du Midi et la Compagnie de Paris à Lyon
et à la Méditerranée avaient donc été invitées à formuler
chacune des propositions fermes. La première s'était engagée : 1° à construire et à exploiter, sans subvention ni
garantie d'intérêt, la nouvelle ligne de Cette à Marseille, qui
eût été rattachée à son ancien réseau ; 2° à établir à ses frais
un embranchement de la ligne d'Agde à Lodève vers Montpellier et le grau de Peyrols, et un autre embranchement de

Lodève à Cette, qui eussent été classés dans son second réseau.

La Compagnie de Paris à Lyon et à la Méditerranée, de son coté s'était engagée : 1° à construire sans subvention les lignes de Lunel à Arles, de Marseille à Aix (avec gare nouvelle à Marseille), de Lestaque à Marseille, d'Aigues-Mortes à Lunel et de Lunel au Vigan ; 2° à ne compter la ligne de Cette à Marseille que pour 160 kilomètres, dans l'application des taxes afférentes aux voyageurs et aux marchandises en provenance ou à destination de Cette et du réseau du Midi, ainsi que dans la répartition du produit des tarifs communs avec la Compagnie du Midi ; 3° à établir, sur la demande de cette Compagnie, des trains directs de voyageurs et de marchandises, sans transbordement, de Marseille sur Cette, Toulouse et Bordeaux et réciproquement.

L'enquête sur ces deux propositions avait été ouverte dans les départements de l'Hérault, du Gard et des Bouches-du-Rhône.

Dans l'Hérault, le résultat avait été favorable à la Compagnie du Midi ; toutefois, on avait réclamé l'abaissement des tarifs du canal du Midi et du canal latéral à la Garonne.

Le Gard s'était au contraire prononcé pour la Compagnie de Paris à Lyon et à la Méditerranée.

Enfin, dans le département des Bouches-du-Rhône, les avis avaient été partagés ; à Marseille notamment, tandis que le Conseil municipal votait à l'unanimité pour la Compagnie du Midi, la Chambre de commerce émettait un vote également unanime au profit de la Compagnie de Paris à Lyon et à la Méditerranée. Quant à la Commission d'enquête, elle s'était divisée par moitié ; elle avait d'ailleurs demandé que, si le Gouvernement accueillait la proposition de la Compagnie du Midi, il fît disparaître les inconvénients du monopole exercé sur le transit de Cette à Bordeaux.

Le conseil général des ponts et chaussées, consulté sur les résultats de l'enquête, avait conclu à rejeter la proposition de la Compagnie du Midi et, subsidiairement, à ne lui accorder la concession que moyennant abandon par elle du canal du Midi et du canal latéral à la Garonne.

Le comité consultatif des chemins de fer avait conclu dans le même sens.

Puis la question avait été soumise à l'Empereur par le Ministre des travaux publics, avec un rapport remarquable qui est reproduit *in extenso* dans l'exposé des motifs du projet de loi, portant approbation de la convention avec la Compagnie de Paris à Lyon et à la Méditerranée.

Le Ministre faisait tout d'abord connaître que la nouvelle ligne aurait 160 kilomètres, qu'elle offrirait ainsi un raccourci de 45 kilomètres, qu'elle coûterait 48 millions et qu'elle devrait traverser le grand Rhône, près de la Tour-Saint-Louis, au moyen d'un pont muni d'une travée mobile. Il formulait immédiatement des réserves au sujet de cette solution inusitée, de nature à apporter à la navigation un obstacle des plus graves. Ni sur la Seine au-dessous de Rouen, ni sur la Loire au-dessous de Nantes, ni sur l'Adour à Bayonne, ni sur le Scorff à Lorient, ni sur la Charente à Rochefort, le Gouvernement n'avait encore autorisé la construction, dans la zone maritime, d'un viaduc de cette nature. Si une travée mobile pouvait suffire dans l'intérieur d'un port où les navires étaient maîtres de leurs mouvements, il en était tout autrement à l'embouchure d'un fleuve, tel que le Rhône. Le Ministre de la marine et le conseil des travaux s'étaient d'ailleurs prononcés énergiquement contre le projet.

Le Ministre des travaux publics ajoutait encore, au point de vue technique : 1° que l'abréviation de la longueur en plan était compensée, au moins dans une certaine mesure,

par la cote élevée à laquelle le chemin franchissait la chaîne
de Lestaque et par les rampes de 8 à 10 millimètres qui
s'imposaient dès lors, aux abords de cette chaîne; 2° que le
tracé suivait des plaines basses, marécageuses, insalubres,
sans rencontrer de centres importants de population.

Passant en revue les différentes considérations invoquées
par la Compagnie du Midi, il les appréciait comme il suit :

1° *Avantages de la concurrence entre deux grandes Compagnies.* — Sans contester qu'un moment pourrait venir où le
développement de la richesse publique et les exigences
nouvelles d'une production industrielle plus avancée pourraient rendre nécessaire ou profitable l'établissement de·
lignes rivales, le rapport exprimait la conviction que ce
moment n'était pas encore arrivé. Le principe de la concurrence, si fécond dans les œuvres spontanées de l'industrie
humaine, ne pouvait recevoir une application immédiate et
utile à la construction du vaste réseau des chemins de fer
français. Dans l'état actuel de l'industrie des chemins de fer,
il aurait pour effet de jeter l'inquiétude parmi les nombreux
porteurs de titres, qui constituaient une part considérable de
la fortune publique ; d'amoindrir le crédit des Compagnies;
et, par là, de compromettre l'exécution de lignes décidées
depuis si longtemps et attendues avec une si vive et si juste
impatience. Sans doute, il était des lignes nouvelles qu'il
fallait établir pour donner satisfaction à de légitimes intérêts, au risque de réduire le trafic des chemins préexistants.
Mais, dans l'espèce, la contrée était déjà desservie par la
voie maritime, par des canaux et par une voie ferrée qui
était loin d'avoir atteint sa limite de capacité de transport.

2° *Abréviation notable de la distance entre Cette et Marseille.* — Cette abréviation était compensée par les défectuosités du profil en long ; la Compagnie de Paris à Lyon et à la Méditerranée s'engageait d'ailleurs à ramener à 176 kilomètres la longueur de sa ligne, par la construction de la section de Lunel à Arles, et à ne calculer ses taxes que sur une longueur de 160 kilomètres.

3° *Facilités pour l'exploitation des salins du littoral.* — L'approvisionnement du port de Marseille par les salins de Berre, de la Valduc, de Citis, de Rassuen, de Fos et de Giraud, était parfaitement assuré par le cabotage. Quant aux importants salins de Peccais, leur principale exportation était dirigée vers le Nord et serait desservie par l'embranchement d'Aigues-Mortes à Lunel.

4° *Facilités de transport pour les houilles de Graissessac, qui viendraient approvisionner Marseille en concurrence avec les houilles de la Grand'Combe et qui pourraient exclure de la Méditerranée les houilles anglaises.*

La consommation locale et l'exploitation employaient à Marseille 472 000 tonnes, dont 100 000 étaient fournies par les lignites des Bouches-du-Rhône ; c'était donc sur 380 000 tonnes environ que pouvait s'exercer la concurrence des houillères pour l'approvisionnement de Marseille. Dans l'état actuel, les houillères de Gard fournissaient les trois quarts environ de ce chiffre ; 30 000 tonnes seulement venaient du bassin de la Loire et 44 000 de l'Angleterre ; la substitution des houilles françaises aux houilles anglaises était ainsi un fait accompli, dans la mesure compatible avec les apports de la Grande-Bretagne comme fret de retour, apports que l'on ne pourrait jamais éviter. Quant aux houilles de Graissessac, leur prix très élevé sur le carreau de la mine, l'insuffisance des moyens d'exploitation de cette mine, s'opposaient à leur expansion et du reste, le cas échéant, l'État n'hésiterait pas à provoquer des tarifs communs, pour faciliter leur transport.

5° *Substitution du transit par voie de fer au transit par la voie maritime de Gibraltar.* — Cette substitution, qui exigeait un transbordement n'était guère réalisable.

6° *Ouverture d'un débouché à la Camargue.*—La Camargue n'était malheureusement pas encore arrivée à un état de culture qui exigeàt des voies de transport perfectionnées ; ses produits trouvaient un débouché suffisant dans les deux bras du Rhône, et, si un chemin de fer pouvait lui être utile, c'était à la condition de passer dans la partie supérieure du Delta, beaucoup plus que dans la partie basse et malsaine.

7° *Création à Marseille d'une nouvelle gare et ouverture d'une nouvelle issue vers le nord pour le port de Marseille, dont les communications pouvaient être interceptées par un accident survenu au souterrain de la Nerthe.* — La gare de Marseille était en effet insuffisante lorsque, par des vents de la région du sud à l'est succédant à des vents du nord, des centaines de navires, entrant simultanément dans le port, livraient à la fois leurs marchandises au chemin de fer et surtout lorsque ce fait coïncidait avec une exportation considérable ; il importait donc d'agrandir la gare ou mieux d'en créer une nouvelle ; mais la gare maritime de la Joliette pouvait y pourvoir. Quant aux craintes exprimées au sujet du souterrain de la Nerthe, elles ne reposaient sur aucune base sérieuse, en présence des soins apportés à la construction de cet ouvrage ; les mêmes appréhensions pouvaient se faire jour pour toutes les grandes voies de communication et il n'en était pas une dont on ne pût demander le doublement pour ce motif.

8° *Avantage de l'unité d'exploitation entre Marseille et Bordeaux.* — La conséquence forcée du principe de l'unité d'exploitation entre les grands centres de population eût été le doublement de toutes les grandes artères ou la concentration de tout le réseau français entre les mêmes mains.

Mais cette unité n'était nullement nécessaire et il suffirait de recourir à la combinaison des services et à l'adoption de tarifs communs.

Revenant ensuite à la question qu'il avait traitée au début de son rapport, le Ministre des travaux publics ajoutait : « Il s'agit de savoir quelle a été la portée du « principe qui a guidé le Gouvernement dans la constitu- « tion des grandes Compagnies de chemins de fer. L'orga- « nisation du réseau a-t-elle créé pour elles des droits, que « le Gouvernement soit tenu de respecter, à la concession « de toute nouvelle ligne dans l'étendue de leur périmètre? « Ainsi posée, la question ne saurait être douteuse et le « Gouvernement doit repousser une interprétation, qui serait « incompatible avec les droits inaliénables de la puissance « publique. Les derniers actes de l'administration prouvent « d'ailleurs qu'elle n'a pas considéré les réseaux des Com- « pagnies comme un domaine inviolable, puisque les che- « mins de fer des Charentes et de la Vendée, qui sont « compris dans le périmètre de la Compagnie d'Orléans, « ont été concédés à de nouvelles Compagnies. Mais, si le « Gouvernement n'a pas concédé des territoires, il a con- « cédé des lignes et le trafic de ces lignes définies par « leurs points extrêmes, l'objet même du contrat passé « entre les Compagnies et lui. Je ne demanderai pas si, « après avoir concédé un chemin déterminé, il a conservé « la faculté de faire la même concession à une Compagnie « concurrente; si cette faculté lui appartient, on peut du « moins affirmer que c'est là un de ces droits extrêmes, « dont la prudence et l'équité commandent de n'user « qu'avec la plus grande circonspection et dans des cas tout « à fait exceptionnels. Dans le cas actuel, l'intention du « Gouvernement de concéder à la Compagnie de la Médi- « terranée la ligne de Cette à Marseille, est exprimée dans

« tous les actes qui ont précédé cette concession, de la
« manière la plus explicite... Ces énonciations se retrouvent
« encore dans les rapports qui ont précédé la concession
« définitive faite en 1852 à la Compagnie du Midi et dans
« les documents relatifs à la réunion des lignes du Gard au
« réseau de la Méditerranée.... »

Le rapport concluait en proposant de repousser la demande de la Compagnie du Midi.

Cette conclusion avait été adoptée et avait motivé la
convention avec la Compagnie de Paris à Lyon et à la Méditerranée, dont nous avons déjà fait connaître la partie
relative aux concessions nouvelles et à laquelle nous reve-
nons maintenant.

Le délai d'exécution des chemins concédés à titre définitif était fixé à huit années, sauf en ce qui concernait les
chemins de Lunel à Arles, de Marseille à Aix et du Var à
la frontière d'Italie, pour lesquels ce délai était de trois ans ;
pour les lignes concédées à titre éventuel, les délais étaient
ceux que nous avons indiqués, en traitant des conventions
avec les autres Compagnies. Il en était de même du
paiement des subventions.

La concession des lignes de Montpellier au chemin
d'Agde à Lodève, du même chemin à Milhau et de Milhau
à Rodez était soumise aux conditions suivantes : 1° la Compagnie serait tenue de racheter le chemin de Graissessac à
Béziers à la suite d'un arbitrage ; 2° elle devrait également
rétrocéder à la Compagnie du Midi, dans le cas où cette
dernière société en ferait la demande, dans un délai de
quatre ans, les trois lignes précitées, sauf remboursement
des dépenses de construction, avec les intérêts à 5 %. Dans
ce dernier cas, la Compagnie du Midi serait substituée à
tous les droits et obligations de la Compagnie de Paris à

Lyon et à la Méditerranée, pour le rachat du, chemin
de Graissessac à Béziers.

Si cette éventualité se réalisait et si en outre la ligne du
Vigan à Milhau était ultérieurement concédée à la Compagnie de Paris à Lyon et à la Méditerranée, la concession
du chemin de Milhau à Rodez devait être attribuée par
moitié à cette Compagnie et à celle du Midi, moyennant
remboursement par la première de la moitié des dépenses
de la seconde, avec les intérêts à 5 %.

La section de la ligne d'Avignon à Gap, comprise entre
Avignon et Cavaillon, qui, en vertu de la convention des
22 juillet 1858 et 11 juin 1859 était comprise dans le nouveau réseau, passait à l'ancien réseau.

Pour le compte du partage des bénéfices, il était stipulé que la Compagnie prélèverait 6 % des dépenses de
construction ajoutées, soit à l'ancien, soit au nouveau réseau.

La convention prenait acte des engagements contractés
par la Compagnie de Paris à Lyon et à la Méditerranée
pour éviter la concession d'une ligne de Cette à Marseille à
la Compagnie du Midi ; elle prévoyait toutefois l'établissement, par cette dernière Compagnie, à Marseille, d'une gare
spéciale reliée par un embranchement au réseau de Paris-
Lyon-Méditerranée, et conférait au Ministre le pouvoir de
régler les différends auxquels pourrait donner lieu la
création de cette gare. Une quatrième classe de marchandises en petite vitesse était ajoutée au tarif.

Le capital garanti était porté à 1 417 millions.

Le revenu réservé avant déversement, calculé sur les
bases admises en 1859, était ramené de 37 600 fr. à 37 200 fr.,
par suite du remaniement des deux réseaux.

II. — PROJET DE LOI. — Le 7 avril 1863 [M U., 8 avril,

1ᵉʳ et 3 mai 1863], le Gouvernement saisit la Chambre d'un projet de loi portant approbation des clauses financières du contrat. Dans son exposé des motifs, il insistait sur quelques-uns des arguments qui avaient fait écarter la demande de la Compagnie du Midi, sur la nécessité d'éviter les concurrences prématurées et les dédoublements de trafic, sur la satisfaction considérable que la Compagnie de Paris à Lyon et à la Méditerranée donnait à l'intérêt public, grâce à la détermination prise par le chef de l'État.

III. — MODIFICATION DE LA CONVENTION. — Peu de temps après, la Compagnie du Midi usa de la faculté qui lui était réservée de réclamer la rétrocession des lignes de Montpellier à Lodève, de Lodève à Milhau et de Milhau à Rodez ; le Gouvernement présenta, dès lors, le 23 avril, au Corps législatif, un nouveau texte de convention, tenant compte de cette modification. La suppression des lignes de l'Aveyron réduisait la longueur du réseau concédé à la Compagnie de 228 kilomètres, le montant de la subvention accordée par l'État de 34 millions, et le capital garanti de 57 millions. D'autre part, deux nouvelles lignes, celles d'Alais à Livron, près le Pouzin, avec embranchement sur Aubenas, et du Pouzin à Givors, de 230 kilomètres de longueur, destinées à ouvrir un débouché aux houilles et aux minerais des bassins d'Alais et de Bessèges vers le Rhône et les forges et hauts-fourneaux de la Voulte, du Pouzin et de Soyons, étaient ajoutées à la nomenclature des lignes concédées à titre éventuel ; leur estimation était de 105 millions. Ces nouveaux chemins, doublant la ligne de Lyon à Marseille, sur une partie de son parcours, étaient rattachés à l'ancien réseau, avec leurs embranchements sur Annonay, Privas, Crest et Carpentras ; il en était de même des lignes de Toulon au Var et du Var à la frontière d'Italie, qui appartenaient à la grande voie de communication de Paris vers l'Italie, et des embranchements d'Hyères et de Grasse. L'ancien réseau se trouvait ainsi accru de 736 kilomètres, évalués à 280 millions. D'autre part, le capital garanti était ramené au chiffre maximum de 1 255 millions.

Le chiffre du revenu réservé avant déversement devait subir le contre-coup des changements apportés au premier projet de convention. Pour tenir compte de l'état des travaux, les parties contractantes l'avaient fixé à 36 700 fr., pour la période du 1ᵉʳ janvier 1865 au 1ᵉʳ janvier 1868 ; à 34 330 fr., pour la période du 1ᵉʳ janvier 1868 au 1ᵉʳ janvier qui suivrait l'époque assignée à l'achèvement des lignes concédées à titre définitif ou éventuel ; et à 33 520 fr., après cet achèvement. Jusqu'au 1ᵉʳ janvier 1868, les intérêts et l'amortissement des titres émis pour la construction des lignes à terminer du 1ᵉʳ janvier 1865 au 31 décembre 1867 devaient être payés au moyen des produits des sections desdites lignes mises successivement en exploitation ; en cas d'insuffisance, le surplus était imputé au compte de premier établissement. La même mesure était prise pour les lignes mises en exploitation du 1ᵉʳ janvier 1868 au 1ᵉʳ janvier qui suivrait l'achèvement complet de l'ancien réseau ; à partir du 1ᵉʳ janvier 1865 les chiffres ci-dessus indiqués étaient réduits de 200 fr. pour chaque longueur de 100 kilomètres du nouveau réseau non livrés à l'exploitation, antérieurement à ladite année, sans que cette réduction pût excéder 3 000 fr.

IV. — RAPPORT AU CORPS LÉGISLATIF. — M. le comte Léopold Le Hon, rapporteur [M. U., 30 avril et annexe O, p. LX], défendit une fois de plus le système des réseaux régionaux, qui lui paraissait seul susceptible d'assurer l'exécution des lignes secondaires, au moyen des excédents de produits des lignes principales, et de ne pas porter atteinte

2   21

au crédit des grandes Compagnies et par suite à celui des nombreux porteurs d'actions ou d'obligations; il approuva complètement la détermination prise par le Gouvernement au sujet de la ligne de Cette à Marseille et conclut à l'adoption du projet de loi. Il signala, d'ailleurs, l'opportunité : 1° de hâter la promulgation des décrets portant règlement d'administration publique, au sujet des justifications à fournir par les Compagnies ; 2° de recourir à un système de chemins de fer économiques, pour les régions que les difficultés de leur sol ou le peu d'importance de leur industrie ou de leur commerce devraient priver longtemps des bienfaits des voies ferrées. Il enregistra en outre divers amendements tendant : 1° à concéder éventuellement à la Compagnie de Paris-Lyon-Méditerranée les lignes de Tarascon à Orgon, de Vichy à Thiers, de Mende au chemin de Milhau à Rodez avec embranchement sur Marvejols, de Macon à Paray, de Fuveau à Draguignan, de Besançon à Morteau, du Vigan à Milhau, d'un point du chemin de Genève à Morez, par Nantua et Saint-Claude ; 2° à imposer à la Compagnie l'établissement d'une nouvelle gare au sud de Marseille ; 3° à ajouter à la quatrième classe de marchandises en petite vitesse les argiles et terres réfractaires ; 4° à modifier le tarif de la quatrième classe, comme l'avaient déjà indiqué les amendements relatifs aux Compagnies de l'Est, de l'Ouest et d'Orléans ; 5° à régler ce tarif à 0 fr. 08 jusqu'à 100 kilomètres, avec maximum de 5 fr. ; à 0 fr. 05 entre 101 et 150 kilomètres, avec maximum de 6 fr. 25 ; et à 0 fr. 04 au delà de 150 kilomètres, avec minimum de 6 fr. 75 ; 6° à comprendre les cokes dans la quatrième classe.

v . — DISCUSSION ET VOTE AU CORPS LÉGISLATIF. — Le débat [M. U:, 7 mai 1863] s'ouvrit par un discours de M. Jules Favre qui s'éleva contre le monopole reconnu aux

Compagnies sur certaines parties du territoire, contre les libéralités faites à une Société particulièrement prospère, contre la mauvaise foi avec laquelle la Compagnie ajournait l'exécution du chemin de Lyon à Roanne, par Tarare.

M. de Franqueville lui répondit que jamais le Gouvernement n'avait admis le monopole des Compagnies sur telle ou telle région, mais que, dans l'espèce, le rejet de la proposition de la Compagnie du Midi pour la deuxième ligne de Cette à Marseille se justifiait par l'inutilité de cette seconde ligne. Il ajouta que les conditions faites à la Compagnie de Paris-Lyon-Méditerranée n'avaient rien de trop favorable à cette Compagnie ; qu'en effet elle se chargeait de 1 400 kilomètres nouveaux, moyennant une subvention de 159 millions seulement ; que, dans le présent comme dans le passé, le concours de l'État à l'œuvre de cette Compagnie était relativement peu considérable ; enfin, il fit connaître que les retards apportés à l'exécution de la section de Roanne à Lyon par Tarare tenaient aux difficultés du tracé et que très probablement cette section serait terminée avant deux ans. Après quelques observations relatives à des questions d'intérêt local, la loi fut votée et sanctionnée le 11 juin [B. L., 2ᵉ sem. 1863, nº 1141, p. 158].

Un décret du même jour [B. L., 2ᵉ sem. 1863, nº 1141, p. 159] ratifia la convention.

Les lignes concédées à titre définitif furent ouvertes à l'exploitation, savoir : celle de Lunel à Arles, en 1868 ; celle de Lunel à Aigues-Mortes, en 1873 ; celle de Marseille à Aix, en 1877 ; celle d'Aubagne à Fuveau, en 1868 ; celle de Lunel au Vigan, de 1872 à 1874 ; celle d'Annonay à Saint-Rambert, en 1869 ; celle de Grenoble à Montmélian, en 1864 ; celle d'Annecy à Aix, en 1866 ; celle de Thonon à Collonges, en 1880 ; celle de Dijon à Langres, en 1872 (pour la portion de Dijon à Is-sur-Tille, le surplus ayant été rétrocédé ultérieurement à la Compagnie de l'Est); celle de Grasse au chemin de Toulon à Nice, en 1871 ; celle d'Auxerre à Nevers et à Cercy-la-Tour, de 1870 à 1878; celle de Clermont à Montbrison, de 1869 à 1877 ; celle de Nice à la frontière d'Italie, de 1868 à 1872 ; celle d'Hyères à la ligne de Toulon à Nice, en 1876.

265. — Convention avec la Compagnie du Midi.

I. — CONVENTION. — L'ancien réseau de la Compagnie du Midi était en exploitation, sur toute son étendue de 798 kilomètres ; ses produits n'avaient cessé de croître et dépassaient les prévisions du législateur de 1852 ; la recette brute kilométrique s'était élevée en 1861 à 35 621 fr. et en 1862 à 39 390 fr. ; le dividende auquel on avait entendu en 1859 réserver une valeur de 35 francs, avait atteint 50 fr. en 1861. Quant au nouveau réseau, sur 849 kilomètres, 385 étaient livrés à la circulation. C'est dans ces circonstances qu'était intervenue la décision du chef de l'État sur la question si controversée de l'établissement d'une nouvelle ligne de Cette à Marseille, puis la convention avec la Compagnie de Paris à Lyon et à la Méditerranée, dont nous avons fait connaître les traits essentiels. Conformément à la réserve stipulée dans cette convention, la Compagnie du Midi avait réclamé la rétrocession des chemins de l'Aveyron et le bénéfice des stipulations relatives à la création d'une gare de marchandises à Marseille et à un service commun entre Bordeaux et Marseille. Le Ministre avait été ainsi amené à conclure avec elle une convention provisoire dont les dispositions étaient les suivantes.

La Compagnie obtenait la concession des lignes ci-dessous énumérées :

DÉSIGNATION des lignes.	LONGUEURS.	SUBVENTIONS.	DÉPENSES à la charge de la Compagnie.	OBSERVATIONS.

I.—CONCESSIONS DÉFINITIVES.

Saint-Girons au chemin de Toulouse à Tarbes	31 km.	Infrastructure.	4 000 000 fr.	Chemin compris dans la loi du 2 juillet 1861.
Port-Vendres à la frontière.............	11	14 000 000 fr.	3 500 000	Chemin compris dans la loi du 2 juillet 1861.
Montpellier au chemin d'Agde à Lodève..	42	»	15 000 000	Chemins rétrocédés par la Compagnie de P.-L.-M.
De ce chemin à Milhau avec embranchement sur Graissessac.....	108	21 000 000	24 000 000	
Milhau à Rodez.....	78	13 000 000	18 000 000	
Perpignan à Port-Vendres.............	30	9 000 000	mémoire	Chemin concédé éventuellement par la convention de 1859.
Graissessac à Béziers.	52	»	—	

II.—CONCESSIONS ÉVENTUELLES.

Castres à Albi.......	47 km.	7 000 000 fr.	7 000 000 fr.	
Castres à Mazamet...	18	2 700 000	2 700 000	
Carcassonne à Quillan	51	7 700 000	7 700 000	
Langon à Bazas.....	16	2 600 000	2 600 000	
Toulouse à Auch....	78	Infrastructure.	12 500 000	
Montrejeau à Luchon	38	id.	5 500 000	
Lourdes à Pierrefite..	20	id.	3 000 000	

La Compagnie s'engageait : 1° à achever dans un délai de quatre ans le chemin de Perpignan à Port-Vendres, dont les travaux devaient être exécutés par l'État dans les conditions de la loi de 1842, en vertu de la convention de 1859 ; 2° à racheter le chemin de Graissessac à Béziers.

La convention reproduisait la clause que nous avons déjà signalée dans le contrat avec la Compagnie de Paris-Lyon-Méditerranée, concernant l'éventualité de la concession à cette dernière Compagnie du chemin du Vigan à Milhau.

L'État promettait à la Compagnie les subventions ci-

dessus relatées ; les travaux d'infrastructure qu'il devait exécuter sur les lignes de Saint-Girons, d'Auch, de Luchon et
de Pierrefitte étaient considérés comme représentant une
dépense de 20 millions.

Les conditions de paiement des subventions étaient semblables à celles que nous avons déjà indiquées précédemment
pour d'autres Compagnies ; il en était de même des délais
d'achèvement et de transformation des concessions éventuelles en concessions définitives.

La Compagnie était investie du droit d'établir à Marseille, pour les marchandises à destination ou en provenance de son réseau, une gare spéciale avec raccordement
sur une ou plusieurs des gares de Marseille, appartenant à
la Compagnie de la Méditerranée, pourvu qu'elle usât de ce
droit dans un délai de quatre ans ; les autres stipulations
relatives à la ligne de Cette à Marseille, que nous avons déjà
signalées à diverses reprises, y étaient enregistrées.

Il était inscrit une quatrième classe de marchandises en
petite vitesse au tarif général du cahier des charges, avec des
taxes identiques à celles qui avaient été admises pour les
autres réseaux.

Les lignes concédées à la Compagnie étaient classées dans
son second réseau et devaient lui imposer une dépense de
105 millions A cette occasion , les évaluations de 1859
étaient révisées et arrêtées comme il suit :

Ancien réseau.

Évaluation de 1859. . . . . 239 500 000 fr.
Augmentation de dépenses . .   78 500 000 fr.
Gare de marchandises de Mar-
seille 12 000 000
                                    ——————————   90 500 000

                        TOTAL. . . . . .   330 000 000 fr.

Nouveau réseau.

Évaluation de 1859.		132 000 000 fr.
Augmentation de dépenses . .	101 500 000 fr.	
Nouvelles concessions.	105 000 000	
		206 500 000
TOTAL.		338 500 000

A cette dernière somme devait s'ajouter le prix de rachat de la ligne de Graissessac à Béziers.

Le compte du revenu réservé à l'ancien réseau était réglé comme il suit, de manière à maintenir le dividende de 35 fr. attribué en 1859 aux actions.

798 kilomètres à 19 500 fr. (taux de la convention de 1859)	15 561 000 fr.
5,75 % de 90 500 000 fr..	5 203 750
1,10 % de 206 500 000 fr.	2 271 500
TOTAL.	23 036 250 fr.

soit 28 900 fr. par kilomètre.

Ce revenu kilométrique réservé devait : 1° être augmenté de 14 fr., pour chaque million de francs afférent au rachat du chemin de Graissessac à Béziers ; 2° être diminué de 72 fr., pour chaque million non admis au compte de premier établissement sur le chiffre maximum de 330 000 000 fr.; 3° être réduit, du 1er janvier 1865 à l'époque de l'achèvement complet du nouveau réseau, de 200 fr. pour chaque longueur de 100 kilomètres du nouveau réseau non livrée à l'exploitation, sans que la réduction totale pût excéder 1 800 fr.

Dans le produit réservé étaient, d'ailleurs, compris les revenus des deux canaux exploités par la Compagnie.

Enfin la clause du partage des bénéfices était modifiée, de manière à attribuer à l'État la moitié de l'excédent : 1° de 8 % sur le capital dépensé pour l'ancien réseau ; 2° de 8 % du capital affecté aux lignes du nouveau réseau, tel

qu'il avait été défini par la convention de 1859 (art. 7), et
6 °/₀ du capital affecté aux lignes concédées par la convention de 1863.

II. — PROJET DE LOI ET RAPPORT AU CORPS LÉGISLATIF.—
Le projet de loi portant ratification des clauses financières
de cette convention fut déposé le 21 avril 1863 [M. 'U.,
22 avril 1863 et annexe L, p. LXVIII].

M. Pouyer-Quertier, rapporteur [M. U., 1ᵉʳ mai 1863 et
annexe P, p. LXII], se montra favorable à la proposition ;
à la fin de son rapport, il appela, au nom de la Commission,
l'attention du Gouvernement sur la nécessité : 1° de remédier aux inconvénients du double monopole attribué à la
Compagnie du Midi sur les voies ferrées et les voies navigables, tout en tenant compte du respect dû aux contrats et
des ménagements indispensables pour les finances de l'État ;
2° d'obliger les Compagnies à percevoir toujours des taxes
plus élevées pour les transports similaires à plus grande distance.

Il enregistra en outre plusieurs amendements tendant :

1° A autoriser la Compagnie du Midi à racheter le
chemin de Carmaux à Albi, au cas où la concession du chemin de Castres à Albi serait rendue définitive (la Commission, d'accord avec le Conseil d'État, adhérait à cet amendement) ;

2° A décider le rachat du canal du Midi dans les formes
prescrites par la loi du 29 mars 1845 ;

3° A comprendre le coke dans les marchandises de
la quatrième classe ;

4° A modifier le tarif de la quatrième classe, comme nous
l'avons déjà vu proposer pour les autres Compagnies ;

5° A établir des lignes d'Agen à Mont-de-Marsan par
Nérac ; de Bazas à Mont-de-Marsan ; de Mazamet à Carcas-

sonne ; du chemin de Tarbes à Bayonne vers Oloron ; de Mazamet à Bédarieux ; de Mende au chemin de Rodez à Milhau, avec embranchement sur Marvejols.

II. — DISCUSSION ET VOTE AU CORPS LÉGISLATIF. — M. Émile Ollivier engagea la discussion [M. U., 7 mai 1863], en signalant la contradiction qui existait entre la prospérité accusée par les comptes rendus aux actionnaires ainsi que par l'augmentation du dividende, et les avantages considérables concédés à la Compagnie par la convention. Il demanda en outre des explications sur ce fait imputé à la Compagnie, qu'elle aurait grossi son produit net, tout d'abord en ne constituant pas de réserve, puis en considérant comme recettes effectives, des recettes d'ordre.

M. le comte Dubois, commissaire du Gouvernement, s'attacha dans sa réponse à justifier les excédents de dépense de construction. Le développement du trafic avait nécessité l'exécution de travaux complémentaires, la pose de la deuxième voie sur certaines sections, l'accroissement du matériel roulant, l'extension des gares. Si la Compagnie avait distribué des dividendes exagérés, cela tenait à ce que la loi de 1859 l'avait autorisée à imputer au compte de premier établissement, jusqu'au 1er janvier 1865, le déficit des lignes en exploitation. On avait reproché à la Compagnie de faire figurer comme produit le transport des matériaux nécessaires à ses travaux sur le second réseau ; mais toutes les Compagnies agissaient de même et d'ailleurs la Commission de vérification des comptes apprécierait. La convention ne faisait que réserver aux actions un dividende de 35 fr., soit 6 % du taux moyen d'émission (572 fr.). M. Dubois entra ensuite dans quelques développements concernant le rejet de la demande de la Compagnie en concession d'une seconde ligne de Cette à Marseille ; il affirma l'indépendance du Gouvernement vis-à-vis des grandes Compagnies et invoqua la nécessité de pourvoir à l'achèvement des chemins de fer, pour mettre l'industrie française à même de lutter contre la concurrence étrangère.

M. de Franqueville, répondant ensuite à diverses questions concernant l'abaissement des tarifs sur les canaux du Midi, donna l'assurance que ce problème, fort difficile à résoudre, serait l'objet de toute l'attention du Gouvernement.

La loi fut votée et sanctionnée le 11 juin [B. L., 2ᵉ sem. 1863, nº 1141, p. 151].

Un décret du même jour ratifia la convention [B. L., 2ᵉ sem. 1863, nº 1141, p. 153].

L'ouverture à l'exploitation des lignes concédées définitivement eut lieu pour l'embranchement de Saint-Girons, en 1866 ; pour la section de Port-Vendres à la frontière, en 1875 et 1878 ; pour le chemin de Montpellier à Paulhan, en 1869 ; pour celui de Milhau à la ligne d'Agde à Lodève, de 1872 à 1877 ; et pour celui de Rodez à Milhau, en 1880. Quant au chemin de Graissessac à Béziers, il avait été ouvert en 1858.

266. —Convention avec la Compagnie de Paris-Lyon-Méditerranée (chemins algériens).

I. CONVENTION. — Nous avons vu le législateur décider en 1861 qu'en cas d'inexécution de la convention arrêtée le 7 juillet 1861 entre le Ministre de l'Algérie et les fondateurs de la Compagnie des chemins de fer algériens, le Ministre de la guerre pourrait continuer les travaux du chemin d'Alger à Blidah et y consacrer une somme de 2 500 000 fr. Cette mesure n'avait pas été appliquée ; la Compagnie avait en effet terminé elle-même cette ligne, qu'elle avait livrée à

l'exploitation en 1862 ; mais elle avait en même temps
sollicité la révision de son contrat, en invoquant les mécomptes qu'elle avait éprouvés, notamment au point de vue
du rendement de la section d'Alger à Blidah, dont le produit brut, estimé à 35 000 fr. par kilomètre, n'avait pas
dépassé en fait 12 000 fr. Le Gouvernement pensa que, si
des erreurs avaient été commises sur les évaluations du
réseau de la métropole, il pouvait à plus forte raison en être
de même pour le réseau algérien, où l'on manquait absolument de terme de comparaison ; il considéra donc comme
équitable de ne pas repousser les ouvertures de la Compagnie ; mais, comme cette Compagnie se trouvait dans l'impossibilité d'accomplir sa tâche, il jugea que le mieux était
de favoriser la rétrocession de la concession à une société
beaucoup plus puissante et, dans ce but, d'approuver le traité
passé entre la Compagnie des chemins de fer algériens et la
Compagnie de Paris-Lyon-Méditerranée.

Aux termes de ce traité, la Compagnie de Paris-Lyon-
Méditerranée transformait en obligations le capital de
13 500 000 fr., qui avait été versé par les actionnaires de la
Compagnie des chemins de fer algériens et qui devait suffire
à la liquidation du passé. Elle recevait ainsi la concession
des lignes algériennes, libre de tout engagement. Indépendamment de cette concession, elle recevait celle de la ligne
de Blidah à Saint-Denis du Sig, qui devait compléter la
grande artère d'Alger à Oran. Le délai pour l'exécution des
travaux était de dix ans. Les conditions de cette concession
étaient analogues à celles qui étaient proposées dans le
projet de loi présenté à la session de 1861 ; toutefois, l'État,
au lieu d'exécuter lui-même les chemins dans les conditions de la loi de 1842, se bornait à allouer une subvention à la Compagnie, laquelle se chargeait de l'ensemble
des travaux et assumait ainsi l'aléa de leur exécution.

La longueur du réseau dont la Compagnie devenait ainsi concessionnaire était de 543 kilomètres, savoir :

Philippeville à Constantine.	85 kil.
Alger à Blidah.	51
Saint-Denis-du-Sig à Oran.	59
Blidah à Saint-Denis-du-Sig.	348
Total.	543 kil.

La dépense de construction, évaluée à 300 000 fr. par kilomètre, s'élevait au total à 160 millions. La subvention de l'État était fixée à 80 millions ; elle était payable dans les conditions que nous avons indiquées pour les Compagnies de la métropole. Quant à la part de dépenses restant à la charge de la Compagnie, elle jouissait d'une garantie d'intérêt de 5 %, amortissement compris, pendant soixante-quinze ans. L'État était admis au partage des bénéfices, lorsqu'après une révision des tarifs les prix auraient été abaissés au niveau des tarifs stipulés pour les chemins de fer concédés en France à la Compagnie de Paris-Lyon-Méditerranée et lorsque les produits nets excéderaient 8 % du capital dépensé. La durée de la concession était fixée à quatre-vingt-douze ans, de manière à en faire concorder le terme avec celui de la concession du réseau de Paris-Lyon-Méditerranée dans la métropole. Enfin le Gouvernement se réservait la faculté d'employer l'armée aux travaux de terrassements, sauf remboursement par la Compagnie de la valeur des travaux ainsi exécutés, d'après une série de prix à régler, d'accord avec cette société, par le gouverneur général de l'Algérie.

Le cahier des charges était semblable à ceux des chemins métropolitains ; mais les trois classes de voyageurs étaient taxées à 0 fr. 16, 0 fr. 12 et 0 fr. 08 ; les marchandises en petite vitesse étaient divisées en trois classes, taxées à 0 fr. 24, 0 fr. 20 et 0 fr. 13 ; la réduction sur les transports des militaires n'était que de moitié. Le Gouvernement se réservait le droit de réviser le tarif tous les cinq ans, lorsque les produits nets dépasseraient 8 %, sans pouvoir toutefois abaisser les prix au-dessous de ceux du réseau métropolitain de la Compagnie de Paris-Lyon-Méditerranée.

II. — APPROBATION DE LA CONVENTION. — Le Corps législatif fut saisi le 10 avril 1863 [M. U., 11 avril et 6 mai 1863] des clauses financières de la convention. M. le général Dautheville, rapporteur, conclut à leur adoption [M. U., 29 avril et annexe O, p. LVIII] ; il émit le vœu que les délais d'exécution fussent, autant que possible, réduits dans une forte proportion.

La loi fut votée sans discussion [M. U., 7 mai 1863] et sanctionnée le 11 juin [B. L., 2ᵉ sem. 1863, n° 1141, p. 166]. Un décret du même jour ratifia la convention [B. L., 2ᵉ sem. 1863, n° 1141, p. 168].

La ligne de Philippeville à Constantine fut ouverte à la circulation en 1870 ; la section d'Alger à Blidah, en 1862 ; celle de Saint-Denis-du-Sig à Oran, en 1868 ; et celle de Blidah à Saint-Denis-du-Sig de 1868 à 1871.

267. — **Concession de l'embranchement industriel de Denain.** — Un décret du 18 juin 1863 [B. L., 2ᵉ sem. 1863, n° 1136, p. 25] concéda à la Société des forges et hauts-fourneaux de Denain, pour la durée restant à courir jusqu'au terme de la concession du réseau du Nord, un chemin destiné à relier ces forges à la ligne de Somain à Busigny et provisoirement affecté au service exclusif des marchandises, mais avec faculté pour le Gouvernement d'exiger ultérieurement un service public de voyageurs. Le cahier des charges était conforme à celui des lignes de Napoléon-Vendée aux Sables-d'Olonne et à Bressuire.

La ligne fut mise en exploitation en 1865.

268.— Traités pour la réalisation de la fusion des chemins de Lyon à Genève et du Dauphiné avec le chemin de Paris-Lyon-Méditerranée.— Des difficultés ayant surgi entre la Compagnie de Paris-Lyon-Méditerranée d'une part, et la Compagnie de Lyon à Genève d'autre part, au sujet des règlements de comptes auxquels devait donner lieu la fusion de ces sociétés, elles convinrent, par traité du 23 avril 1863, de faire régler tous leurs différends par trois arbitres statuant en dernier ressort, et désignèrent à cet effet MM. Avril et Tostain, inspecteurs généraux des ponts et chaussées, et M. Piérard, ingénieur en chef des mines.

La Compagnie de Paris-Lyon-Méditerranée conclut à la même date un traité analogue avec celle du Dauphiné.

Ces deux traités furent approuvés par décret du 16 juillet [B. L., 2ᵉ sem. 1863, n° 1148, p. 272].

269. — Concession du chemin de la Bassée à Lille.— Un décret du 29 août 1863 [B. L., 2ᵉ sem. 1863, n° 1150, p. 353], concéda le chemin de la Bassée à Lille, pour une durée égale au temps restant à courir sur la concession du Nord, à la Compagnie houillère de Béthune, déjà concessionnaire de la ligne de Bully-Grenay au canal d'Aire à la Bassée.

Le cahier des charges était conforme à celui des lignes de Napoléon-Vendée aux Sables et à Bressuire.

Les statuts de la Société furent approuvés par décret du 22 mai 1865 [B. L., 1ᵉʳ sem. 1865, n° 1124, p. 1097].

L'ouverture à l'exploitation eut lieu en 1867-68.

270. — Concession définitive du chemin d'Avallon aux lignes d'Auxerre à Nevers et de Paris à Dijon— La conven-

tion du 1ᵉʳ mai 1863 avec la Compagnie de Paris-Lyon-Méditerranée comportait la concession éventuelle à cette Compagnie du chemin d'Avallon aux lignes d'Auxerre à Nevers et de Paris à Dijon.

Un décret du 2 septembre 1863 [B. L., 2ᵉ sem. 1863, n° 1151, p. 399] rendit définitive cette concession.

L'ouverture à l'exploitation eut lieu en 1873-76.

271. —Concession d'un chemin d'embranchement entre les mines de Carvin et la ligne de Paris à la frontière de Belgique. — Un décret du 7 octobre 1863 [B. L., 2ᵉ sem. 1863, n° 1153, p. 421] concéda à la Compagnie des mines de houille de Carvin un embranchement desdites mines à la ligne de Paris à la frontière de Belgique.

Le cahier des charges était analogue à celui des lignes aboutissant à Napoléon-Vendée ; toutefois les deux classes de marchandises en petite vitesse étaient réunies en une seule, taxée à 0 fr. 10 ; la concession devait expirer en même temps que celle du Nord ; le service public des voyageurs pouvait d'ailleurs être ajourné entre les puits d'extraction et Carvin.

Cet embranchement fut livré à l'exploitation en 1865.

272. —Discussion au Sénat sur les tarifs différentiels, les tarifs de transit et les tarifs d'exportation.—Nous avons à noter en 1863 [M. U., 22 avril 1863] la discussion au Sénat de pétitions émanant de divers industriels et commerçants, qui se plaignaient des tarifs différentiels et des tarifs de transit, et qui demandaient notamment :

1° L'uniformisation de la classification et des taxes sur les divers réseaux ;

2° La proportionnalité des prix aux distances, sauf quelques exceptions ;

3° Le fractionnement des taxes par poids de 10 kilog., sauf pour les expéditions par wagons complets :

4° Le classement des marchandises d'après leur valeur, leur volume, leur état, leur emploi ou leur destination, leur mode d'emballage, les risques qu'elles présentaient ;

5° L'interdiction de modifier les conditions d'application et le taux des tarifs sans le concours du Gouvernement, des Compagnies et des chambres de commerce ou d'une Commission constituée à cet effet ;

6° La suppression de toute faveur au profit des destinations ou des provenances étrangères.

Parmi ces vœux, il en était qui avaient reçu par avance satisfaction. Examinant les autres, M. Mallet combattait l'uniformité des taxes sur toutes les lignes ; il considérait comme indispensable d'avoir égard à l'importance du trafic, à sa nature, aux concurrences, aux besoins essentiellement variables du commerce et de l'industrie. Il jugeait, en outre, absolument rationnels les tarifs à base décroissante ; la dépense kilométrique de transport diminuait en effet au fur et à mesure qu'augmentait la longueur du parcours ; d'ailleurs ces tarifs avaient l'avantage de permettre la diffusion des matières premières ; ils étaient consacrés par la pratique étrangère. Il repoussait, comme de nature à provoquer une confusion inextricable, toute classification qui ferait entrer en ligne de compte un trop grand nombre d'éléments. Enfin, il défendait les tarifs de transit qui nous étaient nécessaires dans la lutte engagée avec les peuples voisins et qui avaient pour correctif les facilités données par le décret du 26 avril 1862 aux transports d'exportation.

Une discussion intéressante s'engagea le 21 avril.

M. Stourm prit la défense des tarifs différentiels ; il invoqua l'exemple des pays étrangers, des entreprises de transport par roulage ou par batellerie, de la poste ; il montra que la réduction de la base, quand la distance s'accroissait, était dans la nature même des choses ; il fit valoir les bienfaits de la diffusion des matières premières, telles que les houilles et les engrais, au point de vue de la prospérité publique. Il s'attacha également à réfuter les réclamations formulées contre les taxes de transit, en rappelant que le relèvement ou la suppression de ces taxes aurait exclusivement pour effet de profiter aux chemins de fer et aux ports étrangers.

M. le cardinal Mathieu répondit à M. Stourm ; il attaqua surtout le décret du 16 avril 1862, qui avait dispensé les Compagnies de l'accomplissement des formalités tutélaires prévues par l'ordonnance du 15 novembre 1846, en ce qui concernait les tarifs de transit et d'exportation, et qui leur permettait de relever les taxes de transit sans minimum de délai et les taxes d'exportation au bout de trois mois ; il voyait dans cette mesure, notamment pour les tarifs d'exportation, une cause d'instabilité des plus nuisibles aux opérations commerciales. Il cita certains tarifs de transit entre Boulogne et l'Allemagne, qui plaçaient l'Alsace dans des conditions évidentes d'infériorité, au point de vue de la vente de ses produits manufacturés sur le marché américain ; il conclut en demandant, non pas qu'on relevât les tarifs de transit, mais qu'on accordât des avantages similaires aux industriels français.

M. Rouher prit alors la parole pour défendre le décret de 1862, essentiellement favorable suivant lui aux intérêts français. Il expliqua les origines de ce décret. La Compagnie de l'Est disputait à la Belgique et à l'Allemagne le transit entre la mer et l'Europe centrale ; liée par les formalités réglementaires que lui imposait l'ordonnance de 1846, elle était obligée de publier ses projets de tarifs longtemps à

2

l'avance, de telle sorte qu'au moment de les mettre en vigueur elle était toujours devancée par ses concurrents, dotés d'une liberté d'allures beaucoup plus grande ; il en résultait, pour la Compagnie et par contre-coup pour les ports français et pour le pays entier, un préjudice considérable. C'est ainsi que, pour le transit, le décret de 1862 s'était imposé comme une nécessité impérieuse. Les dispositions édictées pour le transit avaient entraîné des dispositions de même nature pour l'exportation ; il fallait évidemment que notre commerce et notre industrie pussent profiter, sans perte de temps, des circonstances propices pour leurs opérations à l'étranger, que des délais et des formalités peu utiles ne vinssent pas entraver ces opérations et les rendre le plus souvent impossibles. Combinées entre elles, les mesures prises pour le transit et l'exportation constituaient un ensemble éminemment satisfaisant. Sans doute, il pouvait résulter du régime nouveau certaines anomalies, telles que celle qui avait été citée par M. le cardinal Mathieu, à savoir la supériorité du prix de transport d'une tonne de coton du Havre à Mulhouse sur le prix similaire du Havre à Kehl ou à Bâle ; l'administration s'efforçait d'éviter ces anomalies, en pondérant équitablement les intérêts des destinataires ou des expéditeurs français et ceux des Compagnies, auxquelles on ne pouvait demander d'abaisser toujours leurs taxes au niveau du tarif le plus réduit. Les différences signalées pour les cotons étaient d'ailleurs infinitésimales, cette marchandise valant, à l'état brut, 5 500 fr. la tonne et, après sa transformation en tissu, 60 et même 80 000 fr.; de plus, l'industrie française était protégée par la surtaxe de pavillon à l'importation sur navire étranger et par le droit de douane de 30 fr. au passage de la frontière ; à la vérité l'orateur était opposé au maintien de ces droits ; mais leur suppression forcerait les Compagnies à abaisser leurs prix, sous peine de voir les manufacturiers d'Alsace faire envoyer leurs marchandises à Kehl ou à Bâle, puis les faire revenir dans leurs usines.

Traitant ensuite la question des tarifs différentiels, M. Rouher faisait valoir qu'un transport comportait toujours une dépense constante, le grevant d'autant plus lourdement qu'il était plus court ; que dès lors l'abaissement de la base, quand la distance augmentait, était conforme à l'équité et au principe d'une juste rémunération du service rendu. Les tarifs en discussion avaient le précieux avantage d'élargir la zone de circulation ; c'était grâce à eux qu'il avait été possible de parer à la disette de 1861, en transportant économiquement de Marseille à Paris et jusque dans le Nord les céréales du bassin de la Méditerranée. L'administration veillait du reste avec attention à ce que la tarification des Compagnies ne comportât pas d'abus : elle avait notamment proscrit les taxes qui correspondaient à un prix moins élevé pour un transport plus long.

Sous le bénéfice de ces observations. l'Assemblée passa à l'ordre du jour.

273. — **Enquête sur les chemins de fer.** — Avant de passer à l'année 1864, nous devons dire quelques mots d'un travail important : nous voulons parler d'une enquête sur les chemins de fer, prescrite par décision ministérielle du 5 novembre 1861 et terminée en 1863. La commission, présidée par M. Michel Chevalier, sénateur, comprenait dans son sein des membres du Corps législatif, du Conseil d'État, de l'administration. Ses investigations devaient porter plus spécialement sur la vitesse à imprimer aux trains ; sur la police des gares ; sur l'application des articles du cahier des charges relatifs aux voitures de correspondance, au

camionnage, aux traités de réexpédition ; sur la construction et l'exploitation à bon marché des chemins de fer.
Pour l'éclairer sur ce qui se passait à l'étranger, le Ministre
avait eu soin d'instituer quelques missions dans des pays
voisins. Ces missions étaient confiées : en Angleterre, à
MM. Moussette, inspecteur principal de l'exploitation commerciale, Lan, ingénieur des mines, et Bergeron, ingénieur
civil ; en Allemagne, à M. Dubocq, ingénieur des mines.
Après avoir entendu les représentants des Compagnies et les
personnes qui, soit à titre de commerçants ou de manufacturiers, soit par leur situation politique, soit par la
nature de leurs recherches et de leurs études, étaient à
même de l'éclairer, la commission prit des résolutions dont
nous reproduirons sommairement les plus importantes.

A. — SERVICE DES VOYAGEURS.

1. —- *Vitesse des trains.*

On reprochait aux trains express de ne pas comporter
une vitesse effective assez grande ; cette vitesse ne dépassait
pas en effet 57 kilomètres à l'heure et descendait jusqu'à
46 kilomètres, alors qu'en Angleterre elle était notoirement
plus considérable. On leur reprochait de n'être pas suffisamment multipliés et d'être réservés aux voyageurs de
1re classe.

La commission émit l'avis : (*a*) que, sur les lignes principales, la vitesse devait atteindre 55 à 60 kilomètres par
heure ; mais que cette amélioration était naturellement subordonnée au profil de la ligne, aux précautions à prendre
dans l'intérêt de la sécurité par suite du tracé, et à la réalisation de diverses améliorations annoncées par le service des
postes, telles que diminution du nombre des arrêts, adop-

tion de dispositions mécaniques pour prendre et laisser des colis en pleine marche ;

(*b*) Que le nombre total des express paraissait suffisant sur la plupart des grandes lignes ; que néanmoins il existait encore des chemins principaux qui en étaient dépourvus et sur lesquels il faudrait en établir au moins un par jour ;

(*c*) Qu'il deviendrait peut-être possible d'introduire dans les trains express des voitures de 2ᵉ et de 3ᵉ classe, si le service des postes réduisait le poids de ses bureaux ambulants et si l'on arrivait à augmenter la puissance des machines : mais qu'en attendant et en tout état de cause, il convenait d'établir sur les lignes principales, pour le trajet entier et dans chaque sens, un train journalier direct, contenant des voitures de toutes classes et marchant à la vitesse effective de 40 kilomètres à l'heure, et de chercher à réduire les pertes de temps aux points de correspondance.

À cette occasion, la commission se prononçait contre les surtaxes que certaines personnes proposaient d'appliquer aux trains de vitesse.

Elle concluait, d'un autre côté, à supprimer l'obligation d'une autorisation préalable pour la mise en vigueur des traités de correspondance, de rendre ces traités exécutoires cinq jours après leur communication officielle à l'administration, et de substituer au droit d'autorisation de l'administration un droit de suspension applicable à toute époque.

2. — *Sécurité.*

En ce qui concernait la sécurité, la commission pensait qu'indépendamment des mesures indiquées par elle pour les signaux, il y avait lieu de rendre obligatoire la communication entre les garde-freins et les mécaniciens, toutes les fois que la composition des trains ne s'y opposerait pas ; mais elle estimait qu'il ne devait pas en être de même pour les communications entre les voyageurs et les agents des trains, attendu qu'il serait imprudent de mettre entre les mains des voyageurs le moyen de provoquer des arrêts à tout instant, et d'autre part que la circulation des agents le long des convois compromettrait leur vie sur la plupart des lignes.

3. — *Bien-être.*

La commission conseillait de prescrire aux Compagnies l'emploi des rideaux ou des persiennes dans les compartiments de 2e et de 3e classe ; d'améliorer les banquettes et les dossiers de la 3e classe ; d'autoriser l'emploi de la houille, pour l'alimentation des machines à voyageurs, lorsque, par la nature du combustible ou par l'introduction d'appareils fumivores, cet emploi ne présenterait pas d'inconvénients sensibles.

Elle combattait les tendances de certaines Compagnies à ne pas donner aux voyageurs des classes inférieures un bien-être suffisant, dans le but de les amener à prendre une classe supérieure.

Elle signalait l'intérêt qu'auraient les Compagnies elles-mêmes à abaisser le prix des places et à appliquer des tarifs différentiels à base décroissante au fur et à mesure que la distance de transport augmenterait.

B. — SERVICE DES MARCHANDISES.

1. — *Vitesse.*

Frappée des résultats de la pratique anglaise, la commission émettait l'avis qu'il y avait lieu de fixer des délais moindres pour le transport des produits manufacturés et des matières premières d'un prix élevé; qu'à cet effet la vitesse de 125 kilomètres par vingt-quatre heures spécifiée à l'article 50 des cahiers des charges devrait être portée à 200 kilomètres; que, pour les petites distances, les Compagnies pourraient utilement activer les transports, en les faisant par les trains de grande vitesse à un prix intermédiaire entre ceux de grande vitesse et de petite vitesse.

Elle recommandait des abaissements de tarifs pour certaines matières premières, telles que les combustibles minéraux et les minerais susceptibles de fournir des chargements complets.

Elle proposait de stipuler désormais l'expédition des marchandises en grande vitesse, par le premier train de voyageurs comprenant des voitures de toutes classes et correspondant avec leur destination, le délai d'enregistrement avant le départ de ce train étant fixé à une heure au moins pour la plupart des stations et à trois heures au plus pour les grandes gares.

Elle concluait : 1° à autoriser les Compagnies à transporter par trains express, moyennant une surtaxe pouvant atteindre 20 ou 25 %, les marchandises en grande vitesse destinées aux points extrêmes et aux grands centres d'industrie et de commerce, le poids du chargement total étant limité à 2 tonnes par train et le dépôt à la gare de départ pouvant être fait une heure avant le départ du train; 2° à appliquer sans surtaxe ce service accéléré aux envois d'argent et de valeurs.

2. — Responsabilité des Compagnies pour le transport des marchandises.

Les résolutions de la commission étaient les suivantes à cet égard.

Il convenait de tenir la main à la stricte observation de la clause du cahier des charges relative à la délivrance du récépissé et à la mention, sur cette pièce, du délai de transport ; d'y indiquer, en cas de retard, une retenue variable avec ce retard et indépendante des dommages-intérêts à y ajouter dans certains cas ; de généraliser la délégation donnée aux chefs de gare de certaines Compagnies, pour transiger avec les particuliers, expéditeurs ou destinataires, en cas de contestation, jusqu'à concurrence d'une somme un peu élevée.

Il y avait lieu aussi de simplifier les délais de distance pour les assignations et, dans le cas d'un transport commun à plusieurs Compagnies, de mettre l'expéditeur ou le destinataire à même de ne diriger son action en responsabilité que contre l'une des Compagnies.

3. — *Questions relatives aux tarifs.*

La commission, pensant que le délai d'un an avant lequel il était interdit aux Compagnies de relever leurs tarifs, les détournait d'essais profitables au commerce et constituait un obstacle à des variations utiles, considérait comme opportun de réduire ce délai.

Pour remédier aux inconvénients des lenteurs inhérentes à toute instruction administrative, elle demandait qu'à l'avenir l'homologation des tarifs ne fût plus subordonnée à une instruction préalable ; que cette instruction fût réservée pour le cas où auraient surgi des réclamations paraissant mériter d'être prises en considération ; que la perception des taxes eût lieu de plein droit, à l'expiration du délai légal d'un mois prescrit pour la publication et l'affichage, sauf le cas ci-dessus indiqué ; mais que le Ministre pût toutefois suspendre à toute époque l'application des taxes.

Elle émettait l'avis qu'il convenait d'abaisser le minimum
de poids pour l'application des taxes relatives aux colis de
petite vitesse et d'établir, en ce qui concernait les colis pe-
sant moins de 40 kilogrammes transportés en petite vitesse,
des coupures analogues à celles qui existaient dans la tarification des colis transportés en grande vitesse.

D'accord avec le tribunal de commerce de la Seine, les
Compagnies avaient insisté pour le rétablissement des traités particuliers, en faisant valoir que ces traités permettaient
de faire des essais et de préparer, au besoin, la création de
tarifs spéciaux applicables à tous. Sans conclure dans un
sens favorable à cette demande, la commission conseillait
d'encourager les traités ayant pour objet la fourniture, par
les expéditeurs de certains produits, des wagons sur lesquels
ces produits seraient chargés, et stipulant un tarif réduit
au profit des transports effectués dans ces conditions.

4. — *Questions diverses.*

Pour éviter l'encombrement des gares, la commission
formulait l'opinion qu'il convenait : (*a*) d'autoriser les Compagnies à laisser libres, à toute heure, à leurs propres
camionneurs l'entrée et la sortie de leurs gares, sans être
astreintes à faire profiter les autres voituriers de la même
facilité ;

(*b*) D'établir pour le magasinage un tarif progressif ;

(*c*) D'autoriser les Compagnies, dans toutes les localités
où le factage et le camionnage étaient obligatoires pour elles
et après le délai de quarante-huit heures, à camionner d'office
à domicile toutes les marchandises portant l'adresse d'un destinataire, sous la réserve expresse de livrer en gare et de
déposer dans un magasin public celles qui auraient été
refusées.

Appelée à juger les plaintes formulées par les Compagnies contre les groupeurs, elle estimait que l'industrie du groupage pouvait dans certains cas rendre de réels services; qu'elle constituait parfois un auxiliaire utile des Compagnies; qu'il appartenait d'ailleurs à ces dernières d'apporter à leur service les améliorations nécessaires pour éviter le recours du public à cet intermédiaire.

Elle signalait l'utilité de la création à Paris d'une factorerie centrale où seraient reçues toutes les marchandises, quelle que fût leur destination, et qui aurait des succursales dans les divers quartiers.

Malgré les objections des Compagnies, elle était d'avis de favoriser, dans certains cas spéciaux, la fourniture des wagons par les expéditeurs.

Relativement à la clause du cahier des charges concernant le tarif des céréales et des farineux, dans les temps de cherté, elle jugeait opportun d'adopter un marché régulateur unique, celui de Paris, et de fixer à 20 fr. par hectolitre le prix au delà duquel s'effectuerait l'abaissement du tarif.

C. — CONSTRUCTION. — EXPLOITATION.

1. — *Conditions relatives aux lignes appelées à rentrer dans le réseau des grandes Compagnies.*

D'après la commission, il y avait lieu :

(*a*) De continuer à prescrire l'acquisition des terrains pour deux voies, sauf le cas où rien absolument ne porterait à prévoir un grand développement du trafic, et sauf celui où la dépense qu'entraînerait l'acquisition supplémentaire serait, par exception, considérable ;

(*b*) D'établir, sur les chemins nouveaux construits à une seule voie, des voies d'évitement de 50 à 60 kilomètres de lon-

gueur comprises, autant que possible, entre les stations importantes, de manière à faciliter la bonne distribution des trains ;

(c) De remédier aux exagérations des allocations du
jury, en laissant une partie du prix des terrains à la charge
des localités intéressées, ou du moins en obligeant ces dernières à livrer les terrains moyennant un prix forfaitaire ;

(d) D'autoriser le magistrat directeur du jury à prendre
part à ses délibérations et à les présider ;

(e) D'autoriser les Compagnies, pour la construction des
chemins nouveaux, à établir les stations dans des conditions
d'une extrême simplicité, et même, dans certains cas, à n'y
élever que de simples hangars ; de supprimer la clause législative relative aux clôtures, et de laisser à l'administration
le soin de prononcer sur leur nécessité ;

(f) De permettre l'emploi du matériel articulé et des
autres systèmes nouveaux qui viendraient à se produire.

2. — *Conditions d'établissement et d'exploitation des lignes
d'intérêt local.*

Enfin, la Commission examinait les simplifications qu'il
était possible d'apporter aux chemins de fer d'intérêt local
et formulait à cet égard un avis que nous reproduirons à
l'occasion de la loi du 12 juillet 1865.

Ces diverses conclusions firent l'objet d'un remarquable
rapport de M. Michel Chevalier, en date du 1er mai 1863,
auquel étaient annexés de nombreux documents justificatifs.

Il ne sera pas sans intérêt d'indiquer la nature de ces
documents, qui furent cités dans les discussions parlementaires, et d'en extraire quelques renseignements.

I. — RAPPORT DE M. LAN, INGÉNIEUR DES MINES, SUR
L'EXPLOITATION DES CHEMINS DE FER EN ANGLETERRE. — Ce

rapport suivait l'ordre des questions examinées dans le travail de la Commission.

Il signalait la vitesse considérable des trains-poste anglais qui s'élevait jusqu'à 70 et même 80 kilomètres à l'heure, la brièveté de leurs arrêts aux stations, le petit nombre de ces arrêts, l'emploi d'appareils permettant de prendre ou de laisser des paquets de dépêches en cours de route, la puissance de marche des machines, les grandes dimensions de leurs tenders, les procédés mis en œuvre pour prendre sans arrêt proprement dit l'eau nécessaire à l'alimentation de la chaudière, l'affectation spéciale de ces trains aux voyageurs à grande distance et la surtaxe qui y était appliquée.

Les trains express avaient non seulement des voitures de 1re classe, mais encore des voitures de 2e classe et souvent même des voitures de 3e classe ; leur vitesse était considérable ; ils comportaient également des surtaxes.

Le service des voyageurs se caractérisait, d'une manière générale, par la rapidité et par la multiplicité des convois ; à charge égale, le prix de revient des places était plus élevé que celui des chemins français ; les taxes étaient aussi notablement supérieures.

Les correspondances étaient assurées avec une grande ponctualité ; l'absence à peu près générale de tout enregistrement des bagages simplifiait d'ailleurs beaucoup cette partie du service.

Le block-system était déjà utilisé pour assurer la sécurité : la voie était divisée en sections de 2 à 4 kilomètres, sur lesquelles on ne laissait généralement engager qu'un train à la fois ; ces sections étaient limitées par des postes télégraphiques, munis d'appareils Tyer. L'enclenchement de certaines aiguilles avec les signaux destinés à les couvrir était aussi en usage ; on paraissait avoir peu de confiance dans les moyens de communication entre les agents des trains et les mécaniciens ; cependant, sur certains réseaux, les trains express et poste étaient pourvus des cordes assurant cette communication. Des freins continus étaient expérimentés sur l'un de ces réseaux.

Les voitures étaient généralement peu confortables.

Parmi les chemins d'embranchement, il en était quelques-uns, notamment en Écosse et en Irlande, qui, destinés à desservir un faible trafic, avaient été construits et étaient exploités par de petites Compagnies indépendantes et locales, et qui avaient été établies économiquement. Les acquisitions de terrains de ces chemins coûtaient peu ; leur exploitation était entre les mains de personnes résidant sur les lieux et bien en situation de rechercher toutes les occasions de développer le trafic. Leur tracé était étudié de manière à réduire les dépenses de premier établissement ; le rayon des courbes descendait jusqu'à 260 mètres en pleine voie et 100 mètres aux stations ; on s'appliquait à épouser la configuration du sol ; les stations et bâtiments étaient d'une extrême simplicité ; les chefs de station et les gardes-barrières n'étaient pas logés ; le prix de revient kilométrique oscillait entre 70 000 fr. et 125 000 fr., non compris le matériel roulant. Les tarifs étaient élevés ; la vitesse effective des trains n'était que de 20 à 25 kilomètres à l'heure. L'administration était souvent gérée, à titre gratuit, par les principaux intéressés. Grâce au prix peu élevé du combustible et des matières premières, le coefficient d'exploitation dépassait rarement 50 à 60 %.

II. — RAPPORT DE M. MOUSSETTE, INSPECTEUR PRINCIPAL, SUR L'EXPLOITATION DES CHEMINS FER EN ANGLETERRE. — Ce rapport constatait les faits suivants. Les Compagnies anglaises avaient le droit de fermer leurs gares en cas d'encombrement de marchandises ; le matériel était d'ailleurs considérable, de telle sorte que les marchandises, apportées pendant la journée dans les stations, étaient toujours expédiées la nuit suivante par les trains ordinaires ou par des trains extraordinaires ; les délais de livraison étaient également très courts. Cette rapidité tenait, d'une part à la concurrence des divers lignes, et d'autre part à la liberté absolue laissée aux Compagnies, liberté qui ne les conduisait pas à stipuler des délais dont elles eussent été tentées de profiter ; elle s'expliquait aussi, dans une certaine mesure, par l'usage d'après lequel les industriels fournissaient eux-mêmes les wagons destinés aux transports minéraux, par la répartition du trafic entre les diverses gares, et par l'existence de nombreux entrepôts qui servaient de régulateurs : elle se traduisait d'ailleurs par une augmentation des taxes.

Les tarifs spéciaux réduits pour chargement complet des trains et les traités particuliers étaient très usités. Le camionnage était entièrement libre et tout à fait facultatif ; le groupement des colis était interdit.

Les tarifs maxima stipulés par les bills de concession étaient grevés de surtaxes, dont la fixation appartenait à la Compagnie, pour les opérations accessoires, et principalement d'un droit terminal grevant lourdement les transports à faible distance. Les Compagnies n'étaient pas tenues de fournir des wagons pour la houille.

Les taxes appliquées aux combustibles minéraux étaient, y compris la location des wagons :

1. — Sur le *London and North-Western*

De 0 fr. 0365 par tonne et par kilomètre, pour les distances de 200 à 320 kilomètres ;

De 0 fr. 05 à 0 fr. 07 par tonne et par kilomètre, pour les distances de 80 à 160 kilomètres ;

De 0 fr. 097 par tonne et par kilomètre, pour les distances de 30 kilomètres.

2. — Sur le *Great Northern*

De 0 fr. 30 par tonne et par kilomètre, pour la distance de 9 kilom. 6;

De 0 fr. 15 par tonne et par kilomètre, pour la distance de 19 kilomètres ;

De 0 fr. 10 par tonne et par kilomètre, pour les distances de 19 à 58 kilomètres ;

De 0 fr. 077 par tonne et par kilomètre, pour les distances de 58 à 80 kilomètres ;

De 0 fr. 05 par tonne et par kilomètre, pour les distances dépassant 161 kilomètres ;

De 0 fr. 0365 par tonne et par kilomètre, pour les distances dépassant 241 kilomètres.

3. — Sur le *Great Westhern*

De 0 fr. 04 à 0 fr. 26 par tonne et par kilomètre, pour les distances de 322 kilomètres à 9 kilom. 6.

Sur cette dernière ligne, les taxes étaient réduites, lorsque des garanties de recettes annuelles étaient fournies à la Compagnie.

La classification légale des marchandises variait avec les réseaux ; mais, sous l'inspiration du Clearing-House (bureau d'apuration et de liquidation des comptes réciproques des Compagnies de chemins de fer), les Compagnies avaient adopté une sérification uniforme.

Aucun délai n'était imparti pour la modification des taxes ; aucune formalité de publication et d'homologation ou même de communication au *Board of trade* n'était prescrite.

Les tarifs différentiels étaient admis par les bills de concession. Des arrangements intervenaient fréquemment pour la répartition du trafic entre les voies concurrentes. Des faveurs étaient accordées aux grands industriels, et surtout aux exportateurs, notamment pour la houille et le coke.

La recette moyenne par tonne kilométrique était de
0 fr. 0649 ; comme on le voit, malgré l'élévation des taxes,
cette moyenne était relativement faible : le fait s'expliquait
par la quote-part considérable des matières premières dans
les transports.

III. — RAPPORT DE M. BERGERON SUR LES CHEMINS DE
FER A BON MARCHÉ DE L'ÉCOSSE. — Ce rapport contenait des
indications détaillées sur le prix de revient d'un grand
nombre de chemins de fer économiques de l'Écosse. Il énu-
mérait les avantages inhérents à la construction et à l'exploitation de ces chemins par des Compagnies locales et indépendantes, savoir :

Facilités plus grandes pour la souscription du capital ;

Prix moins élevé des terrains et des travaux ;

Surveillance et direction plus parcimonieuses de l'exploitation.

IV. — RAPPORT DE M. DUBOCQ, INGÉNIEUR DES MINES, SUR LES
CHEMINS DE FER ALLEMANDS. — En 1862, le réseau allemand,
achevé dans ses principales lignes, comptait 18 000 kilomètres répartis entre soixante-deux administrations, dont
dix-huit gérées par l'État. Ces administrations avaient
constitué une union et admis par suite un certain nombre
de règlements communs.

La dépense kilométrique de premier établissement variait
de 159 000 fr. à 404 000 fr.

Les trains express prenaient généralement des voyageurs
de 2e classe ; les taxes applicables à ces trains étaient supérieures à celles des trains ordinaires ; la vitesse des convois
était relativement faible ; les tarifs de voyageurs étaient
inférieurs à ceux de la France.

Les clôtures n'existaient que sur certaines sections où

la nécessité en était reconnue. Les barrières manœuvrées à distance étaient déjà employées sur certains passages à niveau. Les agents des trains étaient mis en relation par des cordes avec le mécanicien.

Les marchandises étaient divisées en trois classes ; les taxes comprenaient un élément constant et un élément proportionnel à la distance. Des tarifs réduits étaient usités pour les matières expédiées par chargements complets. Les traités particuliers étaient tolérés, sauf sur les chemins d'État. Les relèvements de tarifs étaient généralement subordonnés à des délais. Les chemins n'étaient tenus de transporter qu'en proportion de leur matériel, et avaient le droit de refuser les marchandises avant l'époque de leur expédition. Les délais de transport étaient considérables. Le camionnage par les Compagnies constituait l'exception.

274. — **Concession définitive de diverses lignes.** — Nous avons, avant tout, à signaler, en 1864, la concession définitive d'un certain nombre de lignes concédées antérieurement à titre éventuel, savoir :

DÉSIGNATION des Compagnies.	DATE des décrets.	NUMÉRO du Bulletin des lois.	DÉSIGNATION des lignes.	ÉPOQUE de l'ouverture.
Orléans........	6 janvier.	1er sem. 1864, n° 1176, p. 126.	Orléans à Gien, ...	1873
P.-L.-M......	23 janvier.	1er sem. 1864, n° 1182, p. 285.	Santenay à Étang........	1867-70
—	20 février.	1er sem. 1864, n° 1188, p. 394.	Champagnole à la ligne de Dôle en Suisse..........	1867
Midi.	9 mars.	1er sem. 1864, n° 1190, p. 409.	Castres à Albi et Castres à Mazamet	1869-06
—	9 mars.	1er sem. 1864, n° 1190, p. 408.	Carcassonne à Quillan.	1876-78
Ouest........	13 août.	2e sem. 1864, n° 1235, p. 268.	Flers à Mayenne..........	1874
Midi.	2 novembre.	2e sem. 1864, n° 1249, p. 447.	Langon à Bazas.	1866

275. — **Annulation de la concession du chemin de Sorgues à Saint-Saturnin.** — Le 6 février 1864, une décision ministérielle déclara nulle et non avenue la clause de la convention de 1863, qui avait concédé à titre éventuel, à la Compagnie de Paris-Lyon-Méditerranée, le chemin de Sorgues à Saint-Saturnin.

276. — **Annulation de la concession du chemin de jonction entre le canton de Genève et la ligne du Valais.** — Un décret du 30 mars 1864 [B. L., 1er sem. 1864, n° 1192, p. 451] annula de même la concession faite par la loi sarde du 12 juin 1857, à la Compagnie des chemins de fer de la Haute-Italie, d'un chemin de jonction entre le canton de Genève et la ligne du Valais.

277. — **Concession du chemin d'Orléans à Châlons-sur-Marne.** — Le Ministre des travaux publics conclut le 14 juin 1864 [B. L., 1ᵉʳ sem. 1864, n° 1221, p. 995], avec les sieurs Daniell et consorts, une convention portant concession à leur profit du chemin d'Orléans à Châlons-sur-Marne, sans subvention, ni garantie d'intérêt.

Le cahier des charges était conforme à celui des grandes Compagnies; la durée de la concession était de quatre-vingt-dix-neuf ans, à courir du 1ᵉʳ janvier 1870; le délai d'exécution était de six ans.

Les concessionnaires furent déclarés déchus par arrêté ministériel du 18 avril 1868 et un décret du 13 juin de la même année [B. L., 1868, n° 1605, p. 4] confisqua une grande partie de leur cautionnement.

278. — **Concession du chemin de Valenciennes à Lille.** — Un autre décret du 11 juillet 1864 [B. L., 2ᵉ sem. 1864, n° 1234, p. 193] concéda, sous les mêmes conditions et pour quatre-vingt-dix-neuf ans, aux sieurs Estevez et consorts, un chemin de Valenciennes à Lille, par Saint-Amand et Orchies, de 43 kilomètres de longueur.

La mise en exploitation eut lieu en 1870.

279. — **Modification du décret réglementaire relatif au transit.** — Nous avons relaté les dispositions prises par le décret du 26 avril 1862 pour faciliter le transit et l'exportation. Ce décret stipulait que les taxes de transit devraient être les mêmes pour tous les ports de mer appartenant au même réseau et situés sur le même littoral.

Un décret du 1ᵉʳ août 1864 [B. L., 2ᵉ sem. 1864, n° 1234,

p. 243] modifia cette clause, en subdivisant les ports, pour chacun des réseaux de l'Ouest, d'Orléans, du Midi et de Paris-Lyon-Méditerranée, en groupes dont le traitement devait être identique, savoir :

Réseau de l'Ouest. . .
- 1° de Dieppe inclus à Caen inclus ;
- 2° de Caen exclus à Saint-Brieuc inclus ;
- 3° de Saint-Brieuc exclus à Brest inclus.

Réseau d'Orléans. . .
- 1° de Châteaulin inclus à Lorient inclus ;
- 2° de Lorient exclus à Nantes inclus ;
- 3° de la Rochelle inclus à Bordeaux inclus.

Réseau du Midi. . . .
- 1° de Bordeaux inclus à Arcachon inclus ;
- 2° d'Arcachon exclus à la frontière d'Espagne ;
- 3° de la frontière d'Espagne, sur la Méditerranée, à Cette inclus.

Réseau de Paris-Lyon-Méditerranée. . . .
- 1° de Cette inclus à Toulon inclus ;
- 2° de Toulon exclus à la frontière d'Italie.

280. — Rectification et prolongement du chemin d'Épinac au canal de Bourgogne. — Une ordonnance du 7 avril 1830 avait autorisé l'établissement d'un chemin d'Épinac au canal de Bourgogne.

Par décret du 1ᵉʳ août 1864 [B. L., 2ᵉ sem. 1864, n° 1236, p. 277], la Compagnie des houillères d'Épinac obtint l'autorisation d'exécuter les rectifications que comportait ce chemin, ainsi que la concession d'un prolongement de Pont-d'Ouche à Vélars et d'un raccordement d'Épinac à la ligne de Santenay à Étang.

L'ensemble de la concession était soumis à un nouveau cahier des charges semblable à celui des grandes Compagnies ; la durée du contrat était de quatre-vingt-dix-neuf ans, à partir de l'époque fixée pour l'achèvement des travaux qui faisaient l'objet du décret.

Un arrêté ministériel du 9 mai 1877 prononça la déchéance des concessionnaires.

281. — **Concession du chemin d'Enghien à Montmorency.** — Un décret du 10 septembre 1864 [B. L., 2ᵉ sem. 1864, n° 1245, p. 393] accorda, pour quatre-vingt-dix-neuf ans, à MM. Rey de Foresta et Marchand, la concession du chemin d'Enghien à Montmorency sans subvention, ni garantie d'intérêt. La longueur de ce chemin était de 3 kilomètres.

Le cahier des charges était conforme au type ; toutefois il ne prescrivait que deux classes de voyageurs taxées à 0 fr. 075 et 0 fr. 055.

L'ouverture à l'exploitation eut lieu en 1868.

282. — **Raccordement du marché à bestiaux de Paris avec le chemin de Ceinture.** — La ville de Paris ayant jugé utile de raccorder avec le chemin de fer de Ceinture le marché à bestiaux qu'elle avait établi dans le XIXᵉ arrondissement, en vertu d'un décret du 6 avril 1859, provoqua la déclaration d'utilité publique de cet embranchement et l'approbation d'un traité passé entre elle et le syndicat du chemin de Ceinture.

Aux termes de ce traité et du décret approbatif du 19 octobre [B. L., 2ᵉ sem. 1865, n° 1344, p. 171], la ville fournissait les terrains ; le syndicat exécutait à ses frais les travaux, pourvoyait à l'exploitation et avait la jouissance de la ligne jusqu'au terme de la concession du chemin de Ceinture. En cas de rachat de ce dernier chemin, la ville rentrait en possession de l'embranchement et servait au syndicat, jusqu'au terme normal de sa concession, une annuité de 110 000 fr.

La mise en exploitation eut lieu en 1867.

283. — **Mise sous séquestre du chemin de la Croix-Rousse à Sathonay.** — La Compagnie du chemin de fer de la Croix-

Rousse au camp de Sathonay, se trouvant aux prises avec de grands embarras financiers, sollicita en 1864 la mise sous séquestre de ce chemin. Cette demande fut accueillie par décret du 26 octobre [B. L., 2ᵉ sem. 1864, n° 1249, p. 445].

284. — Concession du chemin d'Arras à Étaples. — Un

décret du 25 juin 1864 [B. L., 2ᵉ sem. 1864, n° 1251, p. 482], déclara d'utilité publique un chemin d'Arras à Étaples, par Montreuil, desservant directement ou par embranchement les villes de Frévent, Saint-Pol et Béthune, et prescrivit l'adjudication de ce chemin. Le rabais devait porter sur la subvention d'un million promise par le département du Pas-de-Calais.

MM. Rainbeaux et consorts se rendirent adjudicataires, moyennant un rabais de 1 fr. sur le montant de la subvention, et l'opération fut approuvée par décret du 5 novembre 1864 [B. L., 2ᵉ sem. 1864, n° 1251, p. 479].

Cette concession resta sans effet. La déchéance fut prononcée contre les concessionnaires en 1868 et un décret du 13 juin de cette année [B. L., 2ᵉ sem. 1868, n° 1614, p. 125] autorisa la restitution de leur cautionnement.

285. — Convention avec l'Espagne pour l'exploitation

de la section d'Hendaye à Irun. — La France et l'Espagne réglèrent par une convention du 8 avril 1864 les conditions d'exploitation du chemin de Bayonne à Madrid, entre les stations d'Hendaye et d'Irun.

D'après cette convention, la voie française était prolongée jusqu'à Irun et la voie espagnole jusqu'à Hendaye (ces voies n'ont pas même largeur). L'administration du chemin français devait livrer à l'administration espagnole à Hendaye les locaux nécessaires à son service, moyennant un loyer de 6 %; l'administration du chemin espagnol devait agir de même à Irun. Chacune des deux Compagnies devait tenir compte à l'autre des intérêts à 6°/₀ de la moitié du capital d'établissement de la partie de la ligne comprise entre les aiguilles d'entrée de la gare et la culée du pont de la Bidassoa la plus rapprochée de ces aiguilles (ce pont avait été construit à frais communs); elle appliquait d'ailleurs son propre tarif, sans pouvoir dépasser les taxes maxima autorisées pour l'autre Compagnie.

L'entretien et la surveillance de la section d'Hendaye à Irun était confiée à la Compagnie du Nord de l'Espagne, les dépenses étant partagées entre les deux Compagnies au prorata kilométrique.

Cette convention fut promulguée par décret du 28 juin 1864 [B. L., 1ᵉʳ sem. 1864, n° 1220, p. 987].

286. — **Concessions d'embranchements miniers.** — Il nous reste, pour clore l'année 1864, à noter les actes suivants: 1° Décret du 25 juin 1864 [B. L., 2ᵉ sem. 1864, n° 1230, p. 185], autorisant la Compagnie des mines de Marles à souder un nouvel embranchement sur le chemin qu'elle avait établi pour relier ces mines à la ligne des houillères du Pas-de-Calais;

2° Décret du 20 août 1864 [B. L., 2ᵉ sem. 1864, n° 1237, p. 308], prescrivant l'organisation d'un service public de marchandises sur le chemin de Nœux au canal de Beuvry à Gorre;

3° Décret du 11 décembre 1864 [B. L., 1ᵉʳ sem. 1865, n° 1265, p. 5], autorisant la société des mines de Liévin, pour une durée égale au temps restant à courir sur la concession du réseau du Nord, à établir et à exploiter un chemin reliant ces mines à la ligne des houillères du Pas-de-Calais. Le cahier des charges était conforme au type, sauf le tarif des marchandises en petite vitesse qui ne compor-

lait que trois classes, taxées à 0 fr. 16, 0 fr. 14 et 0 fr. 10.
Le service public était provisoirement ajourné. Cet embranchement fut livré en 1866;

4° Décret du 17 décembre 1864 [B. L., 1ᵉʳ sem. 1865,
n° 1271, p. 109], concédant à la Compagnie des mines de
Portes et Sénéchas, dans les mêmes conditions et pour une
durée égale au temps restant à courir sur la concession du
réseau de Paris-Lyon-Méditerranée, un chemin reliant lesdites mines à la ligne de Brioude à Alais. Cet embranchement fut ouvert en 1869.

CHAPITRE VII. — ANNÉE 1865.

287. — Règlement sur les appareils à vapeur. —
Au début de l'année 1865, nous avons à enregistrer un
décret réglementaire du 25 janvier 1865 [B. L., 1er sem.
1865, n° 1270, p. 98] sur les appareils à vapeur autres que
ceux des bateaux. Il n'entre d'ailleurs pas dans le cadre de
ce travail de donner l'analyse de cet acte d'un caractère
technique.

**288. — Concession d'un embranchement de la ligne
de la Bassée à Lille sur Béthune. —** Les concessionnaires
du chemin de la Bassée à Lille obtinrent, par décret du
8 mars 1865 [B. L., 1er sem. 1865, n° 1276, p. 211], le rattachement à leur concession d'un embranchement sur Béthune
et l'autorisation d'emprunter, pour l'assiette de cet embranchement, le cavalier de remblai latéral au canal d'Aire à
la Bassée.

La mise en service eut lieu en 1868.

**289. — Concession d'un embranchement reliant le
chemin des mines de Commentry au canal du Berry à la
ligne de Montluçon à Moulins. —** La Compagnie des mines,
forges et hauts-fourneaux de Commentry, avait obtenu, par
ordonnance du 16 février 1844, la concession d'un chemin
de Commentry au canal du Berry et à Montluçon, et plus

tard,'par décret du 14 mars 1855, celle de deux embranchements sur ce chemin.

Un décret du 18 mars 1865 [B. L., 1er sem. 1865, n° 1276, p. 217] ajouta à cette concession un autre embranchement sur la gare de Commentry et le plaça sous le régime du cahier des charges de 1844.

290. — **Concession définitive de diverses lignes.** — Plusieurs concessions éventuelles furent transformées en concessions définitives dans le cours de l'année 1865, à savoir :

DÉSIGNATION des Compagnies.	DATE des Décrets.	NUMÉRO du Bulletin des lois.	DÉSIGNATION des lignes.	ÉPOQUE de l'ouverture.
Orléans.......	8 avril.	1er Sem. 1865, n° 1282, p. 416.	Pithiviers à Malesherbes...	1868
Orléans.......	8 avril.	1er Sem. 1865, n° 1282, p. 417.	Pithiviers à Orléans......	1872
Orléans.......	17 mai.	1er Sem. 1865, n° 1293, p. 694.	Limoges à Brives........	1875
Midi.........	17 juin.	1er Sem. 1865, n° 1304, p. 845.	Toulouse à Auch........	1877
Est..........	26 août.	2e Sem. 1865, n° 1336, p. 572.	Bar-sur-Seine à Châtillon..	1868
Midi.........	14 décembre.	2e Sem. 1865, n° 1359, p. 1027.	Montrejeau à Bagnères-de-Luchon	1873
Midi.........	14 décembre.	2e Sem. 1865, n° 1359, p. 1028.	Lourdes à Pierrefitte..·...	1871

291. — **Concession d'un embranchement de la fosse de Castellane à la ligne d'Aubagne aux mines de Fuveau.** — Un décret du 1er juillet 1865 [B. L., 2e sem. 1865, n° 1322, p. 289] autorisa la société des charbonnages des Bouches-du-Rhône à établir un embranchement destiné à relier la fosse de Castellane à la ligne d'Aubagne aux mines de Fuveau. Le cahier des charges était conforme à celui des grandes Compagnies; la durée de la concession était réglée de telle sorte qu'elle expirât avec celle du réseau de Paris-Lyon-Méditerranée; le chemin pouvait être provisoirement affecté au service exclusif de la mine. Son ouverture eut lieu en 1870.

292. — Concession du chemin de fer de ceinture de Paris (rive gauche).

I. — CONVENTION AVEC LA COMPAGNIE DE L'OUEST. — Le chemin de fer de ceinture de Paris devait se composer de trois tronçons ayant ensemble un développement de 38 kilomètres, y compris les raccordements avec les grandes lignes, à savoir :

1° Le tronçon de la Rapée-Bercy à Batignolles-Clichy, reliant les gares des cinq grandes Compagnies sur la rive droite de la Seine et concédé à ces Compagnies réunies (17 km. de longueur) ;

2° Le chemin de la gare des Batignolles à Auteuil (9 km.), concédé à la Compagnie de l'Ouest ;

3° La section de la gare d'Auteuil à celle d'Orléans, y compris le viaduc du Point-du-Jour (12 km.).

Les travaux de cette dernière section, commencés par l'État en vertu de la loi du 14 juin 1861, étaient assez avancés pour qu'il convînt de s'occuper de sa concession ; la question présentait un caractère d'urgence d'autant plus grand qu'il importait d'établir le plut tôt possible, en vue de l'Exposition de 1867, un embranchement rattachant le Champ-de-Mars au chemin de Ceinture, près du Point-du-Jour.

Le Gouvernement étudia dans ce but diverses combinaisons.

La première, qui eût consisté à confier à une Compagnie générale l'exploitation du chemin de Ceinture sur toute son étendue, était impraticable à raison de l'impossibilité légale de racheter isolément le tronçon de Bercy aux Batignolles et du refus des Compagnies de se prêter à un rachat amiable.

La seconde eût consisté à racheter la section des Batignolles à Auteuil, ce qui était possible aux termes de l'acte de concession à la Compagnie de l'Ouest', et à la réunir à la section de la rive gauche, pour concéder ces deux tron-

çons au syndicat de la rive droite ; mais elle eût pu exiger le
déplacement de l'origine de la section d'Auteuil sur le réseau de l'Ouest, troubler ainsi les habitudes du public et
porter atteinte au trafic ; elle eût d'ailleurs présenté l'inconvénient d'étendre à la totalité du chemin de Ceinture un
mode d'administration, à certains égards, défectueux.

La troisième eût consisté à concéder à une nouvelle société la section de rive gauche, avec ou sans le chemin d'Auteuil racheté. Sans ce chemin, la Compagnie, grevée d'un
capital relativement considérable pour une ligne de peu de
longueur, et resserrée entre des Compagnies rivales, ne se
fût pas trouvée dans des conditions viables. Avec ce chemin,
elle eût éprouvé la difficulté que nous avons signalée à propos
de la combinaison précédente, au point de vue de l'origine
du service entre le réseau de l'Ouest et Auteuil ; en outre le
rachat de la section d'Auteuil et la constitution de la nouvelle Compagnie eussent entraîné des retards incompatibles
avec les nécessités pressantes de la construction de l'embranchement destiné à desservir l'Exposition.

Restait enfin une dernière combinaison consistant à faire
la concession à la Compagnie de l'Ouest : cette Compagnie
était toute prête à se mettre à l'œuvre ; elle avait déjà entre
les mains la section d'Auteuil et la gare de Vaugirard, avec
laquelle le chemin de rive gauche avait à se relier ; enfin sa
participation dans le syndicat du chemin de la rive droite
devait faciliter la solution des difficultés qui viendraient à
surgir pour les relations entre les divers tronçons du chemin de Ceinture.

Ce fut donc à cette combinaison que s'arrêta le Gouvernement. Il conclut avec la Compagnie de l'Ouest une convention dont les dispositions étaient les suivantes.

Le chemin était établi dans les conditions de la loi du
11 juin 1842.

ÉTUDE HISTORIQUE. — ANNÉE 1865   365

Le Ministre concédait à titre éventuel à la Compagnie, qui en prenait l'exécution complète à sa charge, un raccordement du chemin de rive droite avec le chemin d'Auteuil.

Ces deux lignes étaient classées dans le nouveau réseau, dont le capital garanti devait par suite être augmenté de la somme admise au compte de premier établissement desdites lignes.

Le revenu kilométrique réservé à l'ancien réseau était accru de 12 fr. pour chaque million d'augmentation de ce capital (ce chiffre correspondait à 1,10 °/₀ de la dépense d'établissement des nouveaux chemins).

L'exploitation était régie par le cahier des charges général du réseau de l'Ouest, si ce n'est que le tarif des marchandises en petite vitesse comportait seulement deux classes, dont l'une, taxée à 0 fr. 16, comprenait les objets énumérés dans les 1ʳᵉ et 2ᵉ classes du tarif général, et la seconde, taxée à 0 fr. 10, ceux des 3ᵉ et 4ᵉ classes de ce tarif.

La Compagnie s'engageait à exécuter et à exploiter à ses frais, risques et périls, un embranchement provisoire du Point-du-Jour au pont d'Iéna ; les recettes devaient être portées au compte de premier établissement. L'administration se réservait de déterminer, la Compagnie entendue, l'époque à laquelle cet embranchement serait supprimé et les lieux remis en état ; la somme admise au compte de premier établissement, déduction faite de la valeur des matériaux, devait être ajoutée au capital garanti et déterminer une augmentation du revenu réservé, dans les conditions ci-dessus indiquées.

Il en était de même des dépenses nécessaires pour approprier la ligne d'Auteuil à la circulation des trains de marchandises.

La Compagnie avançait à l'État, en quatre termes trimestriels, la somme de 5 millions nécessaire à l'achèvement de la plate-forme du chemin de Ceinture (rive gauche); cette somme lui était remboursée, suivant les règles admises par la convention de 1863 pour le paiement des subventions.

Enfin l'État se réservait, pendant un délai de huit ans, de racheter à la Compagnie de l'Ouest, soit ensemble, soit isolément, d'une part le chemin d'Auteuil et son raccordement avec le chemin de rive droite, et d'autre part le chemin de rive gauche; le prix de ce rachat devait être réglé dans les formes prescrites par la loi du 29 mai 1845 et modifiées par celle du 1er août 1861.

II. — Projet de loi et rapport au Corps législatif. — Le Corps législatif fut saisi le 1er juin 1865 des clauses financières de cette convention [M. U., 9 juin 1865].

La Commission, par l'organe de M. Aymé, émit un avis favorable [M. U., 8 juillet 1865]; elle signala à cette occasion l'utilité de réduire à une demi-heure l'intervalle des trains de voyageurs sur le chemin de Ceinture; d'obtenir du syndicat de rive droite des améliorations dans le service et, notamment, l'accélération et la réduction du prix des transports de marchandises; de rechercher les moyens d'établir des lignes de pénétration dans Paris, mises en communication avec le chemin de Ceinture.

III. — Discussion et vote au Corps législatif. — Lors de la discussion en séance publique [M. U., 5 juillet 1865], MM. Garnier-Pagès et Pelletan se plaignirent de ce que les tarifs de voyageurs fussent plus élevés le dimanche et les jours fériés que les jours ouvrables, et ce au détriment des habitants peu aisés de la capitale, qui profitaient de leurs loisirs pour aller à la campagne.

M. de Franquéville, commissaire du Gouvernement, et M. Émile Péreire répondirent que ce fait s'expliquait par

le surcroît de dépenses et de responsabilité imposé à la Compagnie, dans les jours de grande affluence de voyageurs;
qu'en effet, près de la moitié des trains revenaient à vide;
que le service était soumis à des éventualités beaucoup plus
graves; que, si l'on avait adopté des tarifs très bas pendant
la semaine, c'était afin de mettre le chemin de fer à la portée
du grand'nombre, pour les besoins ordinaires de la vie, c'est-
à-dire afin de satisfaire à un intérêt plus puissant que celui
des promenades.

M. Glais-Bizoin et d'autres députés ayant ensuite exprimé
la crainte que les charges nouvelles imposées à la Compagnie ne retardassent l'exécution des autres lignes dont elle
était concessionnaire, le rapporteur et M. de Franqueville
affirmèrent que cette crainte n'était pas fondée.

Puis la loi fut votée et sanctionnée le 10 juillet [B. L.,
2ᵉ sem. 1865, n° 1319, p. 233].

Un décret du 18 du même mois [B. L., 2ᵉ sem. 1865,
n° 1319, p. 234] approuva la convention. Un autre décret
du 18 septembre 1865 [B. L., 2ᵉ sem. 1865, n° 337, p. 596]
rendit définitive la concession du raccordement du chemin
de Ceinture (rive droite) avec le chemin d'Auteuil.

Le chemin de Ceinture (rive gauche) et l'embranchement
du Champ-de-Mars furent ouverts au commencement
de 1867.

293. — Loi sur les chemins de fer d'intérêt local.

I. — EXPOSÉ. — Un mouvement considérable s'était produit au sein des conseils généraux, pendant le cours de la
session de 1864, pour réclamer l'exécution de lignes secondaires.

L'État ne pouvait faire pour ces lignes secondaires les
mêmes sacrifices que pour les chemins de fer plus impor-

tants établis ou concédés antérieurement. Il avait en effet :
1° à pourvoir aux charges d'une garantie d'intérêt, qui devait nécessiter l'inscription annuelle au budget d'un crédit
de 40 à 50 millions ; 2° à acquitter, pendant une longue période, des annuités de subventions montant à plus de 18 millions ; 3° à dépenser un capital de 75 millions environ, pour
la construction de l'infrastructure des lignes pyrénéennes
et pour le concours promis aux Compagnies des Charentes,
de la Vendée, de la Dombes et de Perpignan à Prades. Il
fallait donc recourir à un système nouveau, en combinant et
faisant converger les ressources des départements, des
communes, des propriétaires et des intéressés. C'était revenir au principe inscrit à diverses reprises dans les actes
législatifs ou administratifs concernant l'exécution des travaux publics, et notamment dans la loi du 16 septembre 1807,
dans le décret du 16 décembre 1811 sur les routes, dans la loi
du 21 mai 1836 sur les chemins vicinaux, enfin dans la loi
du 11 juin 1842 sur les chemins de fer. Grâce au décret
de 1811, le développement des routes, qui était alors de
25 000 kilomètres seulement, était passé à 48 000 kilomètres : c'était une dépense de 400 à 500 millions qui avait
été faite par les départements à la décharge du Trésor ;
grâce à la loi du 21 mai 1836, la France était arrivée à possé-
der, en 1865, 80 000 kilomètres de chemins de grande communication, une longueur égale de chemins d'intérêt commun et
368 000 kilomètres de chemins vicinaux ordinaires ; les ressources réalisées par le service vicinal s'étaient élevées à
plus de 2 milliards. Ces résultats merveilleux devaient
dicter les résolutions des pouvoirs publics et les déterminer
à entrer résolument dans la voie qu'avait si intelligemment
ouverte le département du Bas-Rhin.

Nous avons vu, en effet, que sur l'initiative de M. l'ingénieur en chef Coumes, ce département avait résolu d'ap-

pliquer à l'exécution de la plate-forme d'un réseau départemental les ressources de la vicinalité et les dispositions de la loi du 21 mai 1836 ; les travaux s'étaient faits économiquement, les acquisitions de terrains avaient été réalisées sans difficultés, et les trois lignes de Strasbourg à Barr, Mutzig et Wasselonne, de Niederbronn à Hagueneau et de Schlestadt à Sainte-Marie-aux-Mines, présentant ensemble une longueur de 90 kilomètres, avaient pu être ouvertes, sans que la dépense dépassât 117 300 fr. par kilomètre, matériel roulant compris. Cette dépense se décomposait comme il suit :

Fonds départementaux.	18,7 %
Contingents communaux.	19,1
Subvention de l'État.	16
Dépenses de la Compagnie.	46,2
TOTAL.	100 %

La Commission d'enquête intituée en 1861 et dont nous avons fait connaître brièvement les travaux (page 339 et suivantes) avait d'ailleurs émis l'avis :

« Qu'il y avait lieu de constituer une nouvelle catégorie « de chemins de fer économiques ;

« Que la plus grande latitude devait être laissée, tant à « l'administration qu'au concessionnaire, pour exploiter « les chemins d'intérêt local ;

« Que les lignes de cette catégorie devraient être, dans « la plupart des cas, des chemins à transbordement ; « qu'elles pourraient et devraient même différer essentiel- « lement, tant sous le rapport de la construction que sous « celui de l'exploitation, des chemins compris dans les « réseaux antérieurement établis ;

« Que dès lors les prescriptions du cahier des charges « ordinaire devraient être simplifiées, de manière : 1° à

2   24

« permettre de faire varier, suivant les cas, la largeur de
« la voie, le poids des rails, le système du matériel roulant,
« les rampes et les courbes ; 2° à supprimer l'obligation
« des clôtures en tant que règle absolue et à autoriser, pour
« les bâtiments des stations, les formes les plus simples ;

« Que toutefois il serait désirable que, dans chaque
« groupe, les chemins locaux fussent construits avec la
« même largeur de voie, de manière à pouvoir être desser-
« vis par le même matériel roulant, mais que cette unifor-
« mité spéciale ne devait pas être érigée en règle ab-
« solue ;

« Qu'à l'égard de l'exploitation de ces lignes la régle-
« mentation administrative pourrait se borner aux mesures
« de police indispensables à la sécurité publique ;

« Que le bénéfice de la loi du 21 mai 1836, relative aux
« chemins vicinaux, pourrait être étendu aux chemins de
« fer d'intérêt local, notamment dans celles de ses disposi-
« tions qui concernaient principalement les enquêtes et
« l'acquisition des terrains. »

D'autre part, MM. Lan et Bergeron, ingénieurs chargés
d'une mission spéciale, avaient signalé un réseau de chemins
de fer économiques qui avaient été établis en Écosse, moyennant une dépense de premier établissement de 126 000 fr.
environ par kilomètre, et dont l'exploitation ne coûtait pas
plus de 5 475 fr par an (non compris le renouvellement de
la voie et du matériel roulant).

Enfin on avait en France, indépendamment de l'exemple
des chemins du Bas-Rhin, celui d'autres lignes construites
à bon marché et particulièrement du chemin de Saint-
Gobain à Chauny (103 000 fr. par kilomètre), et de divers
embranchements desservant les houillères du Pas-de-Calais
(54 à 85 000 fr. par kilomètre).

Toutefois, avant de présenter un projet de loi au Corps

législatif, le Ministre avait tenu à s'éclairer de l'avis d'une
commission choisie parmi les hommes les plus compétents.
Conformément aux conclusions de cette commission, le Gouvernement admit qu'il convenait de constituer une nouvelle
catégorie de chemins dits d'*intérêt local*, dans laquelle viendraient se placer les chemins de 30 à 40 kilomètres de longueur au plus, destinés exclusivement à relier les localités
secondaires aux lignes principales, ne traversant ni faîtes de
montagnes ni grandes vallées, n'ayant qu'un trafic peu considérable, ne comportant en général que trois trains par
jour sans service de nuit, exploités à faible vitesse et en *na-
vette*. Les terrains ne devaient y être acquis et les terrassements exécutés que pour une seule voie; les clôtures et les
barrières des passages à niveau pouvaient y être supprimées; il en était de même des disques et des signaux
fixes; une tolérance très grande devait être admise pour les
pentes et les rayons des courbes; les ingénieurs devaient
étudier le terrain avec un soin très sévère, chercher à en
épouser la forme, de manière à réduire les terrassements,
les ouvrages d'art et les emprises; si le trafic était faible,
il conviendrait de réduire la largeur de la voie et les dimensions du matériel roulant; l'exploitation serait réglée
avec simplicité et économie, de manière à n'entraîner en
tout qu'une dépense de 5 000 fr. par kilomètre et par an,
non compris le renouvellement du matériel; ce résultat
serait facile à atteindre, si les lignes secondaires étaient exploitées par les Compagnies au réseau desquelles.elles se
rattacheraient. Une grande latitude devait être laissée pour
l'organisation du service; il pouvait y avoir lieu, de la part
de l'État, de renoncer à ses immunités pour la poste, le télégraphe, les transports militaires, etc. Il serait en outre nécessaire, dans certains cas, de consentir des tarifs supérieurs
à ceux des lignes principales.

II. — Projet de loi. — Le projet de loi que le Gouvernement déposa sur le bureau du Corps législatif, le 8 mai 1865 [M. U., 29, 30 et 31 mai 1865] portait les dispositions suivantes.

Le conseil général arrêtait avant tout, sur la proposition du préfet, la direction des chemins de fer d'intérêt local, le mode et les conditions de leur construction, ainsi que les traités et les dispositions nécessaires pour en assurer l'exploitation.

L'utilité publique était déclarée et l'exécution autorisée par décret délibéré en Conseil d'État; les intérêts en jeu étaient en effet trop graves et les servitudes imposées aux riverains trop onéreuses, pour que les chemins de fer d'intérêt local fussent, comme les chemins vicinaux de grande communication, classés en vertu d'un simple vote du conseil du département.

Le décret devait d'ailleurs intervenir sur le rapport des deux Ministres de l'intérieur et des travaux publics, le premier comme gardien de l'intérêt départemental, chargé d'assurer les voies et moyens, et le second comme juge de l'opportunité de l'entreprise dans ses rapports avec le réseau national. Le préfet approuvait ensuite les projets définitifs sur l'avis de l'ingénieur en chef, homologuait les tarifs et contrôlait l'exploitation.

Les ressources créées en vertu de la loi du 21 mai 1836 pouvaient être affectées, en partie, par les communes et les départements à la dépense des nouvelles lignes. L'article 13 de cette loi était applicable aux centimes extraordinaires que les départements et les communes s'imposeraient pour faire face à cette dépense, c'est-à-dire que le domaine de l'État et celui de la Couronne pouvaient être taxés comme les propriétés particulières.

Les chemins de fer d'intérêt local étaient soumis aux

dispositions de la loi du 15 juillet 1845 sur la police des chemins de fer, si ce n'est que le préfet pouvait dispenser de poser des clôtures sur tout ou partie des chemins et d'établir des barrières au croisement des voies de terre peu fréquentées.

Des subventions pouvaient être accordées sur les fonds du Trésor jusqu'à concurrence du quart des dépenses à la charge des départements, des communes et des intéressés.

III. — RAPPORT AU CORPS LÉGISLATIF. — Le rapport au Corps législatif fut confié à M. le comte Le Hon [M. U., 29 juin, 1er et 2 juillet 1865].

Cet honorable député commença par faire un tableau sommaire de la situation des diverses voies de communication en France. Après avoir rappelé qu'au 31 décembre 1864 le développement des chemins concédés était de 21 060 kilomètres, dont 13 084 en exploitation et 7 976 en construction ou à construire, que les dépenses faites s'élevaient à 6 500 000 000 fr., dont 970 000 000 fr. pour l'État et 5 530 000 000 fr. pour les Compagnies, et que les dépenses restant à faire atteindraient 2 600 000 000 fr., dont 470 000 000 fr. pour l'État, et 2 130 000 000 fr. pour les Compagnies, il constatait que, relativement aux pays voisins, la France occupait seulement le sixième rang, eu égard à la superficie de son territoire, et le quatrième, eu égard à sa population, pour les lignes concédées, et que ces chiffres descendaient même au septième et au huitième pour les lignes en exploitation. Cette infériorité d'une part, les légitimes réclamations des populations d'autre part, rendaient indispensable l'établissement d'un réseau complémentaire. Mais, comme les finances de l'État étaient trop engagées pour comporter de sa part des sacrifices aussi considérables que par le passé, il fallait absolument recourir à un système nouveau. Le principe de la loi que le Gouvernement demandait au Parlement était donc irréprochable ; cette loi devait ouvrir une ère nouvelle et permettre de réaliser des espérances qui, sans elle, pouvaient rester dans une expectative indéfinie.

Cependant, tout en admettant le principe, la Commission avait cru devoir apporter quelques modifications aux dispositions proposées par le Ministre.

Tout d'abord, elle avait jugé bon de donner une définition des chemins de fer d'intérêt local, en stipulant qu'ils « pouvaient être établis : 1° par les départements ou par « les communes, avec ou sans le concours des intéressés ; « 2° par des concessionnaires, avec le concours des dépar- « tements ou des communes ». D'après cette définition, le caractère du chemin de fer d'intérêt local était tout entier dans le fait du concours des départements et des communes.

La Commission admettait la délégation donnée au conseil général, pour l'étude des avant-projets et la préparation des mesures propres à assurer l'exploitation ; mais elle avait considéré comme nécessaire de donner à l'assemblée départementale une initiative plus complète, en n'exigeant pas une proposition préalable du préfet et en se bornant à demander une instruction préalable par les soins de ce magistrat. Elle recommandait, à cette occasion, aux conseils généraux : 1° de toujours dresser un programme, une sorte de classement des lignes à créer dans leurs départements, de manière à opérer avec méthode et à adopter un ordre rationnel ; 2° de faire procéder à leurs études avec le plus grand soin ; 3° de porter toute leur attention sur les voies et moyens d'exécution, sur les mesures à prendre pour pourvoir à l'exploitation, de bien se rendre compte du trafic probable, de ne pas céder à des entraînements regrettables.

Examinant ensuite s'il convenait d'appliquer pour les expropriations la loi du 3 mai 1841 ou au contraire celle du 21 mai 1836, comme l'avait fait le département du Bas-Rhin, la Commission se prononçait pour le maintien du droit commun et l'application de la loi de 1841. En effet, si la loi de 1836 avait l'avantage de comporter une procédure plus sommaire et plus rapide, il était d'un autre côté bien difficile d'assimiler un chemin de fer à un chemin vicinal ; ce dernier entravait à peine les communications transversales : le premier au contraire les supprimait, ou tout au moins les soumettait à des sujétions et à des détours ; dans ces conditions, on ne pouvait guère diminuer les garanties dont la loi de 1841 entourait l'expropriation, notamment à l'égard des absents, des mineurs, des femmes, des créanciers hypothécaires ou privilégiés ; on ne pouvait pas davantage déléguer au Préfet la déclaration d'utilité publique. D'ailleurs, l'intérêt local des lignes, leur exécution au moyen des ressources départementales et communales, seraient de nature à favoriser singulièrement les transactions amiables, à rendre beaucoup moins fréquente l'intervention du jury, et à atténuer ainsi les effets que l'on redoutait de la loi du 3 mai 1841. La Commission ajoutait que, le cas échéant, ses membres ne seraient pas défavorables à certaines modifications de la loi de 1841, telles que la réduction du nombre des membres du jury, l'exclusion des propriétaires appartenant aux arrondissements traversés, l'abréviation des délais de procédure, la participation du magistrat directeur aux délibérations du jury ; mais il s'agissait là de mesures générales, qui devaient motiver une proposition spéciale et être justifiées par des faits éclatants.

En ce qui touchait l'approbation des projets, la Commission changeait la formule du projet de loi, de manière à établir que, si l'avis de l'ingénieur en chef était obligatoire, il ne liait pas l'autorité départementale.

Passant aux voies et moyens d'exécution, elle adhérait à la faculté d'affecter aux chemins de fer d'intérêt local les ressources créées par la loi du 21 mai 1836 pour les chemins vicinaux, étant bien entendu qu'il n'y aurait à cet égard aucun droit de coercition et que le concours de chacun serait purement volontaire. Plusieurs membres du Corps législatif ayant formulé un amendement, dont le but était d'interdire l'emploi des ressources créées par la loi de 1836, dans la crainte que l'achèvement du réseau vicinal fût compromis, elle avait repoussé cet amendement dont l'utilité était plus que contestable, eu égard à la sagesse des conseils généraux, juges souverains en la matière. Elle avait également refusé de s'associer à un autre amendement de M. Roulleaux-Dugage, qui tendait à transférer au conseil général le droit de désigner les communes appelées à contribuer et de fixer leur quote-part contributive et, en cas de refus de ces communes, à donner au préfet le droit de les imposer d'office.

Relativement à la subvention de l'État, la Commission jugeait insuffisante la limite fixée par le projet de loi ; elle divisait les départements en trois catégories comprenant : la première, les départements dont le centime avait une valeur de 20 000 fr. à 40 000 fr. ; la seconde, ceux dont le centime valait moins de 20 000 fr. ; et enfin la troisième, ceux dont le centime produisait plus de 40 000 fr. Pour les premiers, elle élevait la limite au tiers ; pour ceux de la deuxième catégorie, elle la portait à la moitié ; enfin, pour les derniers, elle la maintenait au quart de la dépense que les traités d'exploitation laissaient à la charge des départements, des communes et des intéressés.

Elle stipulait que la somme affectée chaque année, sur

les fonds du Trésor, au payement des subventions ne pourrait excéder 6 millions. Elle faisait en outre remarquer qu'exceptionnellement et pour des chemins rattachés au nouveau réseau d'une grande Compagnie, l'État pourrait être amené à transformer son concours en une garantie d'intérêt, mais qu'alors une disposition législative spéciale devrait intervenir.

La Commission indiquait aussi ses vues sur les conditions dans lesquelles les nouvelles lignes devraient être construites. Après avoir cité le précédent du Bas-Rhin, les travaux de la Commission d'enquête instituée en 1861 (voir page 339), les rapports de MM. Lan et Bergeron (voir pages 347 à 352), elle formulait ainsi son avis : « De ces exemples, de cet en-
« semble de faits et de calculs, ressort incontestablement la
« certitude que les chemins de fer à dimensions réduites
« sont appelés à jouer un grand rôle, en faisant participer
« la plupart de nos départements aux bienfaits des voies
« ferrées. Ils combleront la lacune regrettable et considé-
« rable que ne permettrait pas de remplir la nécessité
« d'employer la grande voie. Le transbordement et les
« autres inconvénients de la petite voie sont largement
« compensés ; et, en tout cas, l'absence de tout chemin de
« fer serait bien autrement opposée aux intérêts de nom-
« breuses localités. Pour les départements riches et les
« terrains faciles, la grande voie et ses coûteux accessoires ;
« pour les départements pauvres, n'offrant pas une moyenne
« de trafic élevée et présentant des terrains accidentés, la
« petite voie et le bénéfice économique qu'elle apporte. On
« ne peut donc adopter des types absolus ; il faut même les
« adapter aux difficultés locales et au revenu probable du
« trafic, sans porter atteinte, bien entendu, à la sécurité
« publique. La plus grande liberté doit être laissée aux
« intéressés, et elle doit atteindre, sous peine d'impuissance

« de la loi, à des limites plus étendues que celles indiquées
« par l'exposé des motifs. »

La faculté de supprimer les clôtures ou les barrières des
passages à niveau recevait l'assentiment complet de la Commission, qui recommandait à l'administration d'apporter
le plus grand libéralisme dans la rédaction du cahier des
charges, ainsi que du règlement d'administration publique
destiné à remplacer l'ordonnance du 15 novembre 1846 pour
les chemins d'intérêt local, de manière à donner aux concessionnaires toute l'indépendance possible dans l'exécution des ouvrages de détail et la construction des stations.

Désireuse d'encourager le développement des chemins
industriels, la Commission ajoutait à la loi un article qui
étendait à ces chemins la faculté de dispense de clôtures et
de barrières aux passages à niveau.

Traitant des conditions auxquelles devrait satisfaire l'exploitation des chemins de fer d'intérêt local, elle recommandait une combinaison qui consistait à confier cette
exploitation aux grandes Compagnies dont les nouveaux
chemins seraient tributaires, et ce moyennant une allocation inférieure à la dépense réelle, le déficit ainsi accepté par
les Compagnies étant compensé par l'augmentation du trafic
de leur réseau et pouvant être porté au compte de ce réseau
en vertu d'une autorisation spéciale du pouvoir législatif.
Elle signalait d'ailleurs le devoir qui s'imposait à ces Compagnies, de faciliter et de favoriser la création des lignes
d'intérêt local; interprétant la clause du cahier des charges
des chemins de fer d'intérêt général aux termes de laquelle
« toute distance inférieure à 6 kilomètres serait comptée
pour ce chiffre », elle déclarait que cette clause était uniquement applicable aux voyageurs et aux marchandises
transportées par les moyens et aux frais des concessionnaires
et qu'elle ne pouvait être étendue à la circulation des trains

ou des voitures et wagons venant des embranchements. Elle
prenait acte de l'adhésion du commissaire du Gouvernement
à cette interprétation et de la promesse que l'administration,
usant de ses pouvoirs, s'efforcerait d'aplanir tous les obstacles opposés par les grandes Compagnies à l'établissement
des chemins d'intérêt local, particulièrement au point de
vue du raccordement de ces chemins avec les lignes d'intérêt général.

Suivant la Commission, les tarifs devaient, dans presque
tous les cas, être sensiblement supérieurs à ceux des grandes
Compagnies ; il convenait de laisser aux conseils généraux
toute liberté pour les fixer, après les avoir débattus avec les
demandeurs en concession.

Tenant compte de la charge très lourde que les services
publics imposaient aux grandes Compagnies, la Commission
ajoutait au projet de loi une disposition portant que « les
« chemins de fer d'intérêt local dotés d'une subvention du
« Trésor pourraient seuls être assujettis envers l'État à un
« un service gratuit ou à une réduction du prix des
« places ».

Enfin, elle terminait en signalant de nouveau à l'administration supérieure et aux administrations locales l'opportunité d'accorder toutes les facilités compatibles avec les
nécessités de l'exploitation, et en conseillant de renoncer à
l'interdiction des marchés à forfait.

Elle enregistrait d'ailleurs un assez grand nombre d'a-
mendements, dont les principaux, indépendamment de ceux
que nous avons déjà cités antérieurement, avaient pour
objet : 1° de rendre la loi du 21 mai 1836 applicable pour
les expropriations ;

2° De stipuler que les impositions en prestations et centimes,
que les conseils municipaux et les conseils généraux étaient
autorisés à voter, pourraient être portées jusqu'au double,

pour suffire en même temps à la dépense des chemins vicinaux et à celle des chemins de fer d'intérêt local;

3° De prendre comme base de la subvention de l'État,
non point la part de dépense que le traité d'exploitation devait laisser à la charge des départements et des communes,
mais bien la totalité de la dépense;

4° D'imposer l'adoption de la voie normale de 1 m. 45;

5° De provoquer l'étude de l'emploi de l'armée à l'exécution des travaux.

III. — DISCUSSION ET VOTE AU CORPS LÉGISLATIF. — La
discussion devant le Corps législatif fut très courte [M. U.,
4 juillet 1865]. Après le rejet d'une proposition de M. Berryer
tendant à consulter les conseils généraux sur les dispositions
du projet de loi, M. Jules Favre critiqua le droit conféré au
préfet d'homologuer les tarifs, sans l'avis de l'assemblée départementale. M. Dubois, commissaire du Gouvernement,
répondit que le projet de loi se bornait à transporter au
préfet le droit qui appartenait au Ministre.

MM. Calvet-Rogniat, le baron de Benoist, Roulleaux-
Dugage, le baron des Rotours, etc., combattirent l'affectation partielle aux chemins de fer d'intérêt local des ressources créées par la loi du 21 mai 1836 pour les chemins
vicinaux. M. le baron de Bussierre, conseiller d'État, répondit que le projet tenait le juste milieu entre les opinions
extrêmes qui s'étaient manifestées et qu'il était absolument
rationnel d'autoriser les départements, dotés d'un réseau
complet de chemins vicinaux et ayant ainsi des ressources
disponibles, à consacrer ces ressources à l'établissement des
lignes d'intérêt local. M. Dubois ajouta, en réponse à une
observation de M. Segris, que ces nouvelles lignes rendraient,
comme les chemins vicinaux, les plus grands services à
l'agriculture.

M. Dalloz et d'autres membres du Corps législatif critiquèrent l'échelle adoptée pour les subventions du Trésor ; le rapporteur et le Ministre d'État repoussèrent cette critique en faisant observer que , sans être irréprochable, la base admise par la Commission n'était ni arbitraire, ni injuste, et qu'elle tenait compte, dans une mesure équitable, du degré de richesse des départements.

La loi fut ensuite votée et sanctionnée le 12 juillet 1865 [B. L., 2ᵉ sem. 1865, n° 1314, p. 145].

294. — Projet de convention avec la Compagnie du Nord.

I. — PREMIER PROJET DE CONVENTION. — Par suite des conventions de 1859 et de 1862, les lignes de la Compagnie du Nord étaient, commes celles des autres Compagnies, divisées en deux réseaux ; le revenu réservé à l'ancien réseau était de 35 500 fr. par kilomètre ; le capital garanti du nouveau réseau s'élevait à 178 millions ; un partage des bénéfices entre l'État et la Compagnie était stipulé, à partir du 1ᵉʳ janvier 1872, pour le cas où l'ensemble des produits nets excéderait la somme nécessaire pour représenter 48 700 fr. par kilomètre sur l'ancien réseau et un intérêt de 6 °/₀ du capital effectivement dépensé pour la construction du nouveau réseau.

Lorsque, pour obéir aux prescriptions de la loi de 1859, l'administration s'occupa de préparer le règlement destiné à déterminer le contrôle des dépenses de premier établissement ainsi que des dépenses et des recettes d'exploitation, la Compagnie demanda à être affranchie de ce contrôle et, dans ce but, à rompre les liens de solidarité qui l'attachaient à l'État, au double point de vue de la garantie d'intérêt et du partage des bénéfices ; elle s'efforça de démontrer, par les résultats d'une exploitation de seize années sur les lignes les plus productives de la région, que la participation du Trésor aux bénéfices était une éventualité irréalisable ; elle offrit d'ailleurs, s'il était fait droit à sa requête :

1° D'exécuter un chemin de Valenciennes à la frontière de Belgique par Condé (longueur, 14 km. ; évaluation, 4 500 000 fr.), pour relier à Valenciennes les trois localités importantes de Condé, Fresnes et Vieux-Condé et pour faciliter l'importation en Belgique de la houille maigre nécessaire à la cuisson de la chaux de Tournay et à la fabrication des briques ;

2° D'établir un autre chemin entre un point à déterminer de la ligne de Paris à Creil et Luzarches (longueur, 25 km. ; évaluation, 8 millions), pour assurer un dédommagement aux localités situées sur l'ancienne route de Paris à Calais ;

3° D'accepter l'addition, à son tarif de marchandises transportées en petite vitesse, de la 4° classe qui avait été imposée aux autres Compagnies par les conventions de 1863.

Le comité consultatif des chemins de fer, consulté sur cette proposition, émit l'avis que, sans être absolument improbable, le partage des bénéfices était trop éloigné et trop aléatoire pour équivaloir à des satisfactions immédiates données à l'intérêt public ; il formula donc des conclusions favorables, sous la réserve que, pour tenir compte dans une juste mesure des vœux du conseil général du Nord tendant à l'exécution d'une ligne directe de Lille à Valenciennes, la Compagnie réduirait de 12 kilomètres la distance d'application des taxes entre ces deux villes et s'engagerait en outre à ne jamais percevoir, pour les points intermédiaires, une taxe supérieure à celle des points extrêmes.

Une convention fut conclue sur ces bases et fit, en ce qui touchait aux clauses financières, l'objet d'un projet de loi présenté au Corps législatif le 14 avril 1864 [M. U., 7 mai 1864].

II. — Deuxième projet de convention. — La Commission chargée d'examiner ce projet de loi ayant demandé qu'il y fût apporté diverses modifications, le Gouvernement le remplaça le 10 avril 1865 [M. U., 26 avril 1865] par un nouveau projet qui en différait sur les points suivants.

1° Il était stipulé que l'abrogation des clauses financières résultant des conventions antérieures était faite sous la réserve des droits des tiers ;

2° Les enquêtes sur les avant-projets de Valenciennes à la frontière près Condé et d'Épinay à Luzarches ayant pu être accomplies dans l'intervalle des sessions, la concession de ces deux lignes, au lieu d'être éventuelle, était définitive ; le délai fixé pour leur exécution était de six ans ;

3° La ligne directe de Lille à Valenciennes ayant été concédée par décret du 11 juillet 1864, la disposition relative à la réduction de 12 kilomètres sur la distance d'application des taxes entre ces deux villes n'était maintenue que jusqu'à l'achèvement de la nouvelle ligne ;

4° Pour sauvegarder les intérêts de la Compagnie de Lille à Valenciennes, la nouvelle convention portait que, si cette Compagnie empruntait des parties de lignes appartenant au réseau du Nord, elle ne payerait la taxe de péage que pour le nombre de kilomètres effectivement parcourus ; elle prévoyait en outre l'usage commun des gares de Lille et de Valenciennes et déterminait les conditions dans lesquelles seraient réglés les litiges auxquels pourrait donner lieu cette communauté.

L'exposé des motifs faisait connaître que, pour satisfaire à un désir exprimé par la Commission, la Compagnie avait soumis à l'homologation du Ministre un tarif réduit pour le transport des poissons frais.

III. — RAPPORT AU CORPS LÉGISLATIF. — La Commission dut avant tout rechercher quelles étaient les probabilités au point de vue du partage des bénéfices. Elle calcula que, pour arriver à ce partage, il fallait réaliser : 1° sur l'ancien réseau, un accroissement de recette brute de 11 700 000 fr.; 2° et sur le nouveau réseau, un accroissement analogue de 12 360 000 fr. : c'était une augmentation d'un tiers sur le produit brut de l'année 1864. La participation du Trésor était ainsi nécessairement ajournée à une époque très éloignée. D'ailleurs, indépendamment de la lenteur que le nouveau réseau mettrait à se développer et des diminutions qu'il ferait subir au trafic de certaines lignes anciennes, il fallait entrevoir l'effet de la création de nouveaux chemins venant s'intercaler dans le réseau du Nord et amoindrir son revenu kilométrique ; il fallait aussi tenir compte de ce que, par sa situation, la Compagnie du Nord était plus exposée qu'une autre à subir le contre-coup des crises industrielles, de ce qu'elle acceptait la charge de deux lignes nouvelles, de ce qu'elle consentait à l'inscription d'une quatrième classe dans son tarif général des marchandises. Aussi la majorité de la Commission crut-elle devoir émettre un avis favorable à la loi, malgré l'opposition de la minorité, qui considérait comme irrationnel de porter la main sur le système consacré par la loi du 11 juin 1859 et d'exposer l'État à des revendications de la part des porteurs d'obligations.

Après avoir rendu compte de cette résolution et des motifs qui l'avaient dictée [M. U., 5 et 6 juin 1865], M. le comte Léopold Le Hon enregistra un amendement tendant à la concession, à la Compagnie du Nord, de deux lignes de Beauvais à Breteuil et de Compiègne à Soissons, ainsi que du prolongement de la ligne d'Épinay à Luzarches jusqu'à celle de Paris à Creil, par Chantilly ou par Pontoise. Ces lignes ou sections nouvelles n'avaient pas paru à la Commission répondre à des intérêts généraux suffisants pour qu'il y eût lieu de les imposer à la Compagnie.

IV. — RETRAIT DU PROJET DE LOI. — Malgré les conclusions favorables de la Commission, le projet de loi ne fut pas discuté et le Gouvernement le retira en 1866.

295. — Incidents divers dans la discussion du budget. — Des incidents assez nombreux se produisirent au sujet de la question des chemins de fer, pendant la discussion du budget extraordinaire de 1866 : nous noterons les plus intéressants.

M. le baron Echasseriaux [M. C., 27 juin 1865] critiqua vivement l'indifférence de l'administration, en présence des plaintes que suscitait le maintien du canal latéral à la Garonne et du canal du Midi entre les mains de la Compagnie du Midi. M. Péreire lui répondit que cette situation remontait à l'époque de la création des chemins de fer, qu'elle avait été la condition même de l'exécution de la voie ferrée, que la reprise des canaux par voie de contrainte serait illégale, qu'amiablement la Compagnie ne pourrait y souscrire sans réclamer une indemnité très élevée, que les tarifs de la ligne de Bordeaux à Cette étaient inférieurs à ceux des autres réseaux.

A la séance suivante [M. C., 28 juin 1865], M. Garnier-Pagès réclama des explications et des documents sur la mesure dans laquelle la garantie d'intérêt pourrait affecter les finances de l'État et protesta contre l'inscription de cette garantie au budget extraordinaire. M. Pouyer-Quertier s'associa aux observations de M. Garnier-Pagès et formula, à cette occasion, de nombreuses critiques contre les condi-

2   25

tions dans lesquelles les chemins de fer étaient exploités par les Compagnies et notamment contre la lenteur des transports, qui avait suivant lui pour résultat inévitable de ruiner nos marchés et de pousser nos nationaux à faire leurs achats à l'étranger; il signala aussi les anomalies et les variations inexplicables des tarifs. M. de Franqueville répliqua que l'administration avait réalisé des améliorations notables dans les tarifs en supprimant les traités particuliers, en n'admettant plus, pour les tarifs spéciaux, que deux conditions (celles du wagon complet et de la renonciation aux avaries de route); que la moyenne des tarifs perçus s'était abaissée, depuis 1855, de 0 fr. 0765 à 0 fr. 0615; que, si les Compagnies subordonnaient les tarifs spéciaux à des délais allongés, c'était pour se mettre à l'abri des demandes de dommages-intérêts; qu'en Angleterre, c'est-à-dire dans le pays que l'on citait toujours comme modèle, les concessionnaires refusaient les marchandises, quand ils n'étaient pas prêts à en effectuer le transport; que le bon marché était, dans la plupart des cas, préférable à la rapidité; que les tarifs différentiels constituaient la base inévitable de l'exploitation des chemins de fer; que, du reste, les réclamations auxquelles ils pouvaient donner lieu étaient toujours soigneusement examinées par l'administration.

Traitant ensuite du fonctionnement de la garantie d'intérêt, M. de Franqueville fournit des explications intéressantes et indiqua ses prévisions concernant les effets de cette garantie. Suivant l'honorable directeur général, le montant des avances du Trésor devait être de 33 à 35 millions pour l'exercice 1866; descendre légèrement après 1866, par suite de la progression annuelle des recettes de l'ancien réseau évaluée à 2 1/2 %; se relever ensuite, pour atteindre 45 millions en 1870, 46 millions en 1871 et 48 millions en 1872; puis décroître constamment, grâce à la plus-value de 1 1/2 %

sur les produits de l'ensemble de l'ancien et du nouveau réseau ; et s'éteindre complètement en 1885, époque à laquelle s'ouvrirait la période du remboursement. M. de Franqueville estimait à 600 millions le chiffre total des sommes à débourser par l'État, de 1865 à 1885. En regard de ce chiffre, il plaçait celui de 1 milliard, auquel il fixait la valeur annuelle des avantages procurés au pays par l'œuvre des chemins de fer concédés, et celui de 135 millions, qui représentait les sommes à percevoir ou les économies à réaliser par le Trésor, après l'achèvement des 21 000 kilomètres classés.

Enfin, M. Brame dénonça des traités secrets passés entre la Compagnie du Nord et certains industriels, au mépris du cahier des charges de cette Compagnie.

296. — **Concession du chemin de la banlieue sud de Marseille.** — Un décret du 6 août 1865 [B. L., 2ᵉ sem. 1865, n° 1347, p. 841], concéda à MM. Jules Talabot et William Bowles, sans subvention ni garantie d'intérêt, un chemin de la place Castellane, à Marseille, vers la Madrague de Podestat, avec engagement, de la part des concessionnaires, d'exécuter, si l'État le requérait dans un délai de trois ans, un embranchement sur Mazargues et un prolongement jusqu'au quai de Rive-Neuve du Vieux-Port (l'État usa de ce droit par décret du 3 janvier 1868).

Le cahier des charges ne présentait aucune clause méritant d'être spécialement signalée.

La seule section qui soit ouverte est la branche du quai de Rive-Neuve du Vieux-Port : elle a été livrée à l'exploitation en 1878.

297. — **Concession du chemin de Vitré à Fougères.** — Depuis longtemps les populations intéressées réclamaient l'établissement d'une ligne de Vitré à Fougères. La conces-

sion de ce chemin fut accordée par décret du 30 août 1865
[B. L., 2ᵉ sem. 1865, n° 1340, p. 637] à M. de Dalmas, pour
une durée de quatre-vingt-dix-neuf ans.

. Le cahier des charges donnait au concessionnaire certaines facilités empruntées à la loi sur les chemins d'intérêt
local ; il l'autorisait, en outre, à percevoir, pendant un délai
de quinze ans à partir de la date fixée pour l'achèvement
des travaux, des taxes supérieures à celles du tarif normal.

Les statuts de la Société furent approuvés par décret
du 18 avril 1866 [B. L., 1ᵉʳ sem. 1866, supp., n° 1215,
p. 1093]. Un décret du 26 mai 1866 [B. L., 1ᵉʳ sem. 1866,
n° 1394, p. 794] attribua, d'ailleurs, à la Compagnie une
subvention de 200 000 fr. prélevée sur le fonds affecté aux
chemins d'intérêt local.

L'ouverture à l'exploitation eut lieu en 1867.

298. — Concession d'un chemin sur route entre Saint-
Michel et la frontière d'Italie. — MM. Fell et Cⁱᵉ deman-
dèrent l'autorisation d'établir un chemin de fer sur la route
nationale n° 6, entre Saint-Michel et la frontière d'Italie, et
de l'exploiter au moyen de locomotives d'un système spécial,
jusqu'au jour où commencerait l'exploitation régulière du
chemin de Saint-Michel à Suze par le tunnel des Alpes.

Cette autorisation leur fut accordée par décret du
4 novembre 1865 [B. L., 2ᵉ sem. 1865, n° 1348, p. 865].

Les principales dispositions du cahier des charges étaient
les suivantes.

Les rails latéraux devaient être posés sans saillie ni
dépression sur la surface de la route ; quant au rail central,
des mesures devaient être prises pour qu'il ne portât pas
obstacle à la circulation des voitures.

La concession pouvait être révoquée en tout ou en
partie, à une époque quelconque, sans indemnité. A l'expi-

ration de la concession, les lieux devaient être remis en état.

Les prix étaient ceux qu'indique le tableau ci-dessous, sauf ratification par le Gouvernement italien :

1. — *Parcours total.*

Voyageurs. 1re classe, coupé........................ 27 fr.
Voyageurs. 1re classe, intérieur..................... 25
Voyageurs. 2e classe............................... 22
Voyageurs. 3e classe............................... 18
Marchandises en petite vitesse (la tonne).............. 40
Tarifs spéciaux................................. 20 à 30

2. — *Parcours partiel.*

Entre Saint-Michel et Lanslebourg, le double du prix du tarif inscrit dans l'acte de concession du Victor-Emmanuel.

De Lanslebourg à Suse, la différence entre les prix du parcours total et ceux de la première section.

Le nombre des places de coupé ne pouvait excéder le cinquième du nombre total de places.

La Compagnie n'était pas tenue de transporter les masses indivisibles de plus de 3 tonnes ; une plus-value était même accordée pour les masses dont le poids était compris entre 2 et 3 tonnes.

Un décret du 1er septembre 1869 [B. L., 2e sem. 1869, n° 1748, p. 390] modifia le tarif ; les taxes des voyageurs furent réparties en trois classes cotées respectivement à 30 fr., 25 fr. et 20 fr. ; il fut stipulé en outre que, pour les parcours partiels, les prix seraient réglés en raison du nombre de kilomètres parcourus et proportionnellement au prix total.

Le chemin fut livré à l'exploitation en 1868.

299. — Concession du chemin de Vassy à Saint-Dizier. — Un décret du 23 décembre 1865 [B. L., 1er sem. 1866, n° 1363, p. 15] concéda à MM. le baron de Rothschild, Danelle, etc., sans subvention ni garantie d'intérêt, un che-

min de fer de Vassy à Saint-Dizier ; la durée de la concession était de quatre-vingt-dix-neuf ans. Le cahier des charges
prévoyait la plus grande simplicité pour les constructions ;
il autorisait l'établissement de haltes ou arrêts sans aména-
gements particuliers, entre les stations. Le tarif était le
même que celui de la ligne de Vitré à Fougères.

Le Gouvernement approuvait, en même temps, un traité
passé entre les concessionnaires et la Compagnie de l'Est,
pour l'exécution et l'exploitation du nouveau chemin, sous
réserve que cette Compagnie tiendrait un compte distinct des
dépenses et des recettes de l'entreprise.

Enfin, le décret faisait bénéficier la ligne de la clause de
la loi sur les chemins de fer d'intérêt local, concernant les
clôtures et les barrières des passages à niveau.

Les statuts de la Société furent approuvés par décret du
27 avril 1867 [B. L., 1er sem. 1867, supp. n° 1315, p. 1102] et
la ligne fut ouverte en 1868.

300. — **Incorporation des lignes de Graissessac à
Béziers et de Carmaux à Albi au nouveau réseau de la
Compagnie du Midi.** — Aux termes de la convention de
1863, la Compagnie du Midi était tenue de racheter, dans
un délai de deux ans, le chemin de fer de Graissessac à Béziers ; elle avait, en outre, la faculté de racheter le chemin
de Carmaux à Albi.

Des arbitres ayant été constitués en 1864, comme nous
l'avons vu, pour l'évaluation de ces deux chemins, et ayant
rendu leur sentence en 1865, un décret du 23 décembre 1865
[B. L., 1er sem. 1866, n° 1361, p.1] prononça l'incorporation définitive desdits chemins au nouveau réseau du Midi,
augmenta de 16 millions le maximum du capital garanti et
porta de 28 900 fr. à 29 124 fr. le revenu kilométrique
réservé à l'ancien réseau.

301. — **Réclamations relatives à la réunion dans les mêmes mains des chemins de fer et des canaux du Midi.** — Nous ne pouvons clore l'année 1865 sans dire quelques mots des réclamations très vives soulevées par la réunion des chemins de fer et des canaux du Midi dans les mêmes mains et de l'instruction ouverte sur ces plaintes, dont nous avons déjà trouvé un écho dans les discussions du Corps législatif.

1. — DISCUSSION AU SÉNAT. — Le Sénat avait été saisi, pendant le cours de sa session de 1863, d'une pétition signée par plus de 35 000 intéressés, qui demandaient le rachat par l'État du canal latéral à la Garonne et la résiliation de l'affermage du canal du Midi.

De nouvelles pétitions lui ayant été transmises en 1864 et 1865, M. Hubert-Delisle présenta le 23 mai 1865 un rapport tendant à leur renvoi au Ministre des travaux publics pour qu'il examinât s'il ne conviendrait pas de procéder immédiatement au rachat des deux canaux ou tout au moins de dégager le plus important, celui du Languedoc, en combinant l'opération avec la reprise des améliorations de la Garonne entre Toulouse et Castets. A l'appui de sa conclusion, il rappela l'importance que tous les gouvernements avaient attachée aux voies navigables ; la nécessité pour la France de disposer d'une navigation économique et perfectionnée, eu égard à la longueur des distances qu'avaient à parcourir les matières premières employées par ses établissements industriels ; la dérogation regrettable apportée, dans la région du Midi, aux principes salutaires qui avaient présidé aux déterminations des pouvoirs publics, pour les autres parties du territoire ; l'urgence particulière que comportait la solution de la question soulevée par les pétitionnaires, à raison de la réforme économique et de la prochaine ouverture du canal de Suez.

M. le baron Dupin prononça un discours humoristique, dans lequel il critiqua très vivement la faute que l'on avait commise, en sacrifiant aux intérêts du chemin de fer l'œuvre historique et glorieuse de Riquet et en perdant ainsi le fruit des travaux gigantesques exécutés par le Gouvernement de Louis XIV et les Gouvernements ultérieurs, pour doter la région du Midi d'une voie de communication essentiellement utile.

M. Cornudet, commissaire du Gouvernement, répondit par un historique des conditions et des circonstances dans lesquelles le canal latéral à la Garonne et le canal du Midi étaient passés entre les mains de la Compagnie du chemin de fer du Midi. Les populations qui se plaignaient si amèrement du monopole de cette Compagnie avaient demandé avec la même instance, en 1851, la suppression du canal latéral ; cinquante-trois députés, représentant douze départements du Midi et porteurs de quatre cents délibérations de conseils municipaux et de chambres de commerce, avaient conseillé au Gouvernement de consentir à cette suppression et à l'utilisation du lit de la voie navigable pour y placer la voie ferrée. Le Ministre avait eu la sagesse de ne pas se prêter à cet acte de vandalisme ; mais, en présence de l'insuffisance du trafic pour alimenter la concurrence de deux exploitations distinctes, il avait dû se résigner, quoique à regret, à remettre le canal à la société concessionnaire du chemin de fer ; c'était à cette condition seulement qu'il avait pu réaliser la concession de la ligne de Bordeaux à Cette ; il avait eu soin de stipuler des compensations au profit des départements intéressés, en exigeant l'abaissement des taxes de navigation. Le rachat du canal ne pouvait, d'après les contrats, se faire sans celui du chemin de fer et le droit de l'État à procéder à ce rachat ne s'ouvrirait qu'en 1877 : il n'y avait donc pas d'intérêt pratique à examiner immédiatement la question.

M. Cornudet, après avoir ainsi justifié le passé pour le canal latéral à la Garonne, le justifia également pour le canal du Midi par les considérations et les faits déjà invoqués en 1858, lors de l'approbation du traité passé pour l'affermage de cette voie navigable (voir page 160). Il termina en déclarant que le Gouvernement n'acceptait le renvoi des pétitions qu'en l'interprétant comme une invitation à étudier avec soin si la Compagnie tenait ses engagements et se conformait à son cahier des charges, et à réprimer les abus qui seraient révélés par cette étude.

M. Hubert-Delisle répliqua en s'efforçant d'expliquer l'apparente contradiction relevée entre la conduite des populations en 1852 et leur attitude ultérieure ; elles n'avaient proposé l'utilisation du canal latéral à la Garonne, pour l'établissement du chemin de fer. qu'à la condition de voir améliorer en même temps la canalisation du fleuve. Il insista pour que le renvoi des pétitions eût une portée plus large et plus efficace que ne l'avait indiqué le commissaire du Gouvernement.

Les conclusions du rapport furent adoptées.

II. — OBSERVATIONS DE LA COMPAGNIE DU MIDI. — Le Ministre invita alors la Compagnie du Midi : 1° à lui faire connaître si elle serait disposée à entrer en négociation, pour la réalisation totale ou partielle du vœu ainsi exprimé par un grand nombre d'habitants de la région du Midi ; 2° à indiquer le montant de l'indemnité à laquelle elle croirait devoir prétendre.

La Compagnie répondit par un mémoire qu'il est intéressant d'analyser sommairement.

1° *Dangers particuliers de la concurrence des canaux du Midi*. — Suivant la Compagnie, le trafic de l'ancien réseau, c'est-à-dire des lignes appelées à pourvoir à l'insuffisance du nouveau réseau, se concentrait principalement sur l'artère de Bordeaux à Cette, dont la recette représentait plus des trois quarts de celle de l'ancien réseau tout entier. Or, c'était à cette ligne, chargée en quelque sorte de tout le poids de la concession, que se trouvait accolée, d'une extrémité à l'autre, sur un parcours de 476 kilomètres, une voie continue de navigation, la plus parfaite de France. Les deux voies étaient intimement liées et desservaient les mêmes villes. Aucun chemin de fer n'était soumis à une concurrence si complète et il était hors de doute qu'un abaissement sensible des droits de navigation enlèverait à la ligne de Bordeaux à Cette la plus grande partie de ses transports.

2° *Différence entre le trafic du canal du Midi et celui des autres voies d'eau.* — Partout ailleurs, il résultait de l'infériorité générale des canaux que ces voies de communication ne pouvaient accaparer que les transports pondéreux, formés de matières premières, n'ayant pas besoin de régularité, n'exigeant aucun soin de manutention; elles laissaient aux chemins de fer le trafic approprié à leur nature et à leur caractère. Tel était le cas de la région du Nord.

Dans le Midi, au contraire, le trafic des marchandises de peu de valeur faisait défaut ou, du moins, avait une importance minime; d'autre part, la perfection relative de la voie d'eau lui permettait de disputer avec succès au chemin de fer la plupart des marchandises qui, partout ailleurs, étaient dévolues spécialement à la voie ferrée. Cette lutte n'avait pas de conséquence fatale, parce que le canal était exploité, de manière à donner une certaine protection au chemin de fer; mais elle deviendrait désastreuse, si l'on favorisait la voie navigable par des abaissements de tarifs.

3° *Évaluation de la perte dans l'hypothèse d'une satisfaction complète donnée aux pétitionnaires.* — D'après des calculs statistiques développés, la Compagnie estimait la perte, que

lui ferait subir la reprise des canaux par l'État, à la somme
de 10 millions, à quoi elle ajoutait une perte de 500 000 fr.
pour le Trésor sur l'exploitation de la voie navigable.

4° *Évaluation de la perte, dans le cas où l'État se serait
borné à résilier le bail d'affermage du canal du Midi.* — Dans
cette seconde hypothèse, la Compagnie évaluait sa perte à
6 millions et demi.

5° *Examen de l'opportunité du rachat.* — La Compagnie
examinant ensuite si le rachat était motivé par des raisons
sérieuses, faisait observer que son tarif moyen de 0 fr. 0659
était inférieur à celui de tous les autres réseaux (la Méditerranée exceptée) ; que les canaux du Midi avaient un tonnage relativement très considérable ; que leur tarif moyen
avait été maintenu bien au-dessous de celui de la voie ferrée et ne dépassait pas 0 fr. 0347 : que d'ailleurs l'ancienne
taxe de 0 fr. 06, applicable à la presque totalité des marchandises transportées par le canal du Midi, avait été remplacée par des taxes de 0 fr. 05 , 0 fr. 04 , 0 fr. 03 et 0 fr. 02
et que ces abaissements avaient bien plus que compensé le
relèvement de 0 fr. 01 opéré sur le canal latéral à la Garonne ; enfin, que l'entretien de la voie navigable ne laissait
rien à désirer.

6° *Difficultés légales dans les deux hypothèses.* — Au point
de vue légal, l'État ne pouvait, ni racheter le canal latéral à la Garonne avant le 1ᵉʳ janvier 1877 , ni séparer ce
rachat de celui du chemin de fer. Pour déroger à cette
double condition. il fallait une entente volontaire entre les
deux parties et l'adhésion unanime des actionnaires.

Quant au canal du Midi, le Gouvernement ne pouvait
rapporter le décret du 21 juin 1858 ratifiant l'affermage,
attendu que ce décret avait été le point de départ du développement du nouveau réseau ; que les conventions de 1859
et 1863 avaient établi une solidarité absolue entre le che-

min de fer et le canal au point de vue du déversement de
l'ancien sur le nouveau réseau et du partage des bénéfices,
et que dès lors la mesure constituerait une violation flagrante
des contrats.

III. — AVIS DU COMITÉ CONSULTATIF DES CHEMINS DE FER.
— La question fut ensuite soumise au comité consultatif des
chemins de fer.

Au point de vue du droit, le comité fut d'avis que, en
présence du texte formel des conventions, le canal latéral à
la Garonne ne pouvait, à moins d'accord entre les parties,
être racheté sans le chemin de fer ; que ce rachat simultané
n'était pas possible avant le 1er janvier 1877 ; qu'au contraire
le canal du Midi pouvait être racheté isolément en vertu
d'une loi spéciale, sauf à la Compagnie fermière à faire valoir ses droits à une indemnité.

Au point de vue des faits, le comité constata que la concurrence du chemin de fer, secondée par les tarifs de 1858,
avait eu pour résultat d'enlever aux voies navigables
préexistantes la moitié de leur trafic ; il reconnut que les populations du Midi étaient fondées à désirer l'application à
leurs canaux des tarifs institués par le décret du 22 août
1860 pour tous les canaux administrés par l'État. Il exprima
l'opinion que la Compagnie s'était considérablement exagéré
le tort à redouter pour elle de la concurrence de la voie navigable ; que, par la puissance de leur organisation, l'unité
de leur direction, le perfectionnement continu de leur exploitation, leur faculté d'expédier les marchandises sans
transbordement dans toutes les directions, les chemins de
fer possédaient une vitalité contre laquelle l'abaissement
des droits sur les voies navigables concurrentes était nécessairement d'une faible efficacité ; que, malgré leur rôle important comme voies de transport et comme freins modéra-

leurs des tarifs des voies ferrées, les canaux ne pouvaient pas détrôner les chemins de fer, même pour la petite vitesse. Il fit remarquer en outre que, la Compagnie devant être nécessairement indemnisée, en cas de reprise des canaux du Midi par l'État, ne manquerait pas de profiter de cette indemnité pour développer ses moyens de lutte contre la navigation. Examinant ensuite les chiffres indiqués par la Compagnie pour l'indemnité à laquelle elle pouvait prétendre, soit dans le cas de la reprise du canal du Midi seulement, soit dans le cas de la reprise des deux canaux, et rapprochant ces chiffres du tonnage probable de la voie navigable, il établit que l'allocation des sommes réclamées par la Compagnie équivaudrait à un sacrifice de la part de l'État de 0 fr. 20 par tonne kilométrique, dans le premier cas, et de 0 fr. 18 dans le second; il en conclut que, dans cette situation, il y avait lieu d'ajourner l'examen de la question, sauf à profiter, pour la reprendre, de nouvelles négociations avec la Compagnie du Midi.

L'affaire ne reçut pas d'autre suite.

CHAPITRE VIII. — ANNÉE 1866

302. — Fusion de la Compagnie de Bessèges à Alais avec celle de Paris-Lyon-Méditerranée. — Le 9 août 1865, la Compagnie du chemin de fer de Bessèges à Alais signait avec la Compagnie de Paris-Lyon-Méditerranée un traité de fusion, qui devait se réaliser après la mise en exploitation de la ligne d'Alais au Pouzin, sur toute sa longueur, et, en tous cas, dans un délai maximum de douze années. La Compagnie de Paris-Lyon-Méditerranée lui remettait 40 000 obligations rapportant 15 fr. d'intérêt et remboursables à 500 fr. en quatre-vingt-dix-neuf ans, en échange de ses 12 000 actions ; elle prenait en outre à sa charge l'intérêt et l'amortissement de 22 610 obligations 3 %. Transitoirement et jusqu'à la réunion effective, elle devait assurer l'exploitation à ses risques et périls, servir à la Compagnie de Bessèges à Alais un fermage de 600 000 fr. et pourvoir au paiement de l'intérêt et de l'amortissement des 22 000 obligations de cette société.

Le même jour, trois sociétés industrielles syndiquées (la Compagnie houillère de Robiac et Bessèges, la Compagnie des fonderies et forges de Terre-Noire, la Compagnie des fonderies d'Alais), signaient avec la Compagnie Paris-Lyon-Méditerranée un autre traité par lequel elles s'engageaient :

1° A lui payer une somme de 1 200 000 fr., portant intérêt à 6 % et payable en douze annuités ;

2° A lui garantir, pendant douze années, un produit brut minimum de 1 700 000 fr.

En échange de ces sacrifices, elles se réservaient le droit

d'intervenir dans la fixation des tarifs, étant entendu que les taxes ne pourraient, sans le consentement exprès de la Compagnie de Paris-Lyon-Méditerranée, être abaissées, pour les marchandises de la quatrième classe du cahier des charges de cette Compagnie, au-dessous des prix fixés par ledit cahier des charges, et, pour toutes les autres marchandises, au-dessous de 0 fr. 10 par tonne et par kilomètre. Toutefois, le tarif de 0 fr. 08 des minerais de fer devait être maintenu. Ce droit d'intervention devait prendre fin au moment de la réalisation de la fusion.

Ces traités furent approuvés par un décret du 10 février 1866, sous la réserve que les comptes de l'exploitation de la ligne de Bessèges à Alais resteraient distincts des comptes généraux de la Compagnie de Paris-Lyon-Méditerranée.

303. — **Convention avec la Belgique, pour l'établissement du chemin de Soissons à la ligne de Chimay.** — La Compagnie du Nord s'était rendue concessionnaire d'un chemin de Soissons à la frontière belge vers Chimay. Les conditions du raccordement furent réglées par une convention internationale du 15 janvier 1866. Cette convention fut promulguée par décret du 10 février 1866 [B. L., 1er sem. 1866, n° 1366, p. 85].

304. — **Concession du chemin minier de la fosse de l'Escarpelle à la ligne du Nord.** — Un décret du 24 février 1866 [B. L., 1er sem. 1866, n° 1374, p. 341] autorisa la Compagnie des mines de houille de l'Escarpelle à établir un embranchement reliant ces mines à la ligne du Nord.

Cet embranchement pouvait, à titre provisoire, être exclusivement affecté aux transports de la mine ; mais, suivant l'usage, le Gouvernement s'était réservé la faculté de prescrire ultérieurement l'établissement d'un service public.

La durée de la concession était celle de l'exploitation de la mine.

Le tarif était celui des grandes Compagnies, si ce n'est qu'il n'y avait que trois classes de marchandises en petite vitesse, taxées respectivement à 0 fr. 06, 0 fr. 04 et 0 fr. 10.

L'exploitation fut ouverte en 1870.

305. — **Concession du chemin d'Armentières à la frontière belge.** — La Compagnie constituée en Belgique, sous la dénomination de Compagnie du chemin de fer d'Ostende à Armentières, obtint, par décret du 26 mai 1866 [B. L., 1ᵉʳ sem. 1866, n° 1398, p. 881], la concession de la section d'Armentières à la frontière belge (3 km.), pour une durée de quatre-vingt-sept ans.

Le tarif était celui des grandes Compagnies, sauf pour la 4ᵉ classe des marchandises en petite vitesse, qui était taxée à 0 fr. 08 jusqu'à 20 kilomètres (avec maximum de 1 fr. 25) ; à 0 fr. 06, de 21 à 100 kilomètres (avec maximum de 5 fr.) ; à 0 fr. 05, de 101 à 300 kilomètres (avec maximum de 12 fr.) ; et à 0 fr. 04, pour les parcours au-dessus de 300 kilomètres.

Une convention internationale intervint avec la Belgique le 11 mai 1870 [Décret du 4 juin 1870. — B. L., 1ᵉʳ sem. 1870, n° 1806, p. 571] et l'ouverture à l'exploitation eut lieu dans le cours de la même année.

306. — **Concessions de chemins d'intérêt local dans l'Eure.** — Nous avons à signaler, à la date du 9 juin 1866, deux décrets [B. L., 2ᵉ sem. 1866, n° 1413, p. 225 et 242] autorisant la concession de deux chemins d'intérêt local dans le département de l'Eure et faisant ainsi, pour la première fois, application de la loi du 12 juillet 1865.

L'un de ces chemins, celui de Pont-de-l'Arche à Gisors (54 km.) était concédé aux sieurs Tenré, Férot et Chéron,

qui devaient recevoir les terrains ainsi qu'une allocation de
1 500 000 fr., dont 500 000 fr. à la charge de l'État.

L'autre, celui de Glos-sur-Risle à Pont-Audemer (17 km.),
était concédé au sieur Claude Girard, qui devait recevoir
les terrains ainsi qu'une allocation de 500 000 fr., dont
150 000 fr. à la charge du département, 150 000 fr. à la
charge de la ville de Pont-Audemer et 200 000 fr. à la charge
de l'État.

La durée de ces concessions était de quatre-vingt-dix-
neuf ans. La voie avait la largeur normale de 1 m. 44 à
1 m. 45 (1). Le tarif était celui des grandes Compagnies,
pour les voyageurs, pour les marchandises en grande vitesse et pour les marchandises en petite vitesse. La réduction
de taxe dont bénéficiaient les transports militaires était
de moitié.

La ligne de Pont-de-l'Arche à Gisors fut ouverte en
1868 et celle de Glos-sur-Risle à Pont-Audemer en 1867.

307. — **Concession des chemins d'intérêt local de
Paray-le-Monial à Mâcon et de Chalon à Lons-le-Saulnier.** — Un autre décret du 16 juin 1866 [B. L., 2ᵉ sem.
1866, n° 1421, p. 417] autorisa la concession aux sieurs
Mangini de deux chemins de fer d'intérêt local de Paray-
le-Monial à Mâcon (77 km.) et de Chalon à Lons-le-Saulnier
(65 km.).

Les concessionnaires devaient recevoir une somme de
8 600 000 fr. sur lesquels une subvention de 2 000 000 fr.
était accordée par l'État au département de Saône-et-Loire
et une subvention de 200 000 fr. au département du Jura.

Le cahier des charges était analogue à celui des chemins
de l'Eure; la concession était faite pour quatre-vingt-dix-

(1) Nous nous abstiendrons de signaler la largeur de la voie, lorsqu'elle sera
de 1 m. 44 à 1 m. 45.

neuf ans ; les marchandises en petite vitesse étaient divisées en trois classes, taxées à 0 fr. 16, 0 fr. 14 et 0 fr. 10.

Le chemin de Paray-le-Monial à Mâcon fut ouvert en 1870 et celui de Chalon à Lons-le-Saulnier en 1871.

308. — Concession du chemin d'intérêt local de Munster à Colmar. — La ville de Munster fut autorisée par décret du 5 août 1866 [B. L., 2ᵉ sem. 1866, nᵒ 1440, p. 489] à pourvoir à l'exécution du chemin de fer d'intérêt local de Munster à Colmar (19 km.).

Une subvention d'un million lui était allouée sur les fonds du Trésor. Elle recevait l'autorisation : 1ᵒ d'emprunter, à un taux n'excédant pas 5 °/₀, une somme de 2 millions remboursable en quarante-cinq ans au moyen des produits de l'exploitation du chemin ; 2ᵒ d'accepter l'offre de divers manufacturiers et industriels de garantir l'amortissement de cet emprunt, en cas d'insuffisance du rendement kilométrique. Une fois l'amortissement réalisé, les revenus nets devaient servir au remboursement simultané de la subvention de l'État et des avances faites par le syndicat des industriels ; le Gouvernement renonçait d'ailleurs au remboursement de la partie de la subvention qui n'aurait pas été restituée à l'expiration de la concession.

Le décret du 5 août ratifiait, en outre, le traité passé entre la ville de Munster et la Compagnie de l'Est, qui se chargeait de l'exploitation, sans profit ni perte, pour le compte de la ville.

La durée de la concession était de quatre-vingt-dix-neuf ans.

Le tarif des voyageurs était de 0 fr. 112, pour la 1ʳᵉ classe ; de 0 fr. 084, pour la 2ᵉ classe ; et de 0 fr. 061, pour la 3ᵉ classe. Celui des marchandises en petite vitesse reproduisait les taxes des chemins d'intérêt local de l'Eure.

A la suite de la guerre de 1870, la ligne passa entre les mains de l'Allemagne.

309. — Concession d'un embranchement à Besançon. — Un décret portant également la date du 5 août 1866 [B. L., 2ᵉ sem. 1866, nº 1426, p. 457] concéda à la Compagnie de Paris-Lyon-Méditerranée un embranchement destiné à raccorder la gare de la ville de Besançon avec le canal et la ville par le pont suspendu et la porte Saint-Pierre.

L'exécution de cet embranchement, de 1 kilomètre de longueur, fut ajournée jusqu'en 1874, époque de la concession de la ligne de Besançon à Morteau ; le tracé fut alors modifié et dirigé de la gare de la Viotte sur celle de la Mouillère. L'embranchement est aujourd'hui en construction et doit être terminé en 1883.

310. — Concession d'un chemin d'Hazebrouck à la frontière belge. — Le 19 décembre 1866 [B. L., 1ᵉʳ sem. 1867, nº 1456, p. 5], la Société belge des chemins de fer de la Flandre occidentale reçut la concession, sans garantie ni subvention, d'une ligne d'Hazebrouck à la frontière belge (14 km.) pour une durée de 77 ans. Le cahier des charges était identique à celui de la ligne d'Armentières à la Belgique.

Une convention internationale intervint avec la Belgique le 25 novembre 1869 et fut promulguée par décret du 12 janvier 1870 [B. L., 1ᵉʳ sem. 1870, nº 1778, p. 61]. Le chemin fut ouvert en 1870.

CHAPITRE IX. — ANNÉE 1867

311. — **Concession d'un chemin d'Aire à Berguette.**
— Le premier acte de l'année 1867 fut la concession à
MM. Graux et Descamps d'un chemin d'Aire à la ligne des
houillères du Pas-de-Calais, pour une durée égale à celle
qui restait à courir sur la concession du chemin du Nord
[Décret du 17 janvier 1867. — B. L., 1ᵉʳ sem. 1867, n° 1468,
p. 289].

Le tarif et la plupart des clauses du cahier des charges
étaient reproduits du cahier des charges de la ligne d'Armentières à la frontière belge ; toutefois, la taxe des marchandises en petite vitesse de la 4ᵉ classe était de 0 fr. 06,
pour toute distance ; de plus la Compagnie était autorisée à
percevoir des prix plus élevés jusqu'au moment où la recette
brute atteindrait 10 000 fr. par kilomètre, sans que cette
tolérance pût avoir son effet pendant plus de quinze ans.

La concession fut annulée par décret du 3 octobre 1872
[B. L., 2ᵉ sem. 1872, n° 115, p. 694].

312. — **Concession de chemins d'intérêt local dans le
département de l'Ain.** — Un décret du 30 mars autorisa
l'établissement des trois chemins d'intérêt local de Bourg
à la Cluse (37 km.), de Bourg à Chalon-sur-Saône (62 km.),
et d'Ambérieu à Villebois (16 km.), dans le département de
l'Ain.

Ces chemins étaient concédés à MM. Mangini, qui devaient recevoir :

1° Pour le chemin de Bourg à la Cluse, les terrains et une subvention de 5 451 000 fr. ;

2° Pour les deux autres chemins, les terrains nécessaires à l'assiette de la ligne.

L'État allouait au département un subside de 3 261 868 fr.

La durée de la concession était de quatre-vingt-dix-neuf ans. Sur le chemin de Bourg à la Cluse, le tarif des voyageurs comportait un prix de 0 fr. 12 pour les voitures de luxe et deux prix de 0 fr. 10 et de 0 fr. 065 pour la 1re et la 2e classe (il n'était point prévu de 3e classe) ; les marchandises en petite vitesse étaient divisées en quatre classes, taxées à 0 fr. 25, 0 fr. 20, 0 fr. 16, et 0 fr. 12 ; sur les deux autres lignes, les tarifs correspondants étaient, pour les voyageurs, de 0 fr. 10, 0 fr. 08, 0 fr. 055 et, pour les marchandises, de 0 fr. 25, 0 fr. 16, 0 fr. 14, 0 fr. 10.

L'ouverture de la ligne de Bourg à la Cluse eut lieu en 1876-1877 ; celle de Bourg à Chalon-sur-Saône, en 1878 ; et celle d'Ambérieu à Villebois, en 1875.

313. — Concession définitive de diverses lignes à la Compagnie de Paris-Lyon-Méditerranée et à la Compagnie d'Orléans. — Deux décrets des 29 mai [B. L., 1er sem. 1867, n° 1498, p. 734] et 3 août 1867 [B. L., 2e sem. 1867, n° 1521, p. 326] rendirent définitive la concession éventuelle faite en 1863 à la Compagnie de Paris-Lyon-Méditerranée des deux chemins d'Alais au Pouzin (avec embranchement sur Aubenas) et d'Apt à la ligne d'Avignon à Gap. Un troisième décret, du 16 août 1867 (B. L., 2e sem. 1867, n° 1526, p. 509), rendit définitive la concession du chemin de la Flèche à Aubigné à la Compagnie d'Orléans.

Ces chemins furent livrés à la circulation, le premier de 1870 à 1876, le second en 1877, le troisième en 1871, et l'embranchement d'Aubenas en 1879.

314. — Concession du chemin de Sarreguemines à la frontière. — Le 15 juin 1867 [B. L., 1ᵉʳ sem. 1867, n° 1502, p. 788], la Compagnie de l'Est obtint, pour une durée égale à celle qui restait à courir sur sa concession générale, la concession particulière, sans subvention ni garantie d'intérêt, d'un chemin de Sarreguemines à la frontière dans la direction de Saarbrück ; la comptabilité des recettes et des dépenses afférentes à l'exploitation de ce chemin devait rester distincte de celle de l'ensemble du réseau, au double point de vue de la garantie et du partage des bénéfices.

La ligne de Sarreguemines à Saarbrück fit, d'ailleurs, l'objet d'une convention internationale du 18 juillet 1867, promulguée par décret du 25 septembre 1867 [B. L., 2ᵉ sem., 1867, n° 1531, p. 573] ; aux termes de cette convention, la totalité de la ligne devait être exploitée par l'administration prussienne, qui pouvait appliquer sur la section française ses tarifs généraux ou spéciaux, pourvu qu'ils ne dépassassent pas les maxima imposés à la Compagnie de l'Est ; cette administration percevait d'ailleurs toutes les recettes à son profit.

L'ouverture du service eut lieu en 1870.

315. — Loi du 24 juillet 1867. — Nous mentionnons, en passant, la loi du 24 juillet 1867, sur les sociétés commerciales, qui dispense les sociétés anonymes d'une autorisation préalable.

316. — Concession du chemin d'intérêt local de Gisors à Vernonnet. — Un décret du 31 juillet 1867 [B. L., 2ᵉ sem.

1867, n° 1535, p. 617] autorisa le département de l'Eure à pourvoir à l'exécution du chemin de Gisors à Vernonnet (36 km.), conformément à un traité qu'il avait passé avec les sieurs Claverie et Desroches.

Les concessionnaires recevaient les terrains et une subvention de 1 470 000 fr., dont 455 000 fr. fournis par l'État.

La durée de la concession était de quatre-vingt-dix-neuf ans ; le tarif était le même que celui des autres lignes d'intérêt local de l'Eure.

L'ouverture à l'exploitation eut lieu en 1869.

317. — Concession de chemins d'intérêt local dans l'Hérault. — Un décret du 14 août 1867 [B. L., 2ᵉ sem. 1867, n° 1525, p. 492] autorisa le département de l'Hérault à pourvoir à l'exécution de cinq lignes d'intérêt local, savoir : de Saint-Chinian à Montbazin par Béziers, Pézenas et Mèze (94 km.), d'Agde à Mèze (19 km.), de Montpellier à Rabieux (47 km.), de Montpellier à Palavas (12 km.) et de Roquessels à Pézenas (14 km.), conformément à un cahier des charges annexé audit décret. Une subvention de 3 410 000 fr. était accordée au département sur les fonds du Trésor.

Aux termes du cahier des charges, la concession du chemin de Roquessels à Pézenas n'était qu'éventuelle et pouvait être annulée, en tout ou partie, pendant le délai d'un an, si le tracé en était emprunté par la Compagnie du Midi.

La durée de la concession était de quatre-vingt-dix-neuf ans. Les tarifs étaient ceux du Midi, avec un rabais de 0 fr. 02 c. sur chaque classe, sous la réserve qu'il n'y aurait que deux classes de voyageurs taxées à 0 fr. 08 et 0 fr. 05.

Aussitôt que le produit brut excéderait 10 000 fr. par kilomètre, le département avait droit à la moitié de l'excédant et devait partager avec l'État et les communes, dans la proportion de leur contribution à la dépense.

M. Joret accepta les conditions du cahier des charges.

Un décret du 4 août 1869 [B. L., 2ᵉ sem. 1869, n° 1751, p. 421] modifia les conditions de ce cahier des charges; la subvention fut fixée à 75 000 fr. par kilomètre, non compris les terrains, qui étaient livrés au concessionnaire.

La ligne de Montpellier à Palavas fut ouverte en 1872 ; celle de Saint-Chinian à Montbazin le fut partiellement de 1873 à 1877.

318. — Concession du chemin d'intérêt local de Mamers à Saint-Calais.

— Le département de la Sarthe traita en 1867 avec une société formée par MM. Haentjens, de La Rochefoucauld, duc de Bisaccia, le marquis de Talhouët, le prince de Beauvau, pour la concession d'un chemin d'intérêt local de Mamers à Saint-Calais (77 km.).

Les concessionnaires recevaient les terrains, jusqu'à concurrence de 125 hectares; ils devaient bénéficier de la différence entre le prix réel d'acquisition et l'évaluation de 10 000 fr. par kilomètre. Une subvention kilométrique de 100 000 fr. leur était accordée, sans qu'elle pùt s'appliquer à plus de 75 kilomètres.

Ils devaient exploiter la ligne au moyen de trois trains par jour.

Pour des recettes brutes kilométriques inférieures ou égales à 10 000 fr., ils prélevaient 6 000 fr. à titre de frais et risques d'exploitation; ce prélèvement était porté à 7 000 fr., pour des recettes brutes comprises entre 10 000 f. et 15 000 fr., et à 8 000 fr., pour des recettes brutes supérieures à 15 000 fr. L'excédent était attribué pour les trois quarts au département.

La durée de la concession était de cinquante ans.

Les tarifs étaient ceux de l'Ouest, mais avec une réduction de 50 %, sur les taxes des voyageurs se rendant aux marchés voisins, et même un abaissement général éventuel de 50 %, pour le cas où la Compagnie de l'Ouest consentirait à la même réduction sur 30 kilomètres de son réseau.

Un décret du 16 août 1867 [B. L., 2ᵉ sem. 1867, n° 1529, p. 541] autorisa l'exécution du chemin et alloua au département une subvention de 2 690 000 fr.

L'ouverture à l'exploitation eut lieu en 1872-1873.

319. — Cession du Victor-Emmanuel à la Compagnie de Paris-Lyon-Méditerranée.

I. — CONVENTIONS ET PROJET DE LOI. — Le réseau Victor-Emmanuel comprenait, en France, les lignes de Culoz à Chambéry, de Chambéry à Saint-Jean-de-Maurienne, de Saint-Jean à Saint-Michel et de Saint-Michel à Modane, ainsi qu'une section de la ligne de Modane à Suse : la partie française de ce réseau avait ainsi 144 kilomètres de développement.

Une loi du 27 mai 1863 avait approuvé la convention qui réglait les rapports financiers de l'État et de la Compagnie. D'après cette convention, la Compagnie était chargée de la construction des 20 kilomètres qui séparaient Saint-Michel de l'entrée du tunnel des Alpes : elle avait à verser au Trésor une somme de 7 millions, dont elle recevait l'intérêt à 4 1/2 %, pour la part attribuée à la France dans les 20 millions mis à la charge de la Compagnie à titre de concours au percement du mont Cenis ; l'État lui garantissait un minimum d'intérêt de 4 1/2 % sur le capital dépensé ou à dépenser par elle, dans les limites d'un maximum de 60 millions, après l'ouverture de la section de Modane à Suse ; les parties du chemin situées sur le territoire français et sur le territoire italien étaient solidarisées au point de vue du jeu de la garantie.

Postérieurement à cette convention, la Compagnie en avait conclu une autre avec le Gouvernement italien, qui lui avait racheté la partie italienne de son réseau, moyennant une rente de 2 226 000 fr. et la concession d'un autre réseau calabro-sicilien. Aux termes de ce traité, elle s'était engagée à obtenir du Gouvernement français la renonciation à la solidarité ci-dessus rappelée.

Elle avait donc demandé à la France de régler ses conditions d'existence sur de nouvelles bases ou de racheter ses chemins au prix de 50 millions.

Le Gouvernement pensa que cette dernière solution était la meilleure ; il crut d'ailleurs devoir prendre pour base du règlement de l'indemnité le montant des dépenses utiles de construction, lesdites dépenses s'élevant à 45 millions.

Ce chiffre ayant été accepté par la Compagnie, il restait à régler les conditions de payement et les mesures à prendre pour assurer l'achèvement des travaux et l'exploitation.

A la suite de négociations avec la Compagnie de Paris-Lyon-Méditerranée, le Gouvernement présenta, le 15 juin 1866, au Corps législatif un projet de loi [M. U., 10, 11 et 15 septembre 1866] autorisant : 1° le rachat moyennant la somme de 45 millions, payable en 89 annuités de 2 279 650 fr., calculées au taux de 5 % ; 2° la rétrocession à la Compagnie de Paris-Lyon-Méditerranée, moyennant garantie d'un revenu égal au chiffre de cette annuité, augmenté de l'intérêt et de l'amortissement des obligations à émettre pour l'achèvement des travaux, jusqu'à concurrence d'un maximum de 25 millions.

Les principales dispositions de la convention conclue entre l'État, d'une part, et les deux Compagnies, d'autre part, étaient les suivantes.

La construction de la partie française du réseau Victor-Emmanuel ayant été assurée partiellement par un emprunt de 25 millions qui avait été contracté avec la garantie des Gouvernements italien et français, la Compagnie de Paris-Lyon-Méditerranée devait faire directement le service des obligations de cet emprunt. Cette Compagnie convertissait en 41 000 obligations le surplus de la créance.

La garantie accordée à la Compagnie de Paris-Lyon-Méditerranée devait rester, jusqu'à nouvel ordre, distincte de la garantie générale de son réseau.

La Compagnie du Victor-Emmanuel était exonérée du payement de sa subvention de 7 millions au percement du mont Cenis ; la solidarité entre les parties italienne et française du réseau était supprimée.

II. — RAPPORT AU CORPS LÉGISLATIF. — Ce fut M. le marquis de Talhouët qui eut à présenter le rapport à la Chambre : ce rapport fut déposé le 8 juin 1867 [M. U., 25 et 26 juin 1867].

La Commission s'était tout d'abord demandé s'il ne serait pas préférable de laisser la Compagnie de Paris-Lyon-Méditerranée opérer elle-même le rachat et en débattre les conditions avec la Compagnie du Victor-Emmanuel ; mais elle avait reconnu que la première de ces Compagnies ne pourrait être contrainte à faire des sacrifices pour l'opération et, d'un autre côté, que la seconde serait ruinée si elle n'obtenait pas les avantages résultant pour elle du projet de loi. Elle avait donc admis le principe de la proposition du Gouvernement.

Examinant ensuite les conséquences de la convention, elle avait provoqué des explications des représentants de l'administration sur l'accroissement du capital garanti qui, fixé à 66 millions en 1863, se trouvait porté à 70 millions, et

sur l'augmentation du taux de la garantie, qui était porté de
4 1/2 à 5 %. Les commissaires du Gouvernement avaient ré-
pondu : 1° que la majoration de 4 millions sur le capital
garanti se justifiait par les difficultés de la section de
Modane au tunnel des Alpes, laquelle n'était pas comprise
dans la concession primitive de la Compagnie du Victor-
Emmanuel ; 2° que l'élévation du taux de l'intérêt servi à cette
Compagnie se justifiait également par ce fait, que la Compagnie perdait toutes ses chances ultérieures de bénéfices.

Finalement et sans méconnaître que la convention proposée fût favorable à la Compagnie du Victor-Emmanuel,
la majorité de la Commission, tenant compte des avantages
de la remise du réseau entre les mains d'une Compagnie
puissante, organisée de manière à assurer une bonne exploitation et à pourvoir promptement à l'achèvement des
travaux, avait émis un avis favorable à la convention. Elle
avait cru toutefois devoir réduire de 24 700 fr. l'annuité à
servir à la Compagnie du Victor-Emmanuel et réclamait l'acceptation du traité par l'assemblée générale des actionnaires.

III. — PREMIÈRE DISCUSSION. — L'affaire donna lieu à
une première discussion en séance publique, le 15 juin 1867
[M. U., 16 juin 1867].

M. Hallez-Claparède attaqua le projet de loi, comme
beaucoup trop favorable à la Compagnie du Victor-Emmanuel. Il invoqua le respect dû aux contrats, aux obligations
non seulement consenties, mais même sollicitées par les
sociétés industrielles; l'état d'avancement des travaux, qui
ne permettait pas de considérer la Compagnie comme incapable de les terminer ; la charge considérable imposée au
Trésor, comparativement à celle que la convention de 1863
devait lui faire supporter; les dépenses frustratoires et les
irrégularités de la gestion financière de la Compagnie ; les

fautes qu'elle avait commises ; la défaillance dont elle avait fait preuve en face de ses engagements. Il conclut à mettre la Compagnie en demeure d'exécuter le traité qu'elle avait souscrit et, le cas échéant, à lui appliquer les pénalités prévues par le cahier des charges.

M. le comte Dubois, commissaire du Gouvernement, répliqua en faisant valoir la modicité du prix de revient des lignes à racheter, l'importance considérable de ces lignes au point de vue international. Il donna des renseignements intéressants sur l'état d'avancement des travaux du mont Cenis : 6 984 mètres étaient percés sur 12 220 mètres ; quatre ans devaient suffire à l'achèvement de l'œuvre. Ce serait une honte pour la France si, au moment de l'accomplissement de cette œuvre gigantesque, il restait une lacune de 21 kilomètres sur le territoire français. Or, il était avéré que la situation de la Compagnie du Victor-Emmanuel l'empêchait de mener à bien la construction de ces 21 kilomètres ; on ne pouvait, d'autre part, songer à l'exécution par voie de régie, qui grèverait le budget d'une dépense de plus de 10 millions ; d'un autre côté, la sécurité publique exigeait que l'exploitation des chemins de fer fût confiée à des Compagnies assez fortes pour faire face à toutes les nécessités et, à cet égard, il y avait lieu de se féliciter de la substitution de la Compagnie de Paris-Lyon-Méditerranée à la Compagnie du Victor-Emmanuel. Quant aux irrégularités signalées dans la gestion de la Société, elles devaient être éliminées du débat, puisque la commission de vérification des comptes avait fourni l'évaluation des dépenses utiles et que cette évaluation avait seule servi de base à la convention.

Le projet de loi fut ensuite renvoyé à la Commission pour être remanié, en ayant égard à l'amendement qu'elle avait formulé et auquel le Gouvernement avait souscrit.

IV. — MODIFICATION DU PROJET DE LOI. — Le 18 juin,
M. de Talhouët déposa un rapport supplémentaire constatant que, d'accord avec le Conseil d'État, elle. avait apporté
au projet de loi et au projet de convention les modifications
résultant de son amendement.

V. — DEUXIÈME DISCUSSION ET VOTE AU CORPS LÉGISLATIF.
— La discussion se rouvrit dès le lendemain [M. U., 19 et
21 juin 1867].

M. le baron de Janzé s'attacha à démontrer que l'intérêt
des actionnaires et celui de l'État étaient tout ensemble
compromis. Suivant lui, les textes prouvaient surabondamment que la Société était, non pas italienne, mais française ;
l'autorisation, que la Compagnie produisait à l'appui de la
convention et qu'elle avait reçue d'une prétendue assemblée
générale italienne, était donc sans valeur. Bien plus, ni le
conseil d'administration, ni les assemblées générales
n'avaient, d'après les statuts, le pouvoir d'aliéner l'immeuble social. En outre, des procès en nullité étaient pendants
contre le conseil d'administration, contre la constitution
même de la Société. La situation irrégulière de la Compagnie ne pouvait être sanctionnée par un vote de la Chambre.
Les actionnaires français n'avaient aucun intérêt à la vente
du réseau de la Savoie ; car les 45 millions qu'on proposait
d'allouer seraient entièrement absorbés par les dettes dont
le remboursement était exigible ; les droits des actionnaires
ne pouvaient être sauvegardés que par le séquestre. Si
d'ailleurs l'avis de l'orateur sur la nationalité de la Société
n'était pas partagé, il ne restait qu'à poursuivre la déchéance.
Enfin, si l'idée du rachat devait prévaloir, il faudrait que ce
rachat se fît dans les meilleures conditions possibles : or
l'étendue des sacrifices consentis par le projet de convention prouvait qu'il n'en était rien ; la Commission de vérifi-

cation des comptes avait relevé les irrégularités les plus·
graves dans la comptabilité de la Compagnie, et, tout en
adoptant des appréciations bienveillantes, elle n'avait produit qu'une estimation de 42 millions, estimation certainement beaucoup trop large. Le traité était de tous points
défavorable à l'État et ne devait guère profiter qu'à la Compagnie de Paris-Lyon-Méditerranée. Les pouvoirs publics
n'avaient donc pas à hésiter, soit à mettre le réseau sous
séquestre, si la Société était française, soit à poursuivre la
déchéance, si cette Société était étrangère.

M. de Franqueville répondit à M. de Janzé ; il refit l'historique de la constitution de la Compagnie, du trouble apporté à son existence par l'interposition d'une frontière au
milieu de son réseau, des difficultés avec lesquelles elle avait
été aux prises, de l'impossibilité où elle s'était trouvée de
faire face à ses engagements pour la construction de la
section de Saint-Michel à Modane, de la nécessité où le Gouvernement s'était ainsi vu placé de faire passer le réseau
entre des mains plus puissantes. Les bases de la convention
soumise à la ratification du Corps législatif étaient absolument équitables. Le chiffre de 45 millions était celui
qu'avait indiqué la commission de vérification des comptes,
dans une hypothèse considérée par le Gouvernement comme
la seule admissible. Il était facile de se rendre compte, par
des calculs précis, que les charges du Trésor ne seraient pas
aggravées par cette convention au point de vue du jeu de la
garantie d'intérêt. La solidarité des deux parties du Victor-
Emmanuel séparées par la frontière ne pouvait évidemment
pas être maintenue, dès lors qu'elles n'étaient plus admi-
nistrées par la même Compagnie ; il y aurait là des règlements
de compte présentant des difficultés insurmontables. L'expérience prouvait du reste que, du moins en l'état, le Gouvernement ne faisait pas de sacrifice, en renonçant à cette so-

·lidarité ; il paraissait devoir en être de même pour l'avenir, par le fait de la translation de la capitale italienne de Turin à Florence et du dommage que cette translation avait infligé à la partie italienne du réseau. M. de Franqueville termina son discours, en justifiant la prévision de 25 millions pour les dépenses d'achèvement de la partie française du réseau ; en affirmant que le rachat était la seule planche de salut des actionnaires ; en faisant observer d'autre part que, réunis en assemblée générale, ils pouvaient rejeter la convention s'ils la jugeaient contraire à leurs intérêts.

Puis un débat s'engagea entre M. Berryer, d'une part, et M. Rouher, Ministre d'État et M. de Forcade de la Roquette, Ministre des travaux publics, d'autre part, au sujet des privilèges consentis en faveur de certains prêteurs, au détriment des autres. Suivant M. Berryer, il était impossible de préjuger la décision des tribunaux sur ce point.

M. Pouyer-Quertier, de son côté, s'efforça de prouver que le rachat, dans les conditions où il était proposé, loin de sauver les actionnaires, consommait leur ruine ; il n'intéressait qu'un groupe d'administrateurs qui avaient apporté dans leur gestion, notamment pour le chemin calabro-sicilien, un désordre et une incapacité notoires. Comment pouvait-on traiter avec ces administrateurs, dont les pouvoirs étaient même contestés ? Comment pouvait-on demander la signature de l'État au bas d'une convention avec la Compagnie, alors que tous les actes de cette Compagnie, postérieurs à 1863, étaient exposés à être invalidés, à raison de l'introduction du réseau de la Calabre dans le réseau Victor-Emmanuel ? Rien ne pressait. Le Gouvernement avait la ressource du séquestre ; le tunnel du mont Cenis était loin d'être percé et on avait tout le temps d'achever la section de Saint-Michel à Modane. Mieux valait ne pas enlever, du moins immédiatement, aux actionnaires un réseau qui aurait été lucratif sans les fautes commises par les administrateurs, et dont le trafic prendrait un fructueux et rapide développement, dès l'ouverture du canal des Alpes. Par un atermoiement, on éviterait de les priver du seul espoir qui leur restât. Les pouvoirs publics aviseraient aux mesures définitives à prendre, après la décision à intervenir de la part de l'assemblée générale des actionnaires et après l'issue du procès pendant. M. Pouyer-Quertier donnait d'ailleurs des détails minutieux sur la situation déplorable de la Compagnie et concluait pour l'ajournement du projet de loi à l'année suivante.

M. de Forcade de la Roquette, Ministre des travaux publics, répondit à M. Pouyer-Quertier. Il insista sur la nécessité de procéder, sans plus tarder, à l'exécution des 20 kilomètres compris entre Saint-Michel et Modane, et à la pose de la seconde voie sur le surplus de la grande ligne de transit qui allait s'ouvrir. Le Gouvernement n'avait pu s'arrêter à la pensée de pourvoir en régie à ces travaux et de se substituer à la Compagnie, pour la faire vivre et pour maintenir entre la France et l'Italie une société qui exploiterait à la fois le réseau Victor-Emmanuel et les chemins calabro-siciliens. Il avait également cru devoir repousser la déchéance, qui eût entraîné la mise en adjudication du chemin et sa vente à vil prix. Quant au séquestre, son application pouvait être contestée, dans l'espèce, au point de vue du droit et, du reste, il ne constituait en tout cas qu'une mesure provisoire. C'est ainsi que la solution du rachat s'était imposée, moyennant une indemnité, dont le taux ménageait à la fois l'intérêt général et celui des actionnaires. Cette mesure avait été prévue par les actionnaires et même demandée par eux, depuis plusieurs années; les statuts de 1863 étaient formels à cet égard; une assemblée générale avait eu lieu en Italie, suivant les conditions statutaires, et avait

2

27

autorisé l'aliénation du chemin ; néanmoins, et par surcroît de précaution, la commission du Corps législatif avait jugé utile une nouvelle réunion à Paris et le Gouvernement français y avait souscrit, d'accord avec le Gouvernement italien. Il était impossible de prendre plus de garanties. La situation des actionnaires était d'ailleurs moins désespérée qu'on ne l'avait dit : la dette totale du Victor-Emmanuel ne dépassait pas, en effet, 80 millions et l'actif comprenait le prix du rachat du réseau de la Savoie, un titre de rente italienne de 600 000 fr. et, en outre, le chemin calabro-sicilien. Les critiques dirigées contre les administrateurs étaient empreintes d'une certaine exagération ; on avait, en effet, grossi les frais généraux, en y englobant des sommes considérables payées à titre d'intérêt aux porteurs d'actions ; la vente du chemin du Tessin n'avait pas eu le caractère frauduleux qu'on lui avait attribué, car elle avait été provoquée par le Gouvernement italien et connue des actionnaires. Le Ministre se prononçait donc contre l'ajournement.

À la séance suivante, M. Pouyer-Quertier revint à la charge et développa à nouveau son argumentation antérieure. Il fit valoir, en outre, que le projet de loi imposait à la France des sacrifices notables ; qu'il était regrettable de renoncer à la solidarité entre les deux parties du Victor-Emmanuel séparées par les Alpes ; que l'accroissement du capital garanti et du taux d'intérêt, et la renonciation à la subvention de 7 millions due par la Compagnie, pour l'ouverture du tunnel, constituaient des charges excessives. Il soutint que le Gouvernement s'exagérait les délais nécessaires pour la construction de la section de Saint-Michel à Modane ; il fit observer qu'une lacune de 40 kilomètres existait encore sur le territoire italien, que le temps consacré à combler cette lacune suffirait largement à la France pour fermer celle qui restait sur son territoire, qu'en commençant immédiatement les travaux on subirait des pertes d'intérêt.

M. le marquis de Talhouët, rapporteur, combattit à son tour la thèse de M. Pouyer-Quertier ; après avoir reproduit une partie des considérations développées dans son rapport, il repoussa l'ajournement comme la solution la plus mauvaise pour les actionnaires ; en l'état, une liquidation, quelle qu'elle fût, était préférable au maintien du *statu quo*. En mettant les actionnaires à même de payer immédiatement leurs dettes exigibles, on leur rendait la libre disposition de ce que le Gouvernement italien viendrait à leur attribuer et on leur permettait d'échapper à la faillite. Le privilège accordé à une catégorie de souscripteurs des emprunts de la Compagnie, était la conséquence logique, rationnelle, des engagements antérieurs de l'État concernant l'emprunt de 1862 ; l'élévation du taux de l'intérêt se justifiait par ce fait que la Compagnie, qui ne devait, d'après les actes de sa concession, entrer en partage avec le Trésor qu'au delà de 10 % du produit net, perdait toutes ses chances de bénéfices futurs ; il était incontestable qu'une fois le tunnel percé les produits seraient supérieurs à 5 % ; d'un autre côté, la clause de solidarité dont l'abandon était si vivement critiqué ne pouvait servir à la France avant l'ouverture du tunnel et lui devenait ensuite inutile, puisque la garantie cesserait alors d'être effective ; la renonciation à la subvention de 7 millions s'imposait par cette considération que la Compagnie, se trouvant désormais désintéressée dans l'affaire, ne pouvait être tenue de venir encore apporter des capitaux. Quant aux prétendus avantages faits à la Compagnie de Paris-Lyon-Méditerranée, ils n'étaient pas réels : cette Compagnie était simplement rendue indemne et, de plus, il s'agissait exclusivement d'un *modus vivendi* provisoire à transformer ultérieurement. A la suite de ce discours, la loi fut

votée à une grande majorité et sanctionnée le 27 septembre
[B. L., 2ᵉ sem. 1867, n° 1530, p. 565].

Un décret du même jour [B. L., 2ᵉ sem. 1867, n° 1530,
p. 566] approuva la convention.

320. — **Autorisation d'un sous-embranchement des
mines de Bruay.** — La Compagnie des mines de Bruay
obtint, par décret du 13 octobre 1867 [B. L., 2ᵉ sem. 1867,
n° 1541, p. 672], l'autorisation d'établir un raccordement
reliant une nouvelle fosse avec l'embranchement qui lui
avait été antérieurement concédé sur la ligne des houillères
du Pas-de-Calais.

Ce raccordement était soumis aux clauses et conditions
du cahier des charges de l'embranchement et provisoirement affecté au transport exclusif des produits des mines
de Bruay.

Il fut livré à la circulation en 1871.

321. — **Établissement de cinq chemins d'intérêt local
dans les Ardennes.** — Un décret du 9 novembre 1867
[B. L., 2ᵉ sem. 1867, n° 1555, p. 1023] autorisa l'exécution,
par le département des Ardennes, de cinq chemins d'intérêt local : d'Amagne à Vouziers (27 km.); de Pont-Maugis à
Raucourt et à Mouzon (19 km.); de Carignan à Messempré
(6 km.); de Donchery à Vrigne-aux-Bois (5 km.) et de la
station de Monthermé à Monthermé (4 km.). Ce décret
allouait au département une subvention de 1 400 000 fr. et
approuvait un traité passé avec la Compagnie de l'Est pour
l'exploitation.

Le cahier des charges fixait des taxes de 0 fr. 12,
0 fr. 09, 0 fr. 06, pour les trois classes de voyageurs, et de
0 fr. 25, 0 fr. 20, 0 fr. 16 et 0 fr. 12, pour les quatre classes
de marchandises en petite vitesse. Comme il n'y avait pas à

proprement parler de concession, le chemin devait rester indéfiniment entre les mains du département; pour le même motif, le cahier des charges ne stipulait rien pour le rachat, ni pour la déchéance.

Aux termes du traité conclu avec la Compagnie de l'Est, cette Compagnie devait exploiter à prix coûtant, en comprenant dans ses dépenses l'intérêt et l'amortissement du matériel d'exploitation, réglés à 8 % de leur valeur. Le contrat était fait pour une durée de douze ans, sauf renouvellement ultérieur.

Le décret portait d'ailleurs que l'excédent des recettes sur les dépenses, dont bénéficierait le département, serait versé par lui au Trésor, pour la part correspondant à la subvention de l'État.

La mise en exploitation eut lieu de 1871 à 1873.

322. — **Concession du chemin d'intérêt local d'Arches à Laveline (Vosges)**. — Le département des Vosges concéda en 1867 à MM. Galtier et de Péronne un chemin d'Arches à Laveline, par ou près Bruyères (21 km.), pour une durée de quatre-vingt-dix-neuf ans. Les concessionnaires recevaient : les terrains ; une subvention départementale de 475 000 fr. ; des subventions communales ou particulières, s'élevant au moins à 475 000 fr. ; une allocation de 100 000 fr. du Ministère des finances, à titre de part contributive de l'État comme propriétaire de forêts ; enfin, une subvention du Trésor de 525 000 fr. Le tarif des voyageurs était celui des grandes Compagnies ; quant au tarif des marchandises en petite vitesse, il était, pour les quatre classes, de 0 fr. 18, 0 fr. 15, 0 fr. 12 et 0 fr. 10.

La déclaration d'utilité publique fut prononcée par décret du 25 décembre 1867 [B. L., 1er sem. 1868, n° 1585, p. 337] et l'ouverture à l'exploitation eut lieu en 1869-1870.

CHAPITRE X. — ANNÉE 1868

323. — Concession définitive de diverses lignes. — Nous avons tout d'abord à enregistrer, pour l'année 1868, la concession définitive, à la Compagnie de Paris-Lyon-Méditerranée, de l'embranchement de Digne et de la ligne de Givors à la Voulte qui avaient été concédés provisoirement à cette Compagnie en 1863 [Décret du 22 janvier 1868; B. L., 1er sem. 1868, n° 1568, p. 131. — Décret du 1er décembre 1868; B. L., 2e sem. 1868, n° 1669, p. 1121].

Ces deux lignes furent ouvertes la première en 1876 et la seconde en 1879.

324. — Attribution du contrôle des chemins de fer à des inspecteurs généraux des ponts et chaussées ou des mines. — Un décret du 15 février 1868 [B. L., 1er sem. 1868, n° 1574, p. 203] décida que le contrôle et la surveillance seraient placés désormais sous la direction d'inspecteurs généraux des ponts et chaussées ou des mines. Cette mesure, motivée par l'extension des réseaux, devait avoir pour effet de consolider le service du contrôle dans ses relations avec les Compagnies, en plaçant à sa tête des fonctionnaires occupant une situation hiérarchique élevée.

325. — Concession du chemin d'intérêt local d'Achiet à Bapaume. — Le 21 juillet 1866, la ville de Bapaume, voulant se relier à la ligne du Nord à Achiet, avait passé avec MM. Arrachart, Grardel et Pardel un premier traité pour la concession de ce raccordement. Les concessionnaires devaient recevoir une subvention de 200 000 fr. ; la ville leur garantissait en outre l'intérêt à 5 %, et l'amortissement à 1 %, d'un capital de 320 000 fr. Un projet de tarif devait être soumis à la sanction du conseil général et à l'homologation du préfet, d'accord entre la ville et MM. Arrachart et consorts : le traité prévoyait que ce tarif, supérieur à celui des grandes Compagnies, serait révisé tous les cinq ans au moins, sur la demande de l'une ou de l'autre des parties, de manière à subir toutes les réductions que comporterait l'accroissement du trafic ou que commanderait l'intérêt général. La durée de la concession était fixée à cinquante ans. Il était stipulé que, si la garantie d'intérêt et l'amortissement s'élevaient à plus de 7 800 fr. et si la ville ne disposait pas des ressources nécessaires pour y faire face, l'amortissement pourrait être réduit. Si, à l'expiration de la concession, cet amortissement n'était pas complet, la ville se réservait, soit d'accorder une prorogation du bail, soit de parfaire l'amortissement en trois ans avec intérêt à 5 %, à partir du jour de la prise de possession. Dans le cas où la Compagnie du Nord consentirait à faire l'exploitation ou, tout au moins, à fournir le matériel roulant et à entreprendre la traction, la ville devait participer au contrat à passer.

Le 10 août 1866 survint une nouvelle convention réduisant à 4 %, le taux de la garantie d'intérêt, non compris l'amortissement de 1 %, qui n'était pas modifié.

Un décret du 30 mai 1868 [B. L., 1er sem. 1868, n° 1603, p. 737] autorisa l'exécution du chemin et alloua à la commune une subvention de 50 000 fr.

Le cahier des charges stipulait des taxes de 0 fr. 10, 0 fr. 08 et 0 fr. 06, pour les trois classes de voyageurs, et de 0 fr. 25, 0 fr. 20, 0 fr. 16 et 0 fr. 12, pour les quatre classes de marchandises.

Le chemin, dont la longueur était de 6 kilomètres, fut livré à la circulation en 1871.

326. — Concession d'un embranchement du canal Saint-Denis à la gare de Pantin. — Un décret du 17 juin 1868 [B. L., 2ᵉ sem. 1868, n° 1607, p. 27] concéda à la Compagnie des canaux de l'Ourcq et de Saint-Denis, pour une durée égale à celle qui restait à courir sur la concession de ce dernier canal, un embranchement de 1 km. destiné à le relier au chemin de fer de Paris à Strasbourg, à Pantin.

Le tarif, exclusivement applicable aux transports en petite vitesse, comprenait des taxes de 0 fr. 16, 0 fr. 14, 0 fr. 10 et 0 fr. 08, pour les quatre classes de marchandises.

327. — Déclaration d'utilité publique d'un certain nombre de lignes. — Une série de décrets, en date du 19 juin [B. L., 2ᵉ sem. 1868, n° 1628, p. 321 et suiv.], déclarèrent d'utilité publique les lignes de Lérouville à Sedan (141 km.), d'Épinal à Neufchâteau (76 km.), de Besançon à la frontière suisse (98 km.), de Lyon à Montbrison (80 km.), de Cercy-la-Tour à Gilly-sur-Loire (41 km.), d'Auxerre à la ligne du Bourbonnais (91 km.), de Niort à Ruffec (75 km.), de Bressuire à Poitiers (82 km.), d'Aurillac à Saint-Denis-les-Martel (60 km.), de Tulle à Clermont-Ferrand (225 km.), d'Orléans à Châlons-sur-Marne (293 km.), de Tours à Montluçon (251 km.), de Saint-Nazaire au Croisic (33 km.), de Sottevast à Coutances (67 km.) et de Bressuire à Tours (120 km.).

Ces décrets stipulaient qu'il serait pourvu ultérieurement, par une loi, aux voies et moyens d'exécution.

328. — Concession du chemin d'intérêt local de Rouen au Petit-Quévilly. — Le département de la Seine-

Inférieure conclut en 1868 avec M. Malétra une convention portant concession au profit de ce banquier d'un chemin d'intérêt local de Rouen au Petit-Quévilly (3 km.) destiné au transport des marchandises en petite vitesse.

La durée de la concession était de quatre-vingt-dix-neuf ans ; le tarif était de 0 fr. 16, 0 fr. 14, 0 fr. 10 et 0 fr. 08, pour les quatre classes de marchandises ; toutefois, ces prix pouvaient être relevés pendant les quinze premières années et portés à 0 fr. 30, 0 fr. 25, 0 fr. 20 et 0 fr. 15.

Le cahier des charges imposait au concessionnaire l'obligation éventuelle de déplacer la voie à ses frais, en cas où cette mesure serait nécessaire pour l'exécution de travaux d'utilité publique par l'une des communes traversées.

Un décret du 20 juin 1868 [B. L., 2ᵉ sem. 1868, n° 1611, p. 87] autorisa l'exécution du chemin de fer, qui fut ouvert en 1870.

329. — **Concession d'un chemin d'intérêt local de Briouze à la Ferté-Macé.** — Le 24 juin 1868 [B. L., 2ᵉ sem. 1868, n° 1629, p. 437], un décret autorisa la construction du chemin d'intérêt local de Briouze à la Ferté-Macé (14 km.), dans le département de l'Orne, et alloua à ce département une subvention de 375 000 fr.

Ce chemin était concédé pour quatre-vingt-dix-neuf ans à M. Girard, qui devait recevoir les terrains et une allocation de 1 125 000 fr. Le tarif était celui des grandes Compagnies.

La mise en exploitation eut lieu en 1869.

330. — **Convention avec la Compagnie de l'Ouest.**

I. — CONVENTION. — Le réseau de la Compagnie de

l'Ouest comprenait, en 1868, 2 537 kilomètres, dont 900 kilomètres appartenant à l'ancien réseau et 1 637 kilomètres appartenant au nouveau. Sur ce chiffre, 2 146 kilomètres étaient livrés à l'exploitation et tout faisait prévoir que le surplus le serait de 1868 à 1872. Le Gouvernement pensa que le moment était venu de concéder à la Compagnie de nouvelles lignes répondant à des intérêts légitimes.

Dès 1861 et 1863, en effet, les commissions du Corps législatif avaient signalé l'utilité d'un chemin de Cherbourg à Brest, au point de vue militaire et civil ; ce chemin devait rendre solidaires deux ports de premier ordre, combler une véritable lacune dans la ligne de ceinture du littoral, desservir des villes importantes et de grands centres agricoles, relier entre elles d'autres artères du réseau de l'Ouest. A la suite d'une instruction approfondie, la préférence avait été donnée au tracé par Saint-Lô, Coutances, Avranches, Dol et Lamballe.

Les Commissions avaient de même signalé l'opportunité de réunir Laval à la Loire ; le tracé qui prévalut comportait un tronc commun de Laval à Château-Gontier et Segré, et trois branches reliant Sablé à Château-Gontier, Segré à Angers, et Segré à Châteaubriant et Nantes.

Le Gouvernement, considérant qu'il convenait de ne pas créer à la Compagnie d'Orléans une concurrence pour les relations de Paris à Nantes et, d'autre part, qu'il y avait intérêt à ne pas surcharger la Compagnie de l'Ouest, ne concéda à cette dernière que les lignes ou sections de Sablé à Châteaubriant, par ou près Château-Gontier, de Laval à Angers et de Saint-Lô à Lamballe.

En acceptant cette concession, la Compagnie signala au Ministre les mécomptes nouveaux qui s'étaient révélés depuis 1863, sur les évaluations primitives, et la nécessité où elle se trouvait d'augmenter son matériel roulant et de doubler la voie de certaines parties du nouveau réseau ; elle demanda qu'il fût remédié à cette situation.

Une commission d'inspecteurs généraux des ponts et chaussées fut chargée d'examiner le bien fondé de cette demande : elle constata les augmentations suivantes sur les estimations premières.

Dépenses du nouveau réseau.

Augmentation certaine.. . . 48 000 000 fr.	}	125 000 000 fr.
Augmentation à prévoir. . . 77 000 000		

Dépenses de l'ancien réseau rattachées au nouveau.

Augmentation certaine. . . 50 000 000 fr.	}	70 000 000 fr.
Augmentation à prévoir. . . 20 000 000		

D'autre part les dépenses, déjà faites ou engagées pour le chemin de ceinture, étaient environ de   13 000 000 fr. et les dépenses complémentaires à prévoir s'élevaient à . . . .   8 000 000 fr.

Enfin, en estimant à 400 000 fr. par km. les nouvelles lignes de Saint-Lô à Lamballe, de Sablé à Châteaubriant et de Laval à Angers, dont la longueur était de 345 km. la dépense correspondante était de. . . 138 000 000 fr.

Parmi les chiffres que nous venons de citer, celui de l'augmentation, d'ores et déjà certaine, sur le nouveau réseau (48 millions) résultait, d'un côté, des déceptions éprouvées par la Compagnie dans ses acquisitions de terrains et, d'un autre côté, de l'addition au compte de premier établissement des insuffisances des sections exploitées; jusqu'au jour où commençait à fonctionner la garantie d'intérêt; cette addition avait chargé le compte de construction de plus de 90 000 fr., en moyenne, par kilomètre.

Les augmentations prévues sur le nouveau réseau (77 millions) représentaient les dépenses de doublement de la voie sur certaines lignes ou sections de lignes, celles de l'augmentation du matériel roulant, ainsi que les frais d'extension des gares par suite du développement du trafic.

Les dépenses supplémentaires de l'ancien réseau, rattachées au nouveau (70 millions), se groupaient comme il suit :

Gares mixtes	13 000 000 fr.
Gares terminales	32 000 000
Ensemble des gares de l'ancien réseau	25 000 000
TOTAL PAREIL	70 000 000 fr.

Elles étaient motivées surtout par l'influence que l'accroissement du trafic du nouveau réseau exerçait, soit sur les gares communes, soit même sur les autres gares de l'ancien réseau ; nous rappelons d'ailleurs qu'en 1863 on avait rattaché cette catégorie de dépenses au nouveau réseau, pour ne pas surcharger l'ancien qui aurait été incapable de fournir à la fois un dividende de 30 fr. aux actionnaires et l'intérêt et l'amortissement d'un capital trop considérable. La Commission de vérification des comptes, consultée sur le chiffre de 70 millions, avait été d'avis de le réduire d'un million, par la distraction de la part contributive de la Compagnie à l'embranchement du marché aux bestiaux, ainsi que de certaines dépenses de renouvellement de voies.

Après avoir minutieusement examiné le travail de ces Commissions, le Gouvernement se mit d'accord avec la Compagnie sur les bases suivantes :

1° Le maximum du capital garanti aux termes de la convention de 1863, soit................ 570 000 000 fr.

Était augmenté :

a. Des insuffisances dès à présent constatées sur les évaluations des dépenses prévues en 1863, ci. . . . 48 000 000

b. Des dépenses admises en principe par la convention de 1863 pour le chemin de ceinture, sauf détermination ultérieure de leur montant, ci. 13 000 000

c. Des dépenses afférentes aux lignes nouvelles (déduction faite d'une subvention de 50 millions). . 88 000 000

Ce qui le portait au total de . . . . 719 000 000 fr.

2° Les autres augmentations correspondant à des dépenses additionnelles que nécessiterait plus ou moins pro-
chainement l'accroissement du trafic étaient fixées au
maximum de 124 millions, chiffre inférieur de 30 millions
à celui qu'avait indiqué la Commission et dont il avait paru
opportun de retrancher certains doublements de voie ainsi
qu'une augmentation du matériel roulant sur l'ancien réseau.

Ces dépenses additionnelles devant être la conséquence
de faits ultérieurs, il importait que leur utilité fût dûment
constatée. Il fut donc stipulé que les travaux correspondants
ne pourraient être entrepris que sur des projets préalablement approuvés par décret rendu en Conseil d'État. Un délai
de dix ans à compter du 1er janvier 1868 était donné à la
Compagnie pour les exécuter.

Le capital garanti était ainsi limité à 843 millions au
maximum.

3° Le revenu réservé avant déversement était par suite
modifié. Il fallait en effet :

Servir un dividende de 30 fr. aux 300 000 actions
de 500 fr., ci. . . . .   9 000 000 fr.
Pourvoir aux charges effectives des obligations
de l'ancien réseau, qui constituaient un capital de
275 millions, ci 15 400 000
Faire face à la différence de 1,10 % entre le taux
d'émission des obligations à 5,75 et l'intérêt de 4,65
garanti par l'État sur le capital de 719 millions, afférent au nouveau réseau, ci. 7 909 000
                                    TOTAL. . . . . . 32 309 000 fr.

Cette somme répartie sur 900 kilomètres représentait
un revenu kilométrique de 35 900 fr. auquel il y avait à
ajouter 12 fr. par million de dépenses complémentaires
faites dans le délai de dix ans et dans la limite des 124 millions ci-dessus indiqués. Le chiffre de 35 900 fr. devait être

provisoirement réduit de 200 fr. pour chaque longueur de
100 kilomètres du nouveau réseau à laquelle la garantie
d'intérêt ne serait pas encore appliquée, sans que la réduction totale pût être supérieure à 2 000 fr. Outre les dispositions que nous venons de relater, la convention conclue
avec la Compagnie contenait les clauses suivantes.

Le Gouvernement se réservait de substituer à sa subvention en argent, pour l'exécution des lignes nouvelles, la
livraison de l'infrastructure de ces lignes ; il stipulait également la faculté : 1° de convertir, avant le 1er juin 1870, le
paiement en capital de ladite subvention en quatre-vingt-sept
annuités ; 2° de revenir avant le 1er juin 1874 au mode de
libération en capital, si, après avoir opté pour le système des
annuités, il croyait devoir y renoncer.

Le tarif maximum du transport des blés, grains, riz,
maïs, farines et légumes farineux, en temps de cherté de
céréales, était ramené de 0 fr. 10 à 0 fr. 07, comme sur
les réseaux des autres grandes Compagnies.

Après l'expiration du délai de dix ans, prévu pour l'exécution des travaux complémentaires garantis, « la Compagnie
« pouvait être autorisée, s'il y avait lieu, par décrets déli-
« bérés en Conseil d'État, à prélever, avant tout partage
« des bénéfices, sur l'ensemble des produits nets de l'ancien
« et du nouveau réseau, l'intérêt et l'amortissement des
« dépenses faites sur l'un ou l'autre de ces réseaux, pour
« l'établissement de travaux qui seraient reconnus être de
« premier établissement. »

Le droit de partage, au profit de l'État, s'ouvrait au
moment où les produits nets réunis de l'ancien et du nouveau réseau dépasseraient la somme nécessaire pour représenter, sur le premier, le revenu kilométrique calculé comme
il a été dit ci-dessus, et sur le second, 6 °/₀, des dépenses
effectives de construction.

La chambre de commerce du Havre ayant demandé
avec insistance que le chemin d'Amiens à la ligne de Dieppe
fût prolongé jusqu'à la ligne de Rouen au Havre dans la
direction de Motteville, de manière à réduire de 13 kilomètres le parcours total de 200 kilomètres entre la ligne
d'Amiens et celle du Havre, la convention donnait, dans la
mesure du possible, satisfaction à ce vœu, en disposant que
la distance d'application des taxes serait diminuée de
13 kilomètres.

II. — PROJET DE LOI ET RAPPORT AU CORPS LÉGISLATIF.
— Le 1ᵉʳ mai 1868 [M. U., 19 et 20 mai 1868], le Corps
législatif fut saisi d'un projet de loi portant approbation des
clauses financières de cette convention.

Le rapport fut présenté par M. le baron Mercier [M. U.,
4, 5, 7 et 16 juillet 1868].

Ce rapport constatait que la Commission avait eu quelques doutes sur l'opportunité de la réduction apportée aux
évaluations des travaux complémentaires pour le doublement
de la voie et l'augmentation du matériel roulant, mais que
néanmoins elle n'avait pas cru devoir réclamer la suppression totale ou partielle de cette réduction, le droit des pouvoirs publics de pourvoir à des nécessités nouvelles restant
toujours ouvert.

La Commission émettait en outre le vœu que le Gouvernement hâtât autant que possible l'achèvement des travaux.

Enfin elle enregistrait un certain nombre d'amendements,
qui tendaient à l'exécution de lignes supplémentaires et que
nous retrouverons par la suite, ainsi que les deux amendements spéciaux suivants.

— Amendement tendant à réduire le tarif des voyageurs
à 0 fr. 05 pour la 1ʳᵉ classe, 0 fr. 033 pour la 2ᵉ, et 0 fr. 025
pour la 3ᵉ, et le tarif des marchandises en petite vitesse

à 0 fr. 08 pour la 1ʳᵉ classe, 0 fr. 06 pour la 2ᵉ, 0 fr. 04 pour la 3ᵉ et 0 fr. 025 pour la 4ᵉ. Ces réductions, beaucoup trop considérables, étaient repoussées par la Commission.

— Amendement tendant : 1° à modifier le tarif des marchandises et notamment à le ramener, en ce qui concernait la petite vitesse, à 0 fr. 10 pour la 1ʳᵉ classe, à 0 fr. 08 pour la 2ᵉ, 0 fr. 06 pour la 3ᵉ, 0 fr. 05 pour la 4ᵉ ; 2° à obliger la Compagnie à faire passer les céréales de la 2ᵉ classe à la 3ᵉ, quand le prix de l'hectolitre de blé dépasserait 20 fr. sur les marchés de Gray ou de Paris, et à la 4ᵉ, quand il dépasserait 30 fr. sur les mêmes marchés. La Commission pensa qu'il n'y avait pas lieu, à l'occasion de la nouvelle convention, d'apporter des modifications aux tarifs existants et de compromettre les ressources dont la Compagnie avait besoin pour satisfaire à ses engagements.

III. — DISCUSSION ET VOTE AU CORPS LÉGISLATIF. — Après une escarmouche sur une proposition de M. Garnier-Pagès, ayant pour objet de discuter, en même temps, les projets de loi concernant toutes les Compagnies, le débat s'engagea au fond et débuta par un discours de M. de Janzé [M. U., 4 et 7 juin 1868]. Cet honorable député, tout en repoussant l'argument que le Gouvernement avait invoqué pour justifier le classement et la concession de 3 260 kilomètres de chemins nouveaux, et qui était tiré de l'infériorité de la France sur les pays voisins, au point de vue du rapport entre l'étendue de son réseau et sa population ou sa superficie, déclara adhérer, en principe, au programme dont la réalisation devait multiplier les lignes transversales et corriger les fautes que le législateur avait commises en 1842, en prenant exclusivement Paris comme centre de rayonnement. Mais il attaqua le système des conventions de 1859 et de 1863, qui avaient eu pour effet d'instituer en quelque sorte une mise en régie des Compagnies, de désintéresser les administrateurs des améliorations et des économies, de consolider outre mesure le monopole des grandes sociétés financières. Il préconisa un autre système qui consistait à faire exécuter les chemins de fer par l'État, puis à les affermer à des sociétés nouvelles ne recevant, indépendamment des frais d'entretien et d'exploitation, qu'un bénéfice restreint.

M. Gaudin, commissaire du Gouvernement, répondit par un discours très clair et très complet. L'œuvre complémentaire proposée à la sanction du Corps législatif n'était pas excessive : car elle ne portait qu'à 8 119 kilomètres l'étendue des lignes restant à exécuter, et, à diverses reprises, la France s'était trouvée en face d'une tâche au moins aussi lourde, sans avoir les mêmes ressources pour y faire face. Notre pays était en effet celui dont le réseau avait le rendement kilométrique le plus élevé, grâce aux sages conventions de 1859 et de 1863 qui avaient associé le sort des lignes nouvelles au développement de la richesse des lignes anciennes ; il y avait là un puissant élément d'action, permettant de faire des embranchements peu productifs par eux-mêmes, mais fructueux par le trafic qu'ils déversaient sur les artères dont ils constituaient des affluents. L'avenir était d'autant plus rassurant à cet égard que les recettes des chemins de fer suivaient constamment une marche ascendante et que les espérances primitives étaient, non seulement réalisés, mais notablement dépassées. D'ailleurs le montant des annuités garanties par l'État allait diminuer, abstraction faite de toute autre raison, par le fait du passage dans l'ancien réseau d'un grand nombre de lignes antérieurement rattachées au nouveau réseau des Compagnies de Lyon et d'Orléans. Le reproche que M. de Janzé avait adressé aux conventions de 1859 et de 1863, de désintéresser les administrateurs d'une bonne gestion com-

2

merciale, était dénué de fondement : car la plupart des
Compagnies devaient entrevoir l'ère de l'augmentation de
leurs dividendes et même du partage des bénéfices avec l'État.
Les hommes les plus compétents d'Angleterre et de Belgique étaient plus justes vis-à-vis de ces conventions, qu'ils
considéraient comme faisant le plus grand honneur au Gouvernement et au Corps législatif.

Quant à la question de révision des tarifs, il fallait la
subordonner à l'achèvement préalable du réseau.

M. Ernest Picard, qui succéda à la tribune à M. Gaudin,
attaqua les conventions de 1859, en relevant les augmentations successives qui avaient été apportées au montant du
capital garanti, en faisant valoir que l'association entre
l'État et les Compagnies était de nature à compromettre les
intérêts de l'industrie et du commerce et à porter obstacle
à l'abaissement des tarifs. Suivant lui, la situation financière
de l'État commandait un ajournement, un temps d'arrêt, et
il n'y avait aucun inconvénient à s'y résoudre, en présence
des délais considérables que les projets de convention accordaient aux Compagnies pour l'exécution des nouvelles
lignes.

M. Gaudin répliqua à M. Ernest Picard, en donnant des
explications précises sur l'accroissement que le Gouvernement proposait pour le capital garanti et en s'attachant
surtout à justifier la dépense complémentaire de 124 millions prévue pour l'agrandissement des gares, pour le doublement des voies, pour l'augmentation du matériel roulant.
Ces travaux s'imposaient par des nécessités de sécurité et
d'intérêt général, dont les pouvoirs publics ne pouvaient
faire abstraction. Passant aux tarifs, il montrait les concessions faites par la Compagnie de l'Ouest sur les taxes des
céréales, c'est-à-dire sur l'un de ses principaux éléments de
trafic, et sur certaines distances d'application.

Puis, M. Léopold Javal s'efforça de prouver que la convention était onéreuse, puisque, pour arriver à construire 345 kilomètres de chemins nouveaux, elle mettait à la charge de l'État une subvention de 50 millions et une garantie supplémentaire sur 273 millions. Il insista sur la nécessité de profiter d'une occasion qui ne se représenterait peut-être plus, pour obtenir un abaissement des tarifs, et demanda qu'avant de prendre la grave détermination sollicitée du Corps législatif, le Gouvernement provoquât l'avis d'une Commission parlementaire.

M. le baron Mercier, rapporteur, répondit à M. Javal, en ce qui touchait la somme de 273 millions ajoutée au maximum du capital garanti; il reproduisit les arguments déjà développés, à l'appui de l'addition de 124 millions pour travaux complémentaires, et justifia l'évaluation kilométrique de 400 000 fr. admise pour les lignes nouvelles, en rappelant que ce prix de revient était inférieur à celui des autres chemins du réseau de l'Ouest et à celui des chemins belges et des chemins anglais.

M. Pouyer-Quertier contredit M. le baron Mercier sur l'estimation des nouveaux chemins. Citant l'exemple des chemins d'intérêt local de l'Eure, invoquant les améliorations et les perfectionnements apportés dans la fabrication des fers et des machines; arguant des facilités que présentaient les régions à traverser, de la simplicité qui pouvait être apportée aux gares et stations, des économies que l'on réaliserait en n'établissant qu'une voie unique, de la rapidité avec laquelle les travaux pourraient être conduits et de la diminution qui en résulterait dans les frais généraux et les pertes d'intérêt; alléguant ce fait que les dépenses de premier établissement ne seraient plus grevées, comme autrefois, de primes et de frais frustratoires de toute nature, il estima le prix de revient kilométrique à 150 000 fr. au plus.

Sans demander de réduction sur le chiffre de 273 millions, il insista pour que cette somme fût employée à construire une longueur de chemins beaucoup plus considérable.

Appelé à la tribune par la question technique que venait de discuter M. Pouyer-Quertier, M. de Franqueville présenta des observations nourries de chiffres et de renseignements statistiques, pour justifier l'évaluation kilométrique de 400 000 fr. Si le chiffre de 120 à 150 000 fr. était admissible pour des chemins d'intérêt local, susceptibles d'être exécutés avec des tracés tourmentés, se prêtant à de faibles vitesses, ne comportant que des trains peu chargés, il ne l'était pas pour des lignes d'intérêt général, comme celles de Cherbourg à Brest et de Laval à la Loire. D'ailleurs le chiffre de 400 000 fr. n'était qu'un maximum; il comprenait une dépense immédiate de 250 000 fr. et des dépenses ultérieures à faire pendant un délai de dix ans, par suite du développement du trafic; il correspondait au prix moyen des chemins de fer français. A elle seule, la dépense de la superstructure, matériel roulant compris, n'était pas inférieure à 100 ou 120 000 fr., et, pour l'infrastructure, il fallait compter avec les exagérations des jurys d'expropriation, qui pouvaient faire varier de 15 000 à 90 000 fr. par kilomètre le montant des acquisitions de terrains. Nous notons particulièrement, dans le discours de M. de Franqueville, ce fait que la valeur du matériel roulant nécessaire à l'exploitation d'une ligne était considérée empiriquement comme devant être égale à la recette brute de cette ligne.

A la séance suivante, M. Pouyer-Quertier revint vigoureusement à la charge. Il releva les erreurs successives du Gouvernement qui, après avoir, dans la discussion des conventions antérieures, présenté les évaluations comme largement suffisantes, avait dû venir à plusieurs reprises solliciter la révision et l'augmentation de ces évaluations. Le

nouveau sacrifice demandé au Trésor était véritablement
trop considérable pour qu'il ne fût pas indispensable d'y
regarder de près, d'obliger la Compagnie à donner de légitimes satisfactions à l'intérêt général, de remettre entre les
mains de l'administration une autorité plus grande sur les
tarifs et sur la direction de l'exploitation. L'argumentation
de M. de Franqueville sur le prix de revient des nouvelles
lignes était, suivant l'orateur, tout à fait inadmissible. Les
lignes d'intérêt local de l'Eure, citées à titre d'exemple par
M. Pouyer-Quertier, étaient construites dans d'excellentes
conditions : elles recevaient le matériel des grandes Compagnies et comportaient de grandes vitesses de marche. Des
entrepreneurs habiles affirmaient qu'ils se chargeraient vo-
lontiers de l'exécution des nouvelles lignes, moyennant un
prix kilométrique de 200 000 fr. La proposition du Gouvernement ne tendait donc à rien moins qu'à faire à la Compagnie un cadeau de 200 000 fr. par kilomètre. L'exagération
du chiffre de 400 000 fr. tenait surtout à l'excessive lenteur
des travaux, qui, au point de vue industriel, était une faute
capitale, ainsi qu'au luxe apporté aux constructions. Il fallait traiter les nouvelles mailles du réseau suivant les principes en vigueur pour les chemins d'intérêt local. Le prétendu sacrifice qu'avaient fait les actionnaires, en consentant
en 1859 à déverser sur le nouveau réseau une partie du
produit de l'ancien réseau, n'en était pas un : car le déversement avait été bien plus que compensé par l'apport du
trafic du second réseau. M. Pouyer-Quertier se résumait en
demandant au Corps législatif de ne pas passer à la discussion des articles.

La discussion générale fut close par un long discours
de M. de Forcade de la Roquette, Ministre des travaux publics. L'orateur fit tout d'abord remarquer que la nouvelle
convention ne relevait pas le dividende très modeste réservé

aux actionnaires, qu'elle ne modifiait pas la situation des obligations et que dès lors on ne pouvait raisonnablement la présenter comme un acte de faveur pour la Compagnie. L'objet exclusif de cette convention était d'assurer l'établissement de lignes nouvelles demandées dès longtemps par le Parlement lui-même, de pourvoir à des travaux complémentaires qu'imposait le développement inespéré du trafic et de la prospérité publique, de permettre à la Compagnie de faire face aux mécomptes éprouvés par elle sur les achats de terrains et d'acquérir immédiatement des emprises plus larges, notamment dans les gares. Reprenant les divers éléments qui composaient le chiffre de 273 millions, le Ministre les justifia en détail ; il montra les garanties dont le Gouvernement avait tenu à s'entourer, en exigeant l'examen préalable et l'avis favorable du Conseil d'État pour toutes les dépenses relatives aux travaux complémentaires. Il remit en lumière une partie des arguments donnés par M. de Franqueville, pour établir le bien fondé de l'estimation de 400 000 fr. par kilomètre, et insista particulièrement sur la différence radicale qui existait entre les lignes à ajouter au réseau de l'Ouest et les chemins d'intérêt local dont avait parlé M. Pouyer-Quertier. On avait soutenu à tort que la Compagnie ne faisait aucun sacrifice ; elle engageait pour une période plus longue l'excédent des revenus de son ancien réseau. Le caractère de la convention de 1868 était de continuer l'œuvre entreprise par la Compagnie et par l'État, œuvre commune exempte de toute idée étroite de spéculation.

Passant à la discussion des articles, le Corps législatif prononça successivement le rejet ou constata le retrait d'amendements qui tendaient : 1° à exécuter le tronçon de 21 kilomètres d'Étaimpuis à Motteville, au profit des relations d'Amiens avec le Havre ; 2° à construire des lignes d'Orléans

à Lisieux et Honfleur avec embranchement sur Mamers et
Bellême, d'Orléans à Saint-Malo, de Sillé-le-Guillaume à
Fresnay, de Dinan à Vannes par Ploërmel, de Châteaubriant vers Rennes et Redon, de Laval à Saint-Hilaire-du-
Harcouet, de Morlaix à Plouaret, de Perros-Guirec à Lorient; 3° à hâter la construction de la gare des marchandises de Grenelle, sur le chemin de ceinture, rive gauche
(M. de Franqueville répondit à MM. Darimon et Pelletan
que l'administration poursuivrait régulièrement l'établissement de cette gare).

Le débat s'engagea ensuite sur les deux amendements
de MM. Javal et Pagézy concernant les tarifs, que nous avons
enregistrés en terminant l'analyse du rapport de la Commission. Après avoir rappelé que, par suite de l'économie de
0 fr. 14 que la substitution des chemins de fer aux voies de
terre permettait de réaliser sur le transport d'une tonne à
un kilomètre de distance, les nouvelles voies de communication faisaient bénéficier le pays de 840 millions par an,
M. Pagézy insista sur la nécessité d'accroître encore ce bénéfice par un abaissement des taxes. L'occasion que fournissait le renouvellement des contrats, de réaliser cette importante amélioration, était particulièrement favorable.
Il ne fallait pas la laisser échapper. La diminution que l'o-
rateur avait en vue, loin de ruiner les Compagnies, les en-
richirait. L'exemple de l'administration des postes, de celle
des télégraphes, était probant à cet égard. Sur les chemins
de fer eux-mêmes le tarif moyen, qui était de 0 fr. 12 en
1841, était tombé à 0 fr. 0 725 en 1855 et à moins de 0 fr. 06
en 1866, et pourtant le revenu kilométrique n'avait cessé
de croître; les Compagnies elles-mêmes avaient senti la nécessité de réduire leurs taxes; n'était-il passage de rendre
légaux ces tarifs de fait par des dispositions législatives? Les
dépositions des hommes les plus compétents, lors de la der-

nière enquête sur les voies ferrées, prouvait surabondamment que les taxes pouvaient être considérablement diminuées, sans cesser d'être rémunératrices. En supprimant l'écart qui existait entre le tarif légal et le tarif réel, les pouvoirs publics donneraient à l'industrie, au commerce et à l'agriculture, la sécurité qui leur faisait défaut.

M. Auguste Chevalier appuya l'amendement de M. Pagézy, en réclamant autant que possible l'uniformisation des tarifs, notamment pour les combustibles minéraux, et la suppression des surtaxes pour les masses indivisibles d'un poids inférieur à 10 tonnes.

Le commissaire du Gouvernement, M. Gaudin, contesta l'opportunité de demander simultanément à la Compagnie deux ordres de sacrifices contradictoires, l'un pour la construction de lignes nouvelles, l'autre pour la réduction des taxes. L'intérêt des Compagnies était lié à celui de l'État, à celui du crédit public ; il fallait éviter d'y porter atteinte. Les taxes effectives qu'avait indiquées M. Pagézy étaient des moyennes entre des chiffres très différents ; d'autre part, on risquerait de détourner les Compagnies de la voie des abaissements volontaires, si l'on s'emparait de ces abaissements pour leur donner un caractère obligatoire. En mesurant l'importance considérable des réductions dont l'établissement des chemins de fer avait fait bénéficier le public, il était facile de se convaincre qu'une nouvelle réduction ne s'imposait pas comme une nécessité absolue. Il ne fallait pas oublier, d'ailleurs, que les tarifs stipulés par les cahiers des charges devaient présenter assez d'élasticité pour permettre de diminuer les prix sur les grandes artères, tout en conservant des taxes plus élevées sur les chemins secondaires, sur les lignes de montagne où la traction était bien plus coûteuse. En Angleterre, où les transports étaient plus abondants et le réseau plus complet, les tarifs étaient

supérieurs à ceux de la France, surtout pour les petits parcours ; encore fallait-il y ajouter des frais additionnels, qui
étaient en quelque sorte à la discrétion des Compagnies.
Sans renoncer au progrès, il fallait le réaliser avec une
prudente prévoyance.

M. Javal prit à son tour la parole dans le même sens
que M. Pagézy, en appelant particulièrement l'attention du
Corps législatif sur les tarifs de voyageurs et en sollicitant
le renvoi de la convention à la Commission.

Puis M. Dalloz fit le procès des tarifs spéciaux, qui
avaient un caractère arbitraire et qui ne relevaient que de
l'appréciation personnelle, du bon vouloir des Compagnies ;
suivant l'orateur, une enquête sur ces tarifs s'imposerait
inévitablement à bref délai, et le but à atteindre serait
sans doute d'abaisser les tarifs généraux, de manière à en
rendre l'application plus accessible aux transports importants. Il signala, d'ailleurs, l'utilité d'amener les Compagnies
à s'entendre pour qu'une marchandise ayant à parcourir
plusieurs réseaux ne payât pas davantage, pour une distance déterminée, que si elle n'était pas sortie des limites du
premier réseau.

M. Garnier-Pagès réclama l'égalité des tarifs pour les
dimanches et les jours ouvrables. Il demanda l'introduction
de voitures de 2ᵉ et de 3ᵉ classe dans les trains rapides,
sauf à modifier la tarification, de manière à faire payer la
vitesse par une surtaxe ; à ce sujet, il fit remarquer qu'une
voiture à voyageurs de 2ᵉ classe rapportait plus à la Compagnie
qu'une voiture de 1ʳᵉ classe, et qu'une voiture de 3ᵉ classe
rapportait presque autant ; il indiqua la nécessité d'étudier,
pour les voyageurs, des tarifs différentiels à base décroissante, au fur et à mesure que la distance augmentait. Il
insista pour le chauffage des voitures de 2ᵉ et de 3ᵉ classe
en hiver. Enfin il appela toute la sollicitude de l'administra-

lion sur la situation des agents des Compagnies, sur le chiffre de leurs émoluments, sur la durée de leur travail, sur le taux de leur pension de retraite.

M. le marquis de Talhouët demanda que les élèves du Prytanée fussent transportés au quart du tarif.

M. de Franqueville répondit tout à la fois à M. Garnier-Pagès et à M. le marquis de Talhouët. Sur les taxes des trains de banlieue, il invoqua les arguments qu'il avait déjà développés deux ans auparavant et qui étaient tirés des difficultés et des sujétions du service les dimanches et jours fériés, de la nécessité où se trouvait la Compagnie de faire circuler des trains vides au retour ou à l'aller. Sur la question de l'introduction des voitures de 2° et de 3° classe dans les trains express, il fit valoir l'impossibilité d'imprimer une grande vitesse à des trains lourdement chargés; il ajouta que l'administration avait fait le possible, en provoquant l'organisation de trains directs marchant à 35 ou 40 kilomètres à l'heure et comprenant des voitures de toutes classes ; enfin il fit remarquer que la proportion des voyageurs parcourant plus de 150 kilomètres à l'ensemble des voyageurs à toute distance n'était que 7 °/₀. Sur la situation des employés, il renseigna le Corps législatif, au sujet des économats et des caisses de retraite. Sur la question du Prytanée, tout en déclarant que l'administration était prête à faire de nouvelles tentatives, il déclara qu'elle ne pouvait prendre de mesures coercitives.

M. Pouyer-Quertier fit ensuite une charge à fond contre les tarifs spéciaux des grandes Compagnies, qui étaient absolument arbitraires et demanda qu'en compensation de ses subventions, de son concours incessant, l'État exigeât au moins la révision de ces tarifs et s'attribuât le pouvoir de les régler suivant les convenances de l'intérêt public; il signala l'utilité de développer les travaux de navigation,

pour modérer le monopole des chemins de fer ; il indiqua,
comme desideratum, l'établissement de taxes géométrique-
ment décroissantes. Il attaqua les tarifs de transit qui, sans
donner un produit sérieux, portaient souvent le plus grave
préjudice à l'industrie et au commerce français. Il insista
pour que les pouvoirs publics réglassent les rapports entre
les grandes Compagnies et les chemins d'intérêt local ; qu'ils
missent ces chemins à l'abri des détournements ; qu'ils les
protégeassent contre les coups des puissantes sociétés à la
merci desquelles ils se trouvaient actuellement.

Ce fut M. de Forcade de la Roquette qui répondit à
M. Pouyer-Quertier. Il revendiqua pour le Gouvernement la
responsabilité du maintien des tarifs antérieurs, en faisant
remarquer qu'il avait paru impossible d'ajouter au sacrifice
fait pour l'extension du réseau un sacrifice supplémentaire
pour l'abaissement des taxes, au profit des populations déjà
desservies par les chemins de fer ; car ce sacrifice nouveau
aurait réagi sur la garantie d'intérêt et aurait pu mener au
déficit du budget. Il ne fallait pas se dissimuler en effet que
toute réduction sérieuse des taxes serait de nature à compromettre les recettes. L'expérience des tarifs différentiels
avait été tentée en Belgique ; elle avait produit, jusqu'alors,
des pertes considérables et il était facile de le comprendre,
en ayant égard au peu d'importance du prix du transport
sur le prix total des voyages à grande distance et, par conséquent, à la faible influence que la réduction des taxes
devait exercer sur le nombre des voyageurs. Les Compagnies françaises n'étaient d'ailleurs pas restées inactives ;
elles avaient favorisé les voyages à petite distance, c'est-à-
dire ceux qui pouvaient prendre le plus de développement,
par la création de billets d'aller et retour et de cartes d'abon-
nement ; elles avaient organisé des trains de plaisir, accordé
des prix réduits aux enfants, aux élèves, à certaines catégo-

ries d'ouvriers ; sur 77 millions de billets délivrés en 1864,
plus de la moitié l'avaient été à prix réduit ; le tarif moyen
réel était inférieur au tarif prévu au cahier des charges
pour la 3ᵉ classe. Pour les marchandises, elles avaient mul-
tiplié les tarifs spéciaux, de manière à provoquer des échanges
que n'auraient jamais pu comporter des tarifs uniformes, et
cela au grand avantage du commerce et de l'industrie ; de
nombreux exemples en faisaient foi. Sans doute, les tarifs
spéciaux pouvaient offrir des inconvénients ; mais le mal
avait pour correctif : 1° l'examen et l'homologation préalable de l'administration, qui s'efforçait de faire respecter
tous les intérêts légitimes ; 2° la clause des stations non dénommées, qui faisait bénéficier les localités intermédiaires
des prix établis entre deux points extrêmes. L'uniformisation
des tarifs aurait nécessairement pour conséquence, soit
d'entraîner des abaissements excessifs, soit de relever un
grand nombre de prix. Cette uniformisation n'était d'ailleurs
nullement rationnelle : elle ne tenait compte, ni des conditions topographiques des lignes, ni des retours à vide, ni
de l'importance des chargements. Le transit ne méritait pas
le dédain avec lequel l'avait traité M. Pouyer-Quertier ; les
compétitions des pays voisins, pour se le disputer, prouvaient
surabondamment son importance ; c'était la concurrence des
chemins de fer ou des navires étrangers qui forçait les Compagnies françaises à abaisser les tarifs afférents à ce trafic
spécial et à faire ainsi une œuvre patriotique ; abandonner
le transit, ce serait commettre une véritable hérésie en
matière commerciale. Passant à la question des rapports
des petites et des grandes Compagnies, le Ministre affirmait
que les chemins d'intérêt local avaient toujours l'appui du
Gouvernement ; il contesta que les grandes Compagnies fussent animées de dispositions malveillantes et, à l'appui de
son assertion, il invoqua le concours prêté par la Compagnie

de l'Est aux chemins de fer d'Alsace, à celui de Charmes à Rambervillers, à ceux des Ardennes.

M. le baron de Janzé répliqua, en insistant sur la complication excessive des tarifs, sur le labyrinthe inextricable que formait le recueil Chaix, sur la difficulté que les employés eux-mêmes éprouvaient à ne pas s'y égarer, sur le sans-gêne avec lequel les Compagnies ne remboursaient les trop-perçus qu'en cas de réclamation, sur le caractère illusoire de l'examen des taxes par l'administration avant leur homologation, par le fait même de leur multiplicité.

Après une réplique de M. Pouyer-Quertier au Ministre et quelques observations de M. Haentjens en faveur de l'expérience tentée en Belgique pour les tarifs de voyageurs, les amendements de M. Javal et de M. Pagézy furent rejetés.

Puis la loi fut votée à une très grande majorité et sanctionnée le 4 juillet [B. L., 2e sem. 1868, n° 1610, p. 79].

Un décret du même jour approuva la convention [B. L., 2e sem. 1868, n° 1610, p. 80].

L'ouverture à l'exploitation eut lieu, pour la ligne de Saint-Lô à Lamballe, en 1878-1879 ; pour celle de Sablé à Château-Gontier, en 1876 ; et pour celle de Laval à Angers, en 1877-1878.

331. — Convention avec la Compagnie de l'Est.

I. — CONVENTION. — L'ancien réseau de la Compagnie de l'Est, dont le développement était de 975 kilomètres, était terminé, sauf 2 kilomètres devant former le raccordement du chemin de Paris à Vincennes avec celui de Paris à Mulhouse. D'autre part, sur les 2 215 kilomètres du nouveau réseau, 1 676 étaient terminés ; la Compagnie n'avait plus à dépenser que 144 millions.

La nouvelle convention passée avec cette Compagnie lui concédait :

1° A titre définitif, le prolongement, sur 5 kilomètres, du chemin de Vincennes entre la Varenne, Saint-Maur et Boissy-Saint-Léger, en compensation du raccordement de ce chemin avec la ligne de Mulhouse, devenu inutile à la suite de la construction du chemin de fer de Ceinture ;

2° A titre éventuel, un chemin de grande banlieue de 12 kilomètres de longueur entre Boissy-Saint-Léger et Brie-Comte-Robert, ainsi qu'un chemin de Remiremont à la ligne de Colmar à Mulhouse, destiné à relier l'Alsace et la Lorraine, dont les communications par voie ferrée étaient alors distantes de 150 kilomètres.

De ces trois chemins, les deux premiers étaient concédés sans subvention et rattachés à l'ancien réseau ; l'État faisait l'infrastructure du troisième, qui était rattaché au nouveau réseau.

Le délai d'option de l'État pour le paiement, en capital ou en annuités, des subventions stipulées par la convention de 1863, était reporté de 1870 à 1874.

Le délai de clôture du compte de premier établissement était porté de cinq à dix années.

Au cas où la concession du chemin de Remiremont à la ligne de Colmar à Mulhouse deviendrait définitive, le capital garanti, lequel était fixé à 865 000 000 fr. par la convention de 1863, devait être augmenté de la dépense restant à la charge de la Compagnie et évaluée à forfait à 100 000 fr. par kilomètre.

Le capital de premier établissement de l'ancien réseau avait été évalué, en 1863, à 324 000 000 fr. dont 62 200 000 fr. pour le matériel roulant ; ce chiffre n'était pas révisé ; mais il y avait lieu d'y ajouter 10 000 000 fr. pour les concessions nouvelles. D'un autre côté, la longueur de l'ancien réseau était élevée de 975 à 994 kilomètres, y compris 4 kilomètres de Bâle à la frontière française, dont les frais de construction avaient été portés en compte dans le chiffre de 325 000 000 fr, et dont les recettes et les dépenses d'exploitation étaient explicitement rattachées à celles du réseau, par la nouvelle convention. Le revenu kilométrique réservé était, dès lors, fixé à $\frac{(978 \times 29\,000) + (0{,}0575 \times 10\,000\,000)}{994} = 29\,100$ fr. Il devait être : 1° augmenté de 58 fr. pour chaque million de dépenses complémentaires faites sur l'ancien réseau pendant la période décennale, dans la limite d'un maximum de 40 000 000 fr., et éventuellement de 11 fr. pour chaque million de dépenses afférentes à la ligne de Remiremont vers le chemin de Colmar à Mulhouse; 2° réduit provisoirement de 200 fr. pour chaque longueur de 100 kilomètres du nouveau réseau non encore soumis à la garantie d'intérêt, abstraction faite de la traversée des Vosges qui ne figurait pas dans le calcul du revenu réservé.

Dès 1857 la Compagnie de l'Est avait exploité, avec l'autorisation du Ministre et pour le compte de la Compagnie du grand-duché de Luxembourg, les 182 kilomètres de chemins de fer concédés à cette Société; en 1863, cette longueur s'était trouvée réduite à 126 kilomètres, par le fait de la rétrocession de l'exploitation de la section comprise entre Bettingen et Wasserbilig à la Compagnie du Luxembourg-Belge; la redevance à payer par la Compagnie de l'Est avait été fixée au prorata de la recette brute, suivant une échelle croissante; elle était de 35 % pour un produit brut kilométrique de 10 000 fr. et au-dessous, de 50 % pour un produit de 20 à 25 000 fr. et de 60 %, pour un produit supérieur à 30 000 fr. Plus tard les bases du premier traité avaient été modifiées; le réseau affermé s'était développé et sa longueur avait été portée à 238 kilomètres; la redevance variable avait été transformée en une redevance fixe de

3 000 000 fr., calculée sur une recette brute kilométrique de 23 000 fr. La durée du nouveau contrat était de quarante-cinq ans, à partir du 1ᵉʳ janvier 1868.

La convention conclue avec la Compagnie de l'Est admettait l'introduction des dépenses et des recettes de ce fermage dans le compte du réseau garanti, pour ce motif que les lignes du Luxembourg déversaient du trafic sur celles du réseau de l'Est. Il devait en résulter, pour quelque temps, une réduction du produit net de ce réseau ; mais les lignes luxembourgeoises avaient de tels éléments de trafic, notamment au point de vue de l'industrie métallurgique, qu'elles paraissaient appelées à un brillant et rapide avenir.

II. — LOI ET DÉCRET APPROBATIFS. — Le Corps législatif fut saisi, le 12 mai, du projet de loi ratifiant les stipulations financières de cette convention [M. U., 23 juin 1868].

M. Buffet, rapporteur, présenta un rapport de tous points favorable [M. U., 24 et 25 juillet 1868] ; il examina d'ailleurs, avec le plus grand soin, la question du tracé à adopter pour la traversée des Vosges, et conclut à donner la préférence à la direction d'Épinal vers Mulhouse, en recommandant à l'attention du Gouvernement l'étude d'une ligne de Saint-Dié à Schlestadt par Sainte-Marie-aux-Mines et du prolongement jusqu'à Saint-Dié de la ligne d'Épinal à Laveline.

Il enregistra les amendements, que nous avons déjà analysés, de MM. Pagézy et Javal, tendant à une réduction des tarifs.

La loi fut votée, pour ainsi dire sans discussion, et sanctionnée le 11 juillet [B. L., 2ᵉ sem. 1868, n° 1626, p. 303].

Un décret du même jour ratifia la convention [B. L., 2ᵉ sem. 1868, n° 1626, p. 304].

La section de la Varenne à Boissy-Saint-Léger fut ouverte en 1872-1874.

332. — Classement de diverses lignes.

i. — PROJET DE LOI. — Au 31 décembre 1867, le développement du réseau concédé était de 20 548 kilomètres, dont 15 689 en exploitation et 4 859 en construction. Depuis plus dix ans, la longueur des lignes à construire au commencement de chaque campagne n'avait pas été inférieure à 6 200 kilomètres et avait quelquefois dépassé 8 300 kilomètres tandis qu'au 1ᵉʳ janvier 1868 cette longueur n'était plus que de 4 859 kilomètres. Cette situation était satisfaisante ; car, bien que la France ne se trouvât qu'au quatrième ou au cinquième rang parmi les États européens, pour le rapport du nombre de kilomètres à la superficie du territoire et à la population, cette infériorité relative pouvait en grande partie s'expliquer par la différence des pays au point de vue de la densité de la population, des nécessités industrielles, des conditions topographiques du sol. Cependant, en examinant la carte des chemins de fer, on constatait encore de nombreuses lacunes dans les lignes transversales et de vastes surfaces entièrement déshéritées. Le Gouvernement considéra donc comme un devoir d'ajouter au réseau un certain nombre de lignes nouvelles présentant un caractère incontestable d'intérêt général.

Il concéda 1 464 kilomètres aux Compagnies, comme nous l'avons vu ou comme nous le verrons par la suite, savoir :

DÉSIGNATION DES COMPAGNIES	LONGUEURS		
	CONCESSIONS DÉFINITIVES	CONCESSIONS ÉVENTUELLES	TOTAL
Ouest......................	345 km.	» km.	345 km.
Orléans......................	68	112	180
Paris-Lyon-Méditerranée.........	169	80	249
Midi........................	94	233	327
Est.........................	5	62	67
Charentes...................	122	174	2.6
Total........	803 km.	661 km.	1 464 km.

La part des dépenses à la charge de l'État, pour la construction de ces 1 464 kilomètres, était de 229 900 000 fr., dont 126 000 000 fr. pour les concessions définitives et 103 900 000 fr. pour les concessions éventuelles.

Mais, en dehors des lignes comprises dans les nouvelles conventions et constituant à peu près la limite des charges susceptibles d'être imposées aux Compagnies, il était d'autres chemins très utiles, dont le développement était de 1 369 kilomètres et que le Gouvernement crut devoir proposer de classer et d'entreprendre, sauf à les concéder ultérieurement.

Ces chemins étaient les suivants :

1° *Ligne de Lérouville à Sedan*. — Cette ligne devait compléter la grande voie de communication de la mer du Nord et de la Méditerranée, par l'est de la France, et relier, avec celles de Neufchâteau à Épinal et de Remiremont à Mulhouse, Dunkerque d'une part, Mulhouse et la Suisse d'autre part ; elle présentait en outre un intérêt militaire sérieux pour la défense de la frontière ; enfin, elle était appelée à faciliter l'importation des combustibles du bassin de Liège et l'exportation des pierres de la Meuse, des minerais, des bois, des vins, etc. Sa longueur était de 130 kilomètres ; la dépense était évaluée à 246 000 fr. par kilomètre, soit à 32 000 000 fr., dont 18 pour la plate-forme et 14 pour la superstructure.

2° *Ligne d'Épinal à Neufchâteau*. — Cette ligne devait compléter la précédente pour les relations entre le Nord et la Suisse, abréger de 32 kilomètres le trajet entre Paris et Épinal, desservir des stations importantes d'eaux minérales et des gîtes de combustible minéral. Sa longueur était de 71 kilomètres ; la dépense était estimée à 248 000 fr. par kilomètre, soit à 17 500 000 fr., dont 10 000 000 fr. pour la plate-forme et 7 500 000 fr. pour la superstructure.

3° *Ligne de Besançon à la frontière suisse, par Morteau.* —
Cette ligne était destinée à fermer la lacune qui existait
entre le réseau français et le réseau suisse pour les communications de la Lorraine, des provinces rhénanes, du Nord
de la France, de la Champagne et de la Belgique avec la
Suisse centrale; à rétablir et à développer les anciennes relations entre la Suisse et Besançon ; à donner une plus-value
considérable à de vastes forêts. Les subventions offertes par
les localités intéressées dépassaient 2 000 000 fr. La longueur du chemin était évaluée par aperçu à 90 kilomètres ;
la dépense de premier établissement, à 18 000 000 fr, dont
10 000 000 fr. pour l'infrastructure et 8 000 000 fr. pour la
superstructure ; et le revenu brut probable, à 11 000 fr. par
kilomètre.

4° *Ligne d'Orléans à Châlons-sur-Marne.* — Cette ligne
avait été concédée en 1864 à une Compagnie, qui avait été
ultérieurement déclarée déchue de sa concession. Il y avait
de la part de l'État, vis-à-vis des populations, un engagement moral qu'il importait de tenir, malgré les efforts faits
par d'autres régions pour obtenir la substitution d'une autre
ligne d'Orléans à Épernay. La longueur du chemin était de
247 kilomètres ; la dépense de construction était évaluée à
245 000 fr. par kilomètre, soit à 60 000 000 fr. dont
36 000 000 fr. pour l'infrastructure et 24 000 000 fr. pour
la superstructure.

5° *Ligne de Clermont à Tulle, avec embranchement sur
Vendes.*— Cette ligne devait traverser un vaste quadrilatère,
jusqu'alors dépourvu de voies ferrées ; desservir les établissements balnéaires du Mont-Dore et de la Bourboule, les
carrières de Volvic, les mines de plomb de Pontgibaud, les
houillères de Champagnac ; relier Lyon à Bordeaux ; faciliter
la concurrence des houilles françaises avec les houilles anglaises, dans la Gironde. La longueur du chemin était de

225 kilomètres; la dépense de premier établissement était évaluée à 81 millions, dont 56 millions pour l'infrastructure et 25 millions pour la superstructure.

6° *Ligne d'Aurillac à Saint-Denis-lez-Martel.* — Indépendamment de son intérêt régional, cette ligne devait être complétée plus tard jusqu'à Bergerac et fournir ainsi, par le sud du plateau central, une seconde communication entre Lyon et Bordeaux. La longueur à construire pouvait varier de 58 à 62 kilomètres, et la dépense, de 16 000 000 fr. (dont 9 000 000 fr. pour l'infrastructure) à 21 400 000 fr. (dont 14 000 000 fr. pour l'infrastructure).

7° *Ligne de Niort à Ruffec.* — Cette ligne devait relier la Vendée, l'Anjou, les ports des Sables, de Marennes, de la Rochelle, avec la riche contrée située au sud du département des Deux-Sèvres et au nord du département de la Charente, et faciliter l'apport de la houille pour la fabrication des amendements calcaires. La longueur était de 73 kilomètres et la dépense, de 12 000 000 fr. (164 000 fr. par kilomètre), dont 6 000 000 fr. pour l'infrastructure.

8° *Ligne de Bressuire à Poitiers.* — Cette ligne traversait des contrées fertiles et était, en outre, destinée à relier Saint-Nazaire, Nantes et Angers à Poitiers et Limoges. Sa longueur était de 86 kilomètres et son évaluation, de 190 000 fr. par kilomètre, soit 15 500 000 fr. dont 7 500 000 fr. pour l'infrastructure.

9° *Ligne de Bressuire à Tours.* — Cette ligne était appelée à former une voie directe de la Vendée et du port des Sables vers Paris par Tours, et vers l'Est par Tours, Orléans et Châlons. Sa longueur était de 114 kilomètres et son évaluation, de 31 000 000 fr. dont 17 500 000 fr. pour l'infrastructure.

10° *Ligne de Saint-Nazaire au Croisic.* — Cette ligne était destinée à permettre aux marais salants du Croisic de soutenir la concurrence de ceux du Midi et de l'Est, desservis par des voies ferrées et, accessoirement, à venir en aide à la pêche côtière. Sa longueur était de 31 kilomètres et son évaluation de 4 500 000 fr.

11° *Ligne de Sottevast à Coutances.* — Cette ligne avait pour objet de satisfaire à des intérêts militaires et en même temps de desservir une région populeuse et agricole. Sa longueur était de 60 kilomètres et son évaluation, de 320 000 fr. par kilomètre, soit 19 000 000 fr., dont 12 000 000 fr. pour la plate-forme.

12° *Ligne d'Arras à Étaples, avec embranchements sur Béthune et sur Abbeville.* — La ligne d'Arras à Étaples, avec embranchements sur Béthune et sur Frévent, avait été concédée en 1864, par voie d'adjudication publique, à une Compagnie qui avait été impuissante à tenir ses engagements; il importait d'en assurer l'exécution et, à cette occasion, de prolonger jusqu'à Abbeville l'embranchement de Frévent. Cette ligne devait avoir une longueur de 186 kilomètres et coûter 27 750 000 fr. dont 14 500 000 fr. pour la plate-forme. Les offres de concours des localités s'élevaient déjà à 1 550 000 fr.

En récapitulant les chiffres que nous avons cités pour l'évaluation de l'infrastructure des diverses lignes ci-dessus énumérées, on arrive à un total de 204 500 000 fr.

Si l'on groupe d'ailleurs les lignes dont le Gouvernement proposait la concession et celles dont il proposait le classement, on trouve, déduction faite de 472 kilomètres déjà compris dans des lois antérieures :

Que le réseau devait s'augmenter de 2 361 kilomètres ;

Que sa longueur devait être portée à 23 381 kilomètres, dont 15 750 en exploitation ;

Que la dépense mise à la charge du Trésor, soit à titre de subvention pour les lignes concédées, soit à titre de travaux d'infrastructure pour les lignes non encore concédées, ne devait pas dépasser 434 400 000 fr.

Le projet de loi soumis le 1er mai au Corps législatif [M. U, 21 mai, 10-14 juin, 14-16 juillet 1868] autorisait le Ministre des travaux publics à entreprendre les travaux des douze lignes précitées, mais sans qu'en aucun cas la dépense pût excéder celle qui était mise à la charge du Trésor par les lois des 11 juin 1842 et 19 juillet 1845. Il stipulait que, chaque année, la loi de finances déterminerait la somme à affecter à cette dépense et qu'un décret répartirait cette somme, en ayant égard aux subventions des localités ; il réservait pour des actes législatifs spéciaux les dispositions financières des concessions à intervenir : enfin il conférait d'ores et déjà au Ministre le pouvoir de concéder les lignes de Lérouville à Sedan et de Saint-Nazaire au Croisic, moyennant des subventions respectives fixées au maximum à 13 500 000 fr. et à 1 500 000 fr.

Le 28 mai, le Gouvernement modifia sa proposition, en ajoutant les lignes suivantes à la nomenclature de celles dont il avait demandé le classement :

1° *Ligne de Lyon à Montbrison.* — Cette ligne était destinée à desservir le trafic qui suivait la route de Lyon à l'Arbresle et à réunir Lyon à Montbrison et aux au delà, dans la direction de Bordeaux. Sa longueur était de 71 kilomètres et demi et son évaluation, de 21 millions.

2° *Ligne de Cercy-la-Tour à Gilly-sur-Loire.* — L'objet de cette ligne était de former, avec celles de Mâcon à Paray-le-Monial et de Paray-le-Monial à Gilly, une deuxième voie de Paris à Mâcon et à Genève et une troisième voie de Paris à Lyon et à Marseille ; d'établir des relations faciles entre le Mâconnais, le Charollais, le Nivernais, le Morvan et l'Auxerrois; de desservir la station thermale de Bourbon-Lancy. Sa longueur était de 40 kilomètres et son évaluation, de 175 000 fr. par kilomètre, soit de 7 000 000 fr.. dont 3 000 000 fr. pour la plate-forme.

3° *Ligne d'Auxerre à Gien*. — Cette ligne était appelée à compléter un chemin transversal de jonction entre les trois réseaux d'Orléans, de Lyon et de l'Est. Sa longueur était de 88 kilomètres et sa dépense, de 15 700 000 fr. (180 000 fr. par kilomètre), dont 6 000 000 fr. pour la plate-forme.

4° *Ligne de Tours à Montluçon*. — Cette ligne, destinée à desservir la vallée de l'Indre, à transporter les produits des nombreux établissements industriels de cette vallée ainsi que le charbon nécessaire à leur fabrication, à ouvrir un débouché rapide vers l'Ouest et le Nord-Ouest au groupe métallurgique et houiller de Montluçon, avait un développement de 208 kilomètres et était estimée à 250 000 fr. par kilomètre, soit à 52 000 000 fr., dont 26 000 000 fr. pour l'infrastructure.

5° *Ligne de Gravelines au chemin de Lille à Calais*. — Cette ligne, dont le but était de permettre au port de Gravelines de soutenir la concurrence avec les ports voisins, devait avoir une longueur de 19 kilomètres et coûter 150 000 fr. par kilomètre, soit 2 900 000 fr., dont 1 000 000 fr. pour la plate-forme.

Ces nouvelles lignes avaient ensemble un développement de 427 kilomètres et la dépense de leur infrastructure était évaluée à 50 millions. La longeur du réseau complémentaire concédé ou classé était ainsi portée à 3 260 kilomètres et la dépense à la charge de l'État, à titre de subvention ou d'exécution de la plate-forme, à 255 millions.

II. — RAPPORT AU CORPS LÉGISLATIF. — Le rapport au Corps législatif fut présenté par M. Boucaumont [M. U., 25-26 juillet et 10 septembre 1868].

Après quelques observations générales sur les chemins nouveaux dont le Gouvernement proposait l'exécution et qui paraissaient répondre tous à des besoins sérieux, le rapporteur passait en revue les raisons spéciales qui militaient pour la construction de chacun de ces chemins et concluait à l'adoption du projet de loi, mais en recommandant au Gouvernement de n'entreprendre les travaux qu'avec la prudence commandée par la situation financière du pays et de s'efforcer de faire des concessions, moyennant des subventions fixes, de manière à bien limiter les engagements du Trésor.

Il enregistrait un grand nombre d'amendements tendant au classement de lignes supplémentaires ou à la modification du tracé des lignes proposées. Les lignes demandées étaient celles de Mende à ou près Villefort, d'Orléans à Lisieux et Honfleur, de Malesherbes à Nemours, de Vendôme à Château-du-Loir et de la Flèche à Angers, d'Orléans à Épernay, d'Angoulême à Nevers, de Bastia à Ajaccio, d'Orléans à Saint-Malo, de Vieilleville à Bourganeuf, du chemin de Clermont à Tulle vers Aubusson, de Vienne à Trept, de Lille à Comines, de Somain à Orchies et Roubaix, de Billom à Pont-du-Château, d'Orléans à Granville et Saint-Malo, de Boulogne-sur-Mer à Berguette, de Cambrai à Amiens par Péronne et Montdidier, de Saint-Girons à la frontière d'Espagne, de Châteaubriant à Redon et Rennes, de Dinan à Vannes, de Champagnole à Saint-Laurent, de Savenay au chemin de Sablé à Nantes, de Saumur au chemin de Poitiers à Bressuire, d'Ussel à Limoges, d'Halluin à Tourcoing, de Cholet à Clisson, du Vigan à Milhau, de Loudun à Port-de-Piles, de Cahors au chemin de Brives à Montauban, de Noyon à Méry-sur-Seine, de Tours vers Saincaize par la Châtre et Saint-Amand, de Velluire à Niort, d'Armentières à Boulogne-sur-Mer, de Romans à Tain, de

Bourges à Gien avec embranchement sur Sancerre, de Saint-Dié à Schlestadt, de Montbard à Autun, d'Avallon à Autun avec embranchement sur la ligne de Cercy-la-Tour, d'Aix à Salon, d'Avricourt à Faulquemont, de Langres à Neufchâteau, de Troyes ou de Jessains vers Nançois, de Douai à la frontière belge, de Cette à Montbazin, d'Alais à Cette, du chemin de Poitiers à la Rochelle vers celui de Paris à Bordeaux par Surgères, Cognac et Coutras, de Gilly-sur-Loire à Roanne, de Jeumont à Fourmies, du chemin de Paris à Mulhouse entre Langres et Port-d'Atelier à Bourbonne-les-Bains et au chemin d'Épinal à Neufchâteau par la Marche, de Saint-Denis-lez-Martel au chemin de Bergerac au Buisson, de Montreux-Vieux ou Delle au chemin de Delle à Porrentruy, de Barbezieux à Blaye, de Ruffec à Chabanais, de Saint-Affrique à Albi, de Meyzargues à Grasse, de Jonzac à Barbezieux.

En outre des amendements qui avaient pour objet le classement de nouvelles lignes, il en était deux autres dont l'un, émanant de M. de Grouchy, tendait à autoriser les préfets, soit à dispenser d'établir des barrières sur les passages à niveau des chemins vicinaux ou ruraux peu fréquentés, soit à tolérer des barrières manœuvrées par les passants. L'autre, formulé par M. de Champagny, réclamait l'ouverture au public des bureaux télégraphiques installés pour le service des chemins de fer. De ces deux derniers amendements, la Commission repoussait le premier comme de nature à engager outre mesure la responsabilité de l'administration ; elle signalait le second aux Ministres compétents.

III. — DISCUSSION ET VOTE AU CORPS LÉGISLATIF. — La discussion s'engagea, devant le Corps législatif [M. U., 20 et 21 juin 1868], par un discours de M. Lafond de Saint-Mur, qui posa au Gouvernement les trois questions suivantes.

1° Les populations pouvaient-elles compter sur une prompte réalisation des engagements que les pouvoirs publics allaient contracter? (Suivant l'orateur, il était facile de le faire sans compromettre les intérêts du Trésor, au moyen d'émissions d'obligations trentenaires. 2° Au cas où la concession de certaines lignes ne serait pas sollicitée à bref délai, l'État était-il décidé à pourvoir lui-même à l'exécution de l'infra-structure? Cette solution, conforme au sage principe de la loi de 1842, se recommandait par l'économie relative que l'administration pouvait apporter aux travaux. Son personnel lui coûtait en effet moins que celui des Compagnies; elle payait les terrains moins cher; elle était plus forte pour résister aux exigences des populations; elle ne supportait pas les intérêts de ses capitaux, pendant la construction; il était d'ailleurs naturel qu'elle conservât la charge des tra-vaux les plus aléatoires. 3° Le Gouvernement était-il disposé à traiter avec les Compagnies qui présenteraient les garan-ties voulues et qui demanderaient des concessions à des conditions avantageuses pour le Trésor?

Puis un débat s'engagea entre M. Martel, qui reprochait à la Commission de n'avoir pas examiné les amendements avec un soin suffisant, et le rapporteur, qui contredisait cette assertion et faisait observer que la Commission avait dû les repousser faute d'études et de documents justificatifs.

Aussitôt après, la discussion générale fut close et la Chambre passa à la discussion des articles. A la suite d'une véritable hécatombe de toutes les lignes supplémentaires réclamées par un grand nombre de députés, le Corps légis-latif repoussa un amendement de M. Perras, tendant à au-toriser immédiatement le Ministre à concéder, moyennant une subvention maximum de 14 500 000 fr., la ligne de Lyon à Montbrison qui, par sa situation et par les offres faites pour sa concession, méritait un traitement spécial.

Elle entendit ensuite les explications du Ministre, qui répondit : 1° aux questions de M. Lafond de Saint-Mur, en promettant de faire ce qui avait été fait après le classement de 1861, c'est-à-dire d'entrer dans les vues énoncées par ce député ; 2° aux auteurs des nombreux amendements tendant au classement de chemins supplémentaires, en leur donnant l'assurance que leurs propositions serviraient naturellement de base à l'étude des classements ultérieurs.

A la suite de ces explications la loi fut votée et sanctionnée le 18 juillet. [B. L., 2ᵉ sem. 1868, n° 1612, p. 103]

333. — Convention avec la Compagnie de Paris-Lyon-Méditerranée.

I. — CONVENTION. — Le Gouvernement traita avec la Compagnie de Paris-Lyon-Méditerranée en même temps qu'avec les Compagnies de l'Ouest, d'Orléans et du Midi.

Il lui concéda à titre définitif :

1° Un chemin de Salon à Miramas (12 km.), qui avait été déjà compris parmi les concessions faites à la Compagnie en 1857, mais auquel la convention de 1863 avait substitué une ligne de Salon à Rognac, reconnue depuis devoir être abandonnée ;

2° Un chemin du Cailar à la ligne de Nîmes à Montpellier (19 km.), qui était destiné à desservir un riche vignoble et à l'établissement duquel le conseil général du Gard et la ville de Nîmes concouraient pour une somme de 200 000 fr. ;

3° Un chemin d'Aix à la ligne de Toulon à Nice, près Carnoules (90 km.), qui devait traverser des parties industrieuses du Var et des Bouches-du-Rhône et fournir au port de Toulon un nouveau débouché vers l'intérieur ;

4° Un chemin de Thonon à Saint-Gingolph (27 km.), dont la concession faite en 1857 par le Gouvernement sarde avait été annulée par décret de 1864, mais qu'il importait d'exécuter, pour ne pas manquer aux engagements de l'administration italienne, et qui devait d'ailleurs avoir une véritable importance, au point de vue des relations internationales;

5° Un embranchement d'Albertville à la ligne du Rhône à la frontière d'Italie, qui se trouvait dans une situation analogue à celle du chemin précédent.

Une subvention de 28 400 000 fr., y compris les fonds de concours des localités intéressées, fut promise à la Compagnie pour l'exécution des trois derniers chemins compris dans la nomenclature précédente.

Cette subvention était payable dans les conditions déjà indiquées pour la Compagnie de l'Ouest; le Gouvernement, se réservait d'ailleurs la faculté d'y substituer la livraison de la plate-forme.

Le Ministre concédait en outre, à titre éventuel, à la Compagnie :

1° Un chemin de Vichy à Thiers (31 km.), justifié par l'importance de l'industrie de la coutellerie de Thiers;

2° Un chemin de Thiers à Ambert (49 km.), vivement réclamé par l'arrondissement d'Ambert qui possédait de véritables richesses forestières, minérales, industrielles et agricoles.

La Compagnie s'engageait à substituer à la section d'Annemasse à Collonges, qui lui avait été concédée en 1863 et qui n'était pas encore commencée, une ligne d'Annemasse à Annecy avec embranchement sur la frontière suisse, au cas : 1° où l'opportunité de cette substitution serait reconnue à la suite d'une enquête ; 2° et où le Gouvernement fédéral assurerait le prolongement, sur son territoire, de l'embranchement précité jusqu'à la ligne de Lyon à Genève. La déclaration d'utilité publique des nouveaux chemins devait, d'ailleurs, intervenir avant le 1er janvier 1872.

La Compagnie devait recevoir l'infrastructure de ces chemins, avancer à l'État les sommes nécessaires à l'exécution de cette infrastructure, et en être remboursée aux conditions et dans les délais prévus pour les subventions.

Il était stipulé qu'à dater de l'ouverture de la ligne d'Alais au Pouzin le chemin de Bessèges à Alais, rétrocédé à la Compagnie de Paris-Lyon-Méditerranée en vertu d'un traité homologué par décret du 10 février 1866, serait rattaché à l'ancien réseau.

La convention internationale du 7 février 1868, portant modification de celle du 7 mai 1862 relative au percement des Alpes, obligeait le Gouvernement français à payer, au lieu des intérêts, le capital même des sommes dépensées pour son compte dans ce percement, sauf abandon par le Gouvernement italien de 900 000 fr. sur le montant des primes prévues en 1862 pour anticipation du délai assigné aux travaux. La Compagnie de Paris-Lyon-Méditerranée s'engageait à verser ces sommes au Trésor public, à titre d'avances, et était autorisée à les ajouter aux dépenses complémentaires de la ligne de Culoz à la frontière d'Italie, conformément à la convention approuvée par la loi du 27 septembre 1867.

La répartition des lignes concédées à la Compagnie était modifiée, de manière à comprendre dans le même réseau les deux lignes de Paris à Lyon, à éviter ainsi tout conflit d'intérêts entre ces deux lignes, et d'autre part, à mieux grouper des chemins liés par leur situation géographique. Les lignes de Paris à Lyon par Saint-Étienne et Tarare, de Chagny à Nevers et Moulins, de Santenay à Étang, de Mouchard aux Verrières et à Jougne, de Montbéliard à Delle et Audincourt, du Dauphiné, de Grenoble à Montmélian, d'Annecy à Aix, de Thonon à Collonges, et l'embranchement de Champagnole, qui comportaient un développement de

1 564 kilomètres et qui avaient été estimés à 677 000 000 fr., mais qui devaient coûter 825 600 000 fr., passaient du nouveau à l'ancien réseau ; le Gouvernement considérait qu'eu égard au faible rendement de ces lignes, leur nouveau classement était avantageux au point de vue du jeu éventuel de la garantie d'intérêt. La longueur de l'ancien réseau était portée de 2 587 km. à 4 308 km.; celle du nouveau réseau était réduite de 3 207 km. à 1 723 km.

Le montant du capital garanti par la convention de 1863, ci	1 255 000 000 fr.	
Était réduit de l'évaluation des lignes passant à l'ancien réseau, ci	677 000 000	
RESTE	578 000 000 fr.	
Et augmenté : 1° des insuffisances du produit des lignes du Grand-Central	43 200 000	
2° De la part de la Compagnie dans les dépenses des lignes de Vichy à Thiers et de Thiers à Ambert.	8 800 000	
TOTAL	630 000 000 fr.	

Le délai de clôture du compte de premier établissement était fixé à dix ans.

Le revenu kilométrique réservé à l'ancien réseau, avant déversement, était modifié sur les bases suivantes. Le capital de premier établissement de ce réseau avait été évalué en 1863, à. 1 015 000 000 fr. somme à laquelle il y avait lieu d'ajouter :

1° L'estimation primitive des lignes passant du nouveau réseau à l'ancien, ci	677 000 000
2° Les excédents sur les prévisions premières, ci.	309 500 000
3° L'évaluation des lignes nouvellement concédées à la Compagnie et rattachées à l'ancien réseau (sauf celle de Salon à Miramas qui remplaçait celle de Salon à Rognac, déjà comprise dans le montant des dépenses antérieurement évaluées), ci	18 500 000
TOTAL	2 020 000 000 fr.

Il fallait dès lors : 1° réserver aux 800 000 actions, représentant un capital de 345 000 000 fr., un dividende de 47 fr..   37 600 000 fr.

2° Faire face aux charges du capital de 1 000 000 000 fr. réalisé en obligations, ci........   54 950 000

3° Assurer le service à 5,75 % d'un capital complémentaire de 675 000 000 fr., ci...........   38 812 500

4° Enfin, prélever 1,10 % du capital de 630 000 000 fr., auquel était estimé le nouveau réseau, ci.................................   6 930 000

TOTAL...... 138 292 500 fr.

chiffre qui, réparti sur 4 308 kilomètres, donnait 32 100 fr. par kilomètre.

Dans le cas de la substitution de la ligne d'Annemasse à Annecy à celle d'Annemasse à Collonges, la dépense de la Compagnie devait être augmentée de 3 000 000 fr., et la longueur de l'ancien réseau, de 28 kilomètres; le revenu réservé s'abaissait à 31 930 fr.

Enfin, dans le cas de l'exécution de l'embranchement d'Annemasse à la frontière suisse, l'évaluation de l'ancien réseau était augmentée de 1 000 000 fr. et sa longueur, de 9 kilomètres; le revenu réservé était ramené à 31 900 fr.

Un compte de dépenses complémentaires de premier établissement, à faire pendant la période décennale ci-dessus indiquée, était ouvert jusqu'à concurrence de 7 000 000 fr., sur le nouveau réseau et de 96 000 000 fr. sur l'ancien; le revenu réservé à ce dernier réseau était augmenté de 13 fr. 50 pour chaque million de travaux complémentaires qui y étaient exécutés.

Ce revenu devait d'ailleurs être provisoirement diminué de 80 fr., pour chaque longueur de 100 kilomètres non livrés à l'exploitation sur le nouveau réseau, sans que la diminution totale pût excéder 1 200 fr.

D'après les conventions alors en vigueur, la Compagnie

avait le droit de prélever avant partage des bénéfices :

1° 8 % de la dépense de l'ancien réseau, constitué par la convention de 1859, soit : 0.08 × 855 380 000 fr., ci.... 68 430 400 fr.

2° La charge réelle des emprunts émis pour le payement des lignes concédées en 1857 et 1863, soit : 0.0575 × 1 370 420 000 fr., ci.............. 78 799 150

3° 6 % des dépenses afférentes aux lignes concédées en 1863, soit : 0.06 × 396 900 000 fr., ci................. 23 814 000

En y ajoutant 6 % des dépenses relatives aux concessions nouvelles, soit :

0.06 × 18 500 000 fr. pour les concessions définitives ....⎫
0.06 × 8 800 000 fr. pour les concessions ⎬ 1 638 000
éventuelles................................⎭

on arrivait à un total de .... 172 681 550 fr.

La Compagnie demanda un traitement analogue à celui des autres Compagnies, c'est-à-dire un prélèvement de 8 % sur l'ancien réseau, tel qu'il avait été primitivement constitué en 1859 et de 6 % sur les autres lignes ; c'était une augmentation de 3 126 050 fr. seulement, que compensait largement le sacrifice de 40 000 000 fr. consenti éventuellement sur la garantie d'intérêt, par le fait du passage d'un assez grand nombre de chemins du nouveau dans l'ancien réseau. Le Gouvernement crut devoir accéder à cette demande.

II. — PROJET DE LOI ET RAPPORT AU CORPS LÉGISLATIF. — Le projet de loi tendant à la ratification des clauses financières de la convention fut déposé le 11 mai 1868 sur le bureau du Corps législatif [M. U., 18 juin 1868].

M. Bournat, rapporteur, émit un avis entièrement favorable [M. U., 17, 18, 19 et 22 juillet 1868]. Il enregistra, indépendamment des amendements ordinaires de MM. Javal

et Pagézy sur les tarifs, divers autres amendements tendant :
1° à l'exécution du chemin de Champagnole à Saint-Laurent et du Pouzin à Avignon ; 2° à la substitution de Saint-
Julien à Annemasse, comme point de départ de la ligne
d'Annemasse à Collonges ; 3° à une action pressante de l'administration sur la Compagnie, pour qu'elle hâtât la construction du chemin de Grenoble à Gap ; 4° à la transformation en concession définitive de la concession éventuelle des
lignes de Grenoble au chemin de Cavaillon à Gap et de Gap
vers la frontière italienne.

III. — Discussion et vote au corps législatif. — Au
début de la discussion devant le Corps législatif [M. U., 14
et 16 juin 1868], M. Bournat, rapporteur, et surtout M. Pouyer-
Quertier critiquèrent vivement la différence des prix appliqués aux transports de houilles pour la consommation
locale de Marseille et aux transports de même nature pour
l'exportation ; suivant eux, cette différence, consentie au
profit de l'exportation, constituait une véritable prime à la
concurrence de l'industrie étrangère contre l'industrie mar-
seillaise. M. de Franqueville et M. de Forcade, Ministre
du commerce, répondirent que l'écart était beaucoup trop
faible pour produire les effets redoutés par MM. Bournat et
Pouyer-Quertier ; qu'il était destiné à refouler les houilles
anglaises et, par surcroît, à protéger notre marine marchande
contre celle de la Grande-Bretagne dont les navires, ayant
du charbon anglais comme fret de retour, pouvaient abaisser leurs tarifs pour les autres marchandises ; et que, grâce
à ses taxes, la Compagnie de Paris-Lyon-Méditerranée était
arrivée, non seulement à exclure de Marseille les charbons
anglais, mais même à provoquer l'exportation annuelle de
100 000 tonnes de charbons français.

Puis les auteurs des amendements développèrent les

2   30

motifs de leurs propositions. M. le colonel Régis insista particulièrement sur le retard apporté à la construction du chemin d'Avignon à Gap, et M. Garnier, sur l'urgence du chemin de Gap à la frontière, qui devait fournir par le mont Genèvre une communication internationale n'exigeant qu'un souterrain de 4 kilomètres. M. de Franqueville répondit, en promettant la bienveillance de l'administration et en faisant notamment observer que la concession définitive du chemin de Gap à la frontière était subordonnée au succès des négociations engagées avec le Gouvernement italien.

Enfin, M. Garnier-Pagès critiqua les stipulations financières de la convention qui lui paraissaient onéreuses pour le Trésor, et accusa spécialement la Compagnie de retarder la clôture de ses comptes de premier établissement, pour ne pas recourir à la garantie et pour accroître temporairement son dividende. M. de Franqueville lui répondit en contestant ses allégations ; en montrant que le capital de premier établissement était en général surchargé de 10 °/₀ seulement, pour intérêts pendant la construction ; et en prouvant que, si la Compagnie ne recourait pas à la garantie d'intérêt, c'est que l'excédent des revenus de son ancien réseau ne lui permettait pas de le faire.

La loi fut ensuite votée et sanctionnée le 18 juillet 1868 [B. L., 1ᵉʳ sem. 1869, n° 1699, p. 363].

Un décret du 28 avril 1869 ratifia la convention [B. L., 1ᵉʳ sem. 1869, n° 1699, p. 364].

Les lignes concédées à titre définitif furent ouvertes, savoir : celle de Salon à Miramas, en 1873 ; celle du Caylar au chemin de Montpellier à Nîmes, en 1873 ; celle d'Aix à Carnoules, en 1877-1880 ; celle de Thonon à Saint-Gingolph jusqu'à Evian, en 1882. Celle d'Albertville au chemin du Rhône à la frontière d'Italie ne l'est pas encore.

334. — Convention avec la Compagnie des Charentes.

I. — CONVENTION. — La Compagnie des Charentes s'était rendue en 1862 adjudicataire d'un réseau de 296 kilomètres de longueur, comprenant les lignes de Napoléon-Vendée à la Rochelle, de Rochefort à Saintes, de Saintes à Coutras et de Saintes à Angoulême. La dépense de construction de ce réseau était évaluée à 65 000 000 fr., somme sur laquelle l'État avait à fournir, à titre de subvention, 20 495 000 fr., soit environ 70 000 fr. par kilomètre. La Compagnie, après des débuts assez pénibles, s'était mise résolument à l'œuvre et avait pu livrer vers la fin de 1867 la ligne de Rochefort à Angoulême, d'une longueur de 118 kilomètres. Le Gouvernement pensa que le moment était venu d'étendre son champ d'action et conclut avec elle une convention par laquelle il lui concédait :

1° A titre définitif: (a) un chemin d'Angoulême à Limoges (103 km.), destiné à mettre en communication les lignes de Paris à Bordeaux et d'Orléans à Périgueux, et à desservir une région essentiellement agricole, ainsi que de mines de fer importantes et de nombreuses usines ;

(b) Un chemin de Saint-Savinien à Saint-Jean-d'Angély (19 km.), formant la première section d'une ligne de Saint-Savinien vers Niort, qui était appelée à relier par une voie très directe le bassin de la Loire à celui de la Gironde ;

2° A titre éventuel : (c) un chemin de Nontron à la ligne d'Angoulême à Limoges (35 km.), destiné à dédommager le département de la Dordogne et en particulier l'arrondissement de Nontron de l'abandon où le laissait le tracé définitivement adopté pour la ligne principale ;

(d) Un chemin de Blaye à la ligne de Saintes à Coutras près Saint-Mariens (25 km.), appelé à ouvrir vers la Gironde un nouvel accès aux riches vignobles desservis par le réseau des Charentes, à développer le commerce et le mouvement maritime de Blaye, à relier ce chef-lieu d'arrondissement à Bordeaux et sa citadelle au port militaire de Rochefort;

(e) Un chemin de Libourne à la ligne de Saintes à Coutras, près Marcenais (19 km.), formant un raccourci de 12 kilomètres sur la grande ligne du littoral, de Nantes à Bordeaux;

(f) Un chemin de la Rochelle à Rochefort (27 km.), donnant un raccourci de 8 kilomètres sur l'itinéraire antérieur, desservant les nombreux forts de la côte et fournissant aux salines et aux pêcheries de la contrée un utile moyen de communication.

L'État allouait à la Compagnie, pour les cinq premières lignes, des subventions montant à 17 800 000 fr., en ce qui concernait les lignes concédées à titre définitif, et à 7 300 000 fr., en ce qui concernait les trois autres, et correspondant à la dépense de l'infrastructure; quant à celle de la Rochelle à Rochefort, qui devait exonérer la Compagnie d'un péage entre ces deux localités, elle intéressait à un assez haut degré cette Compagnie pour ne comporter aucune allocation.

Les subventions précitées devaient être versées en seize termes semestriels égaux; le Gouvernement se réservait toutefois la faculté de substituer à ce paiement la construction de la plate-forme.

D'autre part, la Compagnie contractait l'engagement d'exécuter, si l'État le requérait dans un délai de quatre années, à partir du 1er janvier 1869, la superstructure :

1° D'un chemin de Saint-Jean-d'Angély à Niort (38 km.), destiné à compléter, comme nous l'avons vu ci-dessus, celui de Saint-Savinien à Saint-Jean-d'Angély;

2° D'un chemin de Marennes à la ligne de Rochefort à

Saintes (30 km.) destiné à desservir les salines et le commerce de l'arrondissement de Marennes et de l'île d'Oléron.

II. — PROJET DE LOI ET RAPPORT AU CORPS LÉGISLATIF. — Le Corps législatif fut saisi le 11 mai de cette convention [M. U., 18 juin 1868].

La Commission, tout en adhérant aux propositions du Gouvernement, demanda par l'organe de M. Roy de Loulay, rapporteur [M. U., 17 juillet 1868], qu'un embranchement fût dirigé sur Royan et que la loi stipulât l'obligation, pour la Compagnie des Charentes, de racheter le pont de Jarnac. Elle enregistra, d'ailleurs, mais sans s'y associer, deux amendements ayant pour objet d'établir un chemin de Velluire vers Fontenay et Niort, et de stipuler que la Compagnie serait tenue, sur la réquisition du conseil général, d'exploiter les lignes d'intérêt local appropriées à son matériel qui viendraient se relier à son réseau, et ce moyennant un revenu fixe de 5 000 fr. par kilomètre que garantiraient les départements.

II. — DISCUSSION ET VOTE AU CORPS LÉGISLATIF. — La discussion [M. U., 13 juin 1868] s'engagea par un discours de M. Bethmont sur la situation défavorable qui était faite aux salines de l'Ouest pour le transport de leurs produits, relativement aux salines de l'Est; ces dernières usines, fortement constituées, avaient obtenu des tarifs généraux et des tarifs spéciaux plus avantageux, des prix fermes pour un bien plus grand nombre de gares, le bénéfice de tarifs communs avec la Compagnie de l'Est et les Compagnies voisines. Il y avait là un mal auquel le Gouvernement avait le devoir de remédier par l'unification et la simplification des taxes.

M. Cornudet, président de section au Conseil d'État,

commissaire du Gouvernement, répondit en donnant de nombreux renseignements établissant suivant lui que la région de l'Est n'était pas privilégiée relativement à celle de l'Ouest.

Après quelques observations de M. André, sur l'urgence de la ligne d'Angoulême à Limoges, M. Léopold Javal reprit en quelques mots la thèse de l'unification des tarifs, en la justifiant dans l'espèce par la nécessité de soustraire la Compagnie des Charentes aux détournements et à la domination du réseau d'Orléans.

Puis la Chambre rejeta l'amendement de la Commission concernant l'établissement d'un embranchement sur Royan, bien qu'il fût défendu par le rapporteur et par M. Eugène Pelletan.

M. Planat demanda ensuite que l'on ne se bornât pas à obliger la Compagnie à racheter le pont de Jarnac, qui séparait la gare de la ville, mais qu'on lui imposât l'obligation de livrer le passage gratuit sur ce pont aux voyageurs et aux marchandises à destination ou en provenance du chemin de fer, et qu'on lui impartît un délai pour la substitution d'un ouvrage fixe au pont suspendu. Il signala, en outre, l'utilité de la canalisation de la Charente.

M. de Franqueville lui répondit que, aussitôt le rachat du pont effectué, satisfaction serait donnée à ces divers desiderata ; il ajouta que la canalisation de la Charente était l'objet de toute la sollicitude du Gouvernement.

La loi fut votée et sanctionnée le 18 juillet.

Un décret du même jour ratifia la convention [B. L., 2ᵉ sem. 1868, nᵒ 1628, p. 315 et 317].

La ligne d'Angoulême à Limoges fut ouverte en 1875 et celle de Saint-Savinien à Saint-Jean-d'Angély, en 1878.

335. — **Concession à la Compagnie de Vitré à Fougères du prolongement de ce chemin jusqu'à la baie du mont Saint-Michel.** — Le chemin de fer de Vitré à Fougères avait été concédé en 1865 ; l'article 1ᵉʳ du cahier des charges attribuait à la Compagnie un droit de préférence éventuel, pour la concession d'un prolongement vers la baie du mont Saint-Michel.

Le Gouvernement pensa en 1868 que le moment était venu de préparer la réalisation de ce prolongement, qui devait rendre les plus grands services, au point de vue du transport des tangues de la mer vers les exploitations agricoles de la contrée, et pour l'exportation maritime des produits agricoles du pays. La nouvelle section devait avoir une longueur de 45 kilomètres et coûter environ 170 000 fr. par kilomètre, soit 7 650 000 fr.

Une convention fut donc conclue avec la Compagnie pour la concession éventuelle de cette section. La subvention de l'État était fixée à 3 500 000 fr., montant présumé de la dépense .de l'infrastructure; elle était payable en seize termes semestriels ; le Gouvernement se réservait d'ailleurs la faculté d'y substituer l'exécution directe de la plateforme. Le chemin était soumis à un cahier des charges analogue à celui des grandes Compagnies.

En même temps, des modifications étaient apportées au régime de la ligne de Vitré à Fougères, qui avait été traitée dans une certaine mesure comme une ligne d'intérêt local, pour laquelle des surtaxes avaient été autorisées pendant une période de quinze ans, et sur laquelle les services publics ne jouissaient d'aucune immunité. Le cahier des charges de la section de Fougères à la baie du mont Saint-Michel lui était rendu applicable, sauf les dérogations nécessitées par le fait accompli, pour les conditions de tracé et de construction.

En échange des sacrifices ainsi consentis par la Compagnie, l'État lui allouait une subvention de 6 000 000 fr., qui était payable en quatre termes semestriels égaux et qui devait permettre à la Compagnie de faire face aux difficultés de sa situation financière.

Dans son rapport sur le projet de loi relatif à cette convention [M. U., 13 et 16 septembre et 14 octobre 1863], M. de Saint-Germain se prononça pour l'adoption pure et simple des propositions du Gouvernement. Il rappela la rapidité avec laquelle la Compagnie avait exécuté ses travaux ; le prix de revient très faible du chemin (79 000 fr. par kilomètre ;) les services rendus aux populations par les trains à prix réduits, qui étaient mis en circulation les jours de marché et qui s'arrêtaient, non seulement aux stations et haltes, mais encore à la rencontre des routes et des chemins vicinaux ; le chiffre minime de 20 000 fr. auquel s'élevait en définitive la subvention kilométrique de l'État.

La loi fut votée sans discussion [M. U., 9 juillet 1868] et sanctionnée le 26 juillet. Un décret du même jour ratifia la convention [B. L., 2ᵉ sem. 1868, nᵒ 1620, p. 163 et 164].

336. — Convention avec la Compagnie d'Orléans.

I. — CONVENTION. — De même que la Compagnie de l'Ouest, la Compagnie d'Orléans n'avait plus que peu de travaux à exécuter. Le Gouvernement lui demanda en conséquence de contracter de nouveaux engagements. Il conclut avec elle une convention dont les dispositions étaient les suivantes.

La Compagnie obtenait la concession : 1° de la section de Châteaubriant à Nantes (60 km.) évaluée à 24 000 000 fr. ; 2° d'un embranchement dirigé de Romorantin sur la ligne de Tours à Vierzon et destiné à fournir une compensation à cette ville, qui avait un instant espéré l'adoption, pour la ligne principale, d'un tracé la desservant (8 kilomètres évalués à 2 200 000 fr.). Il lui était accordé des subventions de 8 700 000 fr. pour le premier chemin, et de 1 000 000 fr. pour le second, payables dans des conditions semblables à celles que nous avons indiquées pour la Compagnie de l'Ouest.

Le Ministre s'engageait à lui rétrocéder, dans le cas où la concession en serait reprise par le Gouvernement : 1° le chemin de Libourne à Bergerac, qui avait été adjugé en 1862 à une Compagnie déclarée depuis en faillite ; 2° le chemin industriel de Saint-Éloi à la ligne de Commentry à Gannat, qui avait été concédé à la société propriétaire des mines de houille de Saint-Éloi et que cette société proposait de vendre, moyennant un million, pour se dégager de l'obligation d'organiser un service public de voyageurs et de marchandises. De son côté, la Compagnie devait payer le prix de rétrocession de ces chemins, sauf à en être remboursée suivant les règles admises pour le paiement des annuités de subvention ; elle devait également supporter la dépense d'achèvement et de mise en état, si ce n'est pour l'infrastructure, du chemin de Libourne à Bergerac dont l'achèvement était assuré par l'État.

Le Ministre s'engageait en outre, pour le cas ou la rétrocession de la ligne de Libourne à Bergerac serait réalisée et sous la réserve usuelle de la constation préalable de l'utilité publique, à concéder à la Compagnie un chemin de Bergerac à la ligne de Périgueux à Agen et à lui accorder de ce chef une subvention de 8 700 000 fr. correspondant à la dépense de l'infrastructure.

La Compagnie promettait une subvention de 200 000 fr. pour les travaux de la ligne de la Flèche à Aubigné, que la convention de 1863 avait laissés à la charge du département de la Sarthe.

Les nouveaux chemins concédés, soit à titre définitif, soit à titre éventuel, étaient rattachés au nouveau réseau et soumis au même régime que ce réseau, pour la garantie d'intérêt comme pour le partage des bénéfices.

Le capital garanti était porté au chiffre maximum de 832 000 000 fr. savoir :

Capital garanti par la convention de 1863	766 000 000 fr.
A ajouter une somme de 40 000 000 fr. que l'on avait retranchée du capital à garantir en 1863, comme représentant le prix probable de la cession, par la Compagnie d'Orléans, de sa part dans le chemin du Bourbonnais (le prix de cette cession était rattaché aux comptes de l'ancien réseau par la convention de 1868).........................	40 000 000
A ajouter aussi l'estimation des lignes nouvelles	29 500 000
TOTAL.......	835 500 000 fr.
Dont à déduire l'estimation de 1863 pour l'embranchement de Bergèrac....................	3 500 000
RESTE.......	832 000 000 fr.

La convention prévoyait en outre des dépenses complémentaires montant à 22 000 000 fr., à effectuer pendant un délai de dix ans, sur le vu de projets régulièrement approuvés par décrets délibérés en Conseil d'État.

Le niveau du déversoir de l'ancien réseau était également modifié. Le revenu kilométrique, réservé à ce réseau par la convention de 1863, était de 26 300 fr. et s'appliquait à 2 020 kilomètres ; il y avait lieu :

1° D'y ajouter, à raison de l'augmentation du capital garanti, soit 66 000 000 fr., $\frac{0.011 \times 66\ 000\ 000}{2\ 020}$, ci.................. 360 fr.

2° D'en retrancher, à raison du rattachement à l'ancien réseau de l'indemnité relative au Bourbonnais, in-

demnité représentée. définitivement par une annuité de
1 150 000 fr. et correspondant par suite à un capital de
23 000 000 fr., $\frac{0.0575 \times 23\,000\,000}{2\,020}$, ci...................... 655 fr.
ce qui le ramenait à 26 000 fr. Ce chiffre devait être
augmenté de 6 fr. pour chaque million dépensé en travaux
complémentaires, pendant la période de dix ans, et dans la
limite des 22 000 000 fr. ci-dessus indiqués. Il devait d'autre
part être réduit provisoirement, comme pour les autres
Compagnies, de 200 fr. par 100 kilomètres du nouveau
réseau non livrés à l'exploitation, sans que cette réduction
pût excéder 2 400 fr.

Bien que les produits du chemin de Ceinture dussent
figurer dans le compte général du produit net de l'ancien réseau, le revenu kilométrique réservé de 26 000 fr. ne devait
pas s'appliquer à la portion de ce chemin qui pouvait être
considérée comme appartenant à la Compagnie d'Orléans.

Comme conséquence des stipulations relatives à l'ancien
et au nouveau réseau, l'annuité de 1 150 000 francs que les
arbitres avaient attribuée à la Compagnie d'Orléans, pour sa
part dans le chemin du Bourbonnais, était, à partir du
1ᵉʳ janvier 1868, affectée aux dépenses de l'ancien réseau et
cessait par suite d'être portée en recette dans le compte
annuel d'exploitation.

De même que la Compagnie de l'Ouest, la Compagnie
d'Orléans pouvait être autorisée, par décrets rendus en Conseil d'État, après l'expiration du délai de dix ans imparti
pour la clôture du compte de construction, à prélever avant
tout partage des bénéfices, l'intérêt et l'amortissement des
dépenses qui seraient reconnues avoir le caractère de dépenses complémentaires de premier établissement. Nous
ne reviendrons plus sur cette clause commune à toutes les
conventions de 1868.

II. — Projet de loi et rapport au corps législatif. —
Le Corps législatif fut saisi des dispositions financières de
cette convention, le 1ᵉʳ mai 1868 [M. U., 20 et 21 mai 1868]

Comme le constate le rapport de M. des Rotours [M. U.,
29 et 30 août, 1ᵉʳ et 4 septembre 1868], la Commission se
demanda si, au lieu de racheter le chemin industriel de
Saint-Éloi à la ligne de Commentry à Gannat, il ne serait
pas préférable de mettre purement et simplement le concessionnaire en demeure d'organiser un service public,
comme l'y obligeait son cahier des charges; mais elle re-
cula devant cette mesure, qui paraissait de nature à imposer
des dépenses excessives à la Société houillière et par suite
à compromettre l'exploitation de mines dont le développement importait à un haut degré à l'industrie nationale.

En ce qui concernait la ligne de Libourne à Bergerac,
tout en recommandant au Gouvernement d'avoir égard à la
situation des actionnaires de la Compagnie concessionnaire,
dans la mesure compatible avec un soin vigilant des finances
de l'État et avec l'intérêt des populations à la prompte exécution de la ligne, elle adhéra à la mesure proposée par le
projet de loi. Mais elle stipula, pour ce chemin aussi bien
que pour celui de Saint-Éloi, que les conditions de rachat
seraient réglées par arbitrage et homologuées par décret
rendu en Conseil d'État.

Elle donna également son adhésion à toutes les clauses
financières, mais en les complétant par une révision du
revenu réservé avant partage à l'ancien réseau. La convention diminuant en effet de 23 millions le capital de l'ancien
réseau, primitivement évalué à 514 000 000 fr., il était indispensable de déduire du chiffre de 30 700 fr., fixé par la
convention de 1863, l'intérêt correspondant à cette somme
de 23 000 000 fr., soit $\frac{0.06 \times 23\,000\,000}{2\,020}$, et de le ramener ainsi
à 30 000 fr.

La Commission enregistra d'ailleurs un assez grand nombre d'amendements, savoir :

1° Amendement tendant à créer des lignes d'Orléans à Lisieux et Honfleur, d'Orléans à Granville et Saint-Malo, de Vendôme à Angers, de Bourges aux forges de Caussade et de Guerrigny, du Lude à Angers, de Saint-Florent à Issoudun, de Bourges à Gien avec embranchement sur Sancerre, de Savenay au chemin de Sablé à Nantes, de Nantes à Rennes, de Pouancé à Segré. La Commission se borna à recommander à la sollicitude du Gouvernement l'étude de ces diverses demandes.

2° Amendement tendant à ajouter aux obligations imposées aux Compagnies celle d'établir des gares ou arrêts sur les points où le Gouvernement le jugerait utile, même après la mise en exploitation de la ligne. La Commission prit note de la déclaration du commissaire du Gouvernement «que l'administration avait déjà tout pouvoir à ce sujet et était disposée à en user au besoin (1) ».

3° Amendement de MM. Pagézy et Javal, tendant à abaisser les tarifs, comme ces honorables députés l'avaient déjà proposé pour la Compagnie de l'Ouest (voir page 432). Tout en signalant les anomalies des tarifs de la Compagnie d'Orléans, la Commission ne pensa pas que, à l'occasion du projet de loi dont elle était saisie, il y eût lieu de procéder à leur révision.

III. — VOTE DE LA LOI. — La loi fut votée, après le rejet des amendements, sans discussion générale et sans débat sur aucune question de principe [M. U., 25 juin 1868], et

---

(1) Depuis, la question a été portée devant le Conseil d'État statuant au contentieux, qui, par deux arrêts, a dénié à l'administration le droit d'imposer des stations nouvelles aux Compagnies concessionnaires, lorsqu'elle avait statué sur le résultat des enquêtes ouvertes lors de la construction.

sanctionnée le 26 juillet [B. L., 2° sem. 1868, n° 1622, p. 243].

Un décret du même jour ratifia la convention [B. L., 2° sem. 1868, n° 1622, p. 244].

L'ouverture à l'exploitation eut lieu pour la section de Châteaubriant à Nantes, en 1877, et pour le chemin de Romorantin à la ligne de Tours à Vierzon, en 1872.

337. — **Concession d'un chemin d'intérêt local de Magny à Chars.** — Le 26 juillet 1868, un décret [B. L., 2° sem. 1868, n° 1631, p. 371] déclarait d'utilité publique un chemin de fer d'intérêt local de Magny à Chars, ratifiait un traité passé entre le département de Seine-et-Oise et M. Débrousse, et allouait à ce département une subvention de 220 000 fr.

Aux termes de la convention et du cahier des charges y annexé, M. Débrousse recevait une allocation de 480 000 fr. ; le tarif était de 0 fr. 11, 0 fr. 085, 0 fr. 06, pour les trois classes de voyageurs, et de 0 fr. 16, 0 fr. 14, 0 fr. 10, pour les trois classes de marchandises en petite vitesse. Ce chemin de 11 kilomètres de longueur fut ouvert en 1871.

338. — **Concession d'un chemin d'intérêt local dans le département de la Meurthe.** — Un décret du même jour [B. L., 2° sem. 1868, n° 1636, p. 543] prononçait la déclaration publique de divers chemins d'intérêt local dans le département de la Meurthe.

Le premier, celui de Nancy à Vézelise avec embranchements sur le canal de la Marne au Rhin, sur les hauts-fourneaux de Jarville, sur les mines de Vandœuvre et sur la brasserie de Tantonville (33 km.), était concédé à une société anonyme représentée par MM. Welche, Lenglet et

Hatzfeld, moyennant livraison des terrains, exécution aux frais du département des déviations ou modifications des chemins ou routes rencontrés par le tracé ainsi que des chemins latéraux et voies d'accès aux stations, et allocation d'une subvention de 1 435 000 fr., dont 688 000 fr. prélevés sur les fonds du Trésor. Les dépenses afférentes aux embranchements, autres que le raccordement avec le canal de la Marne au Rhin, restaient à la charge des industriels intéressés. Il était stipulé que, au cas où les subventions à provenir de fonds autres que les fonds départementaux dépasseraient un million, la Compagnie bénéficierait du surplus. Le tarif était fixé à 0 fr. 075 et 0 fr. 055, pour les deux classes de voyageurs, et à 0 fr. 16, 0 fr. 14, 0 fr. 12, 0 fr. 10, pour les quatre classes de marchandises en petite vitesse.

Le second, celui de Nancy à Château-Salins avec embranchement sur Vic (36 km.), était concédé à la société belge de chemins de fer, représentée par M. Van Hœgaerden, moyennant livraison des terrains (la Compagnie devant prendre à son compte jusqu'à concurrence de 30 000 fr. les excédents de dépenses sur l'évaluation de 378 000 fr.) ; exécution des déviations des routes et chemins, des chemins latéraux et des voies d'accès aux stations ; et allocation d'une somme de 1 800 000 fr., dont 742 000 fr. fournis par le Trésor. Le tarif était de 0 fr. 10, 0 fr. 075 et 0 fr. 055, pour les trois classes de voyageurs, et de 0 fr. 16, 0 fr. 14, 0 fr. 10, 0 fr. 089, pour les quatre classes de marchandises transportées en petite vitesse.

Enfin le troisième, celui d'Avricourt à Cirey par Blamont (18 km.), était concédé à une société représentée par MM. Chevandier de Valdrôme, Mathis de Grandseille et le baron de Klopstein, moyennant exécution des déviations de chemins, chemins latéraux et voies d'accès (les terrains étant livrés par la Compagnie) et allocation d'une subvention de 1 015 000 fr., dont 344 000 fr. fournis par le Trésor. Il était stipulé que, si les subventions provenant de fonds autres que les fonds départementaux dépassaient 735 000 fr., l'excédent serait acquis à la Compagnie. Le nombre des trains desservant toutes les haltes et stations devait être de deux au moins par jour. Le tarif était le même que celui du chemin de Nancy à Vézelise.

Ces trois lignes furent ouvertes, la première en 1872, la deuxième en 1873 (pour la section française), et la troisième en 1870.

339. — Convention avec la Compagnie du Midi.

I. — CONVENTION. — Lors de la conclusion de la convention de 1863, le capital de premier établissement de l'ancien réseau de la Compagnie du Midi avait été évalué provisoirement à 330 millions; mais il avait été stipulé que le revenu kilométrique serait réduit de 72 fr., pour chaque million non admis au compte à faire de ce capital.

En présentant ses décomptes définitifs, la Compagnie avait elle-même ramené son estimation à 295 millions. Mais la Commission, instituée en vertu du règlement d'administration publique de 1863, avait contesté : 1° une dépense de 8 millions nécessitée par une fausse manœuvre de la Compagnie, qui avait tout d'abord employé des rails Brunel et des rails Barlow, et qui avait été, après coup, obligée de les remplacer par des rails à double champignon; 2° une somme de 9 500 000 fr. correspondant à des intérêts portés au compte de premier établissement.

Le Gouvernement, amené à conclure une nouvelle convention avec la Compagnie, crut devoir accepter à titre transactionnel le chiffre de la Compagnie. Il considéra en effet que, si la Compagnie avait au début adopté le rail

Brunel et le rail Barlow, c'était dans la louable intention
de réduire les frais de premier établissement; que, si cette
expérience avait été malheureuse, en revanche d'autres
innovations concernant par exemple les ponts métalliques
avaient pleinement réussi et amené des économies considérables; que d'autre part les intérêts contestés avaient été
admis, sur les autres réseaux, dans le compte de premier
établissement et qu'ils figuraient du reste dans les évaluations ratifiées en 1859 par le Corps législatif.

En retour de l'avantage qui résultait, pour sa sécurité,
de la fixation du compte de premier établissement de son
ancien réseau, la Compagnie acceptait la concession définitive des lignes suivantes :

1° Ligne de Saint-Affrique au chemin de Montpellier à
Milhau, destinée à relier au réseau un chef-lieu d'arrondissement dont la population était de 6 700 habitants;

2° Ligne de Foix à Tarascon (Ariège), justifiée par les
exploitations de plâtre, les transports de bestiaux, l'exploitation des minerais de Rancié et de Vic-Dessos;

3° Ligne de Mende au chemin de Rodez à Milhau, près
Séverac, avec embranchement sur Marvejols, destinée à
ouvrir aux deux villes principales de la Lozère un débouché
dont elles avaient été jusqu'alors privées.

A cette concession ferme s'ajoutait la concession éventuelle des lignes ci-dessous énumérées :

1° Ligne de Condom au chemin de Bordeaux à Cette,
près Port-Sainte-Marie, destinée à desservir la riche vallée
de la Baïse;

2° Ligne d'Oloron vers Pau, destinée à relier au réseau
la ville d'Oloron, chef-lieu de sous-préfecture comptant
10 000 habitants et entrepôt d'une grande partie des marchandises qui passaient, par la montagne, de France en
Espagne;

2   31

3° Ligne de Mazamet au chemin de Graissessac à Béziers, près Bédarieux, appelée à établir une communication directe entre Albi, Castres et Mazamet d'une part, Montpellier, Nîmes et Marseille d'autre part;

4° Ligne de Marvejols au chemin d'Aurillac à Arvant, près Neussargues, destinée à desservir Saint-Flour et à créer une communication directe entre Paris et Perpignan.

Les engagements réciproques des parties, pour les lignes concédées à titre éventuel, devaient être considérés comme nuls et non avenus, si l'État ou la Compagnie n'en réclamaient pas la réalisation, dans un délai de quatre ans pour les deux premières et de huit ans pour les deux dernières, et si ensuite la déclaration d'utilité publique n'intervenait pas dans un délai de huit ans.

La Compagnie demanda que l'État lui livrât la plateforme des nouveaux chemins qui lui étaient concédés, soit à titre définitif, soit à titre éventuel. Elle fit valoir, à l'appui de cette demande, que l'État n'était pas grevé comme les Compagnies de frais considérables d'administration, d'études et de surveillance; qu'il achetait généralement les terrains moins cher; qu'il avait plus d'autorité sur les entrepreneurs; qu'il n'avait pas à solder de comptes d'intérêts pendant l'exécution des travaux. Le Ministre entra dans les vues de la Compagnie, sauf pour l'embranchement de Saint-Affrique, qu'il convenait de traiter comme la ligne principale d'Agde à Lodève et pour laquelle une subvention de 3 millions, payable en seize termes semestriels ou en quatre-vingt-huit annuités, fut accordée sur les fonds du Trésor. Comme le mode de subvention en travaux soulevait une grave difficulté, en obligeant l'État à fournir son concours en capital au lieu de le donner sous forme d'annuités, il y fut pourvu par un engagement de la Compagnie de faire les avances nécessaires, sauf remboursement dans les conditions prévues pour le paiement des subventions.

En vertu du même principe, l'État qui, aux termes de la convention de 1863, devait verser à la Compagnie une subvention de 34 700 000 fr. pour les trois lignes de Port-Vendres à la frontière d'Espagne, de Carcassonne à Quillan et de Milhau à Rodez, s'engageait à exécuter et à livrer l'infrastructure de ces lignes, tout en maintenant sa subvention, mais moyennant paiement par la Compagnie d'une somme de 39 700 000 fr. égale au montant présumé des travaux.

Les chemins concédés, à titre définitif ou à titre éventuel, entraient dans la constitution du nouveau réseau, auquel étaient également incorporées, d'une manière explicite, les routes agricoles des Landes.

Le maximum du capital garanti, qui avait été fixé en 1863 à 338 500 000 fr., était porté à 456 000 000 fr., savoir :

Capital garanti en 1863....................	338 500 000 fr.
Augmentation sur les prévisions de dépenses et insuffisances des produits du réseau pyrénéen et des routes agricoles.............................	30 500 000
Prix de rachat du chemin de Graissessac à Béziers...................................	16 000 000
Excédents de dépenses et insuffisances du produit des lignes concédées en 1863..............	19 200 000
Évaluation des lignes concédées en 1868......	51 800 000
TOTAL PAREIL......	456 000 000 fr.

Comme les conventions avec les Compagnies d'Orléans et de l'Ouest, la convention avec la Compagnie du Midi prévoyait des dépenses pour travaux complémentaires, pendant la période décennale à l'expiration de laquelle devaient être définitivement clos les comptes de premier établissement, mais seulement pour l'ancien réseau et dans les limites d'un maximum de 30 millions.

Le revenu kilométrique réservé à l'ancien réseau avant déversement était porté de 26 300 fr. à 27 680 fr. ; ce chiffre s'établissait comme il suit :

Dividende de 35 fr. réservé à 250 000 actions....	8 750 000 fr.
Intérêt et amortissement de 148 700 000 fr. d'obligations, à 5 75 %.................................	8 550 000
Complément d'intérêts des obligations du nouveau réseau, soit 1,10 % de 432 000 000, déduction faite des lignes de Mazamet au chemin de Montpellier à Milhau et de Marvejols au chemin d'Aurillac à Arvant.......	4 752 000
TOTAL.......	22 052 000 fr.

somme à répartir sur 798 kilomètres.

Le revenu réservé devait d'ailleurs être augmenté : 1° de 330 fr., au cas où la concession des chemins de Mazamet à Bédarieux et de Marvejols à la ligne d'Aurillac à Arvant serait rendue définitive ; 2° de 72 fr., pour chaque million de dépenses complémentaires sur l'ancien réseau. D'autre part, il devait être réduit de 200 fr., pour chaque longueur de 100 kilomètres du nouveau réseau non livrés à l'exploitation, sans que la réduction totale pût excéder 2 800 fr.

Au point de vue du partage des bénéfices, les lignes nouvelles concédées à la Compagnie lui donnaient droit à un revenu réservé supplémentaire égal à 6 °/₀ du montant des dépenses effectives de premier établissement desdites lignes.

II. — PROJET DE LOI ET RAPPORT AU CORPS LÉGISLATIF. — Le Corps législatif fut saisi le 1ᵉʳ mai 1868 de cette convention [M. U., 14 et 17 juin 1868].

Ce fut M. Roulleaux-Dugage qui eut à présenter le rapport sur l'affaire [M. U., 26, 27 juillet, 1ᵉʳ, 4, 7, 20, 23 et 28 août 1868].

Après avoir discuté les divers articles du contrat et conclu à leur adoption, le rapporteur enregistra un assez grand nombre d'amendements, mais en en faisant précéder la nomenclature de quelques observations générales sur les points suivants:

1° Situation particulièrement défavorable du réseau du Midi, qui n'avait pas de tête de ligne à Paris, qui ne pouvait se mettre en relation avec la capitale que par l'intermédiaire des réseaux d'Orléans ou de Paris-Lyon-Méditerranée, dont la structure vers le centre faisait pour ainsi dire aspirer le trafic de la ligne de Bordeaux à Cette par les branches de la Compagnie d'Orléans aboutissant à cette grande artère. Nécessité qui en résultait, pour la Compagnie, de résister à l'établissement de lignes nouvelles susceptibles d'aggraver encore cet état de choses.

2° Faible proportion du capital-actions au capital-obligations, qui ne permettait guère de considérer les Compagnies que comme des agents, des intermédiaires du Gouvernement, pour la création et l'établissement des voies ferrées. Obligation qui en découlait pour les pouvoirs publics, de ne pas se laisser entraîner à demander aux Compagnies des sacrifices pouvant réagir outre mesure sur les recettes et par suite sur la garantie de l'État.

Une première série d'amendements tendaient à l'exécution de nouveaux chemins de fer de Port-Sainte-Marie à Mont-de-Marsan par Nérac, avec embranchement de Nérac à Condom; de Saint-Palais à la ligne de Pau à Bayonne; de Mende à ou près Villefort; de Carcassonne à Mazamet; de Mazamet sur Narbonne; de Castres à la Pointe-Saint-Sulpice; d'un embranchement se détachant de la ligne de Mazamet à Bédarieux et aboutissant à Castets; d'un prolongement, vers le même point, de ladite ligne; d'un chemin prolongeant celui de Foix à Tarascon jusqu'à Vic-Dessos; d'un transversal entre les lignes de Carcassone à Limoûx et à Quillan et de Toulouse à Foix; d'un chemin de Lanne-

mezan à la frontière d'Espagne ; d'un raccordement entre
le département des Hautes-Pyrénées et celui du Gers ; enfin
d'un dernier chemin de Cette à Montbazin.

D'après la loi du 19 juin 1857, les routes agricoles des
Landes devaient être entretenues pendant cinq ans par
l'État, puis par le département et les communes. Un amendement avait été présenté, pour faire mettre la moitié de
cet entretien à la charge de la Compagnie du Midi. Conformément à une proposition de cette Compagnie et d'accord
avec le Conseil d'État, la Commission conclut à insérer
dans la convention une clause, constatant que la Compagnie s'engageait jusqu'au 1er janvier 1875 à transporter par
wagons complets de 10 tonnes les matériaux destinés à l'entretien des routes agricoles, au prix de 0 fr. 12 par tonne
et par kilomètre, sans que la taxe pût être inférieure à
0 fr. 50.

MM. Javal et Pagézy avaient renouvelé leurs amendements concernant les tarifs : ces amendements ayant été
déjà discutés et repoussés, pour d'autres Compagnies, il
n'y avait plus lieu de s'y arrêter.

Le rapport passait ensuite à l'examen d'une grave question qui n'avait pas été soulevée dans l'exposé des motifs,
celle du canal du Midi et du canal latéral à la Garonne.
Après avoir rappelé par quelle suite de circonstances les
pouvoirs publics avaient été amenés, malgré la résistance
initiale du Gouvernement, à placer les canaux du Midi et
le chemin de fer de Bordeaux à Cette entre les mêmes
mains ; après avoir constaté que, malgré ce monopole, la
Compagnie du Midi avait des tarifs inférieurs à ceux des
autres Compagnies (Paris-Lyon-Méditerranée excepté), il
faisait ressortir néanmoins, la diminution incessante du
trafic sur le canal du Midi et le canal latéral à la Garonne,
les taxes élevées de ces voies navigables, la situation d'infé-

riorité dans laquelle se trouvait toute la région du Midi, relativement aux autres parties de la France, qui, depuis les sacrifices faits par l'État pour le rachat des canaux, n'étaient plus soumises qu'à des taxes minimes. Malgré les objections de la Compagnie, qui invoquait, d'une part, le préjudice considérable devant résulter pour elle de la modification de l'état de choses actuel, et d'autre part, la nature spéciale des marchandises formant le trafic des canaux du Midi, leur valeur élevée, le peu d'influence des prix de transport sur cette valeur ; malgré les observations des commissaires du Gouvernement, qui redoutaient l'effet de l'abaissement des taxes de navigation sur les recettes du chemin de fer et par contre-coup sur les finances de l'État, malgré l'opposition du Conseil d'État, la Commission annonçait l'intention de soutenir devant le Corps législatif deux amendements ayant pour objet : l'un, la présentation, dans le cours de la session suivante. d'un projet de loi pour le rachat du canal du Languedoc, l'autre, la réduction des tarifs du canal latéral à la Garonne au taux fixé par la convention de 1852, ceux du canal du Languedoc demeurant fixés à 0 fr. 03 pour la 1re classe et à 0 fr. 02 pour la 2e, conformément à la classification établie pour le canal latéral. La Compagnie du Midi avait essayé d'échapper à ces amendements, en formulant une proposition qui consistait à réduire à 0 fr. 01, à la remonte et à la descente, la taxe des deux canaux, pour la 5e classe du tarif du canal du Midi, et à 0 fr. 0035 celle des fumiers de litière, et à maintenir ces abaissements pendant six ans, du 1er janvier 1869 au 1er janvier 1875, à charge par l'État de créditer la Compagnie dans le compte de la garantie d'une somme de 500 000 fr. égale à la perte présumée de l'ancien réseau, et étant entendu que cette perte serait assumée par la Compagnie, si elle arrivait à se libérer de la garantie avant le 1er janvier 1875. Mais

les restrictions auxquelles était subordonnée la proposition de
la Compagnie et l'exclusion des blés et des vins du bénéfice
de cette proposition avaient empêché la Commission de
l'accueillir.

Enfin le rapporteur eut à enregistrer, après coup, dans
un rapport supplémentaire, un amendement de M. Pouyer-
Quertier, tendant à faire distribuer les comptes rendus des
Compagnies à tous les membres du Corps législatif.

III. — DISCUSSION ET VOTE AU CORPS LÉGISLATIF. — La
discussion générale [M. U., 23 et 25 juin 1868] roula tout
entière sur la proposition de MM. le baron de Janzé, Brame
et Pouyer-Quertier tendant à ce que les comptes rendus de
la Compagnie fussent distribués, chaque année, à tous les
membres du Corps législatif et continssent le compte d'in-
ventaire, le compte du fonds social et des emprunts, le
compte d'exploitation, le compte des profits et pertes et le
compte de premier établissement.

M. le baron de Janzé défendit cette proposition; il fit
valoir que la solidarité financière établie entre l'État et les
Compagnies faisait des opérations de ces sociétés une sorte
de régie et qu'il était absolument indispensable d'exercer
sur leur gestion un contrôle plus efficace et plus sérieux.
A cette occasion il critiqua très vivement le procédé qui
consistait, pour permettre une augmentation des dividendes,
à laisser peser, pendant de longues années, sur le compte de
premier établissement les charges des capitaux affectés à
la construction; il attaqua la mesure consistant à convertir
en annuités à long terme les subventions accordées aux
Compagnies et le remboursement des sommes avancées par
elle à l'État : c'était rejeter imprudemment sur l'avenir les
charges d'une œuvre considérable. Il s'éleva également
contre l'imputation, au compte de construction, des dépenses

de réfection des voies et notamment contre la largesse faite, à cet égard à la Compagnie du Midi.

Après une courte réponse du rapporteur, qui avisa le Corps législatif du dépôt, à la bibliothèque de la Chambre, d'un certain nombre d'exemplaires des comptes rendus de la Compagnie du Midi, M. Pouyer-Quertier prit la parole. Il soutint que ces comptes rendus étaient absolument insuffisants et que l'association formée entre les Compagnies et l'État donnait à ce dernier et au Corps législatif, son mandataire, le droit de procéder à des vérifications scrupuleuses. D'ailleurs, l'esprit dans lequel les administrateurs rédigeaient leurs rapports aux actionnaires enlevait à ces documents la valeur et le caractère qui leur étaient nécessaires au regard de l'État : il importait en effet, avant tout, aux membres des conseils d'administration de faire croire à la prospérité de leur gestion et de distribuer de gros dividendes. L'orateur fit le procès des monopoles et en particulier de celui de la Compagnie du Midi, qui détenait le canal en même temps que le chemin de fer ; il rappela les résistances des Compagnies aux abaissements de tarifs ; il appuya les observations de M. de Janzé sur les inconvénients de l'imputation des intérêts au compte de premier établissement, après la mise en exploitation des lignes.

M. Rouher, Ministre d'État, protesta contre les accusations formulées vis-à-vis des grandes sociétés industrielles du pays ; puis M. de Franqueville exposa le mécanisme des conventions de 1857 et de 1863, les garanties prises par ces conventions, et enfin les règles précises stipulées par les règlements d'administration publique de 1863 sur la vérification des comptes des Compagnies.

Le Corps législatif rejeta ensuite les divers amendements, qui avaient pour objet la construction des lignes supplémentaires ou de changements de tracé, et dont un seul donna lieu à une discussion assez vive entre MM. Cazelles et Emile Ollivier d'une part, et le Ministre des travaux publics d'autre part.

Elle repoussa aussi l'amendement de M. Javel concernant l'abaissement des tarifs et passa à la discussion des deux amendements de la Commission, concernant la grave question du canal du Midi et du canal latéral à la Garonne.

M. Peyrusse ouvrit le débat, au nom de la majorité de la Commission, par un discours absolument remarquable quant au fond et quant à la forme. Il rappela l'origine et l'importance des deux canaux ; le monopole écrasant attribué à la Compagnie des chemins de fer du Midi, maîtresse de toutes les voies de communication entre l'Océan et la Méditerranée ; l'établissement, par cette Compagnie, de tarifs qu'elle appelait protecteurs, mais qui étaient en réalité prohibitifs et destructeurs de toute navigation ; le dépérissement de la batellerie, sous l'influence de ces tarifs ; les vœux exprimés en 1863, à ce sujet, par la Commission des canaux et par celle des chemins de fer ; la promesse faite, à cette époque, par le Gouvernement d'étudier l'affaire avec sollicitude ; les réclamations incessantes de la région du Midi. Sans doute, le canal latéral à la Garonne ne pouvait être, aux termes des conventions, racheté avant le 1er janvier 1877 et sans le chemin de Bordeaux à Cette ; il y avait là un obstacle légal absolu, devant lequel les pouvoirs publics devaient s'arrêter, sous peine de violer les contrats ; quelque grave que fût la faute commise par la réunion de la voie ferrée et du canal latéral, quelque imprudent et mal avisé que l'on eût été en 1852, en faisant une exception au grand principe de la conservation et du développement des voies navigables, en revenant au funeste système des lois de 1821 et de 1822, en voulant réaliser sur la subvention allouée à la Compagnie concessionnaire du chemin de fer une économie

qui retombait lourdement sur le pays, en faisant entrer dans
la concession, pour une valeur de 17 à 21 millions, une voie
de navigation qu'aujourd'hui la Compagnie ne voulait plus
abandonner pour une indemnité de moins de 62 millions,
force était de s'incliner devant le fait accompli. Mais il n'en
fallait pas moins envisager les conséquences de cette première faute et de celles qui étaient venues s'y ajouter, et
chercher un remède à sa situation. Or, en 1852, le canal du
Midi était resté indépendant; en rachetant ou en affermant
ce canal et en combinant cette opération avec des améliorations sur la Garonne, l'État aurait pu opposer un frein salutaire à la Compagnie concessionnaire du chemin de fer et
modérer ses tarifs, sans lui faire une concurrence déloyale,
qui n'était pas à redouter de la part de l'administration; loin
de suivre cette ligne de conduite, le Gouvernement avait
sanctionné par un décret le bail passé, pour quarante ans,
entre la Compagnie du canal du Midi et celle du chemin de fer;
il avait admis des tarifs de 0 fr. 06, 0 fr. 05, 0 fr. 04, 0 fr. 03,
et 0 fr. 02, au moins équivalents aux taxes effectivement
perçues avant 1858, attendu que ces dernières taxes étaient
seulement de 0 fr. 05 et de 0 fr. 042, et que la plupart des
marchandises constituant le trafic du canal étaient rangées
dans les premières classes; il avait de plus autorisé une surélé-
vation de 0 fr. 01 sur les taxes du canal latéral à la Garonne,
bien que ces taxes eussent été arrêtées en 1852 par le législateur. La Compagnie avait aggravé encore la situation par des
manœuvres regrettables, destinées à détourner les marchandises de la voie navigable; elle avait notamment rangé dans
des classes inférieures, sur la voie ferrée, les marchandises
qui auraient dû emprunter le canal. C'est ainsi que, tout en
maintenant, pour la moyenne des tarifs du chemin de fer, un
chiffre beaucoup plus élevé que pour la moyenne des tarifs
des canaux, elle avait en réalité taxé à un prix moindre, sur

ses rails, les blés et les vins. Les résultats de sa gestion étaient d'ailleurs patents : tandis que la recette brute des chemins de fer avait triplé de 1858 à 1867, celle des canaux n'avait cessé de décroître. En présence de pareils faits, une réparation s'imposait aux pouvoirs publics. Si les objections légales de la Compagnie pour le rachat du canal latéral étaient irréfutables, il en était tout autrement pour le canal du Midi. Elle ne pouvait soutenir que l'État se fût lié en approuvant le bail, en rattachant les comptes de l'exploitation du canal à ceux du chemin de fer : car, en ratifiant le bail, le Gouvernement n'était intervenu qu'en vertu de son droit de surveillance et de contrôle ; en stipulant que les recettes du canal du Midi entreraient dans le revenu de l'ancien réseau, il s'était borné à stipuler dans son intérêt, au point de vue du jeu de la garantie de l'État ; mais il n'avait pu aliéner ainsi implicitement son droit d'expropriation. L'indemnité de 6 millions et demi réclamée par la Compagnie, au cas où l'État la déposséderait, était absolument exagérée ; toutefois le Corps législatif n'avait pas à la discuter ; il n'avait qu'à décider en principe le rachat, à faire pour le Midi ce qui avait été fait pour le surplus de la France. En attendant la réalisation de cette mesure et à titre d'expédient provisoire, il importait, comme l'avait proposé la Commission, de revenir, pour le canal latéral à la Garonne, aux tarifs de 1852 et d'abaisser à 0 fr. 03 et à 0 fr. 02 les taxes de la 1re et de la 2e classe des marchandises sur le canal du Midi, d'après la classification du canal latéral à la Garonne ; on ne pouvait trouver de meilleure occasion que celle de la modification des conventions antérieures ; il fallait ne pas la laisser échapper.

Après un échange d'observations entre plusieurs membres du Corps législatif, dont les uns soutenaient l'opinion de la majorité de la Commission, et dont les autres, tout en se montrant favorables aux réclamations de la région du Midi, se déclaraient, néanmoins, prêts à voter le projet de loi, M. Cornudet, président de section au Conseil d'État, commissaire du Gouvernement, répondit à M. Peyrusse. Il refit l'historique des circonstances dans lesquelles la Compagnie du chemin de fer du Midi avait été autorisée à réunir dans ses mains, avec la concession de ce chemin, celle du canal latéral à la Garonne et, plus tard, l'exploitation du canal du Languedoc. Il rappela la défaillance de la première société à laquelle avait été concédé en 1846 le chemin de Bordeaux à Cette ; la proposition formulée en 1851 par cinquante-trois députés, à l'effet d'obtenir la suppression du canal latéral ; la solution de conciliation à laquelle le Gouvernement s'était arrêté en 1852, en proposant de concentrer entre les mêmes mains les deux voies de communication, pour assurer l'exécution de la voie ferrée ; l'avis tout à fait favorable de la commission du Corps législatif ; le vote de la loi à la presque unanimité ; les précautions prises d'ailleurs pour protéger le canal latéral par des tarifs relativement bas de 0 fr. 03 et 0 fr.02 à la remonte, de 0 fr. 02 et 0 fr. 01 à la descente ; la nécessité où s'était ensuite trouvé le Gouvernement, d'homologuer le bail relatif au canal du Midi, sous peine de laisser consommer la ruine de ce canal : car l'État ne pouvait songer à le racheter, à entamer la lutte pour son compte, et à compromettre l'existence de la Compagnie du chemin de fer, dès ses débuts ; il ne pouvait davantage songer à allouer à cette Compagnie des subsides plus considérables, à un moment où il devait appliquer toutes ses ressources au développement du réseau. Du reste, le Corps législatif, saisi de la convention de 1859, n'avait pas fait entendre la moindre critique à ce sujet. En 1863, la Chambre, ayant de nouveau à se prononcer sur le régime du réseau du Midi, avait même repoussé une proposition de rachat formulée par l'un de ses membres. Passant à l'examen des amendements de la Commission, M. Cornudet reconnut qu'au point de vue du droit, le rachat du canal du Midi par voie d'expropriation était possible ; mais il soutint que l'application de cette mesure ne serait pas opportune. Suivant lui, il était inexact de prétendre que la réunion du canal et du chemin de fer portât aux populations un préjudice considérable. En effet, d'une part le tarif moyen du chemin de fer de Bordeaux à Cette, comparé à celui des autres lignes du territoire pour des marchandises similaires, était sensiblement plus bas, il en différait de plus d'un centime ; d'autre part, si la taxe moyenne des canaux était de 0 fr. 359, ce chiffre relativement élevé s'expliquait par la nature et la valeur des marchandises qui constituaient leur trafic : les blés, par exemple, n'étaient pas tarifés à un taux supérieur à celui que les Compagnies de chemins de fer avaient consenti à titre exceptionnel, pour le cas de disette ; la Compagnie du Midi avait même établi récemment des tarifs différentiels très avantageux, pour la navigation à grande distance ; les vins subissaient également un traitement favorable ; sans prétendre que le rachat ne fût pas de nature à donner à la région des avantages appréciables, on ne pouvait soutenir qu'il se présentât avec un caractère impérieux d'urgence. Le sacrifice à faire, pour entrer dans les vues de la majorité de la Commission, serait incontestablement très élevé ; il faudrait indemniser la société concessionnaire du canal du Midi, abaisser les tarifs, renoncer immédiatement à une partie de la recette qui aurait servi de base au règlement de cette indemnité, et allouer une somme considérable à la Compagnie fermière. Ce sacrifice, consenti au profit de la région du Midi, serait contraire aux principes de justice distributive, alors que les pouvoirs publics étaient conduits à refuser des chemins de fer à d'autres parties de la France, absolument dépourvues de voies économiques de transport. Il fallait donc ajourner la détermination que sollicitait la Commission.

M. de Forcade la Roquette appuya brièvement les explications de M. Cornudet et ajouta que la Compagnie du Midi venait de promettre un abaissement d'un centime, pour les marchandises de la 5ᵉ classe, et une réduction de 3 millions et demi, pour les fumiers de litière, en renonçant aux conditions auxquelles elle avait d'abord entendu subordonner cette diminution.

Les deux amendements furent repoussés.

MM. le baron Jérôme David et Peyrusse se plaignirent ensuite de la fréquence des chômages du canal du Midi et de la manière dont étaient dirigés les travaux d'entretien. Après une réponse de M. de Franqueville, M. Pouyer-Quertier aborda l'examen de la situation financière de la Compagnie du Midi. Il critiqua très vivement divers actes de la gestion de MM. Péreire (1), qui étaient à la tête du conseil d'administration de la Compagnie du chemin de fer du Midi et de diverses autres sociétés, telles que le Crédit mobilier, et notamment : 1° la vente qu'ils avaient faite à cette Compagnie, à un taux très élevé, du chemin de Bordeaux à la Teste et à Arcachon, acheté par eux à vil prix : 2° des prêts considérables s'élevant jusqu'à 65 millions, consentis par eux au Crédit mobilier, moyennant un intérêt peu rémunérateur. Ces actes n'étaient pas seulement de nature à compromettre l'existence de la Compagnie du chemin de fer ; mais leurs conséquences pouvaient peser sur l'État, qui avait solidarisé ses intérêts avec ceux de la Compagnie. L'orateur demandait en conséquence au Corps législatif de ne pas en-

(1) A la séance suivante et à l'occasion de la lecture du procès verbal, M. Pereire rétorqua les allégations de M. Pouyer-Quertier.

gager les deniers des contribuables avec des hommes, qui avaient ainsi exposé les fonds placés entre-leurs mains et et méconnu les intérêts de leurs actionnaires. En tout cas, il réclamait des éclaircissements complets sur la situation financière de la Compagnie du Midi, sur ses dépenses de premier établissement, sur les conditions de son exploitation, sur les délais de construction des lignes qui n'étaient pas encore livrées à la circulation; il insistait pour qu'un terme fût mis aux abus d'un monopole écrasant et que la convention fût subordonnée aux légitimes satisfactions réclamées par le public.

M. Roulleaux-Dugage, rapporteur, répondit à M. Pouyer-Quertier, en lui reprochant de ne pas avoir formulé en 1863, lorsqu'il était rapporteur d'un projet de loi relatif à la convention conclue à cette époque avec la Compagnie du Midi, tous les griefs dont il venait d'accabler l'administration de cette Compagnie. Il lui opposa ce fait que, lors de l'augmentation de son capital social, la Compagnie, au lieu de faire bénéficier les fondateurs ou les actionnaires de la prime des titres, avait versé cette prime à la caisse; qu'elle avait reçu de l'État une subvention kilométrique de beaucoup inférieure à celle des réseaux d'Orléans, de la Méditerranée, de l'Ouest et de l'Est; que son ancien réseau déversait des sommes considérables sur le nouveau. Le reproche articulé constamment contre les grandes Compagnies, de réaliser des recettes excessives, n'était pas fondé : car, si elles avaient voulu s'en tenir à leurs concessions primitives, elles auraient distribué à leurs actionnaires des dividendes bien plus élevés. Quant aux allégations concernant la gestion des administrateurs, la plus grave, qui touchait aux prêts consentis au profit du Crédit mobilier, n'avait plus qu'une valeur insignifiante, attendu que le prêt était descendu à 10 millions.

A son tour, le Ministre opposa à M. Pouyer-Quertier

les termes de son rapport de 1863, termes tout à fait favorables au système des conventions de 1859 et 1863 ; il expliqua les prêts de la Compagnie du Midi au Crédit mobilier par la nécessité qui s'imposait aux Compagnies, d'avoir des comptes courants considérables, et par le refus de la caisse centrale du Trésor et de la caisse des dépôts et consignations de recevoir ces comptes courants ; ces prêts ou plutôt ces dépôts, d'ailleurs notablement réduits en 1868, n'avaient point entravé les travaux d'exécution du réseau et ne pouvaient nullement motiver l'ajournement d'une convention, qui devait doter la région du Midi de lignes supplémentaires, depuis longtemps réclamées par les intéressés. Ces lignes n'étaient par désirées par les actionnaires ; elles ne devaient point les enrichir ; en échange de son consentement à établir ces lignes, la Compagnie n'avait obtenu aucune augmentation effective de son capital de premier établissement, aucune faveur. L'État, dont on accusait la prodigalité, n'avait consacré au réseau du Midi qu'une somme de 180 millions et en retirait un revenu de 9 millions par an.

A la suite d'une courte réplique de M. Pouyer-Quertier, la loi fut votée, à une très grande majorité, et sanctionnée le 10 août.

Un décret du même jour ratifia la convention [B. L., 2ᵉ sem. 1868, nᵒ 1642, p. 639 et 640].

La ligne de Saint-Affrique au chemin de Montpellier à Milhau fut ouverte en 1874 ; celle de Foix à Tarascon, en 1877. Celle de Mende au chemin de Rodez à Milhau, avec embranchement sur Marvejols, est encore en construction.

340. — **Concession du chemin d'nitérêt local de Charmes à Rambervillers.** — Un décret du 23 août 1868

[B. L., 2ᵉ sem. 1868, n° 1653, p. 791] autorisa la construction d'un chemin d'intérêt local de Charmes à Rambervillers (Vosges) et affecta à ce chemin une allocation de 366 666 fr.

La concession était faite par le département à MM. Retournard et consorts, propriétaires à Rambervillers, moyennant livraison des terrains ; allocation d'une subvention de 332 224 fr., sur les fonds départementaux ; cession des subventions promises par les communes, les propriétaires et l'administration forestière, et s'élevant à 399 700 fr. ; et transfert de la subvention de l'État. Le tarif était de 0 fr. 10, 0 fr. 075 et 0 fr. 055, pour les voyageurs, et de 0 fr. 18', 0 fr. 15, 0 fr. 12 et 0 fr. 10, pour les marchandises en petite vitesse.

La Compagnie de l'Est se chargeait de l'exploitation, en prélevant 4 000 fr. sur les recettes brutes, au-dessus de 6 000 fr., et moitié des excédents sur ce chiffre de 6 000 fr., après un autre prélèvement de 10 °/₀ sur lesdits excédents, pour constituer un fonds de réserve, affecté aux modifications et agrandissements des stations et pouvant croître jusqu'à 100 000 fr.

Le chemin de Rambervillers à Charmes, dont la longueur était de 28 kilomètres, fut ouvert en 1871.

341. — **Révision des tarifs des canaux du Midi.** — Nous avons vu que la Compagnie du Midi avait offert, devant la commission du Corps législatif, appelée à examiner la convention passée entre cette Compagnie et l'État, de réduire : 1° à 0 fr. 01 à la remonte et à la descente, sur le canal latéral à la Garonne et sur le canal du Midi, la taxe des marchandises formant la 5ᵉ classe du tarif de ce dernier canal ; 2° à 0 fr. 0035 la taxe des fumiers de litière sur les mêmes canaux.

Ces modifications firent l'objet d'une convention, approuvée par décret du 20 septembre 1868 [B. L., 2ᵉ sem. 1868, n° 1644, p. 675].

342. — Concession du chemin d'intérêt local de Sarrebourg à Sarreguemines. — Deux décrets du 11 octobre 1868 [B. L., 2ᵉ sem. 1868, n° 1662, p. 961, et n° 1670, p. 1137] autorisèrent l'exécution d'un chemin d'intérêt local, dans la vallée de la Sarre, entre Sarrebourg et Sarreguemines, sur le territoire des départements de la Meurthe et du Bas-Rhin (37 km.).

Ce chemin était concédé à la société belge de chemins de fer représentée par M. Van Hœgaerden. L'État accordait une subvention de 326 000 fr. au département de la Meurthe et de 380 000 fr. au département du Bas-Rhin.

Le concessionnaire recevait : 1° les terrains ; 2° les déviations de chemins, les chemins latéraux et les voies d'accès aux stations ; 3° une subvention de 660 000 fr. pour le Bas-Rhin et de 800 000 fr. pour la Meurthe. Dans ce dernier département, les excédents sur les prévisions primitives, pour les subventions des communes et des particuliers, étaient acquis au concessionnaire.

Le tarif était de 0 fr. 10, 0 fr. 075 et 0 fr. 055, pour les trois classes de voyageurs, et de 0 fr. 16, 0 fr. 14, 0 fr. 10 et 0 fr. 08, pour les quatre classes de marchandises en petite vitesse.

L'ouverture à l'exploitation n'avait pas eu lieu, lors de l'annexion de l'Alsace-Lorraine à l'Allemagne.

343. — Concession du chemin d'intérêt local de Belleville à Beaujeu (Rhône). — Un décret portant également la date du 11 octobre [B. L., 2ᵉ sem. 1868, n° 1672, p. 1185] autorisa l'exécution d'un chemin d'intérêt local de Belleville à Beaujeu, dans le département du Rhône, avec allocation d'une subvention de 112 500 fr.

Ce chemin était concédé à MM. Picard et Bergeron, qui recevaient une subvention de 450 000 fr.

Le tarif était de 0 fr. 10 et 0 fr. 06, pour les voyageurs ; de 0 fr. 16, 0 fr. 14 et 0 fr. 10, pour les marchandises en petite vitesse.

La ligne de Belleville à Beaujeu, ouverte en 1869, fut classée en 1878 dans le réseau d'intérêt général et concédée à la Compagnie de Paris-Lyon-Méditerranée.

344. — Concession du chemin d'Anzin à la frontière belge. — Le 24 octobre 1868 [B. L., 2ᵉ sem 1868, n° 1659, p. 857], le Gouvernement concéda le chemin d'Anzin à la frontière belge à la Compagnie des mines d'Anzin, déjà concessionnaire des lignes de Saint-Waast à Denain, d'Abscon à Denain, de Saint-Waast à Anzin et d'Abscon à Somain, et soumit l'ensemble de ces lignes à un nouveau cahier des charges conforme à celui des grandes Compagnies. La durée des diverses concessions était fixée à quatre-vingt-deux ans, à compter du 1ᵉʳ janvier 1868. Une convention internationale intervint avec la Belgique, en 1870, pour la ligne d'Anzin à la frontière belge, qui fut livrée à l'exploitation en 1874.

345. — Concession du chemin d'intérêt local d'Epernay à Romilly. — Un décret du 12 novembre 1868 [B. L., 2ᵉ sem. 1868, n° 1672, p, 1202] autorisa l'exécution d'un chemin d'intérêt local d'Epernay à Romilly et lui attribua une subvention de 1 300 000 fr. La concession était faite à la société belge de chemins de fer, moyennant livraison des terrains ainsi que des déviations de chemins, voies d'accès aux stations et chemins latéraux, et allocation d'une somme

de 3 150 000 fr. Le cahier des charges était analogue à celui de la ligne de Sarrebourg à Sarreguemines. L'ouverture à l'exploitation eut lieu de 1870 à 1872.

346. — **Concession du chemin d'intérêt local de Bazancourt à Bétheniville.** — Le dernier acte à mentionner, en 1868, est un décret du 27 novembre [B. L., 1er sem. 1869, n° 1710, p. 699], autorisant l'exécution d'un chemin d'intérêt local de Bazancourt à Bétheniville, dans le département de la Marne, et allouant à ce département une subvention de 250 000 fr.

La concession était faite à M. Legros, manufacturier, moyennant des conditions semblables à celles que nous venons d'indiquer pour le chemin d'Épernay à Romilly, si ce n'est que la subvention en argent était seulement de 650 000 fr. Le tarif était de 0 fr. 12, 0 fr. 10 et 0 fr. 07, pour les voyageurs, et de 0 fr. 20, 0 fr. 16, 0 fr. 12 et 0 fr. 10, pour les marchandises en petite vitesse.

La Compagnie de l'Est se chargeait d'ailleurs de l'exploitation à prix coûtant, en comprenant dans ses dépenses une redevance de 8 °/₀ de la valeur du matériel roulant employé d'une manière permanente à cette exploitation, ainsi que des redevances kilométriques fixées à 0 fr. 04 par voiture à voyageurs, 0 fr. 02 par wagon à marchandises français, 0 fr. 025 à 0 fr 03 par wagon à marchandises étranger, pour le matériel loué temporairement. Le traité entre les deux Compagnies avait une durée de six ans, avec faculté de tacite reconduction pour des périodes successives de même durée.

La ligne fut ouverte en 1872.

CHAPITRE XI. — ANNÉE 1869

347. — Concession définitive d'un certain nombre de lignes.

Nous devons avant tout signaler en 1869 la concession définitive d'un certain nombre de lignes qui n'avaient été concédées qu'à titre éventuel et dont voici le tableau :

DÉSIGNATION des Compagnies.	DATE des décrets.	NUMÉRO du Bulletin des lois.	DÉSIGNATION des lignes.	ÉPOQUES d'ouverture.
P.-L.-M......	2 janvier 1869.	1er sem. 1869, n° 1676, p. 24	Grenoble au chemin d'Avignon à Gap...........	1876-78
Est.........	2 janvier 1869.	1er sem. 1869, n° 1676, p. 23	Boissy - St - Léger à Brie-Comte-Robert........	1875
Midi........	31 mars 1869.	1er sem. 1869, n° 1691, p. 295	Condom à Port - Sainte - Marie..............	1880
Charentes....	22 septembre 1869.	2e sem. 1869, n° 1756, p. 559	La Rochelle à Rochefort..	1873
Vitré à Fougères.	22 décembre 1869.	1er sem. 1870, n° 1777, p. 54	Fougères à la baie du Mont-Saint-Michel..........	1872

348. — Rétrocession à la Compagnie d'Orléans des chemins de Libourne à Bergerac et de Saint-Éloi. — Le Gouvernement s'était engagé, nous l'avons vu, par la convention de 1868 à rétrocéder à la Compagnie d'Orléans les chemins de Libourne à Bergerac et de Saint-Éloi à la ligne de Commentry à Gannat, au cas où la concession de ces chemins serait reprise par l'État.

Un décret du 2 janvier 1869 [B. L., 1er sem. 1869, n° 1675, p. 1] approuva : 1° le rachat du chemin de Libourne à Bergerac, moyennant la somme de 4 800 000 fr. fixée par arbitres ; 2° la rétrocession définitive à la Compagnie d'Orléans.

Un second décret du 27 mars 1869 [B. L., 1ᵉʳ sem. 1869, n° 1691, p. 292] statua dans le même sens au sujet du chemin de Saint-Éloi, dont le prix de rachat était fixé à 1 070 000 fr.

Le premier de ces chemins fut ouvert de 1869 à 1875 et le second, en 1871.

349. — **Concession de chemins de fer d'intérêt local.** — Nous avons à enregistrer, pour 1869, un assez grand nombre de concessions de chemins d'intérêt local; nous en résumons les principaux éléments dans le tableau ci-après :

DÉSIGNATION des départements ou villes.	DÉSIGNATION des lignes.	DATE des décrets.	NUMÉRO du Bulletin des lois.	DÉSIGNATION des concessionnaires.	SUBVENTIONS accordées aux concessionnaires.	PART de l'État dans cette subvention.	TARIF (voyageurs)	TARIF (marchandises ou petite vitesse)	ÉPOQUE d'ouverture.	OBSERVATIONS.
							cent.	cent.		
Moselle.	Sarreguemines à Sarralbe et à la frontière du Bas-Rhin (15 km.).	30 janv.	1er sem. 1869, n° 1712, p. 739.	Société belge.	Terrains, déviations de chemins, voies d'accès, chemins latéraux, — 572 000 fr.	264 000 f.	10 7,5 5,5	16 14 10 8	»	
Moselle.	Courcelles à Téterchen (31 km.).	17 février	1er sem. 1869, n° 1713, p. 799.	Id.	Terrains, déviations de chemins, voies d'ac côs, chemins latéraux, — 1 610 000 fr.	700 000	Id.	Id.	»	
Colmar.	Colmar au Rhin (20 km.).	24 avril.	2e sem. 1869, n° 1750, p. 397.	Ville de Colmar	»	960 000	11,2 8,4 6,1	16 14 10 8	»	Traité d'exploitation avec la Compagnie de l'Est, moyennant simple remboursem¹ de ses dépenses.
Eure.	Évreux à Elbeuf (42 km.). Dreux à Acquigny (57 km.). Pacy-sur-Eure à Vernon (19 km.).	1er mai.	2e sem. 1869, n° 1738, p. 157.	Girard. Desroches.	Terrains. 1 609 500 fr. 4 125 000	1 594 875	10 7,5 5,5	16 14 10 8	1872 à 1875	
Gironde.	Bordeaux à la Sauve (27 km.).	1er mai.	2e sem. 1869, n° 1727, p. 9.	Riche et Chrétien.	2 000 000	500 000	10 7,5 5,5	24 18 14 10	1873	Concession limitée à 70 ans.
Bas-Rhin	Steinbourg à Bouxwiller (13 km.).	15 mai.	2e sem. 1869, n° 1740, p. 205.	C¹e d'industriels et de propriétaires intéressés.	Plate-forme. Subvention en argent égale à celle de l'État.	452 294 f.58	10 7,5 5,5	14 12 8	»	Durée de la concession fixée à 50 ans, mais susceptible d'être modifiée d'accord avec le concessionnaire.

DÉSIGNATION des départements ou villes.	DÉSIGNATION des lignes	DATE des décrets.	NUMÉRO du Bulletin des lois.	DÉSIGNATION des concessionnaires.	SUBVENTIONS accordées aux concessionnaires.	PART de l'État dans cette subvention.	TARIF voyageurs cent.	TARIF marchandises en petite vitesse cent.	ÉPOQUE d'ouverture.	OBSERVATIONS.
Somme.	Bouquemaison à Gamaches (85 km.)	15 mai.	2e sem. 1869, n° 1728, p. 29.	Gautray, Abt et Delahante.	65 000 fr. (p. km.)	1 379 349 f.	12 / 9 / 6	18 / 12	1872 à 1874	Moitié du revenu brut kilométrique excé-dant 15 000 fr. remise au département pour être attribuée tant à lui qu'à l'État, au pro-rata de leurs sub-ventions.
Charente	Barbezieux à Châteauneuf (18 km.)	15 mai.	2e sem. 1869, n° 1745, p. 301.	Mathieu-Bodet et autres.	1 282 423	435 000	10 / 8 / 6	16 / 14 / 10 / 8	1872	
Somme.	Epéhy à Gannes (75 km.)........	15 mai.	2e sem. 1869, n° 1724, p. 967.	Debrousse et Baroche.	67 000 fr. (p. km.)	1 289 750	12 / 9 / 6	18 / 12	1873 à 1875	Partage, comme ci-dessus, au delà de 14 000 fr. de revenu brut par kilomètre.
Eure-et-Loir.	Orléans à Rouen (98 km.)........	4 août.	2e sem. 1869, n° 1753, p. 445.	Fresson, Gautray et con-sorts.	37 500 fr. (p. km.)	1 137 500	10 / 7,5 / 5,5	16 / 14 / 10 / 8	1872 à 1873 jusqu'à Dreux	
Isère.	Villebois à Mon-talieu (2 km.)...	1er décem-bre.	1er sem. 1870, n° 1787, p. 225.	Mangini et fils.	Terrains. Presta-tions comptées pour 5 000 f. et 157 000 fr.	69 000	10 / 8 / 5,5	25 / 16 / 14 / 10	1875	
Seine-In-férieure.	Tréport à Aban-court (57 km.)...	18 décem-bre.	1er sem. 1870, n° 1781, p. 129.	Voruz, Dela-hante, etc.	Terrains et 1 111 660 fr.	491 666	10 / 7,5 / 5,5	16 / 14 / 10 / 8	1872-73	

350. — **Concession du chemin de Lyon à Montbrison.**
— Les pouvoirs publics avaient compris dans la loi de classement de 1868 une ligne de Lyon à Montbrison, en admettant l'éventualité d'une subvention de 14 500 000 fr. à la
Compagnie à laquelle ce chemin serait concédé. Le Ministre
conclut en 1869 avec MM. Mangini une convention, aux
termes de laquelle ces industriels se rendaient concessionnaires de la ligne, moyennant une allocation de 14 millions
dans laquelle venait se confondre une subvention de 2 millions votée par le conseil général du Rhône ; la subvention
de l'État était payable en seize termes semestriels, avec faculté de conversion en quatre-vingt-dix annuités. Le cahier
des charges était celui des chemins de fer d'intérêt général.

Le Corps législatif fut saisi le 27 mars 1869 de cette
convention [J. O., 22 avril 1869].

M. Perras, rapporteur [J. O., 24 avril 1869], mit en relief
l'intérêt de cette ligne qui devait constituer le premier anneau du grand transversal du côté de Lyon et qui devait en
outre donner à cette ville une gare centrale dans le quartier
Saint-Paul. La subvention de 12 millions ne paraissait nullement exagérée, eu égard au chiffre de la dépense totale
évaluée à 28 millions. La concession directe se justifiait
d'ailleurs, dans l'espèce, par les études de MM. Mangini, par
le vœu des populations, indépendamment de toute considération générale et de principe. La Commission concluait
donc à l'approbation de la convention.

Lors de la discussion [J. O., 23 avril 1869], MM. de
Soubeyran et Lafond de Saint-Mur appelèrent l'attention du
Gouvernement sur la convenance de profiter de l'abon-
dance des capitaux, pour assurer l'exécution des chemins de
fer classés en 1868, et de ne pas laisser l'épargne du pays
se porter vers l'étranger, faute d'un emploi sur le territoire
français. M. Gressier, Ministre des travaux publics, fit une

réponse favorable, tout en déclarant que les offres de concours des localités intéressées seraient de nature à accélérer la réalisation de la mesure désirée par les précédents orateurs.

La loi fut votée et sanctionnée le 8 mai [B. L., 2ᵉ sem. 1869, n° 1760, p. 593]. Un décret du 16 octobre [B. L., 2ᵉ sem. 1869, n° 1760, p. 594] ratifia la convention et la ligne fut ouverte de 1873 à 1876.

351. — Convention avec la Compagnie du Nord.

I. — CONVENTION. — En 1868, en même temps qu'il traitait avec les Compagnies de l'Ouest, d'Orléans, de l'Est, de Paris-Lyon-Méditerranée et du Midi, le Gouvernement avait également conclu une convention avec la Compagnie du Nord.

Aux termes de cette convention, la Compagnie obtenait la concession définitive : 1° de la ligne d'Arras à Étaples, avec embranchement sur Béthune et sur Abbeville (186 km.), déjà comprise dans la loi de classement ; 2° de la ligne de Gravelines au chemin de Lille à Calais (19 km.), également comprise dans cette loi ; 3° d'une ligne de Luzarches au chemin de Saint-Denis à Pontoise (23 km.), comprise dans un projet de convention de 1863 qui n'avait pas abouti.

Elle recevait la concession éventuelle : 1° d'une ligne de Lille à la frontière belge, près Comines (16 km.), destinée à vivifier une contrée populeuse, à faciliter l'explortation des produits de cette contrée et à réduire d'un tiers le parcours entre Tournai et Ypres ; 2° d'une ligne de Tourcoing à Menin (11 km.), destinée principalement à desservir Halluin et à faciliter les relations de Tourcoing et de Roubaix avec la Flandre occidentale.

L'État prenait à son compte l'exécution de l'infrastructure, estimée à 24 500 000 fr., et laissait au compte de la Compagnie les travaux de superstructure, estimés à 34 000 000 fr.

La Compagnie faisait l'avance des sommes nécessaires à l'État, pour sa part des travaux, et en était remboursée dans les conditions que nous avons vues, pour le paiement des subventions allouées en 1868 à d'autres Compagnies. Toutefois le Ministre se réservait de substituer à l'exécution directe de la plate-forme l'allocation de sommes forfaitaires à débattre avec la Compagnie, dans la limite du chiffre maximum ci-dessus indiqué de 24 500 000 fr.

Le tarif général était rendu conforme à celui des autres réseaux, par l'addition d'une quatrième classe de marchandises transportées en petite vitesse.

Comme nous l'avons déjà vu dans le projet de convention de 1863, la Compagnie du Nord prenait l'engagement de réduire de 12 kilomètres la distance d'application des taxes entre Lille à Valenciennes, jusqu'à ce que la ligne de jonction de ces deux villes fût mise en exploitation.

Il était stipulé, au profit de la Compagnie de Lille à Valenciennes : 1° que, si cette Compagnie était conduite à emprunter les rails de la compagnie du Nord, elle acquitterait seulement le péage pour le nombre effectif de kilomètres parcourus sur ces rails ; 2° que, au cas où elle aurait à établir un service dans les gares de Lille et de Valenciennes appartenant à la Compagnie du Nord, la redevance à payer par elle de ce chef serait réglée, le cas échéant, par arbitrage et que le Ministre statuerait en outre, les Compagnies entendues, sur les contestations relatives à l'exercice ou au principe de l'usage commun desdites gares.

La répartition des lignes entre l'ancien et le nouveau réseau était modifiée : les chemins de Boulogne à Calais, d'Ermont à Argenteuil et de Pontoise à la ligne de Creil passaient du second au premier, dans lequel elles étaient véritablement enclavées ; les nouvelles lignes étaient également rattachées pour le même motif à l'ancien réseau, sauf celle d'Arras à Étaples qui était comprise dans le nouveau. La longueur de l'ancien réseau était ainsi portée à 1220 kilomètres et celle du nouveau réseau à 651 kilomètres.

Le maximum du capital garanti, qui avait été fixé en 1862 à . . . . 178 000 000 fr.
était augmenté :

1° Eu égard aux suppléments de dépenses qui avaient été reconnus nécessaires en cours d'exécution de 26 000 000

2° De la dépense afférente au chemin d'Arras à Étaples 24 000 000

TOTAL . . . . 228 000 000 fr.

et réduit, d'autre part, des dépenses relatives aux trois lignes transportées à l'ancien réseau, ci 28 000 000

RESTE . . . . 200 000 000 fr.

Le revenu réservé à l'ancien réseau avait été arrêté, en 1862, à 35 500 fr. par kilomètre, pour une dépense de 444 875 000 fr., sur l'ancien réseau, et de 178 000 000 fr., sur le nouveau réseau. Nous avons vu que la dépense du nouveau réseau était portée à 200 000 000 fr. ; celle de l'ancien réseau devait être élevée à 542 000 000 fr., dont 28 000 000 fr. pour les lignes venant du nouveau réseau, et 10 000 000 fr. pour les lignes nouvelles et 60 000 000 fr. environ pour augmentation sur les estimations primitives. Dès lors, le nouveau revenu réservé s'établissait comme suit :

Dividende de 50 fr. à 525 000 actions ayant produit 231 875 000 fr. . . . . 26 250 000 fr.

Charge des obligations de l'ancien réseau : 0,055 × 310 125 000 fr. 17 056 875

Différence de 0 85 % entre le taux des négociations, soit 5,50 et le taux garanti de 4,65, sur 200 000 000 fr. 1 700 000

TOTAL . . . . 45 006 875 fr.

somme qui, répartie sur 1 220 km, donnait 36 900 fr. par km.

Des travaux complémentaires, montant au chiffre maximum de 65 000 000 fr. étaient prévus comme devant être exécutés sur l'ancien réseau, pendant la période décennale de clôture des comptes. Le revenu réservé kilométrique était augmenté de $\frac{25\,000}{1\,220}$ fr., soit 45 fr. par million de dépenses faites en vertu de cette disposition.

D'autre part, ce revenu réservé devait être diminué de 200 fr., pour chaque longueur de 100 kilomètres du nouveau réseau non livrés à l'exploitation.

Quant au partage des bénéfices, d'après le contrat de 1862, il devait s'ouvrir lorsque le produit net de l'exploitation représentait 48 700 fr. par kilomètre, sur l'ancien réseau, et 6 % du capital effectivement dépensé, sur le nouveau.

La somme totale, ainsi réservée avant partage aux 1 095 kilomètres de l'ancien réseau, s'élevait à   53 326 500 fr.

On y ajouta :

6 % du capital de 28 000 000 fr. afférent aux lignes transportées du nouveau à l'ancien réseau, de l'excédent de dépenses de 59 000 000 fr. constaté sur l'ancien réseau et de l'évaluation de 10 000 000 fr. relative aux concessions nouvelles, ci............   5 820 000

Ce qui donna un total de............   59 146 500 fr.

soit 48 500 fr. par kilomètre.

Les dépenses des travaux complémentaires de l'ancien réseau, exécutées pendant la période décennale, devaient donner lieu à un prélèvement de 6 %, avant partage.

II. — PREMIER PROJET DE LOI ET PREMIER RAPPORT AU CORPS LÉGISLATIF. — Cette convention et le projet de loi auquel elle était annexée furent soumis au Corps législatif en 1868 [J. O., 16, 17 et 19 septembre 1868].

La Commission fut saisie d'un grand nombre d'amendements, qui lui parurent dignes de fixer son attention et qui
tendaient à exécuter des chemins de Boulogne à Saint-
Omer; de Saint-Omer à Berguette, par Aire; de Berguette
à Armentières; de Roubaix à Somain; d'Erquelines et de
Jeumont à Fourmies ou Anor; de Dunkerque à Calais; de
Beauvais à la ligne de Rouen à Amiens; de Compiègne à
Soissons; de la ligne de Luzarches à Épinay, vers Beau-
mont; d'Abbeville à Dieppe et au Havre; de Chauny à
Anizy. En présence de ces nombreux amendements, elle se
demanda si l'État n'avait pas accordé à la Compagnie du
Nord des conditions trop favorables et s'il ne serait pas possible de faire exécuter par cette Compagnie un plus grand
nombre de lignes, sans imposer au Trésor des charges plus
considérables. Elle soumit même, mais sans succès, au Conseil d'État et au Gouvernement un contre-projet conçu dans
un esprit tout différent : d'après ce contre-projet, la Compagnie du Nord n'eût obtenu, pour les lignes de Lille à
Comines et de Tourcoing vers Menin, que les terrains nécessaires à leur assiette ; pour les chemins d'Arras à Étaples
avec embranchement de Gravelines à la ligne de Lille à
Calais, elle n'aurait reçu aucune allocation et aurait simplement pu obtenir les tolérances et les facilités accordées
pour les chemins départementaux; l'État lui eût garanti
5 1/2 % par an de ses dépenses, jusqu'à concurrence d'un
maximum de 150 000 fr. par kilomètre ; les frais d'exploitation eussent été fixés à forfait à 45 % de la recette brute ;
la Compagnie aurait été obligée d'accepter, dans les mêmes
conditions, les autres lignes qui auraient été réclamées d'elle
dans la région du Nord. Le Gouvernement ayant affirmé
l'impossibilité de réduire les subventions promises à la
Compagnie, la Commission renonça à sa proposition.

Elle conclut par l'organe de M. de Saint-Paul [J. O.,

19 et 23 octobre 1868] à l'adoption du projet de loi, sauf quelques modifications admises par le Conseil d'État et ayant pour objet notamment :

1° De bien limiter aux travaux de premier établissement les dépenses complémentaires prévues sur l'ancien réseau ;

2° De stipuler que la somme de 59 127 000 fr., ajoutée aux évaluations primitives de l'ancien réseau pour former le chiffre total de 542 000 000 fr., n'était admise qu'à titre provisoire, et sauf vérification et régularisation, le revenu réservé devant être diminué de 50 fr., pour chaque million non admis au compte de premier établissement.

En terminant, elle recommanda au Ministre les offres de M. Philippart pour la concession de la vicinalité ferrée dans le département du Nord.

III. — Convention modifiée et deuxième projet de loi. — Le projet de loi n'ayant pu être discuté pendant la session de 1868, le Gouvernement le modifia et en présenta un nouveau le 27 mars [J. O., 15 avril 1869].

D'après la nouvelle convention, le réseau de la Compagnie du Nord n'était plus augmenté que des lignes d'Arras à Étaples, de Béthune à Abbeville et de Luzarches au chemin de Saint-Denis à Pontoise ; les autres lignes, qui avaient été comprises à titre ferme ou à titre éventuel dans la convention de 1868, étaient distraites pour être groupées avec d'autres chemins à concéder à une nouvelle Compagnie, comme nous le verrons par la suite.

L'État continuait à concourir à l'exécution de la ligne de Luzarches vers le chemin de Saint-Denis à Pontoise par la livraison de l'infrastructure ; pour celle d'Arras à Étaples et son embranchement, il devait également livrer la plate-forme, mais était remboursé du qnart de ses dépenses par la Compagnie. La dépense mise ainsi à la charge du Trésor était évaluée à 4 500 000 fr. $+ (\frac{3}{4} \times 14\ 500\ 000$ fr.,) soit 15 400 000 fr. en nombre rond.

La clause portant que, si la Compagnie de Lille à Valenciennes était conduite à emprunter les rails de la Compagnie du Nord, elle n'acquitterait le péage que pour le nombre de kilomètres réellement parcourus, et prévoyant le règlement des difficultés relatives à l'usage commun de certaines gares, était étendue à toutes les lignes antérieurement concédées dans la région du Nord et à celles qui faisaient l'objet d'un projet de concession au profit de la Compagnie du Nord-Est.

Le revenu total réservé avant déversement à l'ancien réseau, qui avait été évalué à 45 006 815 fr., devait être réduit de l'intérêt et de l'amortissement, au taux de 5 50 %, d'une somme de 2 000 000 fr., savoir :

Réduction de 7 000 000 fr. correspondant aux lignes de Gravelines à Watten, de Lille à Comines et de Tourcoing à Menin, qui cessaient de figurer à la convention ;

Augmentation de 5 000 000 fr. constatée en 1868 sur les dépenses de l'ancien réseau ;

De telle sorte que le revenu total était ramené à 44 896 875 fr.

Le développement de l'ancien réseau était également ramené de 1 220 kilomètres à 1 174 kilomètres ; le revenu kilométrique réservé était porté à 38 240 fr.

Le chiffre maximum des dépenses afférentes aux travaux complémentaires, à exécuter pendant une période de dix ans, était réduit de 5 000 000 fr. et fixé, par suite à 60 000 000 fr.

Le revenu total réservé, avant partage, à l'ancien réseau était réduit de l'intérêt à 6 % d'une somme de 2 000 000 fr.

2

33

et ramené à 59 026 500 fr., ce qui donnait un revenu kilométrique de 50 275 fr.

Quant au surplus des clauses de la première convention amendée par la Commission, elles étaient reproduites à peu près textuellement.

IV. — ADOPTION PAR LE CORPS LÉGISLATIF. — La Commission émit un avis favorable, en exprimant le vœu que la ligne d'Arras à Étaples fût bientôt prolongée jusqu'à Dieppe [J. O., 15, 16 et 24 avril 1869].

A la suite de quelques observations fort courtes, présentées notamment par M. Javal qui réclamait l'accélération des transports ainsi que la révision et l'abaissement des tarifs, la loi fut votée [J. O., 23 avril 1869] et sanctionnée le 22 mai 1869 [B. L., 1ᵉʳ sem. 1869, nº 1721, p. 899].

La ligne d'Arras à Étaples fut livrée à l'exploitation de 1875 à 1878; l'embranchement de Béthune à Abbeville, de 1875 à 1879; et la ligne de Luzarches au chemin de Saint-Denis à Pontoise, en 1877-1880.

352. — Convention avec la Compagnie du Nord-Est.

I. — CONVENTION. — Le conseil général du département du Nord s'était préoccupé du projet de convention avec la Compagnie du Nord, soumis au Corps législatif en 1868; il avait pensé que les dispositions de cette convention ne répondaient pas aux besoins des populations et, à la suite de pourparlers avec le Ministre, il avait offert un large concours pour l'exécution et la concession à une Compagnie unique d'un réseau comprenant les lignes de Lille à Comines, de Tourcoing à Menin, de Somain à Roubaix et à Tourcoing, d'Armentières à Berguette, d'Erquelines à Fourmies ou à Anor, de Cambrai à Péronne, de Gravelines à Watten,

de Calais à Dunkerque par Gravelines, et enfin de Lille à
Valenciennes, au cas où les concessionnaires de cette dernière ligne seraient incapables de l'exécuter dans le délai
fixé par le cahier des charges ; le conseil général exprimait
le vœu que ce réseau fût complété par un chemin de Cambrai vers Dour, Bavai et Mons ; il s'engageait à concourir
pour moitié dans la garantie d'intérêt à accorder pour l'exécution de ce chemin, sans que cette garantie pût être supérieure à 5 %, y compris l'amortissement ; le maximum du
capital garanti devait être de 150 000 fr. par kilomètre,
matériel compris ; les frais d'exploitation devaient être fixés
par un forfait, qui, pour l'ensemble des lignes, ne pouvait dépasser 8 000 fr. par kilomètre ; la concession devait être adjugée à la Compagnie, qui, présentant toutes les garanties
désirables, offrirait les conditions les plus avantageuses à
l'État et au département. L'assemblée départementale demandait en outre que, au cas où la Compagnie du Nord
serait déclarée concessionnaire, le trafic du nouveau réseau
fût protégé contre les détournements que cette Compagnie
pourrait chercher à opérer par des jeux de tarifs, au profit
de ses autres lignes.

Le conseil général du Pas-de-Calais, tout en insistant
pour le maintien de la convention avec la Compagnie du
Nord, qui devait assurer l'exécution des lignes d'Arras à
Étaples et de Béthune à Abbeville, au profit desquelles il
avait voté une subvention d'un million, s'associait aux vœux
émis par le conseil général du Nord pour la création des
chemins de Calais à Dunkerque et d'Armentières à Berguette ; il réclamait en outre l'établissement des deux chemins de Boulogne à Saint-Omer et de Saint-Omer à Berguette, et admettait, en ce qui le concernait, pour ces chemins, l'application de la combinaison proposée par le Nord.

Enfin le conseil général de l'Aisne offrait le même concours pour une ligne de Chauny à Anisy, sous la réserve du rachat de la partie de la ligne de Chauny à Saint-Gobain, comprise entre Chauny et le Rond-d'Orléans.

Le Gouvernement jugea qu'il y avait lieu d'encourager l'initiative prise par les départements intéressés.

Il remania, comme nous l'avons vu, la convention qu'il avait passée avec la Compagnie du Nord et en conclut une autre avec une société locale, composée de M. de Melun et consorts.

D'après ce contrat [J. O., 15 avril 1869], la nouvelle Compagnie obtenait la concession définitive des chemins de Lille à Comines, de Tourcoing à Menin, de Gravelines à Watten et de Boulogne à Saint-Omer, et la concession éventuelle des chemins de Saint-Omer à Berguette, de Berguette à Armentières, de Dunkerque à Calais par Gravelines, de Somain à Roubaix et à Tourcoing par Orchies, d'Erquelines à Fourmies ou Anor et de Chauny à la ligne de Soissons à Laon près Anisy. Le développement du réseau ainsi constitué était de 302 kilomètres, dont 170 dans le Nord, 110 dans le Pas-de-Calais et 22 dans l'Aisne.

Le délai d'exécution était fixé à six ans, qui comptaient, pour les chemins concédés à titre définitif, de la date du décret approuvant la convention, et, pour les chemins concédés à titre éventuel, de la date de la transformation de cette concession provisoire en concession ferme.

L'État garantissait, jusqu'à concurrence de moitié et pendant cinquante ans, un intérêt de 5 %, l'autre moitié étant garantie par les départements.

Les lignes étaient solidarisées par département au point de vue du fonctionnement de cette garantie, qui ne pouvait porter sur un capital de plus de 150 000 fr. par kilomètre ; les frais kilométriques d'exploitation ne devaient pas être portés en compte pour plus de 8 000 fr.

Chaque ligne commençait à bénéficier de la garantie au 1ᵉʳ janvier de la quatrième année qui suivait son achèvement ; jusqu'à cette époque, il était fait face aux charges des capitaux, au moyen des produits des sections successivement livrées et, le cas échéant, par une augmentation du compte de premier établissement, qui ne pouvait excéder ni 5 °/₀ par an, ni 20 000 fr. par kilomètre.

Le remboursement des avances de l'État et des départements s'effectuait dans les conditions ordinaires.

Les dépenses complémentaires nécessitées par le développement du trafic étaient imputables au compte d'exploitation.

La ligne de Cambrai à Péronne avait été exclue de la convention parce que le département de la Somme l'avait déjà concédée, comme ligne d'intérêt local, pour la section située sur son territoire ; quant à la ligne de Lille à Valenciennes, elle ne pouvait y être mentionnée, puisqu'elle avait fait l'objet d'une concession antérieure.

II. — RAPPORT ET VOTE AU CORPS LÉGISLATIF. — M. de Saint-Paul, au nom de la Commission, émit un avis favorable [J. O., 15, 16 et 26 avril 1869] ; il fit ressortir les améliorations apportées au projet de loi de 1868. Il exprima l'opinion que la garantie serait purement nominale ; que la Compagnie du Nord, se trouvant en présence d'une Compagnie nouvelle, jeune et active, serait plus disposée à prendre sa part des travaux restant à exécuter dans la région du Nord ; et que cette région serait ainsi promptement dotée des voies ferrées qui lui faisaient encore défaut.

Il enregistra d'ailleurs quelques amendements, dont l'un notamment émanait de M. de Tillancourt et tendait à la création d'un chemin d'Amiens à Dijon par Soissons, Château-Thierry et Sézanne.

Après quelques observations peu importantes [J. O., 23 avril 1869], le Corps législatif vota la loi, qui fût sanctionnée le 22 mai.

Un décret du même jour ratifia la convention [B. L., 1er sem. 1869, n° 1721, p. 907 et 908].

Une convention du 7 août 1873, approuvée par une loi du 21 mars 1874 [B. L., 1er sem. 1874, n° 189, p. 454], régla, au point de vue international, les rapports des sections françaises avec les sections belges des lignes de Lille à Comines et de Tourcoing à Menin.

L'ouverture à l'exploitation eut lieu pour le chemin de Lille à Comines, en 1876 ; pour celui de Tourcoing à Menin, en 1879 ; pour celui de Gravelines à Watten, en 1873 ; et pour celui de Boulogne à Saint-Omer, en 1874.

353. — **Établissement de chemins miniers.** — Plusieurs chemins miniers furent autorisés en 1869, savoir :

Le chemin des mines de Lalle et de Rochoul à la ligne de Bessèges à Alais (3 km.), concédé par décret du 5 mai 1869 [B. L., 2e sem. 1869, n° 1735, p. 305] à la Compagnie des fonderies et forges de Terre-Noire, la Voulte et Bessèges, avec un cahier des charges analogue à celui des grandes Compagnies et pour une durée égale au délai restant à courir sur la concession du chemin de fer de Paris à Lyon et à la Méditerranée (ce chemin n'a pas été construit) ;

Le chemin de la fosse de Saint-René à la ligne de Douai à Valenciennes (2 km.), concédé par décret du 4 août 1869 [B. L., 2e sem. 1869, n° 1764, p. 645] à la Compagnie des mines d'Aniche, avec un cahier des charges analogue à celui des grandes Compagnies et pour une durée de quatre-vingt-dix-neuf ans, et ouvert en 1871 ;

Un nouvel embranchement (2 km.), concédé par décret

du 4 août 1869 [B. L., 1ᵉʳ sem. 1870, n° 1780, p. 105) à la
société des mines de Marles, pour une durée de quatre-
vingt-dix-neuf ans et avec un cahier des charges analogue
au précédent et rendu applicable à l'ensemble des concessions faites à la Compagnie, ledit embranchement ouvert
en 1871.

Ces divers chemins étaient provisoirement affectés au
service exclusif des mines, en vue desquelles ils étaient
établis ; mais les décrets contenaient la clause de style concernant l'établissement ultérieur et éventuel d'un service
public.

354. — Concession du chemin de Lérouville à Sedan.
— La loi du 18 juillet 1868, portant classement de plusieurs
chemins de fer, avait autorisé le Ministre à concéder la ligne
de Lérouville à Sedan, moyennant une subvention ne dépassant pas 13 500 000 fr.

Un décret du 7 avril 1869 [B. L., 1ᵉʳ sem. 1869, n° 1700,
p. 396] prescrivit une adjudication dont le rabais devait
porter sur le chiffre de la subvention.

Cette adjudication eut lieu le 9 juillet 1869 : six soumis-
sions furent déposées ; MM. Lebon et Otlet, ayant formulé
l'offre la plus favorable au Trésor, furent déclarés adjudicataires par un décret du 21 août 1869 qui prit acte de leur
rabais de 5 055 000 fr. [B. L., 2ᵉ sem. 1869, n° 1743,
p. 282].

La ligne fut ouverte de 1874 à 1876.

355. — Incidents divers pendant la discussion du
budget au Corps législatif. — Pour clore l'année 1869,
nous avons à noter divers incidents survenus pendant la discussion du budget de 1870 devant le Corps législatif, savoir :

1° Discours de M. Pouyer-Quertier, demandant comment

se réglaient les acomptes pour garanties d'intérêts, vis-à-vis des Compagnies dont les comptes de premier établissement n'étaient pas arrêtés, et priant le Gouvernement de faire connaître la situation de ces derniers comptes.

Réponse de M. de Franqueville.

2° Amendement de ¡M. Haentjens, tendant à réduire de 50 °/₀ le tarif des cahiers des charges pour les voyageurs, sauf stipulation d'une surtaxe de 20 °/₀ pour les trains de grande vitesse, et discours de ce député à l'appui de sa proposition, qui, moyennant une faible réduction des recettes, devait contribuer puissamment à développer le mouvement commercial et industriel.

Réponse de M. Busson-Billault, rapporteur, qui repoussait cet amendement comme contraire aux traités et comme devant mettre à la charge de l'ensemble des contribuables une mesure profitable à une catégorie seulement de citoyens. Rejet de la proposition.

3° Observations de MM. Haentjens et autres, en faveur des billets d'aller et retour et de leur extension.

4° Amendement de M. Lafond de Saint-Mur, ayant pour objet d'attribuer une prime de 50 000 fr. à l'inventeur d'un système qui obvierait aux dangers de toute sorte de l'isolement des voyageurs dans l'intérieur des wagons. Discours de ce député à l'appui de sa proposition.

Réponse de M. Gressier, Ministre des travaux publics, rappelant les progrès déjà accomplis : isolement des femmes voyageant seules ; pose de marchepieds le long des trains ; établissement de communications visuelles dans les cloisons des compartiments. Le Ministre faisait en outre connaître que l'on expérimentait divers systèmes destinés à mettre les voyageurs en rapport avec les agents du train, soit par une corde comme en Angleterre, soit au moyen de l'appareil électrique Prudhomme, soit au moyen de tubes acoustiques ; mais il signalait les difficultés provenant des variations dans la tension des attelages et des modifications de la composition des trains en cours de route.

5° Amendement de M. Dalloz : (*a*) ayant pour objet de faire porter à la moitié de la dépense, incombant au budget départemental, les subventions de l'État pour les chemins d'intérêt local coûtant plus de 70 000 fr., dans les départements dont le centime serait de moins de 25 000 fr. ; (*b*) prévoyant l'augmentation du concours du Trésor, pour les chemins coûtant plus de 100 000 fr. par kilomètre.

Réponse du Ministre, faisant observer que la loi de 1865 était trop récente pour être modifiée et ajoutant que, dans les cas exceptionnels, le Corps législatif était toujours maître d'allouer des subsides supérieurs à ceux qui étaient prévus par cette loi.

CHAPITRE XII. — ANNÉE 1870

356. — Concession nouvelle du chemin d'Orléans à Châlons. — Le chemin de fer d'Orléans à Châlons-sur-Marne par Montargis, Sens, Troyes et Arcis-sur-Aube (247 km.) avait été concédé sans subvention à une Compagnie qui, n'ayant pu accomplir son œuvre, s'était vue frappée de déchéance par arrêté ministériel du 18 avril 1868. La loi de classement du 18 juillet 1868 l'avait rétablie au nombre de celles que le Gouvernement était autorisé à construire dans les conditions prévues par les lois des 11 juin 1842 et 17 juillet 1845 ; la dépense à la charge de l'État était évaluée à 25 millions. Postérieurement, plusieurs Compagnies s'étaient présentées pour en obtenir la concession et, conformément à un décret du 29 mai 1869 [B. L., 1ʳᵉ sem. 1869, n° 1719, p. 867], il avait été procédé à une adjudication passée au profit de MM. de Bussière et Donon, moyennant réduction de la subvention à 24 374 800 fr.

Le 17 janvier 1870, le Corps législatif fut saisi d'un projet de loi portant ratification de l'adjudication, au point de vue financier [J. O., 2 février 1870].

Au nom de la Commission, M. Cochery émit un avis favorable au projet de loi, en faisant observer que la subvention était payable en seize termes semestriels, que le Gouvernement s'était réservé la faculté de la convertir en quatre-vingt-dix annuités et que, dès lors, la charge imposée au Trésor n'avait rien d'inquiétant [J. O., 5 février 1870].

La loi fut votée sans discussion [J. O., 30 janvier 1870]
et sanctionnée le 16 février [B. L., 1ᵉʳ sem. 1870, n° 1786,
p. 209]. Un décret du même jour [B. L., 1ᵉʳ sem. 1870,
n° 1786, p. 210] ratifia l'adjudication et la ligne fut ouverte
de 1873 à 1857.

357. — **Concessions de chemins d'intérêt local.** —
Un certain nombre de chemins de fer d'intérêt local furent
concédés en 1870; le tableau suivant donne les principaux
éléments de ces concessions. (Bien que le chemin de Bonson
à Saint-Bonnet n'ait été concédé qu'après le 4 septembre,
nous l'avons fait figurer dans ce tableau pour ne pas le
séparer des autres lignes d'intérêt local concédées pendant
l'année 1870.)

Désignation des Départements.	DÉSIGNATION des Lignes.	DATES des décrets.	NUMÉRO du Bulletin des Lois.	DÉSIGNATION des concessionnaires.	SUBVENTIONS accordées aux concessionnaires.	Part de l'État dans cette subvention.	TARIFS. Voyageurs.	TARIFS. Marchand. en pt. vitesse.	ÉPOQUES d'ouverture.	OBSERVATIONS.
Bouches-du-Rhône.....	Pas des Lanciers à Martigues (18 km.)..... Tarascon à St-Rémy (15 km.)	19 février.	1er sem. 1870, n° 1800, p. 479............	Henri Michel et Cie.	1 540 500 fr. / 1 539 500	772 250 fr.	10 c. 7 5 5 5	16 c. 14 10 8	1872 / 1874	Concession de 46 ans.
Orne.......	Alençon à Condé (66km.)	12 mars.	1er sem. 1870, n° 1807, p. 581............	Donon, Gladstone et autres.	4 200 000	1 400 000	Id.	Id.	1873	
Gironde...	Nizan à St-Symphorien (17 km.)............	27 avril.	2e sem. 1870, n° 1856, p. 445............	Faugère et Bernard.	1 200 000	300 000	Id.	24 c. 18 14 10	1873	Concession de 70 ans. Au delà de 7 000 fr. de recette kilométrique, partage entre le concessionnaire et l'État.
Bas-Rhin...	Mutzig à Schirmeck (15 km.)	27 avril.	2e sem. 1870, n° 1855, p. 379, et n° 1856, p. 427.	Coulaux et autres.	550 000 f. {150 000 f. de l'admon forestière. Des subventions communales ou particulières.}	771 500	12 c. 9 5 7 5	18 15 10	»	Territoire annexé à l'Allemagne.
Vosges.....	Mutzig à Schirmeck (5 km.)	27 avril.	Id.	Id.	120 000 f.	328 500				
Calvados...	Orbec à Lisieux (18 km.)	30 avril.	2e sem. 1870, n° 1857, p. 490.	Watel.	60 000 fr. p. km.	241 650	10 7 3 3 5	16 14 10 8	1873	Concessions expirant avec celles des lignes de Paris à Cherbourg et Mézidon au Mans.
Calvados...	Falaise à Berjon (28 km.)	11 mai.	2e sem. 1870, n° 1857, p. 516.	Guilet.	80 000 fr. —	552 620	Id.	Id.	1874	
Aisne.....	St-Quentin à Guise (40 km.)	15 août.	2e sem. 1870, n° 1857, p. 533............	Bouchard et autres.	1 800 000 fr.	470 000	10 c. 7 5 5 5	20 c. 16 12	1874 / 1875	
Loire.....	Bonson à St-Bonnet (27 km.)	24 sept.	Bulletin de Tours, n° 1, p. 8..........	Besson et Cie. Adjugé ensuite à la Banque Parisienne et rétrocédé à la Cie de Loire et Hte-Loire.	»	»	10 7 5 6	15	1873	

358. — **Concession définitive des chemins de Nontron à la ligne d'Angoulême et de Remiremont à Wesserling.** — La concession éventuelle du chemin de Nontron à la ligne d'Angoulême à Limoges (le Quéroy), qui avait été accordée éventuellement en 1868 à la Compagnie des Charentes, fut rendue définitive par décret du 6 avril 1870 [B. L., 1ᵉʳ sem. 1870, n° 1797, p. 442]; le chemin fut ouvert, du Quéroy à Saint-Martin-le-Pin (28 km.), en 1881.

De même, la concession éventuelle du chemin de Remiremont à Wesserling, accordée éventuellement en 1868 à la Compagnie de l'Est, fut rendue définitive par décret du 3 août 1870 [B. L., 2ᵉ sem. 1870, n° 1855, p. 417]; les événements de guerre s'opposèrent à son exécution.

359. — **Autorisation de chemins miniers.** — Deux chemins furent autorisés en 1870, savoir :

1° Embranchement des puits Saint-Pierre et Saint-Paul sur la ligne du Creusot au canal du Centre (1 km.), concédé par décret du 14 juin 1870 [B. L., 1ᵉʳ sem. 1870, n° 1816, p. 697], à la société Schneider et Cⁱᵉ, aux conditions du cahier des charges de la ligne à laquelle il se rattachait ;

2° Chemin des mines de Dourges au canal de la Haute-Deule [6 km.], autorisé par décret du 2 septembre 1870 [B. L., 2ᵉ sem. 1870, n° 1856, p. 479] au profit de la société des mines de Dourges, aux conditions du cahier des charges qui régissait d'autres embranchements concédés en 1860 à la même société. Ce chemin, provisoirement affecté au service exclusif des mines, fut ouvert en 1875.

360. — **Concession du chemin de Bressuire à Tours.**

ɪ. — Convention. — Au nombre des lignes dont l'exécution avait été autorisée par la loi du 18 juillet 1868, se trouvait celle de Bressuire à Tours (118 km.), destinée à prolonger vers cette dernière ville le chemin de Napoléon-Vendée à Bressuire.

Il avait d'ailleurs été stipulé, lors de l'adjudication du chemin de Napoléon-Vendée aux Sables et à Bressuire en 1862, que, à conditions égales, la Compagnie adjudicataire (c'est-à-dire celle de la Vendée) aurait un droit de préférence pour la concession du prolongement sur Tours.

Aucune Compagnie n'ayant fait d'offres aussi favorables que celle de la Vendée, qui s'engageait à établir la ligne, moyennant une subvention de 12 500 000 fr., correspondant à peu près à la dépense de l'infrastructure, le Gouvernement conclut avec cette dernière Compagnie une convention, aux termes de laquelle la concession de cette ligne lui était accordée, aux conditions du cahier des charges de 1862 et pour une durée égale à celle qui restait à courir pour le chemin de Napoléon-Vendée aux Sables-d'Olonne et de Napoléon-Vendée à Bressuire. La subvention était payable en seize termes semestriels, avec faculté pour l'État de la convertir en quatre-vingt-dix annuités et de revenir jusqu'au 1er janvier 1874 au premier mode de délibération.

II. — PROJET DE LOI ET RAPPORT AU CORPS LÉGISLATIF. — Le Corps législatif fut saisi de ce contrat le 31 janvier 1870 [J. O., 9 et 12 février 1870].

La Commission, dont M. Houssard était rapporteur, eut tout d'abord à se prononcer sur une question de principe soulevée devant elle. En présence des termes de l'engagement conditionnel consigné au cahier des charges de 1862, au profit de la Compagnie de la Vendée, devait-on procéder par voie d'adjudication comme le soutenait M. Gouin, ou, au contraire, par voie de concession directe, comme le soutenait la Compagnie? Le Ministre fit valoir l'inanité d'une adjudication ouverte entre des concurrents, certains par avance que la Compagnie de la Vendée pourrait toujours s'approprier après coup leur rabais. Il ajouta que le Gouvernement s'était conformé en toute occasion à l'avis du 23 août 1861 du Conseil d'État, recommandant le système de l'adjudication publique, mais admettant la concession directe, dans les circonstances exceptionnelles ; que l'on se trouvait bien dans l'un des cas qu'avait eu en vue le Conseil d'État ; et que dès lors la proposition de M. Gouin devait être repoussée. La Commission se rangea à l'opinion du Ministre.

D'accord avec le Gouvernement, elle conclut à faire aboutir la ligne à Joué, au lieu de la faire arriver à Monts ; c'était accroître de 5 280 mètres la longueur à construire, mais diminuer de 4 420 mètres le parcours général et de 9 700 mètres la longueur empruntée à la ligne de Bordeaux. La dépense n'était d'ailleurs pas sensiblement augmentée.

Elle repoussa un amendement de M. de Soubeyran, qui tendait à stipuler, d'une manière ferme, le paiement de la subvention en huit termes semestriels égaux.

Postérieurement, à la suite d'une proposition de MM. Cail et Cⁱᵉ qui se déclaraient prêts à exécuter la ligne moyennant une subvention de 80 000 fr. par kilomètre, elle émit, de concert avec le Gouvernement, l'avis qu'il y avait lieu de substituer au concours de l'État en argent la livraison de la plate-forme ; elle formula, en outre, le vœu qu'à l'avenir les contrats ne renfermassent plus de clauses susceptibles de soulever des difficultés, comme celle de 1862 [J. O., 8 avril et 4 mai 1870].

III. — DISCUSSION ET VOTE AU CORPS LÉGISLATIF. — Lors de la discussion en séance publique [J. O., 26 mai 1870],

M. Horace de Choiseul insista pour l'adjudication, en faisant observer que l'administration n'était pas fixée sur le prix de revient de l'infrastructure; que, par suite, elle n'était pas assurée de ne pas dépenser une somme supérieure à la subvention réclamée par MM. Cail et Cᶦᵉ ; que ces industriels considéraient même leur offre comme constituant une prise en charge par eux du quart de la dépense de la plate-forme.

M. le marquis de Talhouët combattit cette opinion ; suivant lui, la clause insérée au cahier des charges de 1862 devait, quelque mauvaise que fût sa rédaction, être envisagée comme constituant une concession éventuelle; les documents parlementaires relatifs à la loi de concession des chemins de la Vendée ne pouvaient laisser aucun doute à cet égard ; les engagements pris vis-à-vis de la Compagnie avaient été confirmés dans l'exposé des motifs du projet de loi de classement de 1868 et dans le rapport sur ce projet de loi ; avec la clause de 1862, une adjudication publique n'eût pas été sérieuse, elle n'eût pas attiré de concurrents, et le montant de la subvention aurait probablement dû être accru. Sans doute, la maison Cail avait, après coup, offert de rembourser à l'État le quart des dépenses de l'infrastructure ; mais, en fait de chemins de fer, il ne suffisait pas que les travaux fussent exécutés, il fallait aussi que l'exploitation fût convenablement assurée. En divisant, en dédoublant la ligne des Sables-d'Olonne à Tours, on aurait inévitablement deux tronçons ne pouvant vivre par eux-mêmes ; on aurait deux Compagnies condamnées à mourir. Au contraire, en homologuant les propositions du Gouvernement, le Corps législatif ne ferait que se conformer aux traditions, aux précédents, qu'appliquer un principe toujours reconnu, lors même qu'il n'y avait pas de droit de préférence.

L'adjudication conduisait souvent à des mécomptes redoutables et, tout en la recommandant, le conseil d'État avait en 1861 reconnu qu'il pouvait y avoir lieu de faire des concessions directes, notamment pour les chemins qui ne constitueraient que des prolongements, des compléments de lignes déjà exploitées.

M. Magnin se prononça dans un sens contraire ; il soutint qu'aucun engagement n'avait été pris vis-à-vis de la Compagnie de la Vendée. Si cette Compagnie était dans une mauvaise situation, il fallait le dire ouvertement et ne pas chercher à lui accorder, par voie indirecte, une subvention occulte ; il était impossible que la Chambre fît, de gaîté de cœur, le sacrifice des 3 millions que lui assurait la soumission de la maison Cail, qu'elle acceptât l'aléa d'une exécution directe des travaux d'infrastructure.

M. Houssard, rapporteur, répondit que la Commission n'avait pu se placer à un point de vue exclusivement fiscal ; que, sans méconnaître l'économie au moins apparente offerte par MM. Cail et Cie , elle avait été frappée des inconvénients du fractionnement de la ligne reliant Bressuire à Tours; qu'elle avait tenu à affirmer le droit de concession directe, sous le contrôle du Parlement.

MM. Guyot-Montpayroux, Horace de Choiseul et Germain présentèrent ensuite quelques observations, le premier, pour reprendre une partie de l'argumentation de M. de Talhouët; le second, pour faire remarquer qu'il n'avait pas demandé la division du chemin de Bressuire à Tours entre deux Compagnies, mais seulement l'application de la clause de 1862 et la production du bilan de la Compagnie de la Vendée; et le troisième, pour défendre le système de l'adjudication publique et repousser la tendance de l'État à venir en aide aux industries en souffrance.

Puis M. Plichon, Ministre des travaux publics, appuya les conclusions et les arguments du rapporteur. Au-dessus

2   34

de l'intérêt du Trésor, il fallait placer celui des populations ; or, porter atteinte à l'unité de la ligne de Bressuire à Tours, c'eût été créer des difficultés d'exploitation telles que cette ligne eût été un bienfait stérile pour la région ; diminuer la subvention, c'eût été priver les capitaux de la Compagnie de l'intérêt rémunérateur qui leur était nécessaire.

Combien de fois des offres séduisantes, faites par des sociétés désireuses d'obtenir une concession, s'étaient plus tard traduites par des déceptions et des sacrifices pour le Trésor ; que d'illusions et que de mécomptes s'étaient déjà produits en pareil cas ! La clause de 1862 constituait bien un engagement, une concession éventuelle, et les termes, dans lesquels elle avait été rédigée, n'avaient d'autre but que de fournir à l'État, pour le cas où il en aurait besoin, des armes contre les exigences de la Compagnie. Quant à l'application constante du principe de l'adjudication, préconisé par M. Germain, il conduirait au désordre, à l'anarchie dans le réseau de nos voies ferrées, et compromettrait l'harmonie d'un système bien conçu et bien étudié.

Après une réplique de MM. Magnin et de Choiseul et quelques mots de M. Alfred Leroux, au nom de la Commission, la loi fut votée et sanctionnée le 22 juillet.

Un décret du même jour ratifia la convention [B. L., 2ᵉ sem. 1870, nº 1833, p. 153 et 154]. Le chemin fut livré à l'exploitation de 1873 à 1875.

361. — Concession du chemin de Bressuire à Poitiers.

— Le chemin de Bressuire à Poitiers, compris dans la loi de classement de 1868, avait fait, en vertu d'un décret du 18 décembre 1869 [B. L., 1ᵉʳ sem. 1870, nº 1788, p. 249], l'objet d'une adjudication dont le rabais devait porter sur le montant de la subvention, évaluée au chiffre maximum de 5 millions. Cette subvention était payable dans les conditions indiquées pour le chemin précédént.

MM. Erlanger et Cie, ayant fait l'offre la plus avantageuse et consenti une réduction de 2 155 000 fr., qui ramenait la subvention à 2 845 000 fr., le Corps législatif fut saisi le 12 mai 1870 [J. O., 15 juin 1870] d'un projet de loi portant approbation de l'adjudication au point de vue financier.

Tout en exprimant des craintes sur les inconvénients des adjudications et en invitant le Gouvernement à étudier un système qui garantît en même temps les intérêts des contribuables et ceux des populations intéressées à une bonne et prompte exécution, M. Bourbeau, rapporteur, formula un avis favorable [J. O., 21 juillet 1870].

Quand la discussion s'ouvrit devant le Corps législatif [J. O., 22 juin 1870], M. Germain demanda que le Gouvernement, renonçant à ses errements antérieurs, cessât d'intervenir dans les émissions d'obligations et de paraître ainsi contracter un engagement moral vis-à-vis des souscripteurs, auxquels il fallait laisser la pleine responsabilité de leurs actes. Une sage réserve s'imposait d'autant plus que, la plupart du temps, le capital-actions était purement fictif, qu'il était représenté par une majoration pure et simple des travaux, que le capital-obligations n'entrait lui-même que pour une partie seulement dans la caisse de la Compagnie.

M. Plichon, Ministre, répondit que jamais le Gouvernement n'avait entendu donner des garanties aux obligataires, mais qu'il ne pouvait laisser jeter sur le marché des titres dont la nécessité n'était pas constatée ; que le devoir de surveillance de l'État était, non point un droit de tutelle ni une garantie, mais une mesure de police indispensable ; que, du reste, la jurisprudence du Ministère des travaux publics avait toujours été d'exiger le versement intégral des actions et de s'opposer au trafic des concessions.

Après quelques autres observations peu importantes, la loi fut votée et sanctionnée le 22 juillet [B. L., 2ᵉ sem. 1870, n° 1836, p. 187]. Un décret du 20 août ratifia l'adjudication.

362. — Loi sur les grands travaux publics. — Le 27 juillet 1870, intervint une loi [B. L., 2ᵉ sem. 1870, n° 1832, p. 145] qui restreignit les pouvoirs du Gouvernement, en matière de déclaration d'utilité publique des chemins de fer d'intérêt général, et ne laissa entre les mains du pouvoir législatif que l'autorisation d'exécution des chemins d'embranchement de moins de 20 kilomètres de longueur.

En aucun cas, d'ailleurs, les travaux dont la dépense devait être supportée en tout ou en partie par le Trésor ne pouvaient être mis à exécution qu'en vertu de la loi qui créait les voies et moyens ou d'un crédit préalablement inscrit au budget.

C'était le retour aux règles de la monarchie de Juillet.

363. — Projet de loi relatif au chemin de Clermont à Tulle. — Deux décrets des 30 avril et 4 juin 1870 [B. L., 1ᵉʳ sem. 1870, n° 1808, p. 618, et n° 1809, p. 651] avaient prescrit la mise en adjudication du chemin de Clermont à Tulle, avec embranchement sur Vendes (225 km.), que le législateur avait classée en 1868. La subvention était fixée au chiffre maximum de 42 000 000 fr. Sept concurrents s'étaient présentés et MM. Narjot de Toucy et Cⁱᵉ s'étaient rendus ajudicataires moyennant une subvention de 27 995 000 fr., à verser en seize termes semestriels.

Le 12 juillet 1870, le Corps législatif fut saisi d'un projet de loi ratifiant cette concession.

Les événements empêchèrent l'affaire de recevoir en 1870 la suite qu'elle comportait.

364. — **Projet de convention avec la Compagnie de l'Est, pour le chemin d'Epinal à Neufchâteau.** — Il en fût de même d'un projet de loi du 19 juillet 1870, concernant une convention conclue avec la Compagnie de l'Est, pour l'établissement du chemin d'Épinal à Neufchâteau. Ce chemin, classé en 1868, devait avoir 74 kilom. 5 de longueur et coûter 16 424 000 fr., dont 8 204 000 fr. pour l'infrastructure. La Compagnie de l'Est avait offert de l'exécuter, moyennant une subvention de 6 000 000 fr.; le Gouvernement avait cru devoir agréer cette offre. Aux termes de la convention, la subvention était payable en douze termes semestriels ; le chemin était classé dans le nouveau réseau ; le capital garanti était en conséquence augmenté de 150 000 fr. par kilomètre à construire ; un appoint de 11 fr., pour chaque million ainsi ajouté au capital garanti, était stipulé pour le revenu réservé avant déversement.

Des dispositions financières semblables étaient insérées dans la convention, pour le chemin de Colmar à Mulhouse, au cas où la concession en deviendrait définitive.

365. — **Projet de loi relatif au chemin de Bordeaux à Irun.** — Le chemin de Bordeaux au Verdon avait fait, en 1857, l'objet d'une première concession résiliée en 1861 ; une nouvelle concession, sans subvention avait eu lieu, en 1863 ; mais, dès ses débuts, l'entreprise avait été entravée par une crise financière ; d'autre part, la dépense d'exécution, primitivement évaluée à 17 000 000 fr., devait atteindre 23 250 000 fr. Ému de cette situation, le Conseil général de la Gironde avait voté un subside de 1 600 000 fr., sous la condition que l'État fournirait de son côté un concours assurant

l'achèvement de la ligne et sous diverses réserves qui
n'étaient pas acceptables, mais auxquelles le Gouvernement
espérait amener le département à renoncer. Le 19 juillet
1870, le Ministre des travaux publics déposa un projet de
loi autorisant une allocation de 4 650 000 fr. payables en
dix termes semestriels, et prenant acte de l'engagement de
la Compagnie de réduire de 15 °/₀ les prix de son tarif, pour
les vins et les bois transportés en petite vitesse à plus de
25 kilomètres.

L'instruction de ce projet de loi fut arrêtée par la
guerre.

366. — **Proposition de loi concernant le paiement
des annuités dues aux Compagnies de chemins de fer.**
— Le 19 janvier 1870 [M. U., 2 février 1870], M. de Soubeyran déposa une proposition de loi concernant le mode
de paiement des subventions allouées aux Compagnies de
chemins de fer.

D'après les conventions intervenues en 1863 et 1868,
l'État s'était engagé à payer aux Compagnies des subventions montant à 705 000 000 fr. environ, et s'était réservé
de les transformer en annuités à long terme, au taux de
4 1/2. M. de Soubeyran, considérant cette transformation
comme fort onéreuse pour le Trésor, proposait de revenir
au mode de libération en capital, à la faveur d'une clause
insérée dans les contrats. Il estimait à 6 730 000 fr. environ
l'économie annuelle réalisable par ce procédé.

La Commission d'initiative parlementaire conclut à la
prise en considération.

Le Corps législatif adhéra à cette conclusion, d'accord
avec M. Buffet, Ministre des finances, qui s'était borné à
annoncer son intention de combattre au fond la proposition
de M. de Soubeyran.

M. André, de la Charente, rapporteur [M. U., 29 juin et 13 juillet 1870], fit tout d'abord connaître qu'en principe il n'avait été fait aucune objection à cette proposition et que les esprits ne s'étaient divisés que sur les moyens et les procédés financiers d'exécution. Le chiffre des subventions, dont les annuités avaient cours ou étaient inscrites, s'élevait à 711 845 833 fr., remboursables par périodes variant de quatre-vingt à quatre-vingt-dix ans, au moyen d'annuités dont le montant, pour 1871, était de 32 779 400 fr. Le délai d'option pour le retour à la libération en capital n'était périmé que pour la Compagnie de Paris à Lyon et à la Méditerranée, qui, du reste, ne se prévalait pas de la prescription. Le paiement en annuités, prêtait aux deux objections suivantes : 1° on avait à tort calculé le montant de ces annuités, comme si les subventions avaient été dues intégralement dès le versement du premier terme, alors qu'elles étaient généralement échelonnées sur seize semestres ; 2° le taux de 4 1/2 était exagéré, eu égard à l'état du crédit. La mesure à laquelle tendait la proposition de loi pouvait faire réaliser, de ce chef, une économie annuelle de 9 000 000 fr. environ, correspondant à un capital de 210 000 000 fr., dans l'hypothèse d'un paiement immédiat et total avec escompte des termes non échus, et une économie naturellement un peu moindre, dans l'hypothèse du retour pur et simple au paiement en seize termes, c'est-à-dire de la seule mesure compatible avec les textes et avec la nécessité de n'acquitter les dettes de l'État qu'au fur et à mesure de l'avancement des travaux. D'accord avec M. de Soubeyran, la Commission concluait à émettre des titres de rente 3 % pour le remboursement en 1871, et 1872, des 481 000 000 fr. de subventions afférentes aux concessions définitives de 1863, et de réserver les moyens de paiement pour le surplus.

La Commission enregistrait en outre et discutait :

1° Un amendement de M. Fould, tendant à la conversion, au moyen d'une émission d'obligations quarantenaires, susceptible d'augmenter encore suivant lui le bénéfice de l'opération ;

2° Un amendement de M. Le Joindre ayant le même but.

Consultés sur ces amendements, les Ministres des travaux publics et des finances s'étaient montrés favorables à l'émission d'obligations trentenaires, analogues à celles que l'on avait supprimées en 1862 et qui avait pourtant rendu tant de services ; ils y voyaient l'avantage d'un amortissement obligatoire, d'une élasticité plus grande pour les émissions, d'une répartition plus équitable de la charge des travaux. Mais la Commission n'avait pas cru devoir entrer dans leurs vues ; l'argument tiré, en faveur des obligations, de leur amortissement dans un délai relativement rapproché était plus spécieux que solide : car, pour ces titres, aussi bien que pour la rente, l'amortissement ne pouvait découler que des excédents budgétaires et peu importait que cet amortissement eût été rendu obligatoire, s'il devait conduire à des déficits annuels et par conséquent à des consolidations et à des emprunts en 3 %; n'y avait-il pas d'ailleurs des inconvénients à créer, à côté de la rente, d'autres fonds d'emprunt lui faisant concurrence et nuisant en même temps aux émissions des Compagnies ?

Enfin, la Commission avait également repoussé un amendement produit après coup par M. de Soubeyran et dont le but était de demander les fonds nécessaires à la caisse des dépôts et consignations et aux caisses d'épargne, qui auraient reçu en échange des bons du Trésor portant intérêt à 4 %; elle avait pensé que ce procédé se justifiait exclusivement dans les moments de crise et d'affaissement du cours des fonds publics.

Le 9 juin 1870, le Gouvernement, entrant dans les vues
de la Commission, avait soumis lui-même au Corps législatif
des dispositions additionnelles au projet du budget de 1871
et proposé de décider le remboursement, au moyen, soit des
ressources libres à provenir de la liquidation de la dotation
de l'armée, soit des fonds des caisses d'épargne, moyennant
remise de bons du Trésor spéciaux, à échéance fixe n'excédant pas dix années. Une somme de 2 000 000 fr. devait être
inscrite, à partir de 1871, au budget de la caisse d'amortissement. Le Ministre des finances s'était assuré par avance
de l'adhésion de la Commission.

La question fut discutée en même temps que le projet de
budget auquel elle avait été rattachée. Par suite des circonstances, cette discussion fut très courte et la disposition,
telle que l'avait libellée le Gouvernement, fut votée par le
Corps législatif.

367.—Proposition de révision de la loi de 1865 sur les chemins de fer d'intérêt local.

I. PROPOSITION. — Le 23 mars 1870, M. Houssard et un
certain nombre d'autres députés déposèrent une proposition
tendant à réviser la loi de 1865 sur les chemins de fer d'intérêt local [M. U., 3 mai 1870]. Cette loi n'avait pas, suivant
eux, produit tous les effets que l'on était en droit d'en attendre, parce que les populations avaient été trompées par
les apparences d'une extension indéfinie du réseau d'intérêt
général. Le devoir des pouvoirs publics était de rentrer dans
la réalité des faits, sauf à augmenter le montant des subventions à allouer sur les fonds du Trésor, et, à cette occasion,
d'apporter à la législation diverses améliorations dont l'expérience avait révélé l'opportunité. D'après la proposition
de loi, le petit jury était substitué au grand jury, qui n'était

conservé qu'à titre de juridiction d'appel. Au lieu de subordonner la dispense de clôtures à une autorisation spéciale, elle en faisait la règle générale. La subvention de l'État était élevée de la moitié aux deux tiers de la dépense, dans les départements dont le centime était inférieur à 20 000 fr. ; du tiers à la moitié, dans les départements dont le centime était compris entre 20 000 fr et 30 000 fr. ; du quart au tiers, dans ceux dont le centime excédait 40 000 fr. Le concours du Trésor devenait obligatoire ; le maximum de la dépense kilométrique, sur laquelle devait être basée la subvention, était fixé à 120 000 fr. sauf les décisions spéciales que pouvait prendre le pouvoir législatif, en cas de travaux extraordinaires. Le montant maximum de la charge annuelle de l'État était porté de 6 à 25 millions, chiffre qui devait suffire à l'exécution des réseaux départementaux en vingt-deux ans, à raison de 140 kilomètres par département et de 40 000 fr. par kilomètre. Les chemins de fer d'intérêt local étaient dispensés de tout service gratuit envers l'État, tant que le produit net de leur exploitation ne dépassait pas 6 % ; il n'était prévu de dérogation à cette règle qu'au profit des militaires. Il devait être pourvu à la nouvelle dotation des lignes départementales, au moyen des excédents de recettes du budget, des économies réalisées ou à réaliser sur les subventions afférentes aux grands travaux publics et enfin des fonds du budget extraordinaire. Les départements et les communes étaient déclarés propriétaires indivis des nouveaux chemins, dans la proportion de leur concours à l'exécution : M. Houssard et ses collègues comptaient provoquer, par cette stipulation, une participation plus large des communes.

II. — RAPPORT AU CORPS LÉGISLATIF ; AJOURNEMENT DE LA DISCUSSION. — La proposition ayant été prise en considération, M. le comte Le Hon fut chargé de présenter le rapport [M. U., 26 août 1870] ; il commença par constater l'infériorité dans laquelle se trouvait encore la France, au point de vue du rapport entre le développement de ses chemins de fer et sa population, et la nécessité de remédier à cette situation. Par son esprit décentralisateur, la loi du 12 juillet 1865 avait ouvert la seule voie qui pût conduire au but si désiré ; elle avait provoqué en cinq ans, dans vingt-trois départements, la concession de quarante-quatre lignes d'une longueur totale de 1 523 kilomètres. Toutefois, l'expérience avait démontré qu'un concours financier plus considérable de l'État était indispensable pour en étendre l'application ; elle avait aussi révélé une certaine confusion dans la distribution des nouvelles lignes entre le réseau d'intérêt général et les réseaux départementaux, et cette confusion avait certainement contribué à arrêter l'élan qui s'était produit à la suite de la loi de 1865 : l'initiative des conseils généraux et des conseils municipaux avait hésité en voyant l'État faire étudier et concéder des lignes d'un intérêt incontestablement local. Il importait de rendre à chacun son rôle, sauf à augmenter la quotité des subventions à allouer, sur les fonds du Trésor, aux départements et aux villes. La Commission admettait donc la révision de la loi de 1865, en s'inspirant de ces principes.

Elle maintenait les trois premiers articles de cette loi, qui indiquaient par qui les chemins d'intérêt local pouvaient être établis ; qui déterminaient les pouvoirs de l'autorité centrale, des conseils généraux et des préfets pour l'instruction des projets, la concession, la déclaration d'utilité publique, l'approbation des projets, l'homologation des tarifs et le contrôle de l'exploitation ; et qui autorisaient l'affectation des ressources créées en vertu de la loi du 21 mai 1836 à la dépense de construction.

Elle repoussait la proposition de M. Houssard tendant à substituer le petit jury au grand jury, pour le règlement des indemnités d'expropriation, sauf à maintenir ce dernier comme juridiction d'appel; déjà, en 1865, la question du choix à faire entre le petit jury et le grand jury avait été mûrement discutée et l'expérience avait prouvé que cette question avait été tranchée avec sagesse; d'ailleurs, la superposition de deux degrés de juridiction eût entraîné des lenteurs absolument contraires aux vues dont M. Houssard poursuivait la réalisation.

La Commission jugeait inutile de modifier l'article 4, relatif à la dispense de clôtures; toutefois elle le complétait, en rendant obligatoire l'avis du conseil général.

Elle élevait le maximum de la subvention de la moitié aux deux tiers de la dépense restant à la charge des départements, des communes et des intéressés, pour les départements dont le centime était inférieur à 20 000 fr.; du tiers à la moitié, pour les départements dont le centime était compris entre 20 000 et 30 000 fr.; du quart au tiers, pour les départements dont le centime était de plus de 40 000 fr. Mais elle repoussait l'obligation du concours de l'État qui, sans entraver l'action et les efforts de l'initiative locale, ne devait pas oublier ses devoirs de tuteur des grands réseaux.

Elle prévoyait que des subventions supplémentaires pourraient être allouées par le pouvoir législatif, pour l'exécution de grands travaux d'art exceptionnels.

Elle portait de six à douze millions le maximum annuel des subventions de l'État: à raison de 40 000 fr. en moyenne par kilomètre, cette somme correspondait à 300 kilomètres.

La Commission ne croyait pas que, eu égard à cette augmentation, il y eût lieu de dispenser les chemins d'intérêt local de tout service gratuit envers l'État, tant que leur produit serait de moins de 6 °/₀ ; elle prenait acte toutefois de la promesse du Gouvernement de ne pas imposer des charges trop lourdes aux concessionnaires.

Elle ne considérait pas non plus qu'il y eût lieu d'introduire dans la loi une stipulation sur l'attribution indivise de la propriété des chemins de fer aux départements et aux communes, auxquels il appartenait de s'entendre à cet égard, dans chaque cas particulier.

Elle recommandait d'introduire dans le cahier des charges une clause subordonnant à l'adhésion du Conseil général toute transmission ou fusion, soit de la concession, soit de l'exploitation.

Enfin, pour prévenir les entraînements, elle ajoutait à la loi deux articles, aux termes desquels aucune émission d'obligations ne pouvait être faite sans l'autorisation du Préfet, ni autorisée avant l'insertion du décret déclaratif d'utilité publique au *Bulletin des lois*, et avant le versement et l'emploi des deux cinquièmes du capital-actions en achat de terrains, travaux, approvisionnements sur place ou dépôt de cautionnement ; le capital-obligations ne devait dépasser ni deux fois et demie le capital-actions, ni la somme totale fournie par ce capital et les subventions.

La discussion de la proposition de loi, ainsi amendée, fut ajournée sur la demande de M. Segris, Ministre des finances, malgré les efforts du rapporteur et de M. Wilson.

368. — **Incidents divers au Corps législatif.** — Nous avons encore à mentionner divers incidents survenus au Corps législatif.

QUESTION DE M. ESTANCELIN SUR LES TARIFS. — M. Estancelin, député, demanda au Ministre des travaux

publics de faire étudier quelles seraient les modifications et
les réductions susceptibles d'être apportées aux tarifs des
marchandises. M. Plichon lui répondit qu'une commission
d'enquête avait été instituée par son prédécesseur, M. le
marquis de Talhouët, sur toutes les branches des travaux
publics, et qu'une section de cette commission s'occupait
spécialement de l'exploitation et des tarifs. M. Germain
ayant mis en doute l'utilité des travaux de la commission
et ayant indiqué, comme remède à la situation, le retour
aux principes de la libre concurrence, M. Haentjens combattit cette argumentation, qui lui paraissait en contradiction avec les contrats et en opposition avec les intérêts du
Trésor. M. Garnier-Pagès reconnut de son côté la nécessité
de respecter les contrats, mais fit observer que, par le fait
de son association d'intérêts avec les Compagnies, l'État
pouvait légitimement revendiquer une action sérieuse sur
les conditions d'exploitation des chemins de fer ; puis l'incident fut clos.

INTERPELLATION SUR LE CHEMIN DU SAINT-GOTHARD. —
L'Autriche avait deux portes sur l'Italie : celles du Semmering et du Brenner ; la France en avait également deux :
celles de la Corniche et du Mont-Cenis ; mais l'Allemagne
en était restée séparée par la Suisse centrale. Cette dernière puissance, préoccupée de son isolement, avait entrepris
des études, de concert avec la Suisse et l'Italie, pour le
faire cesser ; de ces études étaient sortis trois avant-
projets comportant la traversée des Alpes au Splügen, au
Lukmanier et au Saint-Gothard. Le dernier passage, plus
favorable aux intérêts allemands, avait prévalu ; un projet
plus détaillé évalué à 185 000 000 fr., dont 85 000 000 fr.
pour le souterrain de 15 kilomètres à ouvrir à l'altitude de
1162 mètres et 100 000 000 fr. pour les 250 kilomètres de

voies d'accès, n'avait pas tardé à voir le jour. La Suisse s'était décidée à promettre, pour la réalisation de l'œuvre, une somme de 20 000 000 fr., dont 7 000 000 fr. donnés par les Compagnies du Nord-Est et du Central et 13 000 000 fr. par les cantons ; la Confédération du Nord en avait promis dix, dont trois donnés par les houillères de la Ruhr et de la Sarre ; l'Italie en avait assuré quarante-cinq, dont dix fournis par la Compagnie des Lombards-Vénitiens, deux et demi par la ville de Milan et sept par celle de Gênes ; le Würtemberg paraissait devoir contribuer pour 4 000 000 fr. ; les voies et moyens étaient ainsi assurés. Une convention internationale était intervenue. Cette convention contenait, notamment : un article par lequel la Suisse contractait l'engagement de prendre les mesures nécessaires pour assurer la neutralité de la nouvelle voie ferrée ; un autre article, par lequel les contractants associaient leurs intérêts de la manière la plus étroite et se constituaient des privilèges pour les tarifs ; une clause prévoyant leur participation aux bénéfices, au delà d'un certain chiffre, et consacrant, au moins en apparence, leurs droits de copropriété.

M. Mony interpella le Gouvernement [M. U., 21 juin 1870] sur les conséquences que pourrait avoir l'exécution de ce contrat pour la France ; sur les mesures qui seraient prises pour remédier à la perte que subirait notre commerce, par le fait du raccourci de 135 kilomètres assuré aux relations entre Milan et Calais et du raccourci de 51 kilomètres assuré aux relations entre Milan et Paris ; sur les dangers auxquels nous pourrions être exposés, le cas échéant, au point de vue du passage de troupes étrangères sur le territoire italien. Au point de vue commercial, il rappela la possibilité de déjouer les effets du percement du Saint-Gothard par le percement du Simplon, dont la traversée se ferait à l'altitude de 793 mètres seulement et dont les accès seraient relativement faciles, mais il n'insista que sur l'amélioration de nos grandes lignes de navigation intérieure vers Marseille.

M. le duc de Gramont, Ministre des affaires étrangères, s'attacha à démontrer, en réponse à cette interpellation, que le texte de la convention, le rapport de la section politique du Conseil fédéral au sein de laquelle avait été délibérée la clause relative à la neutralité du chemin de fer, et l'acte fédéral de concession, sur le territoire du canton du Tessin, révélaient de la part de la Suisse l'intention arrêtée et hautement proclamée d'assurer le respect de son indépendance. Le Gouvernement fédéral n'admettait pas de rapports directs entre les États subventionnants et la Compagnie subventionnée; tout passait par ses mains; il ne concédait aux autres Gouvernements qu'une faculté de contrôle financier. Il avait du reste pris, vis-à-vis de la France, l'engagement d'accorder la concession d'autres traversées des Alpes à ceux qui se présenteraient munis des capitaux nécessaires. Le chemin du Saint-Gothard, loin de nuire aux intérêts français, était appelé à rendre de grands services à plusieurs départements; dès 1866, la Société industrielle de Mulhouse avait insisté sur ses avantages, pour la région du Nord-Est et pour Paris. Au surplus, si les pouvoirs publics jugeaient utile de créer une ligne rivale, ils disposaient encore du délai nécessaire pour l'étudier et l'exécuter en temps utile.

M. Estancelin, reprenant le texte de la convention, soutint qu'elle contenait l'expression du principe d'une coalition de tarifs contre laquelle il serait impossible à la France de se défendre, si elle n'ouvrait pas la communication par la ligne du Simplon; cette nouvelle voie, qui offrirait sur celle du Saint-Gothard un raccourci de 156 kilomètres, entre Londres et Milan, et de 66 kilomètres, entre Paris et Milan, pourrait seule sauvegarder nos intérêts compromis. L'orateur insista, en outre, sur les dangers de la ligne du Saint-Gothard, au point de vue militaire.

M. de Bouteiller annonça le dépôt incessant d'une proposition de loi, tendant à allouer pendant quinze ans une subvention annuelle de 4 millions à la Compagnie qui se rendrait concessionnaire du chemin du Simplon.

M. Dalloz préconisa l'établissement d'un chemin direct de Boulogne ou de Calais à Genève par la Faucille.

Puis M. Plichon, Ministre des travaux publics, prit la parole pour s'efforcer d'établir que le chemin du Saint-Gothard ne pouvait nuire qu'à ceux du Brenner et du Semmering. Le chemin du Simplon n'offrirait pas d'avantages sérieux sur celui du mont Cenis, si l'on tenait compte des difficultés d'accès et de l'accroissement qui devait en résulter dans les frais d'exploitation. Si l'on calculait, pour les trois passages du mont Cenis, du Simplon et du Saint-Gothard, la distance virtuelle de Brindisi à Paris, c'est-à-dire la distance réelle augmentée dans la proportion nécessaire pour tenir compte des rampes, on trouvait : pour le premier passage, 1 935 kilomètres; pour le second, 1 955 ; et pour le troisième, 1 951. La distance analogue entre Brindisi et Calais était : pour le premier passage, de 2 193 kilomètres, en supposant faite la ligne d'Amiens à Dijon; pour le second, de 2 080 kilomètres ; et pour le troisième, de 2028 kilomètres : ainsi le Saint-Gothard favorisait le transit par Calais. Seul, le port de Marseille pouvait souffrir du nouvel état de choses; il fallait y pourvoir par l'achèvement des travaux du Rhône, de la Saône et du canal du Rhône au Rhin.

M. le comte de Kératry signala avec insistance l'influence que le chemin du Saint-Gothard exercerait sur la consolidation de l'unité allemande et de l'alliance prusso-italienne.

M. le maréchal Lebœuf, Ministre de la guerre, tout en reconnaissant que la situation était altérée, au point de vue

2   35

de l'intérêt militaire, exprima néanmoins l'avis qu'il ne pouvait en résulter de danger sérieux pour nous.

Après quelques observations de M. Jules Ferry, la discussion fut close.

Le lendemain, 21 juin, la proposition qu'avait annoncée M. de Bouteiller fut déposée en son nom et au nom de ses collègues [M. U., 22 juin 1870]; cette proposition fut renvoyée aux bureaux, conformément à l'avis de la commission d'initiative.

INCIDENT RELATIF AUX MOYENS D'AUGMENTER LA SÉCURITÉ DANS LES TRAINS. — M. de Tillancourt et M. Ernest Picard signalèrent de nouveau à l'attention du Ministre sur la nécessité d'éviter le retour des attentats commis sur la personne des voyageurs et recommandèrent spécialement, à cet effet, l'emploi du matériel américain et la circulation d'agents le long des trains [M. U., 27 mars 1870].

369. — **Enquête parlementaire de 1870 sur le régime économique.** — Le Corps législatif avait nommé le 11 février 1870 une Commission chargée de procéder à une enquête sur le régime économique. Les événements interrompirent les travaux de cette Commission; toutefois on trouve, dans les procès-verbaux des séances qu'elle consacra aux industries textiles, des éléments intéressants de discussion sur les transports par chemins de fer.

Un certain nombre des industriels entendus du 23 mars au 18 juillet élevèrent des plaintes assez vives sur les tarifs applicables aux cotons, aux laines et aux charbons; sur les conditions fâcheuses dans lesquelles ces tarifs plaçaient l'industrie française relativement à l'industrie étrangère et notamment à l'industrie suisse; sur le préjudice qu'ils portaient à notre production houillère, dans sa lutte contre la production anglaise; sur leurs inconvénients, au point de vue de la concurrence des ports français contre les ports anglais et contre celui d'Anvers. C'est ainsi que M. Claude, filateur des Vosges, signalait ce fait anormal qu'achetant des cotons au Havre, il avait avantage à les embarquer par Anvers, puis à les faire venir sur rails par Bruxelles, Luxembourg et Thionville. M. Spoerry faisait connaître que la taxe des cotons du Havre à Bâle et même à l'extrémité de la Suisse était inférieure à celle du Havre à Mulhouse. M. Auguste Dollfus démontrait, par des chiffres précis, qu'il avait avantage à s'adresser à Londres ou à Liverpool, de préférence au Havre, pour l'approvisionnement de ses usines de Mulhouse. M. Pouyer-Quertier attaquait avec sa verve habituelle le monopole des grandes Compagnies, leurs tarifs supérieurs aux tarifs anglais, la faiblesse du Gouvernement qui ne soutenait pas contre elles les intérêts industriels d'une main assez ferme, les avantages qu'elles accordaient au trafic de transit de l'Angleterre et de la Suisse au détriment de la France; il insistait sur l'infériorité qui en résultait pour nos usines, infériorité d'autant plus marquée qu'une tonne de produit manufacturé exigeait, pour le coton, 21 tonnes, et, pour la laine, 28 à 30 tonnes de matières premières; il vantait les bienfaits de la concurrence en Angleterre; il se plaignait de l'abandon dans lequel l'État laissait nos voies navigables; il protestait contre les combinaisons de tarifs, susceptibles de changer artificiellement la situation naturelle des diverses régions; il demandait que le Gouvernement usât de ses pouvoirs et ne s'inclinât pas devant l'omnipotence de sociétés si largement dotées sur les fonds du Trésor; il réclamait la construction de voies d'eau nouvelles, le perfectionnement de celles qui existaient et la suppression des droits de navigation.

Mais, de toutes les dépositions, les plus importantes

sont celles de la séance du 1ᵉʳ juillet au cours de laquelle
furent entendus les représentants de la Compagnie du Nord.
M. Léon Say, administrateur, contesta le bien fondé du
reproche fait à cette Compagnie, de s'être mise en hosti-
lité avec l'industrie, dont elle ne pouvait méconnaître les
intérêts sans compromettre sa propre prospérité. Le tarif
des charbons, qui constituaient près de la moitié du trafic
du réseau (3 500 000 tonnes sur 8 000 000 tonnes) n'était
en moyenne que de 0 fr. 0344 ; il avait pour base un barême
différentiel à base décroissante, de 0 fr. 06 à 0 fr. 25, suivant la distance. Quoi qu'on en eût dit, les prix étaient
toujours plus élevés en Angleterre ; d'un autre côté, les Compagnies anglaises relevaient fréquemment leurs taxes, tandis
que la Compagnie du Nord n'avait cessé d'abaisser les siennes.
En Allemagne, les tarifs étaient également plus onéreux, si
ce n'est pour les distances moyennes, et la responsabilité des
administrations de chemins de fer n'y était sérieusement
engagée que par le paiement d'une prime d'assurance grevant d'autant les transports. La concurrence dont M. Pouyer-
Quertier avait loué les effets n'était qu'apparente, même en
Angleterre et aux État-Unis ; dans la Grande-Bretagne, les
Compagnies concurrentes avaient toujours fini par s'entendre; dans le Nouveau Monde, on avait vu se produire presque partout des fusions qui s'étaient traduites par une
augmentation des taxes ; le même phénomène économique
s'était manifesté en Belgique. Le résultat inévitable de la
concurrence était d'obliger à servir les intérêts de plusieurs
capitaux, au lieu d'un seul, qui aurait pu suffire jusqu'à ce que
la limite de la capacité de transport de la ligne fût atteinte.
Le monopole de la Compagnie du Nord lui avait permis
d'abaisser progressivement ses tarifs, non point sans doute
aussi rapidement que l'auraient voulu les impatiences des
intéressés, mais cependant d'une manière progressive et

continue. M. Léon Say entrait, à cette occasion, dans des développements minutieux sur les origines et l'histoire de la Compagnie du Nord-Est : cette Compagnie n'avait pu se constituer que grâce à un concours très efficace de l'État et du département ; elle n'avait d'ailleurs pas donné au pays les satisfactions que la Compagnie du Nord aurait pu lui procurer, par le jeu de ses tarifs différentiels ; de plus, dès qu'elle était sortie de son rôle et avait voulu engager une concurrence contre sa rivale, elle avait échoué et avait dû céder son exploitation à cette dernière. L'opinion de M. Stephenson sur l'inanité de la concurrence entre chemins de fer n'était plus discutable. D'ailleurs, si l'État s'était réservé sa liberté légale d'action dans ses contrats avec les Compagnies, il l'avait aliéné moralement le jour où il avait obtenu d'elles le déversement des plus-values de leurs anciennes lignes productives sur les lignes improductives du deuxième réseau.

Quant aux canaux, la Compagnie du Nord n'en avait point tué la batellerie, puisqu'ils transportaient 2 500 000 tonnes de charbon ; la lutte qu'elle avait dû soutenir contre la navigation avait tourné au profit du public.

Passant aux tarifs qui touchaient spécialement à l'industrie textile, M. Léon Say indiquait les principales villes manufacturières, leur consommation, leurs expéditions, les taxes qu'elles avaient à payer. Il montrait que, pour les matières brutes comme pour les tissus, les tarifs de la Compagnie du Nord étaient inférieurs aux tarifs anglais ; il faisait du reste observer que la tonne de laine brute ou de coton valait près de 2 000 fr. et que la totalité de la taxe, pour apporter ces matières à Lille, Roubaix, Tourcoing, était à peine de $1/2 \%$ de leur valeur ; que la tonne de tissu mélangé valait 20 000 fr. et qu'il n'en coûtait que 0.15 à 0,16 $\%$ pour l'amener à Paris. La Compagnie du Nord était donc en droit de dire qu'elle ne grevait pas l'industrie et qu'elle faisait même tous ses efforts, pour percevoir le moins possible. Toutefois elle devait nécessairement taxer à un taux plus élevé les marchandises de prix, afin de pouvoir réduire les taxes des marchandises d'une valeur restreinte.

Revenant à la question générale des tarifs, M. Say répondait à un certain nombre de critiques. On avait reproché aux tarifs leurs modifications fréquentes : c'était le résultat d'une étude permanente des nécessités auxquelles il y avait lieu de satisfaire. On leur avait aussi reproché leur multiplicité : il ne fallait pas oublier que les opérations de transport étaient elles-mêmes très multiples ; en outre la complication apparente pour les personnes peu versées dans les affaires n'existait pas pour les intéressés ; la tarification du Nord était une tarification relativement simple ; la Compagnie du Nord faisait tous ses efforts pour la simplifier encore ; ses tarifs spéciaux n'étaient, le plus souvent, que des tarifs de déclassement ; mais il y avait une limite qu'il était impossible de franchir dans cette voie, sous peine de tuer les transports et l'industrie.

Questionné sur les délais de transport, M. Léon Say reconnaissait que ces délais étaient relativement longs pour les tarifs spéciaux ; mais il ajoutait que la Compagnie n'usait pour ainsi dire jamais de ces délais et que, si elle les maintenait, c'était afin de se prémunir contre les demandes en dommages-intérêts, au cas où des circonstances imprévues l'empêcheraient de faire ses livraisons dans les délais ordinaires. La situation était toute autre en Angleterre et en Allemagne ; dans le premier de ces deux pays, il n'y avait pas de délais légaux ou réglementaires ; dans le second, les dommages-intérêts en cas de retard étaient minimes, la responsabilité des Compagnies était limitée à

1 fr. 50 par kilogramme, en cas de perte totale. Les pertes de temps se produisaient d'ailleurs beaucoup moins en cours de route qu'à l'arrivée, par suite de l'encombrement des gares, qui empêchait souvent de mettre immédiatement les marchandises à la disposition du destinataire. Cet encombrement pourrait, sans doute, être évité par des mesures analogues à celles qui avaient été édictées en Angleterre, où, dès leur arrivée, les marchandises étaient transportées d'office, à domicile et, en cas de refus d'acceptation, dans des docks ou magasins généraux ; toutefois, il était impossible de se rendre compte, par avance, de l'effet de ces mesures ; il fallait compter avec les habitudes et les mœurs commerciales du pays et ne pas oublier que les industriels français ne disposaient pas, comme ceux d'outre-Manche, de grands magasins susceptibles d'abriter leurs marchandises.

Plusieurs déposants et notamment M. Pouyer-Quertier s'étaient plaints de l'insuffisance du délai accordé aux destinataires, pour l'enlèvement des marchandises (vingt-quatre heures après l'envoi de la lettre d'avis), par suite du temps nécessaire à l'arrivée de cet avis, surtout dans les communes rurales, et avaient affirmé que, dans beaucoup de cas, le paiement de frais de magasinage était inévitable pour eux, quelle que fût leur diligence. Les représentants de la Compagnie du Nord étaient en conséquence interrogés sur la question de savoir si l'avis ne pourrait pas être expédié en cours de route ou, tout au moins, si le délai de vingt-quatre heures ne pourrait pas courir seulement de la réception de l'avis. Sur le premier point, ils répondirent que dans certains cas, pour les trains directs, il serait possible de prévoir en cours de route la date de l'arrivée, mais que, pour la plupart des trains, les opérations de composition et de décomposition, notamment aux points d'embranchement, déjouaient

inévitablement toutes les prévisions à cet égard ; sur le
second ils répondirent que l'addition d'une journée au délai
déjà accordé aux destinataires, augmenterait encore les en-
combrements.

Appelé à s'expliquer sur l'insuffisance alléguée du matériel de la Compagnie du Nord, M. Léon Say faisait remarquer que jamais la Compagnie n'avait reculé devant les
sacrifices nécessaires pour maintenir l'importance numérique
de ses machines et de ses wagons au niveau des besoins du
commerce ; qu'elle ne pouvait toutefois s'outiller pour les
circonstances exceptionnelles correspondant au maximum
d'intensité du trafic ; et que, dès lors, il lui était matérielle-
ment impossible d'éviter toute crise temporaire. Il ajoutait
que la situation de l'Angleterre à ce point de vue était
meilleure, un grand nombre d'industriels ayant un matériel
à eux.

Répondant enfin à diverses questions, M. Say indiquait
la difficulté pratique d'admettre, pour les transports, des délais variables suivant la valeur des marchandises, bien que,
de prime abord il parût naturel d'entrer dans cette voie ;
il faisait aussi connaître que, si nous avions souvent le des-
sous en fait de transit, il fallait l'attribuer, à son avis, d'une
part à la liberté d'allures plus grande des administrations
de chemins de fer dans certains pays voisins, et d'autre
part aux avantages naturels de la Belgique, placée entre
la mer du Nord, la Hollande, l'Allemagne et la France.

370. — **Enquête administrative sur les chemins de fer.**
— De son côté, l'administration ouvrait une enquête et
arrêtait un questionnaire portant principalement sur les
points suivants :

Distinction entre les chemins d'intérêt général et les
chemins d'intérêt local ;

truction d'intérêt général, elles s'élevaient au chiffre de
1 472 000 000 fr. en nombre rond, dont :

> 580 000 000 fr. imputés sur le budget de l'État;
> 868 000 000 fr. fournis par les Compagnies;
> et   24 000 000 fr. fournis par divers.

TOTAL PAREIL ... 1 472 000 000 fr.

Au 31 décembre 1870, la situation s'était profondément
modifiée :

La longueur des chemins concédés s'était élevée à
25 494 kilomètres, savoir :

Chemins de fer d'intérêt général

concédés définitivement...........	22 619	23 439 km.
concédés éventuellement...........	820	
Chemins de fer industriels	240	
Chemins de fer d'intérêt local	1 815	
TOTAL PAREIL.......	25 494 km.	

Celle des chemins en exploitation était de 17 924 kilomètres, savoir :

Chemins de fer d'intérêt général.................	17 446 km.
Chemins de fer industriels	188
Chemins de fer d'intérêt local..................	290
TOTAL PAREIL.......	17 924 km.

Celle des chemins d'intérêt général déclarés d'utilité
publique et non concédés était de 987 kilomètres.

Enfin, les dépenses de construction du réseau d'intérêt
s'élevaient à 7 793 000 000 fr., dont :

> 1 107 000 000 fr. imputés sur le budget de l'État,
> 6 654 000 000 fr. fournis par les Compagnies,
> 32 000 000 fr. fournis par divers.

TOTAL PAREIL.... 7 793 000 000 fr.

Les traits principaux, les actes essentiels qui caracté-
risent la période de 1852 à 1870 sont les suivants :

1° *Augmentation de la durée des concessions.* — Dès l'origine, le Gouvernement impérial porta à quatre-vingt-dix-neuf ans la durée des concessions : cette mesure eut, à côté de ses inconvénients incontestables, l'avantage de relever le crédit des Compagnies, d'asseoir leurs opérations sur une base plus large et plus solide, de réduire notablement la quote-part de leurs bénéfices à affecter annuellement à l'amortissement de leurs capitaux, de leur assurer la jouissance de plus-values certaines et considérables, et de leur permettre par conséquent d'adjoindre à leur réseau des lignes peu productives, du moins au début.

2° *Fusion des Compagnies.* — En même temps, le Gouvernement favorisa la réunion, la fusion des Compagnies, afin de constituer des sociétés fortes et puissantes, n'ayant pas à craindre de concurrences pour leurs lignes principales, maîtresses de tout le trafic susceptible d'affluer sur ces lignes, n'ayant pas à redouter de voir tarir la source la plus abondante de leurs revenus et pouvant, par suite, consacrer leurs excédents de produit net et leurs plus-values à l'établissement de chemins secondaires que des sociétés indépendantes auraient hésité à entreprendre, à raison de l'insuffisance présumée de leur rendement. Cette fusion avait en outre, aux yeux du Gouvernement, l'avantage d'accroître l'unité et l'homogénéité du service, d'éviter les transbordements et de diminuer les frais généraux.

3° *Combinaison consacrée par la convention de 1859.* — Malgré l'augmentation de la durée de leurs concessions, malgré leur consolidation par les fusions opérées depuis 1852, les Compagnies étaient arrivées en 1859 à l'extrême limite des efforts qu'elles pouvaient faire avec leurs ressources exclusives, pour le développement du réseau français. Cependant la construction de lignes nouvelles s'imposait comme une nécessité absolue. Pour en assurer l'exécution, le Gouvernement imagina une combinaison ingénieuse qu'il

fit accepter par les Compagnies et par le Parlement et qui
était la suivante. Les chemins concédés antérieurement à
ces Compagnies et ceux qui y étaient adjoints étaient divisés
en deux groupes dénommés « ancien et nouveau réseau » ;
l'État garantissait au nouveau réseau, jusqu'à concurrence
d'un maximum de dépenses fixé par les contrats et pour
une période de cinquante ans : 1° un intérêt de 4 % ; 2° un
amortissement calculé sur la même base ; le taux de la
garantie était ainsi de 4 65 %. Mais, comme les chemins du
nouveau réseau étaient en général des affluents de ceux de
l'ancien réseau et leur apportaient des voyageurs et des marchandises, il était juste que l'ancien réseau contribuât, dans
une certaine mesure, à l'exécution et à l'exploitation du nouveau ; les conventions stipulaient en conséquence que la partie
du produit net du premier de ces réseaux, qui dépasserait
un chiffre déterminé, serait déversée sur le second pour
couvrir jusqu'à due concurrence l'intérêt garanti par l'État.
Le revenu réservé à l'ancien réseau, avant déversement,
était calculé de manière : 1° à servir aux actionnaires un dividende légèrement inférieur à celui qu'ils avaient reçu durant les dernières années ; 2° à faire face aux charges des
obligations émises pour compléter, avec le produit des actions, le capital de construction de l'ancien réseau, le taux
de ces emprunts étant en général évalué au chiffre moyen
de 5,75 %, 3° à fournir l'appoint de 1, 10 % à ajouter au
taux de 4,65 % de la garantie, pour pourvoir aux charges
des emprunts destinés à l'exécution du nouveau réseau. Les
sommes versées par le Trésor, au titre de la garantie d'intérêt, ne constituaient que des avances remboursables avec
intérêt à 4 %, au moyen de la partie du produit net de l'ensemble du réseau qui excédait le revenu réservé à l'ancien
réseau et le revenu garanti au nouveau. Les règles relatives
au droit de l'État à la participation des bénéfices, au delà

d'un certain chiffre, étaient autant que possible unifiées de manière à réserver un revenu correspondant en général à un intérêt de 6 °/₀ sur les dépenses du nouveau réseau et de 8 °/₀ sur les dépenses de l'ancien.

4° *Avantages consentis au profit des Compagnies par les conventions de* 1863 *et de* 1868. Les évaluations premières des lignes de l'ancien et du nouveau réseau ayant été reconnues insuffisantes, des conventions conclues en 1863 et 1868 révisèrent ces évaluations et modifièrent en conséquence le revenu réservé à l'ancien réseau; les conventions de 1868 prévirent en outre l'exécution, pendant la période décennale assignée au règlement du compte de premier établissement, de travaux complémentaires donnant lieu à une augmentation du revenu garanti et du revenu réservé.

Tels furent les traits essentiels de la politique suivie en matière de chemins de fer par le Gouvernement impérial : on peut lui reprocher d'avoir aliéné les droits de l'État pour un délai excessif, d'avoir attribué à certaines Compagnies une étendue régionale exagérée; mais, en revanche, ses défenseurs font valoir qu'elle contribua puissamment à hâter la construction d'un grand nombre de lignes, sans sacrifice notable pour le Trésor.

FIN DU TOME DEUXIÈME.

I. — TABLE DES MATIÈRES

PREMIÈRE PARTIE

PÉRIODE DU 2 DÉCEMBRE 1851 AU 31 DÉCEMBRE 1858.

CONSTITUTION DES GRANDS RÉSEAUX

CHAPITRE Ier. — DU 2 DÉCEMBRE 1851 AU 1er JANVIER 1853

DEUXIÈME PARTIE

PÉRIODE DU 1er JANVIER 1859 AU 4 SEPTEMBRE 1870

CONVENTIONS DE 1859, 1863 ET 1868.

CHAPITRE Ier. — ANNÉE 1859

CHAPITRE II. — ANNÉE 1860

FIN DE LA PREMIÈRE TABLE

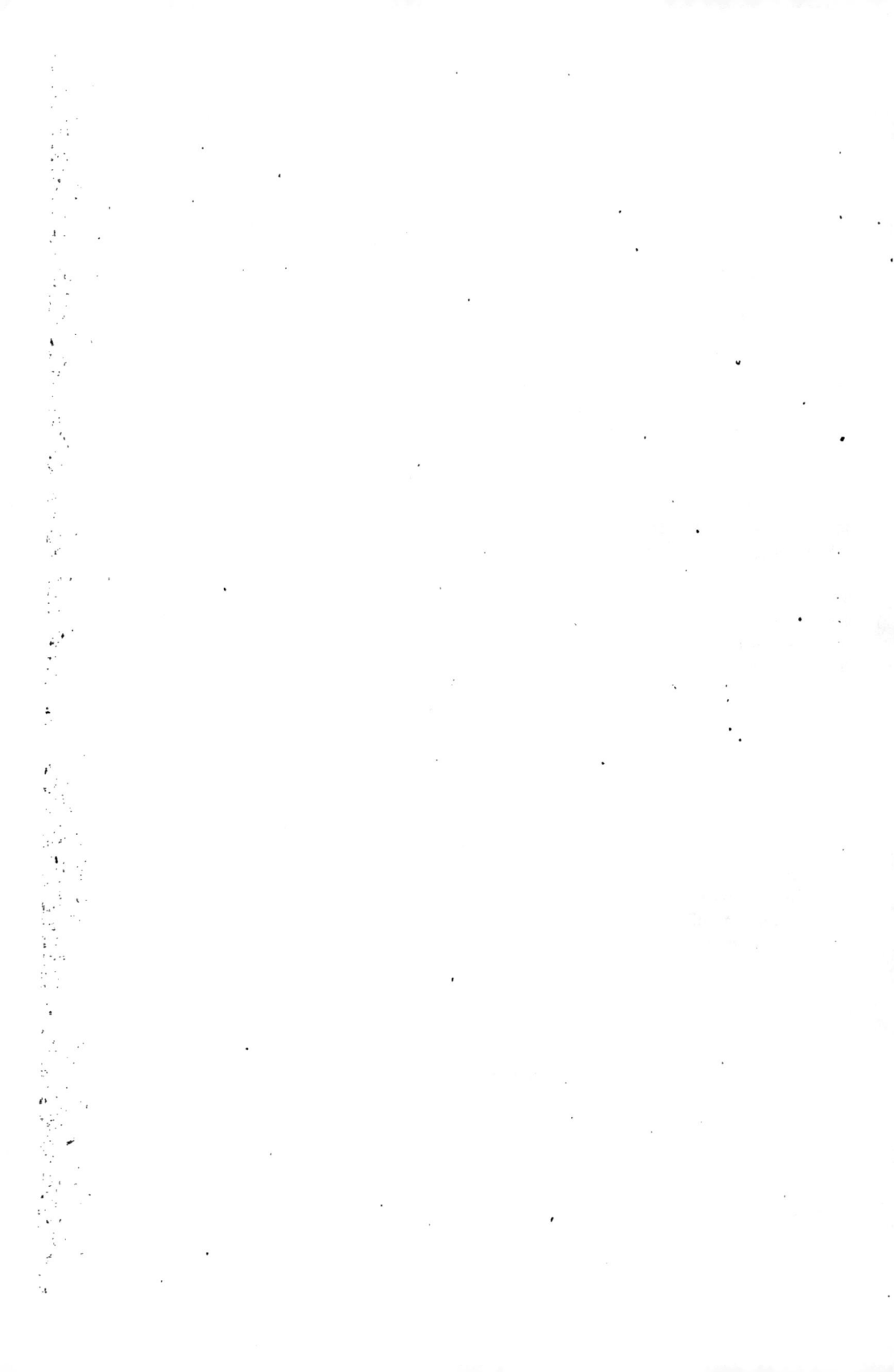

II. — TABLE

DES PRINCIPALES QUESTIONS D'ORDRE GÉNÉRAL
TRAITÉES DANS LE TOME DEUXIÈME [1-2]

(1) On n'a indiqué que les principaux passages de l'ouvrage utiles à consulter sur chaque question.

(2) Le lecteur devra prendre connaissance de la suite de chaque article de l'ouvrage à partir de la page notée par la table.

FIN DE LA DEUXIÈME TABLE.

III. — TABLE ALPHABÉTIQUE

DES CHEMINS OU SECTIONS FAISANT SPÉCIALEMENT L'OBJET
DES ACTES RELATÉS DANS LE TOME DEUXIÈME

2

FIN DES TABLES DU TOME DEUXIÈME

Paris, Imprimerie TOLMER et Cie. — Succursale à Poitiers. — 902.